计算机基础课程系列教材

DATABASE AND DATA PROCESSING

数据库与数据处理

Access 2010实现

第2版

张玉洁　孟祥武　编著

北京邮电大学

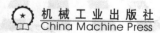

机械工业出版社

China Machine Press

图书在版编目（CIP）数据

数据库与数据处理：Access 2010 实现 / 张玉洁，孟祥武编著 . —2 版 . —北京：机械工业
出版社，2019.6
（计算机基础课程系列教材）

ISBN 978-7-111-62851-4

I. 数… II. ①张… ②孟… III. 关系数据库系统 - 教材 IV. TP311.132.3

中国版本图书馆 CIP 数据核字（2019）第 102447 号

　　全书共 13 章，分为五个部分，其中，第一部分（第 1 和 2 章）介绍数据库的基础概念；第二部分（第 3 ～ 5 章）介绍数据库设计的相关概念、原理和方法；第三部分（第 6 章）主要介绍关系代数和 SQL；第四部分（第 7 ～ 12 章）为应用部分，以 Access 2010 为具体的 DBMS，详细介绍利用 Access 进行数据库实现的方法；第五部分（第 13 章）介绍关系数据库的保护机制。此外，各章安排有例题讲解、重要提示、本章内容小结以及适量的习题。

　　本书既可以作为高等院校非计算机专业本科、专科学生的数据库技术类课程的教科书，也可作为开发 Access 数据库应用程序相关人员的参考书以及参加全国计算机等级考试（二级，Access 数据库程序设计科目）人员的学习参考书。

出版发行：机械工业出版社（北京市西城区百万庄大街 22 号　邮政编码：100037）
责任编辑：迟振春　　　　　　　　　　　　　　　　责任校对：殷　虹
印　　刷：中国电影出版社印刷厂　　　　　　　　　版　　次：2019 年 6 月第 2 版第 1 次印刷
开　　本：185mm×260mm　1/16　　　　　　　　　印　　张：24.25
书　　号：ISBN 978-7-111-62851-4　　　　　　　　定　　价：59.00 元

数据库技术是计算机科学技术中最重要也是发展最快的领域之一，随着大数据时代的来临以及 NoSQL 技术的兴起，数据库技术更加生机勃勃。

本书第 1 版自 2013 年出版以来一直用于作者的教学中，根据教学实践中的反馈以及当今时代对创新能力和计算思维能力培养的要求，结合数据库技术的发展以及读者计算机应用水平的提高，作者对第 1 版做了较大的结构调整以及内容补充和重组。

第 2 版仍然从数据库理论和应用的角度重点讨论关系数据库技术的相关概念、原理和技术，将数据库原理中最重要、最核心的内容提炼出来，进行循序渐进、深入浅出的介绍，并详细介绍利用 Access 2010 进行数据库应用程序开发的方法和过程。在第 2 版中，力求以"专业需求与课程改革的平衡、技能传授与计算思维训练的平衡、学习难度与课程深度的平衡"为目标，对原书的内容进行重新组织、编排以及补充，体现知识模块化、实践趣味化的内容架构和写作风格，为读者清晰呈现出一条从数据库设计到数据库实现的学习路线。

本书第 2 版共 13 章，分为五大部分，其中，第一部分（第 1 和 2 章）介绍数据库的基础概念，主要包括数据管理简史、数据库技术发展、数据库和视图相关概念、数据库管理系统的功能、数据库系统的体系结构和特点、数据模型三要素以及 E-R 模型和关系模型的相关概念；第二部分（第 3 ～ 5 章）介绍数据库设计的相关概念、原理和方法，主要包括关系数据库的设计过程、构建 E-R 模型并将 E-R 模型转换为关系模型的方法，以及对关系模式进行规范化的理论和方法等；第三部分（第 6 章）主要介绍关系代数和 SQL；第四部分（第 7 ～ 12 章）为应用部分，以 Access 2010 为具体的 DBMS，详细介绍利用 Access 进行数据库实现的方法，内容包括创建数据库和数据表进行数据组织和管理、创建查询进行数据检索和分析、创建窗体和报表完成数据输入和输出功能、编写宏和 VBA 模块实现数据库应用程序以及 Access 2010 与外部数据进行数据共享的机制和方法；第五部分（第 13 章）介绍关系数据库的保护机制，包括事务的概念、事务的 ACID 性质、事务的并发控制以及数据库恢复机制。

知识模块化体现在全书五大部分的内容自成体系上，授课教师可以根据课时要求自行裁剪和选择教学模块。比如，在对第一部分内容进行简单介绍的基础上，快速进入第二部分的数据库设计模块，重点介绍其中的第 4 章，然后就可以直接进入第四部分第 7 ～ 11 章的教学，最后对第五部分进行简单的介绍，至此就可以完成整个课程的基本教学内容。

实践趣味化体现在第四部分内容的组织和安排方面，不仅试图从数据库应用的角度引导读者思考所学知识和技能的用途和意义，而且通过设计环环相扣、实用有趣的操作实例和应用问题来激发读者的求知欲望和学习兴趣，进而培养读者的计算思维能力。

相对第 1 版的内容而言，第 2 版中增加的主要内容包括：第 1 章的 1.1.4 节介绍了数据库技术的最新进展；第 2 章的 2.4.4 节对关系模型进行了评价；第 5 章的 5.4 节引入了

一个关系数据库设计实例；第 8 章的 8.8 节补充了大量的实例介绍查询的应用；第 9 章的
9.1.8～9.1.10 节新增了窗体的应用示例；第 10 章的 10.7 节补充了数据宏的内容；第 11 章
的 11.4 节新增了模块的一些典型应用；第 12 章为全新的一章，补充了 Access 2010 与外部
（如 Excel、MySQL 以及 SharePoint 服务器）之间的数据共享机制以及 Access 2010 的安全
机制。

　　本书各章均安排有例题讲解、重要提示、本章内容小结以及适量的习题。此外，在第四
部分的章节中还安排了精心设计的上机练习题，这些练习题富有启发性，便于操作和拓展，
与例题有机整合，体现了知识的连贯性与层次性，旨在引导学生主动思考，提高实践能力，
树立创新意识。

　　本书的出版得到了机械工业出版社华章公司的大力支持，在此表示衷心的感谢。在本书
的编写过程中，编者参考了大量的文献并从中受益良多，在此也向所有作者表示感谢。最后
要感谢编者的父母，本书就是给他们的献礼。

　　由于编者水平有限，对于错误和言语不妥之处，还请读者批评指正。

编者

2019 年 2 月于北京

教学章节	教学要求	课时
第 1 章 数据处理与数据库	理解数据处理、数据管理的基本概念； 了解数据管理技术的发展； 掌握数据库、数据库管理系统、数据库系统、数据库管理员、数据字典的概念； 熟悉 Access 2010 操作界面和相关概念； 理解数据抽象与数据视图的概念和关系； 熟练掌握数据库系统的特点和体系结构。	2～4 讲授 + 实操
第 2 章 数据模型	掌握数据模型的概念、分类和三要素； 掌握 E-R 模型的相关概念； 熟练掌握关系模型的相关概念。	2～4 讲授
第 3 章 关系数据库设计	了解关系数据库的设计过程，尤其是概念结构设计和逻辑结构设计两个阶段的作用。	1～2 讲授
第 4 章 数据建模	熟练掌握利用 E-R 图进行概念结构设计的原则和方法； 熟练掌握 E-R 模型转换为关系模型的方法。	4～6 讲授
第 5 章 关系规范化理论	了解关系数据库设计中出现的问题； 理解并掌握函数依赖、规范化、范式的相关概念； 熟练掌握判断关系模式属于第三范式的方法以及关系规范化的过程。	2～4 讲授
第 6 章 关系代数和 SQL	掌握传统的集合运算以及专门的关系运算； 掌握表示查询的关系代数表达式的用法； 掌握 SQL 查询的基本结构； 掌握聚集函数的使用； 掌握用于数据定义、数据查询、数据更新、数据控制的 SQL 语句，尤其是 SELECT 语句； 能够使用 SQL 语句表达查询要求。	3～8 讲授 + 实操
第 7 章 数据的组织和管理	熟练掌握使用 Access 2010 创建数据库以及对数据库进行操作和维护的方法； 熟练掌握创建数据表的方法； 熟练掌握创建表间关系的方法； 掌握表的复制、重命名、删除，修改表结构，表外观的调整与修饰； 掌握表中记录的添加与删除、复制与修改、排序与筛选、查找与替换等操作。	2～4 实操
第 8 章 数据的查询和分析	掌握 Access 2010 查询类型、视图、查询的相关概念； 熟练掌握查询条件的设置方法； 熟练掌握选择查询、参数查询、交叉表查询、操作查询的创建方法，并熟练应用于某个查询需求中； 掌握 SQL 查询和嵌套查询的创建方法。	4～8 实操

VI

（续）

教学章节	教学要求	课时
第9章 数据的输入和输出	掌握 Access 2010 窗体和报表的类型、视图以及属性、事件等相关概念； 熟练掌握常用控件的用途以及属性设置和常用事件； 掌握创建各类窗体和报表的方法，并熟练使用设计器进行设计和修改； 熟练掌握排序与分组、计算和汇总以及设置报表属性和格式的方法； 能够针对应用需求设计合适的窗体和报表。	4～6 实操
第10章 Access 数据库编程——宏	掌握宏结构以及独立的宏与嵌入的宏的区别； 熟练掌握常用的宏操作的功能和用法； 熟练掌握利用宏生成器创建条件宏的方法和步骤； 熟练掌握宏的运行、调试方法； 熟练掌握将宏与控件的事件进行绑定的方法，并能够针对应用需求自行设计和编写宏； 了解将宏转换为 VBA 代码的过程。	4～6 实操
第11章 Access 数据库编程——VBA 模块	掌握模块的作用、组成、分类以及模块与过程的关系；熟练掌握创建模块和过程的方法； 熟练掌握 VBA 编程语言的语法； 熟练掌握使用 VBA 编写窗体模块和报表模块的方法； 能够针对应用需求自行设计并编写事件过程、通用过程（包括子程序和函数），并最终实现一个数据库应用程序。	4～8 实操
第12章（选讲） Access 数据库进阶	掌握创建链接表的方法和作用； 掌握 Access 数据库与 MySQL 数据库的数据共享机制； 了解 Access 和 SharePoint 之间共享数据的方法以及通过 Web 浏览器访问 Access 的方法； 了解 Access 的安全性机制。	0～2 讲授 + 实操
第13章（选讲） 事务管理	掌握事务的基本概念、事务的四个特性； 掌握数据库的并发控制机制以及数据库的恢复机制。	0～2 讲授
总课时	第1～13章建议总课时	32～64
	上机练习建议课时（不包括自由上机）	16～32

说明：
1）建议从第1次课就开始理论与实践并行，即"1次课堂+1次机房"模式，在前6章的课堂讲授过程中交叉进行第7～11章的机房实操，实现"理论教师讲+实践学生练+教师总结重点和难点"的混合教学模式。
2）不同学校可以根据各自的教学要求和计划学时数对教学内容进行取舍。

目　录

第一部分

数据库基础

从最早的商业计算机开始，数据处理就一直推动着计算机的发展。数据处理与数据管理密切相关，数据管理技术的优劣直接影响数据处理的效果，数据库技术正是针对这一目标进行研究、发展并逐渐完善起来的专门技术。当今社会，数据库技术无所不在，已经渗透到了人们生活的方方面面。

第一部分共两章，内容涉及数据库技术的基础概念。其中，第1章主要介绍数据处理与数据管理的关系、数据管理简史、数据库技术的最新发展、数据库和视图相关概念、数据库管理系统的功能、数据库系统的体系结构和特点；第2章主要介绍数据模型的相关概念。关系模型使用表的集合来表示数据之间的联系，概念简单并有数学理论支持，这使得它成为被广泛采用的数据模型。但关系模型的构建属于数据库模式的设计，需要一种抽象数据模型的支持，这种抽象数据模型能够表达现实世界中事物的含义（即数据的语义）以及相互关联，并反映出全局逻辑结构，E-R模型就是这种抽象数据模型，因此E-R模型和关系模型的相关概念将是第2章的重点内容。

第1章

数据处理与数据库

早期计算机主要用于科学计算，数据类型单一。随着计算机技术的发展以及计算机的益普及，计算机应用已经远远超出了这个范畴。如今面对各种类型的海量数据，利用计算机做得更多的是进行数据处理。数据处理不仅广泛应用于电信、银行、证券、航空、教育、出版、气象等领域，而且在地质勘探测绘、仓库管理、技术情报管理、销售、制造、智能交通、电子商务等领域也呈现出勃勃生机。

数据处理离不开软件的支持，常用的数据处理软件包括：用于管理数据的文件系统和数据库管理系统，用于编写各种处理程序的高级程序设计语言及其编译、解释程序，以及各种数据处理方法的应用软件包等。

1.1 数据处理

数据和信息的关系非常密切，多数情况下没有严格的区分。信息处理从根本上离不开数据，因此信息处理实质上就是数据处理。而数据处理的最终结果是以信息或知识的方式展示给用户，所以数据处理也称为信息处理。但在某些特定的环境下，数据和信息还是两个不同的概念，不能混用，比如，不能将数据文件说成信息文件等。

1.1.1 数据与信息

1. 数据

数据是对客观世界中各种事物的一种抽象、符号化的表示。它采用一种人为规定的符号来表示从现实世界中观察和收集到的现象和事实。数据的表现形式很多，可以是数字、文字、时间，也可以是图形、图像、动画、声音等多媒体形式。

从计算机的角度看，数据泛指可以被计算机接受并能被计算机处理的符号。从数据库的角度看，数据就是数据库中存储的基本对象。数据有型与值之分。数据的型给出了该数据所属数据类型的说明，如整型、字符型、布尔型等；数据的值给出了符合给定型的数值，值是型的一个实例。数据的型相当于程序设计语言中变量的类型说明，数据的值相当于变量的取值。数据的型基本上相对稳定，数据的值则是不断变化的。

2．信息

信息源于拉丁文"Information"，是指一种陈述或解释、理解等。数据经过解释并赋予一定的含义之后，就成为信息，即信息是根据需要对数据进行加工处理后得到的结果。

3．数据与信息的关系

数据是信息的符号表示，是信息的具体表现形式，信息只有通过数据的形式表示出来才**能被理解和接受。信息是数据的内涵**，即数据的语义，**信息在计算机中的存储即为数据**。信息是观念上的，受制于人对客观事物变化规律的认知。例如，一个数字 40 的语义可能是年龄为 40 岁、体重为 40 公斤、价格为 40 元、考试成绩为 40 分、苹果为 40 个、书为 40 本等，也可能是高烧 40 度、水深 40 米、雨量达到 40 毫米、血压低压为 40 等。又比如，文字"黎明"的语义可能是一个词语，表示天快要亮或刚亮的时候，也可能是名称，如某人的姓名、壁画的名字、绘本的名字等。

数据要符合其语义，数据与其语义是不可分的。数据库系统要保证数据库中的数据符合其语义。

1.1.2　数据处理与数据管理

数据处理的发展及应用的广度和深度，极大地影响着人类社会发展的进程。**数据处理**，也称**信息处理**，是将数据加工成信息的过程，具体指利用计算机对各种数据（包括数值数据和非数值数据）进行收集、整理、存储、分类、排序、检索、维护、加工、统计、传输等一系列活动的总和。数据处理的主要目的之一是从大量无序、难以理解的数据中，抽取并推导出有用的数据成分，作为行为和决策的依据。

数据处理贯穿于社会生产和社会生活的各个领域。通常，数据处理的计算方法和过程比较简单，但处理的数据量通常很大，数据结构复杂，因此，数据处理的重点不是计算，而是数据管理。

数据管理是数据处理的核心，主要功能包括数据的收集和分类、数据的表示和存储、数据的定位与查找、数据的维护和保护、提供数据访问接口和数据服务（如性能检测分析、可视化界面服务）等。

数据处理与数据管理密切相关，数据管理技术的优劣直接影响数据处理的效果，数据库技术正是针对这一目标进行研究、发展并逐渐完善起来的专门技术。数据是数据库技术的研究目标，数据处理是数据库技术的应用方向，而数据管理则是数据库技术研究的主要内容。

1.1.3　数据管理简史

数据管理作为计算机应用领域中最大的一类应用，随着应用需求和计算机软硬件的发展，主要经历了人工管理、文件管理和数据库管理三个发展阶段。

1．人工管理阶段

20 世纪 50 年代中期之前，计算机主要用于科学计算。数据存储设备主要是卡片、纸带和磁带。没有操作系统和数据管理软件，数据需要人工管理。数据不保存，随用随丢。应用程序和数据不可分割，数据完全依赖于应用程序，不具有独立性，因而数据无法共享。该阶段应用程序与数据之间的对应关系如图 1-1 表示。

图 1-1　人工管理阶段应用程序与数据之间的对应关系

2. 文件管理阶段

20世纪50年代后期至60年代中期，计算机技术有了很大的发展，开始广泛应用于信息处理。数据存储设备主要是磁盘、磁鼓。磁盘是一种随机存取设备，允许用户直接访问数据，摆脱了磁带顺序访问的限制。该阶段出现了操作系统，并使用专门的管理软件即文件系统（操作系统中的文件管理功能）来实施数据管理。数据可以长期保存在磁盘上，应用程序和数据有了一定的独立性，数据文件有了一定的共享性，但存在较大的数据冗余。

在文件系统中，数据的逻辑结构和输入/输出格式由程序员在程序中进行定义和管理，数据的物理存储和存取方法则由文件系统提供。一个命名的数据集合称为一个文件，文件中的数据被组织成记录的形式，记录由字段组成。一个个文件彼此是孤立的，缺乏联系。应用程序只需使用文件名就可以与数据打交道，而不必关心数据的物理位置。图1-2给出了一个使用文件系统进行数据管理的示例。假设学生处应用程序需要学生文件F1，该文件包含了学生的基本信息。教务处应用程序需要学生信息文件F1、课程文件F21、选课文件F22、授课文件F23以及教工文件F3。人事处应用程序需要教工文件F3，该文件包含了教工的基本信息。这些文件的结构如下：

F1：学号、姓名、性别、出生日期、所在院系、专业、班级、联系电话、宿舍地址

F21：课程号、课程名、授课学期、学分、课程性质、开课学院

F22：学号、姓名、所在院系、专业、班级、课程号、课程名、授课学期、学分、成绩

F23：教师号、教师姓名、性别、职称、课程号、课程名、授课学期、学分、课程性质、授课年度

F3：教工号、姓名、性别、出生日期、所在院系、最终学历、职称、联系电话、家庭住址

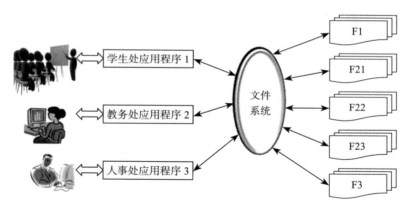

图1-2 文件管理阶段应用程序与数据之间的对应关系

仔细分析这些数据的组织方式后发现，使用文件系统来管理数据存在如下一些缺点：

（1）数据共享差，同样的数据在多个文件中重复存储，冗余较大

学生的学号、姓名、所在院系、专业、班级等基本信息既保存在学生文件F1中，又保存在F22中；课程的课程号、课程名、授课学期、学分、课程性质既保存在F21中，又保存在F23中；教师的教师号、姓名、性别、职称等基本信息既保存在F3中，又保存在F23中。

这样的数据组织方式使得相同数据重复保存，不能被共享，既浪费空间，又会影响数据的完整性。比如，某个学生转专业了，那么所有包含这些数据的文件都必须更新，以保持数

据的完整性。然而，文件系统不具备维护数据一致性的功能，不会自动完成这些更新，需要人工完成，当数据重复存储在多处时，很难保证每一处都能及时更新，这样很容易造成数据的不一致，从而失去数据的可信性。

（2）文件是孤立存在的，数据是分离的

由于文件系统不具备自动实现数据之间关联的功能，无法反映现实世界事物之间的内在联系，文件之间相互独立，所以要建立文件之间的联系，必须通过应用程序来构造。比如，若查询某位教师所教授的某门课的学生信息，需要以某种方式将多个文件关联，以图 1-2 为例，至少需要将 F1、F22、F23 三个文件进行关联，从中提取需要的数据并组成一个新的文件。

（3）数据的独立性差，程序和数据没有真正分离

文件系统中，应用程序依赖文件的结构，每一次修改文件结构，都要修改相应的应用程序。例如，如果修改学生文件 F1 中专业的字段长度，或者在 F1 中增加或删除一个字段，那么所有使用 F1 文件的应用程序都必须修改。

（4）文件系统提供的操作有限

文件系统只提供了几个低级的文件操作命令，如果需要进行文件的查询、修改，则需要编写相应的应用程序来实现，而且功能相同的操作也很难共享应用程序。此外，文件系统很难控制用户的某些文件操作，比如，只能读写文件但不能删除文件，或者只能读文件中的部分数据等。

3. 数据库管理阶段

20 世纪 60 年代后期，随着应用需求的增加、软硬件技术发展的日趋成熟，计算机用于信息处理的规模越来越大，对数据管理技术的要求也越来越高，原有的文件系统已经不能胜任数据管理的任务。与此同时，计算机网络系统和分布式系统的相继出现，导致急需一种新的能够在多用户环境下进行数据共享和处理的数据管理软件。在这个背景下，数据库管理系统（DataBase Management System, DBMS）应运而生。

在数据库管理阶段，数据由 DBMS 统一管理和控制，包括数据的安全性控制、数据的完整性控制、并发控制以及数据库恢复等，实现整体数据的结构化，数据的结构使用数据模型来描述，无须程序定义和解释。数据面向整个系统，可以被多个用户或应用程序共享，提高了数据的共享性，减少了数据冗余，保证了数据的一致性和完整性。数据与应用程序相对独立，减少了应用程序开发和维护的成本。数据库管理阶段，应用程序与数据之间的对应关系如图 1-3 所示。

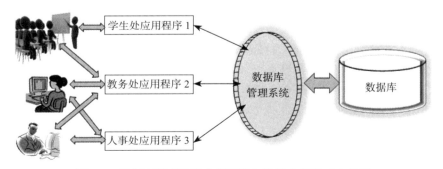

图 1-3　数据库管理阶段应用程序与数据之间的对应关系

数据库管理系统的出现，使得以数据库为中心的数据库管理技术（简称数据库技术）成为计算机领域发展最快的技术之一。

1.1.4　数据库技术的发展和未来

1. 关系型数据库技术

在数据库管理阶段，首先出现的是层次数据库管理系统和网状数据库管理系统，到了20世纪70年代出现了关系型数据库管理系统（Relational DataBase Management System, RDBMS），它基于 E. F. Codd 所提出的关系数据模型，这种数据模型最大的优点在于数据的逻辑结构简单，就是二维表（也称关系）。在目前使用的数据处理软件中，RDBMS 占据了统治地位。从甲骨文公司的 Oracle，到 IBM 的 DB2 和 Informix、Sybase 公司的 Sybase、微软公司的 SQL Server 和 Access，再到开源软件 MySQL（Oracle 公司）、PostgreSQL 等，这些关系型数据库管理系统被广泛应用于各个不同的行业领域。关系型数据库技术的主要特点如下：

- 采用关系模型表示复杂的数据结构。关系型数据库将所有的数据以行和列的二元表现形式保存在一个规范的二维表中，有严格的字段定义和数据类型约束，对数据的读写以行（即记录）为单位。
- 采用 SQL 技术标准对数据库进行定义、操作和控制，增加了软件的可移植性。
- 在数据处理中严格遵守 ACID 原则，采用强事务保证数据的一致性和安全性。
- 可以对多个数据表进行 JOIN 操作，以完成复杂的查询任务。
- 尽可能解决尽可能多的数据处理和应用问题，因而常作为通用型的数据库技术。

关系型数据库技术也存在一些不足，比如，不适合大数据写入处理的场景，数据管理规模和访问速度受服务器物理性能（指硬盘、内存、CPU、主板总线等硬件最大性能指标）的限制，横向扩充（即构成多服务器集群）存在困难。

随着数据库应用的日益复杂，比如对于计算机辅助设计和制造、数字出版、地理信息系统、动态的 Web 站点等需要处理多媒体数据并且能够根据用户要求进行交互式修改的复杂应用场景来说，RDBMS 开始表现出一些不适应。此时出现了面向对象的数据库管理系统（Object-Oriented DataBase Management System, OODBMS），它将面向对象的概念与数据库系统相结合，可以为多种高级数据库应用提供适当的解决方案，目前多用于工程和设计领域。OODBMS 存在的很多缺点使其占据的市场份额不多。比如，缺乏通用的数据模型；与 RDBMS 相比，OODBMS 提供的功能比较复杂，难以使用；OODBMS 面向程序员而不是非专业的最终用户，这使得设计和管理 OODBMS 的学习过程很艰难。这些都导致了人们对这种技术的排斥。

进入 20 世纪 90 年代，Internet 的兴起为商业智能提供了许多机会，DBMS 开发商专注于数据仓库系统和数据挖掘产品的开发。数据仓库系统提供了数据分析机制，用户可以将分析结果用于决策支持。随着 Web 技术的迅猛发展以及 XML 的出现，数据库与 Web 数据库集成环境的集成（简称 Web 数据库集成）以及 XML 与 DBMS 产品的集成呈现出高度发展的态势。Web 数据库集成的方案的优点包括：具有简单性、平台无关性，使用 Web 浏览器轻松访问数据库，连接在 Internet 的所有机器上的文档都采用统一的标准 HTML 等。

Web 数据库集成的一些流行方案主要包括：使用脚本语言（如 JavaScript、VBScript、PHP），扩展浏览器和 Web 服务器的能力，使其提供额外的数据库功能；使用 JDBC，JDBC

是 Java 访问 RDBMS 最主要也是最成熟的方法，在 JDBC 中定义了数据库访问的 API，Java 可以作为编写数据库应用的宿主语言；Microsoft 的 ODBC 技术（提供了访问多种 SQL 数据库的通用接口）以及 Web 解决平台，包括 .NET、.ASP、ADO 等。

为使 HTML 文档具有动态特性，浏览器开发商引入了专用的 HTML 标记，这使开发 Web 文档变得复杂和困难。XML 作为 HTML 的补充，使得不同类型的数据可以在网络上轻松交换。随着采用 XML 格式数据量的增大，对数据进行存储和查询的需求也日益增多。目前 XML 与 DBMS 产品的集成主要采用 SQL/XML:2011 数据模型，该模型在 RDBMS 中引入一种新的数据类型 XML，并为该类型定义一组操作，将 XML 文档作为关系中的值，定义从关系数据到 XML 的一组映射。在存储了 XML 文档之后利用 SQL:2011 标准（扩展的 SQL，用于发布 XML）对数据进行查询。

2. NoSQL（Not only SQL）数据库技术

随着物联网、云计算、大数据技术的兴起，21 世纪迎来了信息爆炸的时代，尤其是在 21 世纪前 10 年出现了大数据处理问题，推动了非关系型数据库技术尤其是 NoSQL 技术的发展。相比关系型数据库技术尽可能解决尽可能多的数据应用问题，NoSQL 数据库技术只解决某一个方面或某一主题的问题。NoSQL 重点关注"更快的处理速度"和"更恰当的存储"。NoSQL 数据库没有固定的表结构，采用类似文档、键值、列族等非关系型数据模型，可以自由、灵活定义并在一个数据元素中存储各种不同类型的数据，支持海量数据存储，具有灵活的水平扩展能力，在处理数据库服务器大规模负载增加方面具有较高的性价比。但是为了提高操作性能，NoSQL 放弃了很多像关系型数据库实施的规则约束，将本该数据库系统完成的功能交给了数据库程序员，不仅增加了数据库程序员的负担，也对他们的分析和编程能力提出了更高的要求。

近些年，NoSQL 数据库发展势头迅猛，数量上多达 200 多种，但归结起来通常分为键值数据库、文档数据库、列族数据库和图数据库 4 大类。这 4 类 NoSQL 数据库都是针对一种数据模型进行数据处理，各有特点和长处。

（1）键值数据库（Key-Value Database）

键值数据库的设计原则是以提高数据处理速度为目标，适合存在大量写操作的应用需求，擅长处理数组类型的数据。键值数据库运行在内存（它以内存或 SSD 为数据运行存储的主环境），采用定期向硬盘写数据的持久化策略，因此，键值数据库常被称为内存数据库。数据存储结构只有键（Key）和值（Value），并成对出现。在 Value 中可以保存任何类型的数据，通过 Key 来存储和检索具体的 Value。键值数据库的优点是数据结构简单、提供分布式处理能力、高速计算和快速响应，只要配置更大容量、更快速度的内存就可以轻松应对海量数据访问的速度问题。缺点是无法存储结构化信息、在发生故障时不支持回滚操作，因此无法支持事务，不容易建立数据集之间复杂的横向关系，只限于两个数据集之间的有限计算。此外，对值进行多值查询的功能较弱。

键值数据库产品有 Redis、Memcached、Riak、BerkeleyDB、SimpleDB、DynamoDB 以及甲骨文的 Oracle NoSQL 数据库等。作为键值数据库代表之一的 Redis，使用 C 语言开发，提供了 100 多条命令，这些命令要比 SQL 语言简单很多。Redis 支持的键值数据类型只有 5 种（字符串类型、散列类型、列表类型、集合类型、有序集合类型），并提供了几十种不同编程语言的客户端库，这使得在程序中与 Redis 的交互变得轻松容易。此外，Redis 数据库中的所有数据都存储在内存中，并提供了持久化支持，将内存中的数据异步写入硬盘中，避免了程序退出而导致内存中数据丢失的问题。目前，Redis 得到越来越多公司的青睐，百度、新浪微博、京东、阿里巴巴、腾讯、美团网、Twitter、Flickr、Stack Overflow、GitHub（Redis 的开源代码就托管在其上）等都是 Redis 的用户。

（2）文档数据库（Document Store Database）

文档数据库是为解决大数据环境下的快速响应而设计的，擅长处理基于 JSON、XML、BSON 等格式的文档以及集合类型的数据。它具有强大的查询功能，看上去更接近于关系型数据库，并具有很强的可伸缩性，可以轻松解决 PB 级甚至 EB 级的数据存储需求，这给大数据处理带来了很多的方便。在文档数据库中，集合对应关系型数据库中的表，文档对应关系型数据库中的记录，是数据库的最小单位。每一条文档由大括号标识，其中包含若干个键值对（Key-Value Pair），键值对类似于关系型数据库中的字段值。

文档数据库同关系型数据库一样，也是建立在对磁盘读写的基础上，对数据进行各种操作。但是为提高读写性能，文档数据库摒弃了关系型数据库规则的约束。对文档数据库的基本操作有读、写、修改和删除 4 种。

最有名的文档数据库产品是 MongoDB。百度云、腾讯云、新浪云、阿里云、华为、携程、中国银行、中国东方航空公司、Foursquare、eBay、MTV、MetLife 等都是 MongoDB 的用户。

（3）列族数据库（Column Family Database）

在当今的大数据时代，列族数据库格外引人注目，它特别擅长 PB、EB 级别的大数据存储和几千或几万台级别的服务器分布式存储管理，具有丰富的查询功能以及高密集写入处理能力。列族数据库的数据存储模式比文档数据库和键值数据库的复杂，其存储结构由 4 部分组成：命名空间（相当于关系型数据库中的表名）、行键（相当于关系型数据库中的表的主键）、列族（相当于关系型数据库中的表结构）、列（相当于关系型数据库中的表的字段），列的每个值都附带一个时间戳。

列族数据库的产品有 BigTable、HBase、HadoopDB、Cassandra、HyperTable 等。Twitter、eBay、Facebook、Netflix 都是列族数据库产品的用户。

（4）图数据库（Graph Database）

图数据库专用于处理高度关联的数据，支持复杂的图算法，构建复杂的关系图谱，特别适合社交网络（QQ、微信）、推荐系统、模式识别、物流派送、规则推理等应用场景。图数据库以图论为基础，使用图作为数据模型来存储数据，节点、边、属性构成了图存储的三要素，凡是有类似关系的事物都可以使用图存储来处理。图存储数据本身非常简单，主要通过节点之间的关系发现有价值的数据规律。

图数据库的产品有 Neo4j、Infinite Graph、Allegro Graph、GraphDB 等。其中，Neo4j 是目前使用较多的产品，它无须事先定义存储结构，完全兼容关系型数据库的 ACID 特性，提供事务处理能力，为单个节点提供 Create、Delete、Update、Remove、Merge 等操作，为图提供图的交集、并集以及图的遍历等操作。Neo4j 成功应用于 eBay、Adobe、Cisco、T-Mobile 等公司。

3. NewSQL 数据库技术

近年来，出现了 NewSQL 数据库技术。NewSQL 技术结合了关系型数据库与 NoSQL 数据库的优点，用于解决大数据环境下的数据存储和处理问题，是对各种新的可扩展、高性能数据库的统称。NewSQL 数据库不仅具有 NoSQL 数据库良好的扩展性和灵活性，还保持了关系型数据库支持 ACID 和 SQL 等特性。NewSQL 数据库产品有 Spanner、SequoiaDB、VoltDB、Clustrix、GenieDB 等。

无论数据库技术如何发展，关系型数据库仍然是当今世界软件的基础，关系型数据库及其第三范式和 SQL 接口仍然在稳定地运行着。本书将详细介绍关系型数据库技术的相关概念、原理以及应用。

1.2 数据库与数据库管理系统

1.2.1 数据库

数据库（DataBase，DB）是指长期存储在磁带、磁盘、光盘或其他外存介质上，按照一定的结构组织在一起的相互关联的数据集合。

从不同的角度看数据库有不同的理解，如图 1-4 所示。从用户的角度来看，数据库就是一种数据库应用软件；从数据模型的角度来看，数据库就是数据库管理系统；从数据的实际组织情况来看，数据库才是真正意义上的数据库。

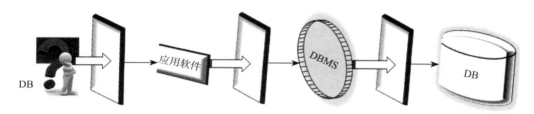

图 1-4 从不同角度理解数据库

数据库具有如下特征：

1）在数据库中，不仅能够表示数据本身，还能够表示数据与数据之间的联系。比如，教学管理数据库中存放学生和课程的数据，学生数据通过选课与课程数据产生联系。

2）数据通过一定的数据模型进行组织、描述和存储。数据模型包括层次模型、网状模型和关系模型等。

3）具有较小的冗余度、较高的数据独立性和易扩展性。

4）用户和应用程序可以共享数据。

5）数据的各种操作如查询、修改、删除等都由一种专业软件统一进行管理。

在当今数字时代，我们的数字交互，无论是信息检索、微博搜索和排序，还是社交、购物、评论、点赞，本质上都是在与数据库交互。

1.2.2 数据库管理系统

上述数据库的特征蕴藏在一种名为**数据库管理系统**（DBMS）的专业软件中。DBMS 是一个与用户的应用程序和数据库相互作用的软件，它的目标是将数据作为一种可管理的资源来处理。如图 1-5 所示，DBMS 是一种介于用户与操作系统之间，并在操作系统的支持下，专门用于数据管理的系统软件。它提供了有效建立、管理，并安全持久地保存大量数据的能力。DBMS 是数据库系统的核心组成部分，它完成"科学组织和存储数据，高效获取和处理数据"的任务。

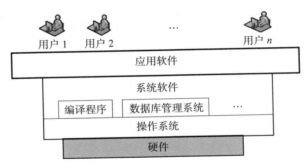

图 1-5　数据库管理系统在计算机系统中的位置

可以将 DBMS 看作某种数据模型在计算机系统上的具体实现。用户通过 DBMS 访问数据库中的数据，数据库管理员也通过 DBMS 进行数据库的维护工作。

DBMS 的主要功能包括：

1）**数据定义功能**。通过 DBMS 提供的数据定义语言（Data Definition Language，DDL）及其翻译程序，定义数据库的结构、数据库中的各种数据对象，以及数据完整性和其他的约束条件。

2）**数据操纵功能**。通过 DBMS 提供的数据操纵语言（Data Manipulation Language，DML）来完成对数据库中数据的插入、修改、删除和查询操作。

3）**数据控制功能**。通过 DBMS 提供的数据控制语言（Data Control Language，DCL）对数据库进行统一管理和控制。比如，DBMS 提供完整性控制，保证所存储数据的一致性；提供安全控制机制，禁止没有被授权的用户访问数据库；提供多用户环境下的并发控制机制，允许共享数据库。

除了上述核心功能之外，DBMS 还提供数据字典，用于存放数据库各级结构的描述；提供访问数据库的方法，即数据库接口以供用户或应用程序访问数据库；提供数据维护功能，比如数据库的数据装入、转换、存储、备份和发生故障后的系统恢复，以及数据库的性能分析和监测等。

数据字典中存放的是数据库系统的一些说明信息，即数据的数据，称为**元数据**，如对各级模式的描述、索引、完整性约束、安全性要求、数据库的使用人员等说明信息。类似于日常生活中使用的字典或书的目录，它能够帮助 DBMS 按照用户指定的数据对象名称，快速找到所需要的信息。数据字典提供了对描述数据进行集中管理的手段，可以将它看成是数据库系统自身的小的、专门的数据库，区别于真正的物理数据库，常称之为**描述数据库**或**数据库的数据库**，只能由数据库系统本身来访问和修改。数据字典在数据库系统的设计、实现、运行和维护各阶段起着非常重要的作用，是数据管理和控制的有力工具。

1.2.3　认识 Access 数据库管理系统

Access 是一种小型的关系数据库管理系统。Access 2010 是微软 2010 年推出的 Microsoft Office 2010 中的一员，它与 Word、Excel 和 PowerPoint 等有相同的操作界面和使用环境，具有存储方式单一、界面友好、易于操作以及强大的交互式设计功能等特点，很多中小型企业、大公司的部门，以及喜爱编程的开发人员专门利用它来制作处理数据的桌面应用系统。Access 也常用于开发简单的 Web 应用程序，或作为客户 / 服务器系统中的客户端数据库，以及数据库相关课程的教学实践环境。

Access 通过数据库文件来组织和保存数据表、查询、报表、窗体、宏和模块等数据库对象，并提供了各种生成器、设计器和向导，以快速、方便地创建数据库对象和各种控件。此外，Access 提供了丰富的内置函数和程序开发语言 VBA（Visual Basic for Application），帮助数据库开发人员快捷开发数据库系统；还提供了与 SQL Server、Oracle、MySQL 等数据库的接口，实现数据共享和交换；可方便与 Excel、Word 等共享信息。

1. Access 2010 的操作环境

启动 Access 2010 成功后，首先看到的窗口就是 Backstage 视图，这里的视图是指界面。初次使用 Access 2010 时，首先要利用 Backstage 视图创建数据库，然后再依次创建数据库中的各个对象。将创建数据库对象的界面称为 Access 2010 用户操作界面，该界面主要由快速访问工具栏、功能区、导航窗格和工作区组成。

（1）Backstage 视图

Backstage 视图也称为 Access 2010 的启动窗口，如图 1-6 所示。该视图替代了 Office 以前版本中的 Microsoft Office 按钮和"文件"菜单。因为通过该视图整合的各种文件级操作和任务都是在后台进行的，所以 Backstage 视图也被称为后台视图。在实际的操作中，可以单击"文件"选项卡随时切换到 Backstage 视图。

图 1-6 Access 2010 的启动窗口——Backstage 视图

Backstage 视图分为两个部分，左侧窗格由一些命令组成，右侧窗格显示不同命令的选择结果。命令包括新建、保存、打开、信息、保存并发布、帮助、选项、退出等。此外，与打印相关的命令和设置（如预览、打印、页面布局）也集中在 Backstage 视图中。

图 1-6 给出的是 Backstage 视图的默认界面，左侧窗格中显示当前命令是"新建"数据库，在右侧窗格中显示"可用模板"和"空数据库"两个部分。利用它们既可以从头开始创建新数据库，也可以从专业设计的数据库模板库中选择数据库。"可用模板"中给出了当前 Access 系统中所有的数据库模板，包括 12 个样本模板（其中包含了 5 个 Web 数据库模板）、我的模板以及 Office.com 提供的"资产""联系人""问题 & 任务""非盈利"和"项目"5 个模板类别。单击"样本模板"可以看到当前 Access 系统所提供的 12 个样本模板，其中包含了预先建立的各种数据库对象。如果样本模板基本符合自己的设计要求，用户可以立即使

用该模板或做简单修改后，快速建立起自己的数据库文件。如果没有合适的模板，可以在Office.com 上搜索、下载由他人提供的模板，或者自己创建一个新的数据库文件。当新建一个空白数据库时，在界面右侧会显示将要创建的数据库的默认文件名和保存的位置，用户可以修改文件名和存放的位置。

现在新建了一个数据库文件 Database2.accdb。单击 Backstage 视图中的"信息"命令，在视图的右侧窗格将出现如图 1-7 所示的界面，利用其中的命令选项可以对 Database2.accdb进行压缩、恢复以及加密操作。此外，还可以查看和编辑该数据库文件的属性等。

图 1-7　Backstage 视图中的一种"信息"窗格

Backstage 视图提供了上下文信息，根据不同的情况，"信息"窗格可能会显示数量不同的命令选项。例如，相对图 1-7，在图 1-8 中增加了"启用内容"。这可能是因为存在禁用的宏，而系统阻止了该宏以保护计算机。这时可以通过"信息"窗格查看该宏的上下文信息，并启用宏。又如，某个在 Office 早期版本中创建的文档在兼容模式下打开，并且某些丰富的新功能被禁用的情况下，"信息"窗格中会出现版本转换功能等。

图 1-8　Backstage 视图中的另一种"信息"窗格

在 Backstage 视图中，单击"保存并发布"后，右侧窗格如图 1-9 所示。

"数据库另存为"功能可以将数据库文件保存为 2003 或 2002 等低版本的格式。例如，对于 2010 版本的 Database2.accdb，将被保存为低版本的 Database2.mdb 文件。此外，可以将当前的数据库文件另存为扩展名为 .accdt 的数据库模板，可以将数据库打包、备份，还可以将数据库上传到 SharePoint 网站上实现共享，将包含 VBA 代码的数据库文件保存为扩展

名为 .accde 的文件，该文件可以编译所有的 VBA 代码模块等。

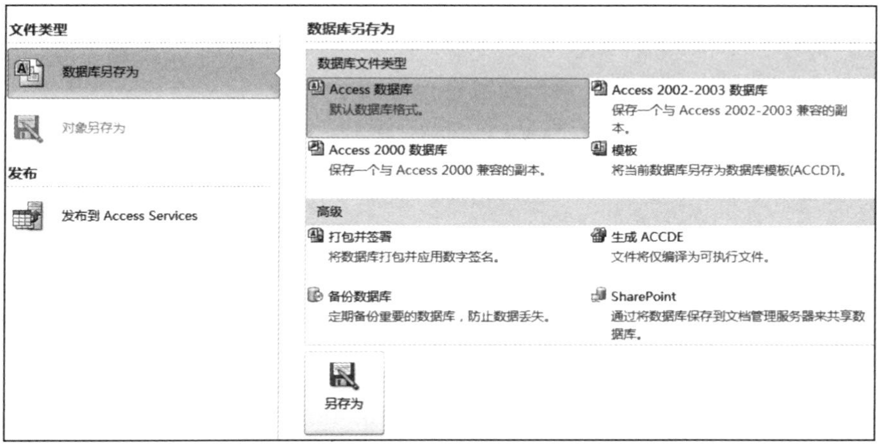

图 1-9 Backstage 视图中的"保存并发布"窗格

"发布到 Access Services"功能可以将数据库文件发布到 SharePoint 网站上，以便通过浏览器和 Access 共享数据库。当数据库发生变化时，需要重新发布到 SharePoint 网站上。

重要提示

1. 需要注意的是，Backstage 视图中的各种命令通常适用于整个数据库，而不是数据库中的某个对象。

2. 可以通过自定义用户界面来扩展 Backstage 视图，该用户界面使用 XML 来定义元素。

3. 发布到 SharePoint 网站上的数据库文件只能是扩展名为 .accdb 的文件。

（2）功能区

功能区取代了以往版本的传统菜单，将相关命令以选项卡的方式组织在一起，在同一时间只显示一个选项卡中的相关命令。如图 1-10 所示，Access 2010 的功能区在默认情况下只有 4 个选项卡，分别是"开始""创建""外部数据"和"数据库工具"。每个选项卡又分为多个选项卡组（简称组）。在与选项卡平行的右侧有一个上箭头和一个问号，分别表示将功能区最小化和显示 Access 的帮助信息（也可以按 F1 键）。实际操作中遇到问题时，可随时查询系统帮助中的信息。

图 1-10 功能区中的"开始"选项卡

利用"开始"选项卡中的命令，可以进行视图的选择、数据的复制／粘贴、记录的排序与筛选，还可以对记录进行刷新、保存、删除、汇总、拼写检查，以及查找记录、设置字体格式和对齐方式等操作。"创建"选项卡中的命令主要用于创建 Access 2010 数据库对象。"外部数据"选项卡中的命令主要用于导入和导出各种数据。例如，导入外部数据或链接到外部数据，通过电子邮件收集和更新数据，导出数据到 Excel、文本文件或电子邮件中，或以 XML、PDF 等格式保存等。"数据库工具"选项卡主要针对 Access 2010 数据库进行比较高级的操作，例如，压缩和修复数据库、启动 VBA 编辑器以创建和编辑 VBA 模块、运行宏、设置数据表之间的关系、显示或隐藏对象相关性、数据库性能分析、将部分或全部数据库移至 SQL Server 或 SharePoint 网站上，以及管理 Access 加载项等。

除了上述 4 个默认的选项卡之外，还有一些隐藏的选项卡，称为上下文选项卡，它们只有在对特定对象进行特定操作时才会显示出来。例如，运行"创建"选项卡"表格"组中的"表"命令，在数据库 Database2.accdb 中创建一个数据表"表 1"时，功能区中会自动出现黄色的"表格工具"选项卡组，其中包括"字段"和"表"两个选项卡。如图 1-11 所示。若采用表设计器来创建"表 1"，则"表格工具"选项卡组中只有"设计"选项卡，如图 1-12 所示。

图 1-11　功能区中出现的"表格工具"选项卡组

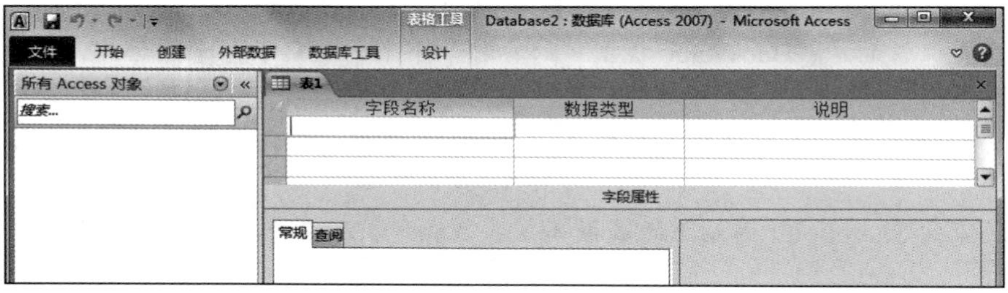

图 1-12　使用表设计器创建表时的"表格工具"选项卡组

如果利用窗体设计器创建一个窗体，则功能区上会出现紫色的"窗体设计工具"选项卡组，其中包括"设计""排列"和"格式"3 个选项卡，如图 1-13 所示。

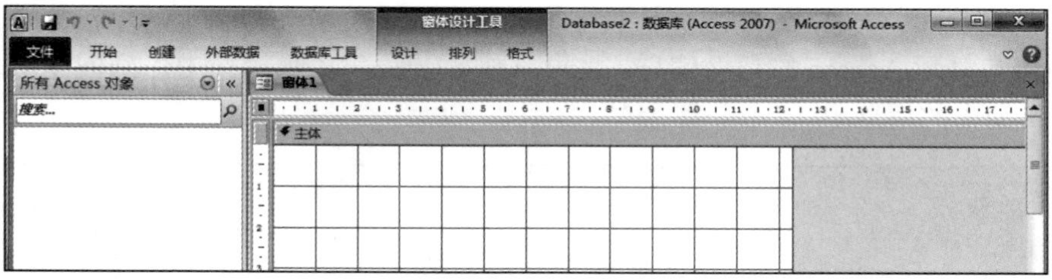

图 1-13　使用窗体设计器创建窗体时的"窗体设计工具"选项卡组

在 Access 2010 中，可以自定义功能区中的选项卡，首先单击 Backstage 视图中的"选项"命令，然后在"Access 选项"对话框中选择"自定义功能区"。如图 1-14 所示。然后选择并添加选项卡、组和命令到功能区中，还可以进行删除、重命名、重新排列选项卡以及组合命令等操作。

图 1-14　自定义功能区

（3）快速访问工具栏

默认情况下，快速访问工具栏位于功能区上方应用程序标题栏左侧的 Access 标志的右边，也可以将其移到功能区的下方。快速访问工具栏将经常使用的功能集中在一起，如"保存""恢复""撤销"等。可以自定义快速访问工具栏以适应自己的工作环境，方法有以下两种。

方法一：单击快速访问工具栏右侧的箭头，通过弹出的"自定义快速访问工具栏"菜单，在工具栏上添加其他命令，如图 1-15 所示。如果提供的命令不能满足需要，可以单击"其他命令"，直接跳转到如图 1-16 所示的界面进行设置。

方法二：单击 Backstage 视图中的"选项"命令，在"Access 选项"对话框中选择"快速访问工具栏"，如图 1-16 所示，然后选择要添加或从快速访问工具栏中移除的命令。

图 1-15　在 Access 用户操作界面中
自定义快速访问工具栏

（4）导航窗格与工作区

导航窗格位于功能区下方的左侧，用于显示当前数据库中已经创建好的各种数据库对象。图 1-17 给出了利用样本模板创建的数据库文件"教职员 .accdb"。通过窗口标题栏中央位置显示的内容可以知道，当前打开的是"教职员"数据库窗口。双击此处可以最大化或者还原该窗口。

图 1-16　在 Backstage 视图中自定义快速访问工具栏

图 1-17　导航窗格和工作区

　　在导航窗格中单击 « 或 »（称为百叶窗开 / 关按钮），可以展开或折叠导航窗格。单击 ⊙，可以在弹出的"浏览类别"菜单中选择查看对象的方式。图 1-17 显示的内容是按照对象类型进行排列的内容，可以看出"教职员"数据库中包含了表、查询、窗体和报表 4 类数据库对象。如果单击 ⊗ 或 ⊗，将折叠或展开每个数据库对象中包含的具体内容。右击导航窗格中的任何对象，将弹出相应的快捷菜单，可以从中选择相关命令执行操作。图 1-18 给出了右击数据库对象"窗体"时的快捷菜单。

　　在导航窗格中，双击某个对象，将打开该数据库对象，如表、窗体或报表，也可以右击数据库对象，然后单击"打开"。如果想了解更多导航窗格的详细内容，可以查看 Access 2010 的帮助信息。

工作区是位于功能区下方、导航窗格右侧的区域。工作区用于对数据库对象进行设计、
编辑、修改、显示，以及打开运行数据库对象。Access 2010 采用了选项卡式文档来代替 Access 2003 中的重叠窗口以显示数据库对象。图 1-17 显示了"教职员列表"和"教职员电话列表"两个选项卡式文档，从文档名前面的图标可以识别出前者是窗体，后者是报表，并且当前文档是"教职员列表"。因为只是借助模板创建了"教职员"这个数据库，各个数据库对象中并没有数据，所以没有显示的内容。

图 1-18　导航窗格中数据库对象"窗体"的快捷菜单

2. Access 2010 的数据库对象

（1）数据表

数据表简称表，是数据库中最基本也是最重要的对象。Access 将数据组织成由行和列组成的二维表，每一行称为一条记录，每一列称为一个字段。需要为每个表指定主键来唯一标识每条记录，并确定各个表中的数据如何彼此关联，从而建立表间关系。表 1-1 给出了 E-R 模型、关系模型以及作为一种 RDBMS 的 Access 的术语对照。

表 1-1　不同模型中的术语对照

E-R 模型	关系模型	Access
实体型	关系模式	数据表结构
实体集	关系	数据表
实体	元组	记录
属性	属性	字段
关键字	主键	主键

图 1-19 给出了样本模板"罗斯文"数据库中的"客户"数据表的结构和内容。这是在 Access 2010 用户操作界面的工作区中展示的数据表。选项卡式文档包括了 4 个数据表，分别是"采购订单""产品""订单"和"客户"，当前显示的是"客户"数据表。

在 Backstage 视图中创建数据库之后，首先要做的工作就是创建数据表。数据表是其他数据库对象的基础。在 Access 中，允许一个数据库中包含多个数据表，在不同的数据表中存储不同主题的数据。每个数据表都是由表结构和记录组成的。创建数据表首先要创建表结构，然后再创建表间关系，最后输入数据或将外部数据导入数据表中。有关数据表的相关概念和具体操作详见本书第四部分的第 7 章。

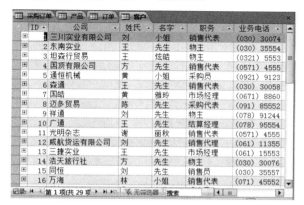

图 1-19　"罗斯文"数据库中的"客户"数据表

（2）查询

查询是数据库中应用最多的数据库对象。查询通常是指通过设置查询条件，从一个表、多个表或其他查询中选取全部或部分数据，以二维表的形式显示数据供用户浏览，或作为窗体、报表或其他查询的数据源。查询的结果虽然以二维表的形式展示，但查询不是数据表。每个查询只记录该查询的操作方式，并不真正保存查询结果数据，每进行一次查询，只是根据该查询的操作方式动态生成查询结果。因此，**数据表是实表，查询是虚表**。

Access 中，查询不仅可以从数据源中产生符合条件的动态数据集，还可以创建数据表，以及对数据源中的数据进行追加、删除、更新操作。

Access 提供了 5 种查询类型，分别是选择查询、参数查询、交叉表查询、操作查询和 SQL 查询。通常使用查询向导和查询设计器两种方式创建查询。

Access 中的查询对象共有 5 种视图，分别是设计视图、数据表视图、SQL 视图、数据透视表视图、数据透视图视图。图 1-20 给出了"罗斯文"数据库中的"现有库存"查询的数据表视图，图 1-21 给出了"现有库存"查询的设计视图。有关查询的相关概念和具体操作详见第四部分的第 8 章。

图 1-20　"现有库存"查询的数据表视图

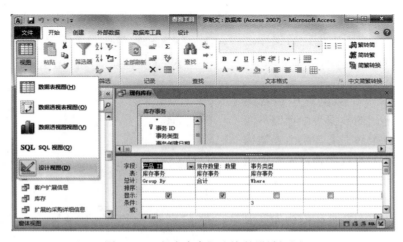

图 1-21　"现有库存"查询的设计视图

（3）窗体

Access 提供了可视化的直观操作来设计数据输入、输出界面的结构和布局，即窗体数据库对象。窗体是用于处理数据的界面，通常包含了很多控件用于执行各种命令。通过设置控件的属性和编写宏或事件过程，可以确定窗体中要显示的内容、所打开的窗体和报表，以及执行其他各种任务。

窗体为数据的输入和编辑提供便捷、美观的屏幕显示方式。其数据可以通过键盘直接输入，也可以来自数据表、查询或 SQL 语句。数据若来自数据表或查询，窗体中显示的数据将随表或查询中数据的变化而变化。

Access 中的窗体对象共有 6 种视图，分别是设计视图、窗体视图、数据表视图、布局视图、数据透视表视图、数据透视图视图，不同的窗体视图有不同的作用和显示效果。如图 1-22 所示，对于一个创建好的窗体，可以通过单击"开始"选项卡中的"视图"命令，从中选择其中的一种视图来查看窗体。

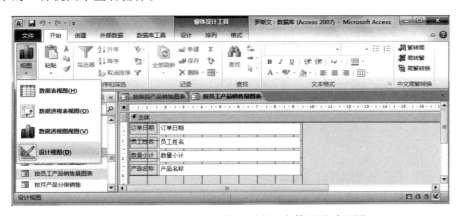

图 1-22　"按员工产品销售量图表"窗体的设计视图

窗体作为用户与数据库交互的界面，在数据库应用程序中扮演着重要的角色。Access 中的窗体类型主要有单个窗体、连续窗体、数据表窗体、分割窗体、多项目窗体、数据透视表窗体、数据透视图窗体、主 / 子窗体、导航窗体等。常用的创建方法有各种自动创建窗体的工具、窗体向导以及窗体设计器等。有关窗体的相关概念和具体操作详见第四部分的第 9 章。

（4）报表

报表主要用于数据的显示和打印，它的数据来源可以是表、查询，也可以是 SQL 语句。同窗体一样，报表本身不存储数据，只是在运行报表的时候才将信息收集起来。通过报表组织和显示 Access 中的数据，为打印或屏幕显示效果设置数据格式。利用报表提供的功能，可以对数据分组，进行数据的计算和统计，还可以打印输出标签、转换为 PDF 等其他格式的文件，以使报表便于阅读。此外，还可以运用报表创建标签并打印输出，以用于邮寄或其他目的的等。

图 1-23 给出了一个典型的报表例子。这是"罗斯文"数据库中的"年度销售报表"报表的报表视图，分别统计了各个产品在 4 个季度的销售金额。

报表有 4 种视图，分别是设计视图、报表视图、布局视图、打印预览视图。一般采用报表向导、报表设计器来创建报表。报表的种类有纵栏式报表、表格式报表、图表报表和标签报表。有关报表的相关概念和具体操作详见第四部分的第 9 章。

按类别产品销售	供应商电话簿	供应商通讯簿	客户电话簿	年度销售报表

年度销售报表   2012年8月6日   19:00:15

2006

产品	第一季度	第二季度	第三季度	第四季度	总计
柳橙汁	¥14,720.00	¥230.00	¥0.00	¥0.00	¥14,950.00
啤酒	¥1,400.00	¥5,418.00	¥0.00	¥0.00	¥6,818.00
桂花糕	¥0.00	¥3,240.00	¥0.00	¥0.00	¥3,240.00
酸奶酪	¥0.00	¥3,132.00	¥0.00	¥0.00	¥3,132.00
虾子	¥1,930.00	¥868.50	¥0.00	¥0.00	¥2,798.50
胡椒粉	¥680.00	¥1,920.00	¥0.00	¥0.00	¥2,600.00
玉米片	¥1,402.50	¥1,147.50	¥0.00	¥0.00	¥2,550.00
酱油	¥250.00	¥2,250.00	¥0.00	¥0.00	¥2,500.00
虾米	¥0.00	¥2,208.00	¥0.00	¥0.00	¥2,208.00
猪肉干	¥530.00	¥1,590.00	¥0.00	¥0.00	¥2,120.00
小米	¥0.00	¥1,950.00	¥0.00	¥0.00	¥1,950.00
猪肉	¥0.00	¥1,560.00	¥0.00	¥0.00	¥1,560.00
海鲜粉	¥300.00	¥900.00	¥0.00	¥0.00	¥1,200.00
盐	¥220.00	¥660.00	¥0.00	¥0.00	¥880.00
糖果	¥552.00	¥230.00	¥0.00	¥0.00	¥782.00
绿茶	¥598.00	¥0.00	¥0.00	¥0.00	¥598.00
麻油	¥0.00	¥533.75	¥0.00	¥0.00	¥533.75
番茄酱	¥0.00	¥500.00	¥0.00	¥0.00	¥500.00
三合一麦片	¥0.00	¥280.00	¥0.00	¥0.00	¥280.00
苹果汁	¥270.00	¥0.00	¥0.00	¥0.00	¥270.00
鸡精	¥0.00	¥200.00	¥0.00	¥0.00	¥200.00
花生	¥0.00	¥200.00	¥0.00	¥0.00	¥200.00
葡萄干	¥140.00	¥52.50	¥0.00	¥0.00	¥192.50
	¥22,992.50	¥29,070.25	¥0.00	¥0.00	¥52,062.75

图 1-23 "年度销售报表"报表的报表视图

（5）宏

宏是由一个或多个宏操作命令组成的集合，主要功能是让程序自动执行相关的操作。Access 2010 提供了大量的宏操作命令，每个宏操作命令都可以完成一个特定的任务。例如，宏操作 OpenForm 用于打开一个指定的窗体；宏操作 MessageBox 用于显示一个消息对话框，如图 1-24 所示，用户只需要输入相应的参数就可以创建一个简单宏。

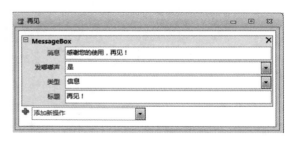

图 1-24 "再见"宏的设计视图

宏与内置函数一样，可以为数据库应用程序提供各种基本功能。可以在窗体、报表、控件和模块中添加并使用宏以完成特定的功能。例如图 1-25 所示的"登录"窗体，若将"退出"命令按钮的"单击"事件与图 1-24 所示的"再见"宏相关联，则使得"登录"窗体运行时，单击"退出"命令按钮就执行 MessageBox 宏操作，即弹出如图 1-26 所示的对话框。使用宏非常方便，不需要记住语法，也不需要复杂的编程，只需利用几个简单的宏操作就可以对数据库进行一系列的操作。有关宏的相关概念和具体操作详见第四部分的第 10 章。

（6）模块

模块是 Access 中一个重要的对象，它比宏的功能更强大，运行速度更快，不仅能完成操作数据库对象的任务，还能直接运行 Windows 的其他程序。通过模块还可以自定义函数，以完成复杂的计算、执行宏所不能完成的复杂任务。

图 1-25　与"再见"宏绑定的"登录"　　　　图 1-26　"再见"宏的运行界面
　　　　　窗体的窗体视图

模块由 VBA 声明语句和一个或多个过程组成。过程由一系列 VBA 代码组成，并通过 VBA 语句执行特定的操作或计算数值。过程分为两类：事件过程和通用过程。通用过程分为 Sub 过程和 Function 过程。Sub 过程又称子程序，Function 过程又称函数过程。事件过程是一种特殊的 Sub 过程，它由系统自动命名，事件过程名由指定的控件名和其所响应的事件名称构成。

在 Access 中，模块分为两种基本类型：类模块和标准模块。窗体模块和报表模块都属于类模块，而且它们各自与某一个具体存在的窗体或报表相关联。标准模块是存放公共过程的模块，这些过程不与任何对象关联。

任何模块都需要在 VBA 编辑器中编写相关代码。图 1-27 给出了 VBA 编辑器的界面。在左侧的工程窗口中可以看到名为"教学管理系统"的数据库中的所有模块。其中，类模块有 7 个，全部是窗体模块（以"Form_"开头），标准模块有 3 个。窗口右侧的代码区显示的是名为"模块 2"的标准模块的代码，可以看出，"模块 2"中只有一个名为 sum 的过程，功能是计算 1 ～ 100 之间的奇数和。执行这个过程的结果如图 1-28 所示。有关模块的相关概念和具体操作详见第四部分的第 11 章。

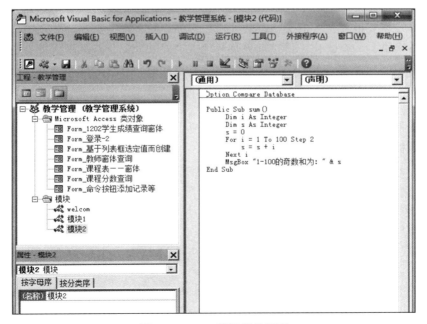

图 1-27　VBA 编辑器的界面

图 1-28   模块 2 中 sum 过程的运行结果

重要提示

　　Access 2010 数据库使用新格式来保存文件，创建扩展名为 .accdb 文件格式的数据库，而不是先前版本的 .mdb 文件格式。Access 2010 向下兼容，在 Access 2010 中仍然可以打开和编辑低版本的数据库，但诸如文件菜单等各级菜单、数据库窗口以及工具栏等功能将被 2010 版本的用户界面所替代。

1.3　数据视图

　　数据库管理系统的主要目的之一是通过抽象来屏蔽数据存储和维护细节，为用户提供数据的抽象视图，以简化用户与数据库系统的交互。

1.3.1　数据抽象

1. 三个世界

　　数据处理的过程会涉及三个不同的世界：现实世界、信息世界和计算机世界。

　　现实世界是存在于人们头脑以外的客观世界，狭义上讲，现实世界就是客观存在的每个事物和现象。

　　信息世界是现实世界在人们头脑中的反映和解释，它将现实世界的事物用文字和符号记录下来，是现实世界的概念化。信息世界是对现实世界的抽象，并从现实世界中抽取出能反映现实本质的概念和基本关系。信息世界作为现实世界通向计算机世界的桥梁，起着承上启下的作用。

　　计算机世界是对信息世界的进一步抽象，反映数据特征和数据之间的联系，是信息世界的形式化和数据化。信息世界的信息在计算机世界中以数据的形式进行存储。有时也将计算机世界称为数据世界。

　　上述三个世界中的常用术语对照如表 1-2 所示。

2. 抽象层次

　　抽象层次由高到低依次划分为：视图层、逻辑层和物理层。

表 1-2　三个世界中对应数据和数据特征的术语

现实世界	信息世界	计算机世界
个体	实体	记录或元组
特征	属性	字段或数据项

　　1）**视图层**：因为大多数用户并不需要访问数据库中的全部数据，所以视图层仅描述整个数据库的部分数据，为用户提供屏蔽了数据类型等细节的一组应用程序。并且从安全性考虑，系统在视图层定义了多个不同的视图使不同的用户访问不同的数据。

　　2）**逻辑层**：程序设计人员在这个抽象层次上使用某种高级程序设计语言进行工作。逻辑层描述整个数据库所存储的数据以及数据之间的关系。DBA 通常在这个抽象层次上工作。

　　3）**物理层**：描述数据的实际存储情况。DBA 可能需要了解某些数据物理结构的细节，程序设计人员可能没有必要了解这些细节。数据库系统为数据库程序设计人员屏蔽了许多物理层的存储细节。

1.3.2　视图

　　视图的本意是指一个人看到某个物体所得到的图像。物体有全局的概念，而视图具有局部的含义。将视图的概念引入数据库，数据库相当于一个全局的事物，而每个用户从数据库中看到的数据就形成了视图。例如，从教务管理系统中查看成绩，每名学生登录系统后只能看到自己的课程成绩。视图相当于数据库的一个子集，它提供了一个保密级别，可以通过创建视图将用户不能查看的数据排除在外。图 1-29 给出了与三个抽象层次对应的视图：用户视图、概念视图和存储视图。用户视图也称外部视图，呈现的是数据库的局部结构。概念视图呈现的是数据库的全局结构。存储视图也称内部视图，呈现的是存储记录的物理顺序和彼此关联的方式。

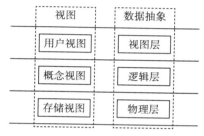

图 1-29　数据抽象与视图

1.3.3　模式与实例

　　对数据库的描述或者说对包含在一个数据库中所有实体的描述定义，称为**数据库模式**，简称**模式**。在多个抽象级别进行定义就形成了多个级别的模式。特定时刻存储在数据库中的数据集合称为数据库的一个**实例**。同一个模式可以有很多实例。

　　通常情况下，模式在数据库设计阶段就要确定下来，一般不会频繁修改，因而是相对稳定的，而实例是变化的，因为数据库中的数据总是不断更新。模式反映的是数据的结构及其联系，而实例反映的是数据库某一时刻的状态。

1.4　数据库系统

1.4.1　数据库系统的组成

　　在具体应用中，最终用户实际面对的是数据库系统，而不是数据库或数据库管理系统。**数据库系统**（DataBase System，DBS）是基于数据库的计算机应用系统。如图 1-30 所示，DBS 由计算机软硬件、数据库（包括物理数据库和描述数据库）、数据库管理系统、数据库应用系统、数据库管理员以及用户组成。

　　其中，数据库应用系统是实现业务逻辑的应用软件，它通过向 DBMS 提出合适的请求（SQL 语句）而与数据库进行交互。数据库应用系统是以操作系统、DBMS、高级程序设计语言和实用程序为软件环境，以某一领域的数据管理需求为应用背景，采用数据库概念和技术编写的一个可实际运行的计算机程序。它提供一个友好的图形用户界面，使用户可以方便地访问数据库中的数据。常见的数据库应用系统有信息管理系统、办公自动化系统、情报检索系统、高校教学管理系统、财务管理系统、商业交易系统等。

　　数据库管理员（DataBase Administrator，DBA）是负责对数据库进行全面管理和控制的人员。数据库是共享资源，可以被多个用户和应用程序共享，需要统一规划、管理、协调、监控，同时，数据库也是重要的信息资源，需要对数据库中数据的并发性、安全性、完整性以及故障恢复进行维护，DBA 就是完成上述工作的人员或机构。DBA 可能是一个人，也可能是一组人。对于一个规模较大的数据库系统，DBA 通常指数据库管理机构或部门。DBA 的工作很繁重也很关键，所有与数据库有关的事宜一般均由 DBA 来决定。

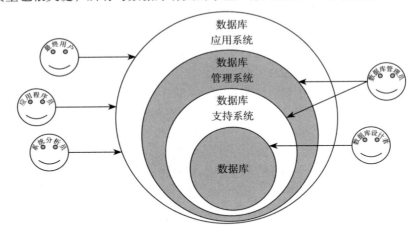

图 1-30　数据库系统的组成

重要提示

　　数据库、数据库系统、数据库管理系统是三个不同的概念，在不引起混淆的情况下，数据库通常作为数据库系统或数据库管理系统的简称。比如，人们常说的数据库应用领域、数据库的三级模式结构，实际上是指数据库系统的应用领域、数据库系统的三级模式结构。又比如，甲骨文公司的 Oracle 是一款关系数据库管理系统产品，人们通常简称为 Oracle 数据库。大学里常用的教学管理数据库系统，也常常称为教学管理数据库或教学管理系统。在实际学习中，到底是指哪一个概念，要根据上下文来理解。

1.4.2　数据库系统的特点

（1）数据的结构化

数据的结构化是指数据之间相互联系，面向整个系统。具体来说，就是数据库系统不仅描述数据本身，而且还描述数据之间的联系，实现了整体数据的结构化。数据的结构化也是数据库系统与文件系统的主要区别之一。

（2）数据共享程度高、易扩充、冗余度低

共享是指数据可以被多个用户、多个应用程序使用。冗余度是指同一数据被重复存储的程度。共享程度高可以大大减少数据冗余，节约存储空间，避免数据的不一致性。此外，由于数据库设计是面向系统而不是面向某个应用，主要考虑的是数据的结构化，因而容易扩充。

（3）数据的独立性高

数据库系统的一个重要目标就是要使程序和数据真正分离，使它们能独立发展。数据的独立性就是指数据独立于应用程序，两者之间互不影响。数据的独立性包括逻辑独立性和物理独立性。

（4）数据控制能力较强

数据由 DBMS 统一管理和控制，包括数据的并发控制、安全性控制、完整性控制以及故障恢复等。

1.4.3 数据库系统的体系结构

数据库系统的体系结构分为外部体系结构和内部体系结构。外部体系结构是指从数据库最终用户的角度来看数据库系统，一般分为集中式结构、分布式结构、客户/服务器结构和并行结构。内部体系结构是指从数据库管理系统的角度来看数据库系统。本小节介绍数据库系统的内部体系结构，即三级模式结构。

1. 数据库系统的三级模式结构

根据美国国家标准化协会和标准计划与需求委员会提出的建议，将数据库系统的内部体系结构定义为三级模式和二级映像结构，如图 1-31 所示。数据库系统的三级模式之间的联系通过二级映像实现，实际的映像转换工作由 DBMS 完成。

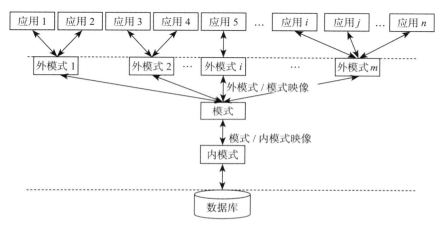

图 1-31　数据库系统的三级模式和二级映像

与数据抽象的层次相对应，数据库系统的三级模式分别是外模式、模式和内模式，如图 1-32 所示。一个数据库只有一个模式、一个内模式，但可以有多个外模式。数据库系统的三级模式不仅可以使数据具有独立性，而且还可以使数据达到共享，使同一数据能够满足更多用户的不同要求。

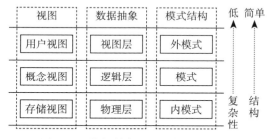

图 1-32　数据抽象、视图与三级模式

（1）外模式

外模式（External Schema）也称**子模式**或**用户模式**，是数据库在视图层上的数据库模式。它是数据库用户能够看见和使用的局部数据的逻辑结构和特征的描述，是数据库用户的数据视图，是与某一应用有关的数据的逻辑表示。

一个数据库可以有多个外模式，由于不同用户有不同的需求，以及拥有不同的访问权限，因此，对不同用户提供不同的外模式的描述，即每个用户只能看见和访问所对应的外模式中的数据。同一外模式可以为多个应用程序使用，但一个应用程序只能使用一个外模式。

例如，大学的教学管理系统中，学生可能需要知道所选课程的名称、学分、授课教师、地点、时间以及课程成绩，但不必知道授课教师的工资、福利等信息。授课教师只需要知道所教学生的学号、姓名、性别、专业、所在学院以及所教课程的学生成绩，但不必知道学生其他课程的成绩以及学生的年龄、籍贯等其他信息。这样就需要为教师和学生分别建立一个数据库视图。

DBMS 提供外模式 DDL 来严格地定义外模式，例如为教师创建一个所教课程号为 C1 的学生成绩视图，使用 SQL 语句表示如下。有关 SQL 的内容将在本书第三部分详细介绍。

```
CREATE VIEW 学生成绩
    AS
SELECT 学号，课程号，成绩
FROM 成绩
WHERE 课程号＝"C1";
```

（2）模式

模式（Schema）也称**逻辑模式**，是在逻辑层描述数据库的设计。模式是数据库中全体数据的逻辑结构和特征的描述，通常称为数据模式，是所有用户的公共数据视图。模式实际上是数据库数据在逻辑层上的视图。

DBMS 一般提供模式 DDL 来严格定义数据的逻辑结构、数据之间的联系以及与数据有关的安全性要求、完整性约束等。数据的逻辑结构包括数据记录的名字以及数据项的名字、类型、取值范围等。

下面给出了教学管理数据库系统中模式的例子，其中标有下划线的字段是主键：

学生模式：*学生（学号，姓名，性别，出生日期，所在系，班级）*

系模式：*系（系号，系名，系主任）*

课程模式：*课程（课程号，课程名，所在系，学分）*

选修模式：*选修（学号，课程号，成绩）*

（3）内模式

内模式也称**存储模式**。它是对数据库物理结构和存储方法的描述，是数据在存储介质上的保存方式。例如，数据的存储方式是顺序存储还是按照 B 树结构存储等。

一般由 DBMS 提供的内模式 DDL 来定义内模式。内模式对一般用户是透明的，通常不需要关心内模式具体的实现细节，但它的设计会直接影响数据库的性能。

2. 数据独立性与二级映像

（1）数据独立性

在三级模式中提供了二级映像，以保证数据库系统的数据独立性。数据的独立性包括物理独立性和逻辑独立性。

物理独立性是指用户的应用程序与存储在磁盘上数据库中的数据相互独立，应用程序不会因为物理存储结构的改变而改变。物理独立性使得在系统运行中，为改善系统效率而调整物理数据库不会影响应用程序的正常运行。

逻辑独立性是指用户的应用程序与数据库的逻辑结构相互独立。数据库的逻辑结构改变了，如增删字段或联系，也不需要重写应用程序。

（2）二级映像

二级映像在 DBMS 内部实现数据库三个抽象层次的联系和转换。二级映像包括外模式 / 模式映像和模式 / 内模式映像。二级映像保证了数据库系统中的数据具有较高的逻辑独立性和物理独立性。

- **外模式 / 模式映像**。即外模式到逻辑模式的映像，它定义了数据的局部逻辑结构与全局逻辑结构之间的对应关系。该映像定义通常包含在各自外模式的描述中。对于每一个外模式，数据库系统都有一个外模式 / 模式映像。当逻辑模式改变时，由 DBA 对各个外模式 / 模式映像做相应改变，使外模式保持不变，从而不必修改应用程序，保证了数据的逻辑独立性。
- **模式 / 内模式映像**。即逻辑模式到内模式的映像，定义了数据的全局逻辑结构与物理存储结构之间的对应关系。该映像定义通常包含在模式描述中。数据库中只有一个模式，也只有一个内模式，所以模式 / 内模式映像也是唯一的。当数据库的存储结构改变（如换了另一个磁盘来存储该数据库）时，由 DBA 对模式 / 内模式映像做相应改变，使模式和外模式保持不变，从而保证了数据的物理独立性。

> **重要提示**
>
> 1. 模式是内模式的逻辑表示，内模式是模式的物理实现，外模式则是模式的部分抽取，它定义在模式之上，独立于内模式和存储设备。
>
> 2. 模式是数据库系统的中心和关键，因此，在数据库设计中首先应该确定数据库的模式。
>
> 3. 外模式面向具体的应用程序，当应用需求发生较大变化导致相应的外模式不能满足其要求时，外模式就需要做相应的修改。因此，设计外模式时应充分考虑具体应用的可扩充性。
>
> 4. 数据库三级模式之间的转换是在 DBMS 的统一控制下实现的。

1.5 小结

数据处理也称信息处理，数据是符号化的信息，信息是语义化的数据。数据管理是数据处理的中心问题，数据管理技术的优劣直接影响数据处理的效率。数据库技术是数据管理的最新技术。

数据库是由数据库管理系统（DBMS）进行管理的数据集合，这种集合可以长期保存。数据库管理系统允许用户使用数据定义语言建立数据库并说明数据的逻辑结构，同时提供了查询、更新数据的操作以及控制多个用户或应用程序对数据的访问。数据库系统就是采用数据库技术的计算机系统。DBMS 是数据库系统的核心，数据库中的数据都是由 DBMS 统一进行管理和控制的。从 DBMS 角度看，数据库系统通常采用三级模式结构和二级映像。三级模式结构是由外模式、模式和内模式三级组成。二级映像保证了数据的独立性。

习题

1. 名词解释：

数据、信息、数据处理、数据库、数据库管理系统、数据库应用系统、数据库系统、数据库管理员、数据字典、外模式、逻辑模式、内模式、数据的独立性

2. 简述文件管理方式的缺点。
3. 简述数据库管理系统的主要功能。
4. 简述数据库系统的特点。
5. 简述数据库系统中的数据独立性是如何实现的。

第 2 章

数据模型

数据模型（Data Model）是数据抽象的工具，根据数据抽象的 3 个层次，数据模型分为概念数据模型、逻辑数据模型和物理数据模型。物理数据模型是指具体的 DBMS 在实现其支持的逻辑数据模型时，所用到的具体的物理存储结构。物理数据模型在数据库应用系统的开发中较少涉及，因此本章不做讨论。

2.1 数据模型三要素

数据模型是对数据、数据的特征以及数据之间联系的模拟、组织和抽象。 数据模型是数据库系统的基础和核心，是数据库的框架，这个框架表示了信息及其联系的组织和表达方式，同时反映了存取路径，是对数据库如何组织的一种模型化表示。

数据模型有型和值的概念。**型是对数据库中全体数据的逻辑结构和属性的描述，称为数据模式。值是型的一个具体值，称为实例。** 同一数据模式可以有很多实例。

重要提示

1. 通常情况下，对数据库模式、数据模式、数据库系统模式不做区分，它们本质上是相同的，都属于型，是一种框架、结构，相对稳定、变化不大，只是针对不同场合给出的不同叫法。

2. 数据库模式以某一种数据模型为基础，若以关系模型为基础，数据库模式就称为关系模式。

数据模型可以精确描述系统的静态特征、动态特征以及完整性约束条件。静态特征是指数据结构；动态特征是指数据操作，包括查询、插入、删除和修改等操作；完整性约束条件是指对数据的约束条件。通常，将数据模型定义为一组面向计算机的概念集合，即数据模型的三要素：**数据结构、数据操作、数据约束**。

1. 数据结构

数据库对象包括数据和数据之间的联系。数据结构是数据库对象类型的集合，它描述数据的静态特征，即数据本身以及数据之间的联系。数据本身包括数据的类型、内容、特征等。

2. 数据操作

数据操作是一组定义在数据上的操作，通常包括查询、插入、删除、修改。数据操作描述的是数据的动态特征。数据模型要定义操作的含义、操作符、运算规则，以及实现操作的语言。

3. 数据约束

约束条件用于描述对数据的约束，包括数据本身的完整性和数据之间联系的约束。约束条件的主要目的是使数据库与它所描述的现实世界相符合，因此，约束条件是数据库中数据必须满足的完整性规则的集合。

约束条件是对数据静态特征和动态特征的限定，以保证数据库中数据的正确、有效和安全。比如，对性别属性的约束条件是性别的取值只能是"男"或者"女"。

2.2 数据模型的分类

按照不同的应用层次和抽象级别的由高到低，将数据模型依次划分为概念数据模型、逻辑数据模型和物理数据模型。概念数据模型主要用于数据库的设计，逻辑数据模型主要用于 DBMS 的实现。

数据模型是对现实世界特征的模拟和抽象，主要通过以下两个步骤完成将抽象组织成数据模型的过程，如图 2-1 所示。

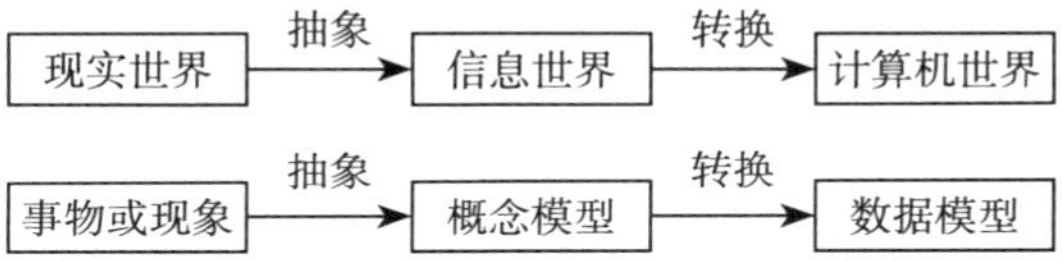

1）**将现实世界抽象为信息世界**。通过对现实世界中的事物或现象及它们之间联系的概念化抽象，形成了信息世界中的概念模型。

图 2-1　现实世界抽象过程

2）**将信息世界抽象为计算机世界**。即将概念模型转换为计算机能接受的（逻辑）数据模型。通常将逻辑数据模型简称为数据模型。

2.2.1 概念数据模型

概念数据模型（Conceptual Data Model，CDM）也称信息模型，它面向现实世界建模，按照用户的观点对数据进行描述，是面向用户的模型。

CDM 对现实世界中的事物和特征进行数据抽象，只关心现实世界中的事物、事物的特征以及联系，与具体的 DBMS 和具体的计算机平台无关。CDM 强调语义表达，描述信息结构，是对现实世界的第一层抽象，也是系统分析员、程序设计员、维护人员、用户之间进行交流的语言。常用的概念数据模型是实体 – 联系模型，简称 E-R 模型，详细内容参见 2.3 节。概念模型必须转换成逻辑数据模型才能在 DBMS 中实现，将概念模型转换为逻辑模型的相关内容将在本书第二部分第 4 章的 4.3 节中进行介绍。

2.2.2 逻辑数据模型

概念数据模型是概念上的抽象，它与具体的 DBMS 无关。而逻辑数据模型（Logical Data Model，LDM）与具体的 DBMS 有关，它直接面向数据库的逻辑结构。通常将逻辑数据模型简称为数据模型。如无特殊说明，从本小节开始，所提到的数据模型均指逻辑数据模型。

逻辑数据模型也称结构数据模型（Structural Data Model），它是用户通过数据库直接感知的数据模型，是计算机实际支持的数据模型，与具体的 DBMS 有关。通常，DBMS 只支持一种 LDM。

LDM 按照计算机系统的观点对数据进行描述，包括描述数据库中数据的表示方法和数据库结构的实现方法。目前对 LDM 的分类主要包括四种：层次模型（Hierarchical Model）、网状模型（Network Model）、关系模型（Relational Model）和面向对象模型（Object-Oriented Model）。面向对象模型目前仍处于发展中，它具有丰富的表达能力，但模型相对复杂且涉及知识较多，本小节因篇幅所限不做详细介绍。

1. 层次模型

层次模型是最早出现的数据模型，它采用层次数据结构来组织数据。层次模型可以简单、直观地表示信息世界中实体、实体的属性以及实体之间的一对多联系。它使用记录类型来描述实体，使用字段来描述属性，使用结点之间的连线表示实体之间的联系。

层次数据结构也称树形结构，树中的每个结点代表一种记录类型。上层记录（称为父记录或父结点）可能同时拥有多个下层记录（称为子记录或子结点），而下层记录只能有唯一的上层记录。满足以下两个条件的数据模型称为层次模型。

1）只有一个结点没有父结点，称该结点为根结点。

2）根结点以外的其他结点有且只有一个父结点。

层次模型可以自然地表示家族结构、行政组织结构等。图 2-2 给出了一个层次模型的示例，表示了 4 个实体、3 个基本层次的一对多联系。

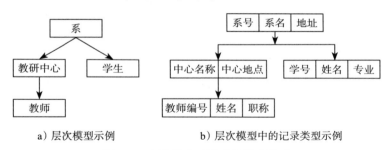

a）层次模型示例　　　　　b）层次模型中的记录类型示例

图 2-2　大学学院下设系的层次模型

层次模型的三要素包括：

1）**数据结构**：使用记录类型表示实体，使用结点之间的连线表示一对多的联系。

2）**数据操作**：包括结点的查询和结点的更新（如插入、删除和修改）操作。

3）**完整性约束**：一个模型只有一个根结点，其他结点只能有一个双亲结点，结点之间是一对多的联系。

层次模型的优点是结构简单、清晰，容易理解，结点之间的联系简单，查询效率高。缺点主要有以下几点：

1）不能表示一个结点有多个双亲的情况。

2）不能直接表示多对多的联系，需要将多对多联系分解成多个一对多的联系。常用的分解方法是冗余结点法和虚拟结点法。

3）插入、删除限制多。比如，如果删除父结点则相应的子结点也被同时删除等。相关内容可参考"数据结构"课程中树的相关操作。

4）必须经过父结点才能查询子结点，因为在层次模型中，没有一个子结点的记录值能够脱离父结点的记录值而独立存在。

2. 网状模型

层次模型只能通过父子关系表示数据之间的关系，而网状模型能够直接描述一个结点有多个父结点以及结点之间为多对多联系的情形。网状模型采用网状结构，使得每个子记录可以同时拥有多个父记录，是满足以下两个条件的层次结构的集合。

1）允许有一个以上的结点无父结点。

2）一个结点可以有多于一个的父结点。

实际上，层次模型是网状模型的一个特例。网状模型去掉了层次模型中的限制，允许多个结点没有父结点，允许结点有多个父结点，还允许结点之间存在多对多的联系。图 2-3 给出了使用网状模型表示学生和课程之间多对多联系的示例。

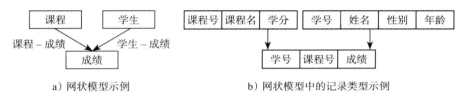

a）网状模型示例　　　　　　　b）网状模型中的记录类型示例

图 2-3　描述多对多联系的网状模型

网状模型中子结点与父结点的联系可以不唯一，但需要为每个联系进行命名，图 2-3a 中成绩结点有两个父结点：课程和学生。将课程与成绩的联系命名为"课程 – 成绩"，将学生与成绩的联系命名为"学生 – 成绩"。

网状模型的三要素包括：

1）**数据结构**：使用记录类型表示实体，使用字段描述实体的属性，每个记录类型可包含若干个字段，使用结点之间的连线表示一对多的联系。

2）**数据操作**：包括结点的查询和结点的更新操作。

3）**完整性约束**：支持码的概念，用于唯一标识记录的数据项的集合；保证一个联系中双亲结点与子结点之间是一对多联系；支持双亲记录和子女记录之间的某些约束条件，如只删除双亲结点等。

网状模型具有良好的性能，存取效率较高。相比层次模型，网状模型中结点之间的联系具有灵活性，能表示事物之间的复杂联系，更适合描述客观世界。网状模型虽然有效克服了层次模型不方便表达多对多联系的缺点，但由于复杂的网络关系使得数据结构的更新变得非常困难。此外，所提供的 DDL 语言复杂，不容易学习和掌握。

3. 关系模型

层次模型和网状模型的共同缺点是：缺乏被广泛接受的理论基础；对数据结构有很强的依赖性，即数据的独立性差；即使是简单的查询也必须编写复杂的程序，这是因为这两种模型是通过存取路径实现记录之间的联系的，应用程序在访问数据时必须选择适当的存取路径，不理解数据结构就无法进行相应的数据访问，这加重了编写应用程序的负担。此外，这两种模型均不支持集合处理，即没有提供一次处理多个记录的功能。

关系模型在 1970 年由 IBM 的 E. F. Codd 首次提出。关系模型解决了层次模型和网状模型的不足，不仅可以描述一对一、一对多和多对多的联系，而且消除了对数据结构的依赖，并向用户隐藏了存取路径，大大提高了数据的独立性以及程序员的工作效率。此外，关系模型建立在严格的数学概念和数学理论基础之上，支持集合运算。关系模型作为主流的逻辑数据模型，将在本章 2.4 节进行详细介绍。

2.2.3 物理数据模型

物理数据模型（Physical Data Model，PDM）是在计算机系统的底层对数据进行抽象，它描述数据在存储介质上的存储方式和存取方法，是面向计算机系统的数据模型。

PDM 与具体的 DBMS 有关，还与 DBMS 所依赖的操作系统和硬件有关。每一种逻辑数据模型在实现时都有其对应的物理数据模型。大部分 PDM 的实现工作由系统自动完成，以保证 PDM 的独立性。

2.3 实体 – 联系模型

实体 – 联系（Entity-Relationship）数据模型，简称 E-R 模型，是最常用的概念模型，由 P. P. Chen 于 1976 年首先提出。E-R 模型作为数据库设计人员与用户进行交流的语言，提供不受任何 DBMS 约束的面向用户的表达方法，作为数据建模工具被广泛用于数据库设计中。E-R 模型将现实世界中用户的需求转化成实体、属性、联系等几个基本概念，并使用 E-R 图非常直观地表示出来。

2.3.1 E-R 模型基本概念

1. 实体（Entity）

实体是概念世界中的基本单位，是客观存在且又能相互区别的事物。实体可以是物理存在的事物，如一名学生、一名教师、一所大学、一本书等；也可以是抽象的事物，如一门课程、一次借书、一场考试等。

2. 属性（Attribute）

实体具有若干特征，每个特征称为实体的一个属性。例如，每个学生实体都具有学号、姓名、年龄、性别等属性。

属性按照结构分为**简单属性**和**复合属性**。实体的属性值是数据库中存储的主要数据，一个简单属性实际上相当于数据表中的一个列。

简单属性是不可以再划分的属性，如性别、年龄等。复合属性是可以再划分为多个子属性的属性，如可以将属性"家庭地址"划分为省、市、区、街道名、门牌号等多个子属性。复合属性可以准确描述现实世界的复合信息结构，使用灵活，既可以将它作为整体处理，即作为一个属性（如家庭地址），也可以将它的各个子属性作为简单属性（如所在省、市、区、街道名、门牌号 5 个属性）。

属性按取值分为**单值属性**和**多值属性**。对于一个特定实体的属性，如果是单值属性，则只有一个属性值，比如学生的"学号"属性。如果是多值属性，则对应一组值，如学生的"学位"属性，其值可能是学士、硕士、博士三个值，也可能是其中的两个值。

3. 实体型（Entity Type）

实体型是对现实世界中各种事物的抽象，是对具有相同属性的一类实体的特征和性质的结构描述。通常使用实体名和属性名来抽象和刻画同类实体。例如，"学生（学号，姓名，性别，年龄）"就是一个实体型。一般来说，每个实体型相当于数据库中一张表的表结构。

4. 实体集（Entity Set）

若干同型实体的集合称为实体集，或者说，凡是有共性的实体组成的一个集合称为实体集。例如，理学院的学生、某大学开设的课程、某大学的教师、某大学某个专业的全体学生等都可以构成一个个实体集。

实体集由实体集名、实体型和实体三个部分组成。实体集名一般沿用实体型的名称。在实际应用中，一个实体型通常被抽象为一个实体集。在不强调个体的情况下，通常将实体型或实体集简称为实体。一个实体集相当于关系数据库中一张完整的数据表，包括表名、表结构和表中的数据（记录）。

5. 关键字、码或键（Key）

一个实体本身具有许多属性，能唯一标识实体集中每个实体的属性集合称为关键字（也称为码、键）。例如，学号可以作为学生实体集的关键字。一个实体集可以有若干个关键字，通常选择其中一个作为主关键字（也称为主码、主键、Primary Key）。

6. 域（Domain）

域是指属性的取值范围。例如，性别的域为集合 { 男，女 }。

7. 联系（Relationship）

现实世界中事物之间或事物内部之间的关联称为联系，在 E-R 模型中反映为实体集内部的实体之间或实体集与实体集之间的相互关系。比如，某单位内部职工之间的上下级关系或因为共同的兴趣爱好而建立的队长和队员的关系等，都是实体之间的联系。又比如，医生与病人之间的治疗关系、旅客与高铁之间的乘坐关系、学生和课程之间的选修关系，这些都是实体集与实体集之间的联系。有些情形下联系也有自己的属性，比如，学生和课程之间"选修"这个联系的属性可以是"成绩"。

【例 2-1】假设某大学的"教学管理"数据库中存储着学院、学生和课程的信息，并给出了下述说明，请定义实体型，并指出可能存在的联系。

大学设有很多学院，每个学院有学院编号、学院名、一名院长；一个学院有多个学生，而一个学生仅属于一个学院，每名学生具有学号、姓名、性别、出生日期、所在学院、班级；一个学生可以选修多门课程，而一门课程有多个学生选修，每门课程的信息包括课程号、课程名、所在学院、学分；一个学院可以开多门课，每门课只能由一个学院开设。

1）根据上述说明，可以定义如下 3 个实体型：

学院（学院编号，学院名，院长），其中，学院编号是关键字。

学生（学号，姓名，性别，出生日期，所在学院，班级），其中，学号是关键字。

课程（课程号，课程名，所在学院，学分），其中，课程号是关键字。

2）存在的联系包括：

实体集与实体集之间的联系：学生和学院之间的从属关系；学生和课程之间的选修关系；课程和学院之间的归属关系。

实体之间的联系：课程和课程之间的先修关系；学生和学生之间的组长与组员的关系等。

2.3.2　完整性约束

1. 所关联的实体集数目上的约束

按照所涉及的实体集数目，将联系分为一元联系、二元联系、三元联系、多元联系。

"元"是指所关联的实体集的数目。

一元联系也称为递归联系，是指同一实体集内部实体之间的联系，比如，员工实体集中，有些员工是领导，有些员工是普通工作人员，他们之间存在一种"领导"联系。运动员之间的比赛名次也属于一元联系。

二元联系是指两个实体集之间的联系，如学生与课程之间的联系"选课"就是二元联系。

三元联系是指三个实体集之间的联系，如售货员、商品、顾客之间的"门市销售"联系就是三元联系。一个售货员可以将多种商品销售给一名顾客，也可以将一种商品销售给多名顾客；一名顾客的一种商品可以由多个售货员销售。

E-R 模型允许联系连接任意多的实体集，但三元联系就已经比较复杂，所转换的关系模式可能会出现冗余现象，需要规范化理论进行处理。实际的数据库系统中，大多数联系都是二元联系。

2. 二元联系中实体数量上的约束

如图 2-4 所示，通常将两个实体集之间的联系分为三类：一对一联系、一对多联系和多对多联系。

（1）一对一联系

如果实体集 A 中的一个实体至多同实体集 B 中的一个（也可以没有）实体相联系，反之亦然，则称实体集 A 与实体集 B 具有一对一联系，记为 $1:1$。例如，一个班级与一名班长、一个学校与一名正校长、行进中的司机与汽车。

（2）一对多联系

如果实体集 A 中的一个实体可以同实体集 B 中的 n（$n \geq 0$）个实体相联系，而实体集 B 中的一个实体至多同实体集 A 中的一个实体相联系，则称实体集 A 与实体集 B 具有一对多联系，记为 $1:n$。例如，学院与教师的二元联系中，一个学院有多名教师；班级与学生的二元联系中，一个班级有多名学生；宿舍房间与学生的二元联系中，一个房间住多名学生。

（3）多对多联系

如果实体集 A 中的一个实体可以同实体集 B 中的 n（$n \geq 0$）个实体相联系，而实体集 B 中的一个实体也可以同实体集 A 中的 m（$m \geq 0$）个实体相联系，则称实体集 A 与实体集 B 具有多对多联系，记为 $m:n$。例如，学生与课程的二元联系中，一个学生可以选修多门课，一门课可以有多个学生选修；教师与课程的二元联系中，一名教师可以教多门课，一门课可以由多名教师来教授。

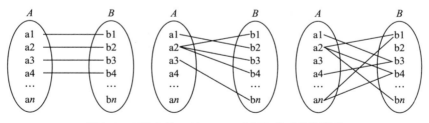

图 2-4 A 到 B 的一对一、一对多和多对多的联系

重要提示

1. 一对一联系是一对多联系的特例，一对多联系是多对多联系的特例。

2. 联系的类型需要根据对所了解的现实世界的观察而确定，例如，教师和课程之间的联系通常是一对多，因为根据所了解的真实世界，一名教师可以教多门课，而一门课通常由一名教师来教。但是也要遵循具体的应用要求：如果规定一门课可以由多名教师来教，教师和课程之间的联系就是多对多；如果规定一名教师只能教一门课，而一门课只能由一名教师来教，那么教师和课程之间的联系就是一对一。

【**例 2-2**】根据例 2-1 的描述，指出实体集之间的联系类型。

由例 2-1 中的描述可知：

1）一个学院有多名学生，而一名学生仅属于一个学院，因此，学院与学生之间是一对多联系。

2）一名学生可以选修多门课程，而一门课程可以有多名学生选修，因此，学生与课程之间是多对多联系。

3）一个学院可以开多门课，每门课只能由一个学院开设，因此，学院与课程之间是一对多联系。

3. 联系的属性位置约束

实体型有属性，联系本身也是一种实体型，也可以有属性。例如，学生和课程之间的"选修"联系可带有属性"成绩"，因为"成绩"既依赖于某名特定的学生又依赖于某门特定的课程，所以它是学生与课程之间"选修"联系中的属性；又比如，教师与学生的"教与学"联系可带有"教室"属性等。

对于实体集之间的 $m:n$ 联系，其属性一般不移动到任何一方实体集中。例如，学生和课程是 $m:n$ 的二元联系，"选修"联系中的属性"成绩"不能移动到学生和课程当中的任一实体集中，否则会产生多值属性；售货员、商品和顾客是 $m:n$ 的三元联系，它们之间的"门市销售"联系中的属性"商品数量"不能移动到售货员、商品和顾客当中的任一实体集中。

对于 1:1 和 1:n 的联系，数据库设计者可以根据具体的应用将联系的属性移动到某个实体集中作为属性。具体做法如下：

1）如果实体集 A 和 B 之间的联系为 1:1，则联系的属性既可以移动到实体集 A 中，也可以移动到实体集 B 中。

2）如果实体集 A 和 B 之间的联系为 1:n，则联系的属性可以移动到与 n 对应的实体集 B 中。

4. 码约束

（1）实体集的码

码是实体集的性质，不是单个实体的性质。码可以由多个属性组成，一个实体集可以有多个码，但通常只选择其中的一个作为主码。码的指定实际上代表了被建模的现实世界中的约束。

在一个实体集中，不允许任意两个实体在码属性上具有相同的值。例如，如果将"学号"作为"学生"实体集的主码，就表示不同的学生有不同的学号。

（2）联系集的码

联系是指实体之间的相互关联，联系集是指同类联系的集合，是实体集之间的相互关联。实际中，通常不区分联系与联系集。

同实体集一样，对于联系集而言，也需要一种机制来区分联系集中的不同联系。在 $m:n$

联系集中，它的主码由参与联系集的所有实体集的主码构成。在 1:n 联系集中，它的主码由参与联系集的"多"方实体集的主码构成。在 1:1 的联系集中，它的主码由参与联系集的任一方的实体集的主码构成。

5. 域约束

域约束是指属性值必须取自一个有限集的约束。比如，将学院名属性的类型声明规定为枚举类型，或者规定成绩属性的取值范围为 0 到 100 之间的整数。

6. 其他约束

比如，对实体集中可被联系的实体数目的约束。假设规定每个学生选修的课程数目不超过 40 门，在 E-R 模型中可以在联系到实体集的连线上加上约束条件，如图 2-5 所示。

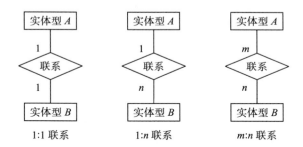

图 2-5　每名学生选课数目的约束

2.3.3　E-R 图

E-R 图是 E-R 模型的一种图形化表示，具有简单性和清晰性。E-R 图提供了表示实体型、属性和联系的方法，用来描述现实世界的概念模型。

1. E-R 图的三个要素

1）**实体（集、型）**：使用矩形表示，框内标注实体名称。

2）**属性**：使用椭圆表示，并用无向边将其与相应的实体连接起来。

3）**实体之间的联系**：使用菱形框表示，框内注明联系名称，并用无向边分别与相关的实体连接起来，同时在无向边旁标上联系的类型（1:1、1:n 或 m:n）。如果一个联系具有属性，则这些属性也要用无向边与该联系连接起来。

2. 联系的表示方法

使用图形表示两个实体（实体型或实体集）之间的三类联系如图 2-6 所示。

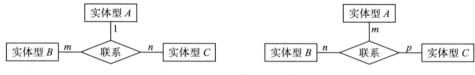

图 2-6　两个实体型之间的三类联系

多个实体型之间也存在一对一、一对多和多对多的联系，图 2-7 给出了三个实体型之间联系的图形表示。

图 2-7　多个实体型之间的联系

　　同一实体型内部各实体之间也存在一对一、一对多和多对多的联系，图 2-8 给出了各实体之间一对多和多对多联系的图形表示。例如，大学人员这个实体型，内部的实体分为教师和学生两大类，教师教学生，学生听教师讲课，按照真实世界的情形判断，大学人员这个实体型内部各实体之间存在多对多的联系，图 2-9 给出了两种图形表示。

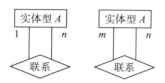

图 2-8　同一实体型内部各实体之间的联系

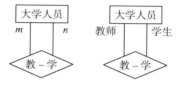

图 2-9　大学人员实体型内部实体间的联系

　　两个实体型之间也可能存在多种联系，如图 2-10 所示。比如，教师和学生两个实体型之间的联系可以是：教师是学生的指导教师（一对一或一对多的联系），是学生的辅导员或是班主任（一对多的联系），或者是学生的任课老师（多对多的联系）。

3. E-R 图的制作步骤

1）对需求进行分析，确定系统中包含的所有实体。

2）分析并选择每个实体所具有的属性。

3）确定实体的关键字，用下划线标明关键字的属性组合。

4）确定实体之间的联系。

5）确定联系的类型。

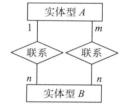

图 2-10　两个实体型之间的多种联系

　　【例 2-3】按照例 2-1 的描述，使用 E-R 图表示该大学教学管理的概念模型。

　　由例 2-1 和例 2-2 可知，存在三个实体：学院、学生、课程。这三个实体的关键字分别是学院编号、学号、课程号。学院与学生之间是一对多的联系，学生与课程之间是多对多的联系，学院与课程之间是一对多的联系。

　　本例给出两种画法，图 2-11 是第一种画法，将属性、联系和实体集成在一个图中。分离画法如图 2-12 所示，其中，a 为实体和属性图，b 为实体之间的联系图。

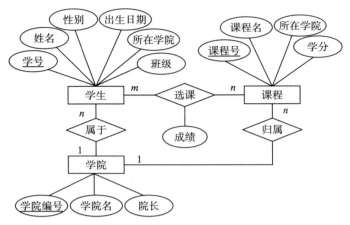

图 2-11   某大学教学管理系统 E-R 图

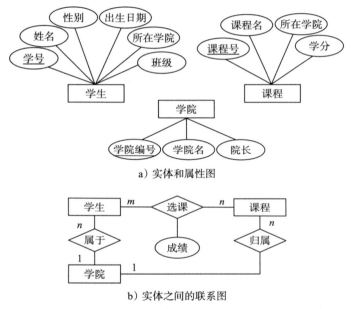

a) 实体和属性图

b) 实体之间的联系图

图 2-12   某大学教学管理系统 E-R 图分离画法

【例 2-4】请根据图 2-13 给出的 E-R 图（这里只给出了实体和联系图），描述这三类实体之间的联系。

从图中可以看出，这是一个多对多的三元联系。一个教室可以有多名学生听多门课，一名学生可以在多个教室听多门课，一门课程可以在多个教室有多名学生来听。

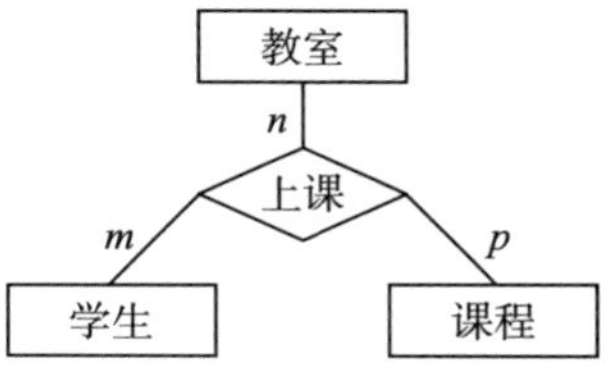

【例 2-5】例 2-4 给出的三个实体之间的多对多联系，是否与这三个实体两两之间的多对多联系等价？

图 2-13   教室－学生－课程的概念模型

三个实体之间的多对多联系，与这三个实体两两之间的多对多联系不是等价的。因为三个实体之间的多对多联系，称为多对多的三元联系，而三个实体两两之间的多对多联系称为多对多的二元联系，它们拥有不同的语义。

图 2-14 给出了 E-R 图中的多对多的二元联系集。一个教室可以容纳多名学生学习，一名学生可以在多个教室学习；一门课程可以在多个教室讲授，在一个教室可以进行多门课的授课活动；一名学生可以选修多门课程，一门课程可以有多名学生选修。

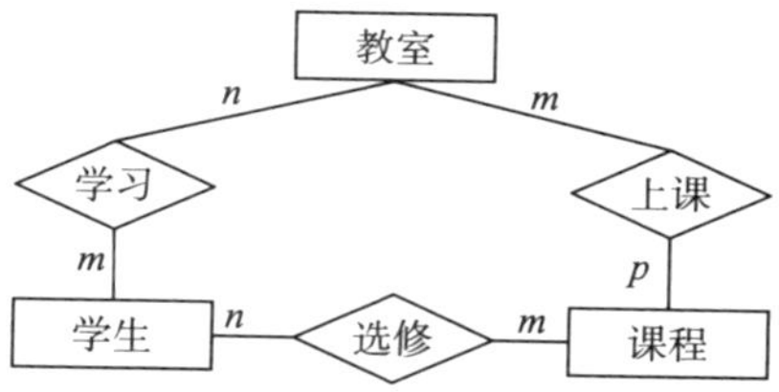

图 2-14 E-R 图中的多对多的二元联系

2.4 关系模型

关系模型是关系数据库系统的基础。关系模型的基本数据结构是二维表。关系模型是一种以数学理论为基础构造的数据模型，以二维表的形式来表达数据的逻辑结构。采用关系模型的数据库管理系统称为**关系数据库管理系统**（Relational DataBase Management System，RDBMS），常见的 RDBMS 有 IBM 的 DB2 和 Informix，甲骨文公司的 Oracle，Sybase 公司 Sybase，微软的 SQL Server、Access 等。

2.4.1 关系模型三要素

关系模型由**关系数据结构**、**关系操作**和**关系完整性约束**三部分组成。在关系模型中，实体和实体之间的联系均由关系来表示。如图 2-15 所示，关系就是一个二维表，表中每一行代表一个实体，称为元组或记录；表中的每一列代表实体的属性，每一列的第一行是实体的属性名，其余行对应实体的属性值。学生实体、课程实体均使用关系来表示，对应图 2-15 中的学生关系和课程关系；学生实体与课程实体之间的联系也使用关系来表示，对应图 2-15 中的成绩关系。

学生关系

学号	姓名	性别	年龄
10221001	张小明	男	20
10212568	王水	男	21
10213698	金玉	女	20
10216700	高兴	男	20

成绩关系

学号	课程号	成绩
10221001	C1	86
10221001	C2	90
10212568	C1	89
10212568	C2	70
10212568	C3	75
10213698	C1	88
10213698	C3	96
10216700	C1	52
10216700	C2	80

课程关系

课程号	课程名	学分
C1	形势与政策	2
C2	大学英语1	4
C3	大学计算机基础	2

图 2-15 三个关系示例

1. 关系数据结构

关系数据结构是指关系模型的逻辑结构。从用户的角度看，关系模型的逻辑结构就是一张由行和列组成的二维表。这个二维表不同于普通的表格，是一种规范化的数据表，称为关系，它由表名、行、列组成。图 2-16 给出了一个名为"课程表"的关系，每一行表示一个元组，代表一个实体。每一列表示一个属性，代表实体的一个特征。

关系模型的数据结构单一，与 E-R 模型相比，关系模型均使用"关系"来表示数据本身以及数据之间的联系，因此，关系是关系数据模型的核心。图2-17给出了一个关系模型的例子，使用二维表来表示学生、课程以及它们之间的联系——选课，选课表中的数据反映了学生和课程之间的多对多的联系。

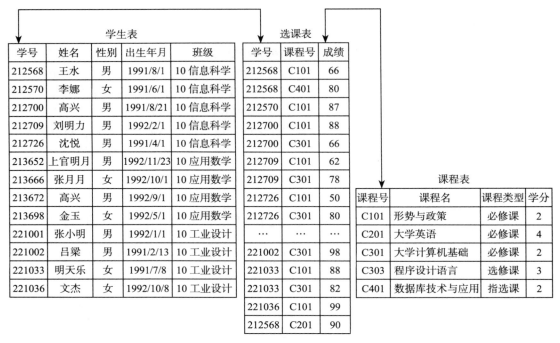

图 2-16 名为"课程表"的关系

图 2-17 用关系表示数据以及数据之间的联系

2. 关系操作

关系操作是指对二维表的操作，其特点是集合操作方式，即关系操作的对象和结果都是集合。

常用的关系操作包括**插入**、**删除**、**修改**和**查询**四种。其中，查询操作包括并、交、差、广义笛卡儿积、选择、投影、连接、除等。查询是关系操作最主要的部分。

关系操作能力可用两种方式来表示：代数方式和逻辑方式，分别称为关系代数和关系演算。它们其实就是两个与关系模型有关的查询语言，在表达能力上完全等价，也是目前流行的商用数据库查询语言（如 SQL 和 QBE）形成的基础。

关系代数是过程化的查询语言，它包括一个运算集合，通过对关系的运算来表达查询要求。关系代数的运算对象是关系，运算的结果也是关系。**关系演算**是非过程化的查询语言，使用谓词来表达查询要求，只描述所需要的信息，而不给出获得该信息的具体过程。因为关系代数与关系演算的表达能力完全等价，考虑到篇幅问题，本书只介绍关系代数，具体内容详见本书第三部分第 6 章的 6.2 节。

3. 关系完整性约束

关系完整性约束是指存入数据库中的数据应该满足的条件或规则。一般分为三类：**实体完整性约束**、**参照完整性约束**和**用户定义的完整性约束**。

实体完整性约束和参照完整性约束是关系模型必须满足的完整性约束条件，由系统自动支持，任何关系数据库系统都提供了实体完整性和参照完整性约束机制。用户定义的完整性约束是用户通过系统提供的完整性约束语言书写的约束条件，体现具体应用领域中的语义约束。约束条件由 DBMS 的完整性检查机制负责检查。关系完整性约束的具体内容将在 2.4.3 节介绍。

2.4.2 关系及相关定义

1. 关系

关系与 E-R 模型中的实体集对应。关系就是一张二维表，可以存储为一个文件。每个关系都有一个关系名。关系具有以下性质：

1）表中的每一列都是不可再分的基本数据项。
2）每一列的名字不同。
3）列是同质的，即每一列中的分量都是同一类型的数据，并都来自同一个域。
4）不同的列可以出自同一个域。
5）列的顺序是无关的，即列的次序可以改变。但排列顺序一旦固定，就不再变化。
6）行的顺序是无关的，即行的次序可以改变。
7）关系中不允许有完全相同的两行。

【例 2-6】判断图 2-18 是否是一个关系。若不是一个关系，请进行修改，使其符合关系的定义和性质。

班级	组名	报销金额			总金额
		交通费	通信费	资料费	
2010234101	甲组	120	200	560	880
2010234101	乙组	100	210	850	1160
2010234102	甲组	150	320	765	1235
2010234102	乙组	160	230	213	603
2010234102	丙组	166	110	532	808

图 2-18 社会实践费用报销表

按照关系的定义和性质可以确定图 2-18 不是一个关系。因为报销金额这一列包含了三个基本数据项，不符合"表中的每一列都是不可再分的基本数据项"这个特点。图 2-19 给出了修改后的关系，其满足关系的定义和性质。

班级	组名	交通费	通信费	资料费	报销总金额
2010234101	甲组	120	200	560	880
2010234101	乙组	100	210	850	1160
2010234102	甲组	150	320	765	1235
2010234102	乙组	160	230	213	603
2010234102	丙组	166	110	532	808

图 2-19　修改后的社会实践费用报销表

【例 2-7】图 2-20 给出了一个关系，它与图 2-19 是否表示同一个关系？

班级	组名	报销总金额	通信费	资料费	交通费
2010234101	甲组	880	200	560	120
2010234101	乙组	1160	210	850	100
2010234102	甲组	1235	320	765	150
2010234102	乙组	603	230	213	160
2010234102	丙组	808	110	532	166

图 2-20　社会实践费用关系

通过观察发现，图 2-20 只是改变了列的顺序，根据关系的性质，列的次序可以改变，但关系不会因此而改变。因此，图 2-20 与图 2-19 是同一个关系。

重要提示

改变列的顺序，就是改变整个列的顺序。也就是说，属性的次序改变时，元组对应分量的排列次序也要随之改变。

---

2. 关系的属性和属性值

关系的属性与 E-R 模型中实体型的属性对应。关系中的列称为属性，确切地说，位于关系最上一行的每一列就是一个属性，每个属性都有一个名称即属性名，属性不能重名。关系的属性作为关系的列标题。一个属性对应文件中的一个字段。例如，在图 2-19 所示的关系中，有 6 个属性，分别是班级、组名、交通费、通信费、资料费和报销总金额。属性值是属性的具体取值。

3. 元组

元组与 E-R 模型中的实体对应。二维表中的行称为元组，确切地说，二维表中除属性名所在行之外的每个非空行即为一个元组。一个元组对应文件中的一条记录。

4. 分量

分量即每个元组的一个属性值。每个元组均有一个分量对应关系的每个属性。例如，在如图 2-19 所示的关系中，有 5 个元组，每个元组有 6 个分量，其中，第一个元组是（2010234101，甲组，120，200，560，880），它的第 5 个分量 560 就是属性"资料费"的值。

5. 域

域与 E-R 模型中属性的域相对应。属性的取值范围称为域。

6. 候选键

候选键也称候选关键字或候选码，与 E-R 模型中的关键字或码相对应。候选键是关系中的某个属性或属性组，可以唯一确定每一个元组，并且不包含多余的属性。比如，在如图 2-19 所示的关系中，属性组（班级，组名，交通费）虽然可以唯一确定每一个元组，但是属性"交通费"是多余属性，因为从属性组中除去它之后的（班级，组名）也可以唯一确定每一个元组。然而如果去掉属性组（班级，组名）中的任一个属性，剩余的属性不能唯一确定每一个元组，因此，属性组（班级，组名）就是如图 2-19 所示关系中的候选键。

7. 主键

被选用的候选键称为主键，主键也称主码，与 E-R 模型中的主关键字或主码相对应。一个关系可以有若干个候选键，但通常只能选择其中一个作为主键。主键是关系的一个重要属性，建立主键可以避免关系中存在完全相同的元组，也就是说，主键在一张表中的记录值是唯一的。例如，在如图 2-19 所示的关系中，只有一个候选键（班级，组名），因此，（班级，组名）也是主键。

8. 主属性

包含在主键中的属性。例如，主键（班级，组名）中"班级"是主属性，"组名"也是主属性。

9. 非主属性

在一个关系中，除了主属性之外的属性就是非主属性。例如，在如图 2-19 所示的关系中，"交通费""通信费""资料费"和"报销总金额"都是非主属性。

10. 关系模式

对关系的信息结构和语义限制的描述称为关系模式。关系模式与 E-R 模型中的实体型对应，是相对固定不变的。关系模式对应一个二维表的表头，通常使用关系名和所包含的属性名的集合来表示。在主属性上加上下划线表示该属性是主键中的一个属性。关系模式的一般形式为：

关系名（属性 1，属性 2，…，属性 n）

例如，一个表示学生的关系模式为：

学生（学号，姓名，性别，专业代码，年龄）

图 2-19 对应的关系模式如下所示：

社会实践费用（班级，组名，交通费，通信费，资料费，报销总金额）

11. 关系实例

一个给定关系中元组或记录的集合。在不引起混淆的情况下，关系实例经常简称为关系。例如，图 2-19 和图 2-20 都是关系实例。

重要提示

　1. 关系模型与关系模式之间的关系，对应数据模型与数据模式之间的关系。一个关系模型包含一个或多个关系模式。

　2. 关系模式与关系实例是两个不同的概念。关系模型中，关系模式是对关系的描述，是关系的结构或框架，而关系实例是元组的集合，是关系模式的一个实例，表现形式为一张包含多个元组的二维表。通过一个关系模式可以定义多个关系实例，而每一个关系实例对应唯一的一个关系模式。

　3. 在数据库设计中，关系模式是设计重点之一，而关系实例不属于设计部分，通常只需要想象出与关系模式对应的典型关系实例。

【例2-8】已知专业关系模式**专业（*专业代码，专业名，系代码*）**，试给出该关系模式的两个关系实例。

该关系模式的两个关系实例如图2-21和图2-22所示。

专业代码	专业名称	系代码
1001	财务管理	01
1002	工商管理	01
3002	国际金融	03

图2-21　关系实例A

专业代码	专业名称	系代码
3002	国际金融	03
3003	国际贸易	03
4001	计算数学	04

图2-22　关系实例B

12. 外键

外键也称外部关键字或外码。假设有 R 和 S 两个关系，若 F 是 R 中的一个属性（组），但不是主键（或候选键），却是 S 的主键，则称 F 是 R 的外键。

【例2-9】对于学生关系与专业关系，请指出候选键、主键和外键。它们的关系模式如下：

学生（*学号，姓名，性别，专业代码，年龄*）

专业（*专业代码，专业名称，系代码*）

学生关系中，如果允许学生姓名相同，则候选键有两个："学号"和"姓名"。如果不允许学生姓名相同，则只有一个候选键"学号"。按照专业惯例通常以"学号"作为唯一标识元组的主键。

专业关系中，候选键有两个，分别是"专业代码"和"专业名称"，因为它们都可以唯一标识关系中的每一个实体。通常选"专业代码"为主键。

学生关系与专业关系之间通过"专业代码"关联，"专业代码"是专业关系中的主键，是学生关系中的外键。

13. 主表和从表

假设有 R 和 S 两个关系，属性 F 是关系 S 的主键，是关系 R 的外键，则称 S 为主表，称 R 为从表。简单地说，从表就是外键所在的表或含有外键的表，外键在另一张表中做主键或候选键，那么这张表就称为主表。比如，在例2-9中，专业关系是主表，学生关系是从表。

2.4.3　关系的完整性约束

1. 实体的完整性约束

实体的完整性约束是指关系中的主键是一个有效值，不能为空值，并且不允许两个元组的主键值相同。简单地说，就是主键值必须唯一，并且不能为空值。

例如，在图2-21和图2-22中，专业代码是主键，那么该列既不能有空值也不能有重复的值，否则无法对应某个具体的专业，这样的表格不完整，对应的关系不符合实体完整性约束条件。再比如，在图2-19中，主键是（班级，组名），那么"班级"和"组名"这两列都不能有空值，也不允许存在任何两个元组在这两个属性上有完全相同的值。

【例2-10】图2-24给出了关系模式**社会实践费用（*班级，组名，交通费，通信费，资料费，报销总金额*）**的一个关系实例，说明该关系是否符合实体完整性约束条件。

班级	组名	交通费	通信费	资料费	报销总金额
2010234101	甲组	120	200	560	880
	乙组	100	210	850	1160
2010234101	甲组	166	110	532	808
2010234102	乙组	160	230	213	603
2010234102	丙组	166	110	532	808

图 2-23　社会实践费用关系实例

图 2-23 给出的关系实例不符合实体完整性约束条件，因为存在如下两个问题：

1）第 2 个元组的"班级"属性值为空值。对于由多个属性组成的主键，"主键不能为空值"的意思是每一个主属性都不能为空值，即使第 2 个元组的"组名"属性值不是空值，也不符合"主键不能为空值"的实体完整性约束条件。比如，在给出的这个关系实例中，若要输入第 2 个元组的"班级"属性值，必须是除了"2010234102"之外的班级，否则，第 2 个元组的主键值会与第 4 个元组的主键值重复。

2）第 1 个元组的主键值与第 3 个元组的主键值相同，都是（2010234101，甲组），不符合"主键值必须唯一"的实体完整性约束条件。

2. 参照完整性约束

参照完整性约束也称外键约束。在关系模型中实体及实体间的联系是用关系来描述的，这样自然就存在着关系与关系之间的联系。关系数据库中通常包含了多个存在相互联系的关系，关系与关系之间的联系是通过公共属性来实现的，对于两个建立联系的关系，公共属性就是其中一个关系的主键，同时又是另一个关系的外键。

参照完整性约束给出了关系之间建立联系的主键与外键引用的约束条件，它要求"不引用不存在的实体"，或者说，关系的外键必须是另一个关系的主键的有效值或者空值。

比如，对于例 2-9 中的两个关系模式：

学生（学号，姓名，性别，专业代码，年龄）

专业（专业代码，专业名称，系代码）

这两个关系存在公共属性"专业代码"，它是专业关系中的主键，是学生关系中的外键。按照参照完整性约束，学生关系中的"专业代码"的取值要参照专业关系中的"专业代码"属性取值，也就是说，学生关系中的"专业代码"的值要么是专业关系中某个元组的"专业代码"的值，要么是空值。若学生的"专业代码"为空值，表示尚未给学生分配专业。实际上，参照完整性约束的目的是维护主表和从表之间外键所对应属性数据的一致性。

【例 2-11】图 2-24 和图 2-25 分别给出了学生关系模式和专业关系模式的一个关系实例，说明是否符合参照完整性约束条件。

学号	姓名	性别	专业代码	年龄
10221001	张小明	男	1001	20
10212568	王水	男	1003	21
10213698	金玉	女		20
09211902	本杰明	男	3002	23
09211341	上官婉儿	女	1002	22

专业代码	专业名称	系代码
1001	财务管理	01
1002	工商管理	01
3002	国际金融	03

图 2-24　学生关系实例　　　　　　　　　图 2-25　专业关系实例

通过观察发现，图 2-24 学生关系中第 2 个元组的"专业代码"的值为"1003"，在专业关系中，这个代码不存在。因此，不符合参照完整性约束条件。

> **重要提示**
> 在实际的关系数据库中，如果两个关系之间建立了表间关系，系统会自动支持参照完整性约束，即检查从表中外键的值是否为空值或者是否是来自主表中某个元组的主键值。

3. 用户定义的完整性

实体完整性和参照完整性约束机制，主要是针对关系的主键和外键取值必须有效而给出的约束规则。除了实体完整性和参照完整性约束之外，关系数据库管理系统允许用户定义其他的数据完整性约束条件。用户定义的完整性约束是用户针对某一具体应用的要求和实际需要，按照实际的数据库运行环境要求，对关系中的数据所定义的约束条件，它反映的是某一具体应用所涉及的数据必须要满足的语义要求和业务规则。这一约束机制一般由具体的数据库管理系统提供定义并进行检验。

用户定义的完整性约束包括属性上的完整性约束和整个元组上的完整性约束。属性上的完整性约束也称为域完整性约束。域完整性约束是最简单、最基本的约束，是指对关系中属性取值的正确性限制，包括关系中属性的数据类型、精度、取值范围、是否允许空值等。例如，在课程关系 *课程（课程号，课程名，学分）* 中，规定"课程号"属性的数据类型是字符型，长度为 7 位；"课程名"取值不能为空值且不超过 20 个字符；"学分"属性只能取 1 至 5 之间的整数值等。在例 2-11 中的 *学生（学号，姓名，性别，专业代码，年龄）* 关系中，规定"学号"为 8 位数字型字符；"姓名"至少是 2 个字符；性别的取值只能是"男"和"女"；年龄在 12 岁至 50 岁之间等。

整个元组上的完整性约束是关系模式的一部分，不与任何属性相关。例如，在 *课程（课程号，课程名，学分）* 中，规定以"2"开头的"课程号"对应的学分只能是 5；不同的课程号对应相同的课程名等。

关系数据库管理系统一般都提供了 NOT NULL 约束、UNIQUE 约束（唯一性）、值域约束等用户定义的完整性约束。例如，在使用 SQL 语言 CREATE TABLE 时，可以用 CHECK 短语定义元组上的约束条件，即元组级的限制，当插入元组或修改属性的值时，关系数据库管理系统将检查元组上的约束条件是否得到满足。关于 SQL 的具体内容详见本书第三部分的第 6 章 6.3 节。

2.4.4　关系模型的评价

与其他数据模型相比，关系数据模型具有下列优点：

1）关系模型建立在严格的数学理论基础之上，关系必须规范化。

2）关系模型概念单一，无论实体还是实体之间的联系都用关系表示，简单直观，用户容易理解。

3）关系模型能够直接表达实体之间的多对多联系。

4）关系模型中的数据操作是集合操作，即操作的对象和操作的结果都用关系表示，操作方便，用户很容易掌握。

5）关系模型的逻辑结构与相应的操作完全独立于数据的存储方式，具有高度的数据独立性，使得用户不必关心物理存储细节。

关系数据模型的主要缺点是面向记录，没有表示和构造复杂对象的能力。

2.5　小结

对数据的处理需要在对现实世界进行抽象和转化后在计算机世界完成。数据模型是数据抽象的工具。数据模型是将现实世界中的各种事物及事物间的联系使用数据及数据间联系来表示的一种方法。数据模型由数据结构、数据操作、数据完整性约束三部分组成。

根据数据抽象的三个层次，数据模型分为概念数据模型、逻辑数据模型和物理数据模型。概念数据模型是从用户的角度对现实世界的数据特征进行抽象和描述，强调对数据对象的基本表示和概括性描述，包括数据及数据间的联系，不考虑计算机的具体实现，与具体的 DBMS 无关。逻辑数据模型是从 DBMS 的角度对现实世界的数据特征进行抽象和描述，主要用于数据库系统的设计和实现。概念数据模型只有转化为逻辑数据模型，才能在 DBMS 中实现。每种逻辑数据模型在实现时，都有其对应的物理数据模型的支持。物理数据模型是从计算机存储介质的角度对现实世界的数据特征进行抽象和描述。

E-R 模型是一种常见的概念数据模型。E-R 模型的三个基本要素是实体、属性和联系。实体是现实世界中客观存在的一个具体或抽象的事物，一个实体与其他实体是能够相互区分的。属性就是描述实体特征的数据项。联系是两个或多个实体集之间或实体之间的相互关系。实体集是具有共同属性的一类实体的集合。联系集是两个或多个实体集之间或实体之间联系的总集合。E-R 图是描述 E-R 模型常用的工具。

逻辑数据模型通常称为数据模型，传统上分为层次模型、网状模型和关系模型。其中，关系模型有着严格的数学理论基础，并且易于向其他逻辑数据模型转换，因而许多数据库管理系统产品都采用了关系模型。关系模型是关系数据库系统的基础，由关系数据结构、关系操作和关系完整性约束三部分构成。在关系模型中，实体和实体之间的联系均由关系来表示。关系是关系模型的核心，是一张具有某些性质的二维表。关系模式是关系的结构，描述关系数据结构和语义。

习题

1. 数据模型的三要素是指什么？
2. 数据模型和数据模式是同一个概念吗？
3. 简述层次模型、网状模型和关系模型的优缺点。
4. 概念模型和关系模型有什么区别和联系？
5. 什么是 E-R 图？构成 E-R 图的基本要素是什么？
6. 试给出 3 个局部应用的 E-R 图，要求分别表示出一对一、一对多、多对多的二元联系。
7. 试给出 2 个局部应用的 E-R 图，要求分别表示出一对多的三元联系和多对多的三元联系。
8. 现有一个局部应用，包括两个实体集"出版社"和"作者"。这两个实体集是多对多的联系，请描述应用场景，设计适当的属性，并画出 E-R 图。
9. 名词解释：
   关系模型、关系、关系模式、关系实例、元组、分量、域、主键、外键、主表、外表、关系代数
10. 简述关系和关系模式的区别。

11. 为什么在关系中不允许有完全相同的元组存在？

12. 例 2-8 中图 2-21 给出了一个关系实例，请指出：

（1）关系的属性

（2）关系的元组

（3）每个关系中元组的分量

（4）关系模式

13. 关系的完整性约束包括哪些内容？

14. 主键约束的要求是什么？

15. 外键约束定义的条件是什么？

第二部分

数据库设计

数据库设计是指对于一个给定的应用环境，构造最优的数据库模式，建立数据库及其应用系统，使之能够有效地存储数据，满足用户的应用需求，包括信息管理需求和数据操作需求等。信息管理是指保存和管理数据库中的各类数据对象，数据操作是指数据的查询、增删改等。实际上，数据库设计就是规划和结构化数据库中的数据对象以及这些数据对象之间联系的过程。达到最佳的数据库设计不可能一蹴而就，是一个"反复探寻，逐步求精"的过程。

第二部分共3章，第3至5章分别介绍关系数据库设计过程、数据建模、关系数据库设计理论三方面的相关内容。关系数据库设计作为关系数据库应用系统开发过程中的重要环节，其中的概念结构设计和逻辑结构设计是两个非常关键的数据建模阶段。关系数据库设计理论也称关系数据理论或关系数据库规范化理论，是对构建出的关系模型进行冗余程度判断和优化的理论。

第 3 章

关系数据库设计

3.1 关系数据库设计过程

　　数据库设计是开发一个好的数据库应用系统的基础，它的基本任务是根据用户的需求，以及数据库的支撑环境（包括 DBMS、操作系统和硬件），设计出数据模式（包括外模式、模式和内模式）以及典型的应用程序。

　　在数据库的设计过程中，不同的人员会参与到数据库设计的不同阶段。比如，用户和数据库管理员主要参与需求分析和数据库的运行维护；应用开发人员在系统实施阶段参与进来，负责编制程序和准备软硬件环境；而系统分析人员、数据库设计人员可能需要自始至终地参与数据库设计。需要注意的是，在数据库设计过程中必须充分调动用户的积极性。另外，应用环境的改变、新技术的出现等都会导致应用需求的变化，因此设计人员在设计数据库时必须充分考虑系统的可扩充性，使设计灵活、易于修改。

　　数据库设计是软件工程的一部分，主要包括 6 个阶段：**需求分析阶段**、**概念结构设计阶段**、**逻辑结构设计阶段**、**数据库物理设计阶段**、**数据库实施阶段**、**数据库运行和维护阶段**。

　　作为一种主流的数据库，关系数据库设计的目标是生成一组关系模式，使得既可以方便地获取信息，又不必存储不必要的冗余信息。关系数据库的设计过程同样也包括上述 6 个阶段，如图 3-1 所示，其核心是概念数据建模，将概念模型转为关系模型并进行规范化处理。具体来说就是将 E-R 图转换为关系模式，以及对关系模式进行规范化。比如，构造出来的关系模式是否适合所针对的具体问题，应该构造几个关系模式，每个关系模式由哪些属性构成等，这些都是关系数据库设计过程中要解决的核心问题。

3.2 需求分析

　　需求分析是整个设计阶段最困难、最耗时的阶段，它是在数据库建立的必要性和可行性分析研究的基础上进行的。通常的工作包括详细调查现实世界要处理的对象，如组织、部门、企业等，调查和分析用户的业务活动和数据的使用情况，弄清所用数据的种类、范围、数量以及它们在业务活动中交流的情况，确定用户对数据库系统的使用要求和各种约束条件

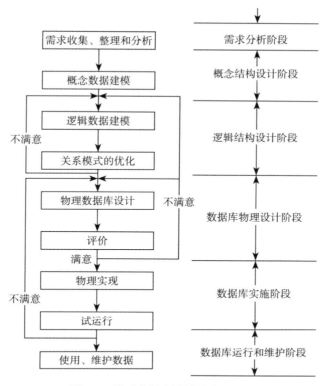

图 3-1　关系数据库设计的主要过程

等。在该阶段需要准确了解、分析用户的需求，形成需求分析说明书。用户需求主要包括以下三方面：

1）**信息需求**，用户要从数据库获得的信息内容。

2）**处理需求**，即完成什么处理功能及处理方式。

3）**安全性和完整性要求**，在定义信息需求和处理需求的同时，必须要确定安全性要求、完整性约束条件等。

需求分析的 3 个主要步骤是：需求信息的收集、分析整理和评审。评审是将需求分析结果再次提交给用户，获得用户的认可，以避免重大疏漏和错误。

在了解用户需求后，要进一步描述和分析用户的需求，通常采用结构化分析（Structured Analysis，SA）方法自顶向下、逐层分解。SA 方法的基本思想是"分解"和"抽象"。**分解**是指将大问题分解为若干个小问题，将系统的复杂性降低到可以掌握的程度，然后再逐一解决这些小问题。**抽象**是指分解可以分层进行，即先考虑问题最本质的属性，暂时略去细节，以后再逐层添加细节，直至涉及最具体的内容。

SA 的描述方法有分层的数据流图、数据字典、描述加工逻辑的结构化语言、判定表及判定树等。一般使用判定表或判定树来描述处理逻辑，使用数据字典来描述数据。

数据流图（Data Flow Diagram，DFD）是常用的结构化分析工具之一，也是描述系统工作流程的一种图形表示法，主要用来描述系统的数据流向和对数据的处理功能。数据流图包括以下几个主要元素：

1）带箭头的直线，表示数据流，是数据在系统内传播的路径。

2）矩形框，表示数据来源或输出。

3）圆形或椭圆，表示对数据的加工处理。

4）非闭合矩形、单线或双线，表示需要存储的数据。

画分层数据流图的方法是"先全局后局部，先整体后细节，先抽象后具体"。通常将这种分层的 DFD 分为顶层、中间层、底层。具体步骤如下：

1）先确定系统范围，画出顶层的 DFD。

2）逐层分解顶层 DFD，获得若干中间层 DFD。

3）画出底层的 DFD。

图 3-2 给出了一个教务管理系统中排课子系统的顶层数据流图的例子。

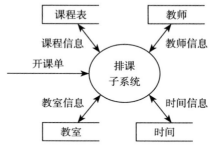

图 3-2 排课子系统的顶层数据流图

数据字典是对系统中数据的详细描述，是对数据流图的进一步补充，是下一步概要设计的必要输入。它用于对数据库数据描述的集中管理，并为 DBA 提供有关的报告。数据字典的内容主要有：数据项、数据结构、数据流、数据存储、加工处理过程。其中，数据项是最基本也是最重要的内容，所谓数据项就是不可再分的数据单位，如学号、课程号、成绩等。对数据项的描述主要包括：数据项名、含义说明、别名、类型、长度、取值范围、取值含义等。

3.3 概念结构设计

概念结构设计是整个数据库设计的关键阶段。通过对用户需求的综合、归纳与抽象，形成一个独立于具体 DBMS 的概念模型。常用 E-R 模型来描述概念模型。

在概念结构设计阶段，设计人员仅从用户角度看待数据及其处理要求和约束，并产生一个反映用户观点的概念模式。概念结构设计主要分为 3 个步骤：数据抽象，设计出局部概念模式；将局部概念模式合并成全局概念模式；最后进行评审，以确认该阶段的任务是否完成，有无疏漏和错误。

设计概念结构通常有以下 4 类方法：

1）**自顶向下**：首先定义全局概念结构的框架，然后逐步细化。

2）**自底向上**：首先定义各局部应用的概念结构，然后将它们集成起来，得到全局概念结构。

3）**逐步扩张**：首先定义最重要的核心概念结构，然后向外扩充，以滚雪球的方式逐步生成其他概念结构，直至形成总体概念结构。

4）**混合策略**：将自顶向下和自底向上相结合，使用自顶向下策略设计一个全局概念结构的框架，以它为骨架集成由自底向上策略设计的各局部概念结构。

通常采用自顶向下需求分析、自底向上设计概念结构。概念结构设计的特点如下：

1）能真实、充分地反映现实世界中实体间的联系。

2）概念模式是各种基本数据模型的共同基础，易于向关系、网状、层次等各种数据模型转换。

3）设计复杂程度得到降低，便于数据的组织管理，也易于修改。

4）概念模式不受特定 DBMS 的限制，也独立于存储安排，因而比逻辑设计得到的模式更为稳定。

5）概念模式不含具体的 DBMS 所附加的技术细节，更容易为用户所理解，因而能准确地反映用户的信息需求。

3.4　逻辑结构设计

逻辑结构设计阶段的主要工作是将概念模型转换为数据库的一种逻辑模式，即某种特定DBMS 所支持的逻辑数据模式。如果采用基于 E-R 模型的数据库设计方法，该阶段的任务就是将概念结构设计阶段得到的 E-R 图，转换为与选用的 DBMS 产品所支持的数据模型相符合的逻辑结构。

通常，E-R 模型向关系模型转换是数据库逻辑结构设计的主要步骤。数据库逻辑结构设计的关键是如何构造合适的数据模式。因此，关系数据库逻辑设计的主要任务就是按照规则，将概念设计阶段设计好的独立于具体的 DBMS 的概念模型，转换为 RDBMS 产品所支持的一组关系模式，并利用关系数据库理论对这组关系模式进行规范化设计和优化处理，从而得到满足所有数据要求的关系模型。

图 3-3 给出了逻辑结构设计的主要步骤：首先将概念结构转换为一般数据模型；然后将一般数据模型转换为特定 DBMS 支持下的数据模型；最后对数据模型进行优化。所谓数据模型的优化，就是对得到的初步数据模型进行适当的修改，调整数据模型的结构，以进一步提高数据库应用系统的性能。目前的 DBMS 产品多是关系型的，对于关系数据库逻辑结构设计的主要步骤就是将 E-R 图转换为关系模式，然后利用规范化理论对这组关系模式进行修正和优化，相关内容将在第 4 章和第 5 章中介绍。

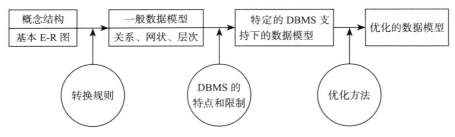

图 3-3　逻辑结构设计的主要步骤

优化数据模型的方法是，首先确定数据依赖，按照需求分析阶段所得到的语义，分别写出每个关系模式内部各属性之间的数据依赖，以及不同关系模式属性之间的数据依赖；接着消除冗余的联系；之后确定每个关系模式所属的范式；最后按照需求分析阶段得到的数据处理要求，分析关系模式是否适合系统的应用环境，如果不适合，还需要对关系模式做进一步分解。

3.5　数据库物理设计

数据库物理设计阶段是为逻辑数据模型选取一个最适合应用环境的物理结构。所谓数据库的物理结构，主要是指数据库的存储结构和存取方法。

数据库的物理设计完全依赖于给定的硬件环境和 DBMS 产品。具体地讲，该阶段就是根据特定的 DBMS 所提供的多种存储结构和存取方法等依赖于具体计算机结构的各项物理设计措施，为具体的应用要求选定最合适的物理存储结构（如文件类型、数据的存放次序和索引结构等）、存取路径和存取方法等。

数据库物理设计具体包括：确定数据库的存储记录结构；确定数据存储安排、存取方法的设计；完整性和安全性的设计；应用程序的设计等。其中，应用程序设计通常指进行结构化程序的开发，产生一个可实现的算法集。

对于关系数据库来说，系统会自动地将用户设计好的数据库全局模式转换为相应的内模式，用户只需要考虑是否建立索引、使用什么方式的索引等问题，有的 DBMS 会提供一些物理优化的选择，如内存缓冲区的大小及个数、建立不同的磁盘分区等。

3.6   数据库实施

数据库实施也称为数据库实现。该阶段的主要任务是产生一个具体的数据库和应用程序，并将原始数据导入数据库中。

对数据库的物理设计初步评价后，就开始建立数据库。数据库实施包括：运用 DBMS 提供的数据库语言（如 SQL）及宿主语言，根据逻辑设计和物理设计的结果在计算机系统上建立实际的数据库、装载数据、编制与调试应用程序并进行数据库试运行等。

具体地讲，使用数据定义语言（DDL）来严格描述数据库结构，在创建数据库结构之后，开始向数据库中装载数据，装载过程包括：筛选数据、数据格式的转换、将转换好的数据输入计算机中、对数据进行校验以检查输入的数据是否有误等。编制与调试应用程序与组织数据入库同步进行。调试应用程序时由于数据入库可能尚未完成，通常使用模拟数据。应用程序调试完成并且已有一小部分数据入库后，就可以开始数据库的试运行。数据库的试运行也称为联合调试，主要包括功能测试和性能测试。

3.7   数据库运行和维护

试运行合格后即可投入正式运行。数据库系统正式运行，标志着数据库设计与应用开发工作的基本结束以及维护阶段的开始，在数据库系统运行过程中需要不断地对其进行评价、调整与修改。

对数据库的维护工作主要由 DBA 完成。运行和维护阶段的主要任务包括：

1）维护数据库的安全性与完整性：检查系统安全性是否受到侵犯，及时调整授权和密码。根据用户要求，不断修正数据的完整性约束条件。

2）实施数据库的转储与恢复，以便发生故障后能及时恢复。

3）监测并改善数据库运行性能：对数据库的存储空间状况、响应时间等系统运行过程中的性能参数的值进行分析评价，结合用户反馈确定改进措施。

4）根据用户要求对数据库进行重新组织或重构。一般情况下，DBMS 提供用于数据重组的实用程序，进行重新安排存储结构、垃圾回收等工作。重构主要指对数据库的模式和内模式进行部分修改。

3.8   小结

数据库设计是数据库开发的一个重要内容，其难点和核心主要是需求分析阶段、概念设计阶段、逻辑设计阶段和物理设计阶段。在数据库的设计过程中逐步形成数据库的各级模式。

需求分析阶段综合各个用户的应用需求（现实世界的需求），采用数据流图和数据字典等描述工具，形成需求分析说明书。

概念设计阶段形成独立于机器特点、独立于各个 DBMS 产品的概念模式（信息世界模型），通常使用 E-R 图来描述，并最终形成概念设计说明书。需求分析和概念设计这两个阶段独立于任何具体的 DBMS。

逻辑设计阶段将 E-R 图转换成具体的数据库产品支持的数据模型，如关系模型，形成数据库逻辑模式，然后根据用户处理的要求和安全性的考虑，在基本表的基础上再建立必要的视图，形成数据的外模式，该阶段产生说明关系数据库中的表、视图、属性和约束的数据库逻辑设计说明书。

物理设计阶段根据 DBMS 的特点和处理需要，进行物理存储安排，建立索引，形成数据库内模式，该阶段产生用于说明数据库存储结构和存取方法的数据库物理设计说明书。逻辑设计和物理设计这两个阶段与所选用的具体 DBMS 密切相关。

习题

1. 简述数据库设计的六个阶段的作用和产物。
2. 数据库逻辑设计的主要目的和任务是什么？
3. 数据字典的主要内容和作用是什么？
4. 数据库系统投入运行后，还需要做哪些工作？

第4章

数据建模

数据建模是关系数据库设计过程的重要环节，它对应数据库设计中的概念结构设计和逻辑结构设计两个阶段。本章介绍的数据建模具体是指构建 E-R 模型和关系模型。

4.1 数据建模的主要步骤

数据建模就是根据用户的需求建立数据模型的过程。数据建模定义的不只是数据元素，还包括数据的结构以及它们之间的联系。计算机不能直接处理现实世界中的事物，需要以数据模型的方式对现实世界的特征进行模拟和抽象。图 4-1 给出了一种从现实世界到计算机世界的抽象过程，实际上这就是数据建模的内容。

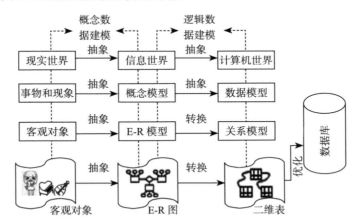

图 4-1　从用户需求到计算机中实际数据库的抽象过程

1）从现实世界到信息世界的抽象。通过将现实世界中的事物或现象及它们之间联系的概念化抽象，在信息世界中构建概念模型。

2）从信息世界到计算机世界的抽象。即将概念模型转换为计算机能接受的逻辑数据模型，主要是指关系模型。通常将逻辑数据模型简称为数据模型。

关系数据库的数据建模工作就是完成两级抽象，即将现实世界的事物抽象为 E-R 模型，然后再将 E-R 模型转换为关系模型。简单地说就是构造 E-R 图，然后将其转化为一组关系模式。

4.2 构建 E-R 模型

E-R 模型作为常用的概念模型是数据建模工作首先要构建的模型。具体地说，就是在与用户充分交流并正确理解用户需求的基础上，确定实体、属性以及实体之间的联系，并使用 E-R 图表示所构建的 E-R 模型。

4.2.1 构建方法

构建 E-R 模型的常用方法有两种：自顶向下和自底向上。自顶向下的方法是首先定义全局概念结构的框架，然后逐步细化；自底向上的方法是首先定义各局部应用的概念结构，然后将它们集成起来，得到全局概念结构。大多数情况下采用自底向上的方法，其设计过程如图 4-2 所示。

图 4-2　基本 E-R 图的形成过程

1）首先根据需求分析的结果（数据流图、数据字典等）对现实世界的数据进行抽象，并设计各个局部视图，即局部 E-R 图。数据抽象的作用是对需求分析阶段收集到的数据进行分类、聚集之后，确定实体和实体的属性、标识实体的主键以及确定实体之间的联系类型。

2）集成局部视图，得到全局概念结构。针对各个局部应用的 E-R 图设计完成之后，需要将其合并和优化，最终形成一个基本 E-R 图，也称为全局 E-R 图，它将作为逻辑设计阶段的依据。需要注意的是，全局 E-R 图并不是简单地将各个局部 E-R 图进行拼凑。

4.2.2 确定实体和实体的属性

确定实体和实体的属性是构建 E-R 模型的首要任务，需要考虑以下两个问题。

1. 将现实世界中观察到的对象描述成实体还是实体的属性？

比如，设计一个大学信息管理系统时，实体通常包括学生、课程、教师、学院等。对于学院这个实体，其属性至少包括学院编号、学院名称、院长，如果考虑数据对象"电话"，是将这个对象设计成学院实体的一个属性，还是一个单独的实体？若将

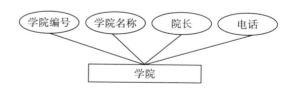

图 4-3　电话作为学院实体的属性

电话作为学院的属性，这隐含说明了每个学院只与一个电话号码相关联。图 4-3 给出了学院实体和它的主要属性。

如果按照图 4-3 这样设计，当一个学院有多部电话（现实世界多是此类情形）时，会出现数据冗余、浪费存储空间，甚至可能会导致数据的不一致。

若将电话单独作为一个实体，电话实体和其属性如图 4-4 所示。虽然这样处理更合理一些，但多了一个电话实体并且需要建立学院与电话之间的联系，这使得所构建的概念模型变得相对复杂。

通常的设计原则是：如果某一数据对象含有描述信息，并与其他实体存在某种联系，则将该数据对象设计成一个实体。如果某一数据对象仅需要一个标识，并且是不可分的数据项，没有包含其他属性，与其他实体也没有联系，那么就将它作为一个属性。

例如，学号、姓名、性别、年龄是学生实体的属性，如果一个数据对象"系"只是用来标识学生所属院系，而不涉及其他描述信息或实体，仅仅是一个不可分的数据项，也没有参与其他实体的联系，那么就将系作为学生实体的属性。但是，如果数据对象"系"不仅要标识学生所属院系，还要涉及系主任、办公地点、电话等信息，那么就要将数据对象"系"设计成一个实体。

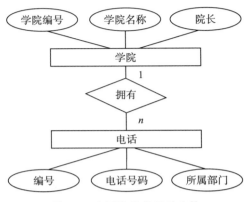

图 4-4 电话作为单独的实体

【**例 4-1**】对于"学生"与"专业"两名数据对象，通常情况下，一个专业有多名学生，而一名学生只属于一个专业，因此，学生应作为实体，而专业作为学生的属性，前提是专业本身只有一个名称信息，如图 4-5 所示；如果专业与其他实体有联系，比如，专业和系之间有"设置"联系，那么就将专业设计为实体，如图 4-6 所示。这里省略了系和专业两个实体的属性，读者可自行添加合适的属性。

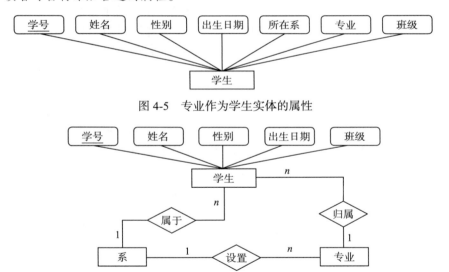

图 4-5 专业作为学生实体的属性

图 4-6 专业作为实体

【**例 4-2**】现实世界中"教师"和"系"是两个数据对象，已知教师具有教师号、教师姓名、性别、出生日期、职称等信息，分别给出将"系"作为实体和属性的前提条件。

如果有语义约束"一个系有多名教师，而一名教师只属于一个系"，并且"系"本身只有一个名称信息，那么就将"系"作为教师的属性，属性名为"所在系"，如图 4-7 所示。

如果"系"不仅标识教师所属的系别，还具有系主任、办公地址、办公电话等描述信息，则将"系"设计成一个实体。或者，如果有语义约束"一个系有多名教师，而一名教师只属于一个系，一个系有多名学生"，则需要将"系"当作实体来设计，因为系参与了学生实体的联系（即系与学生之间存在一对多的联系），如图 4-8 所示。

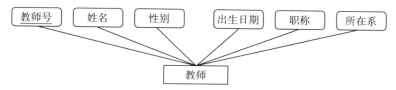

图 4-7 所在系作为教师实体的属性

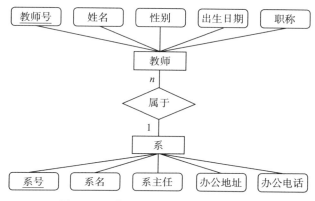

图 4-8 系作为实体与教师实体关联

2. 是否为多值属性或复合属性单独定义一个新的实体?

若一个实体中出现多值属性或复合属性，是否需要将其移出，单独为其定义一个新的实体呢？比如，将电话号码作为系的一个属性，则电话号码可能会是一个多值属性。同样，若将"地址"描述为系的属性，当一个系有多个办公地址时，地址就是一个多值属性，是将地址作为属性还是作为实体，需要根据应用的需求来确定。通常的做法是将多值属性单独作为一个实体，比如将具有多值属性的地址设计为一个实体，其属性至少包括系号和地址，并且这两个属性联合作为主键。

如果地址具有复合属性，比如，地址由省、市、区、街道名、门牌号等多个子属性组成，实际应用中需要将"地址"按照省、市、区、街道名、门牌号等分别查询或统计，并且地址还与其他实体有联系，则考虑将地址作为实体来设计。如果地址与其他实体没有联系，则可以将其作为实体的属性，只需要为每个子属性创建一个个单独的属性。

实际上，可以将如何处理多值属性或复合属性延至构建关系模型时再考虑。在 E-R 模型构建阶段考虑这个问题可以降低关系模型构建的复杂度。

4.2.3 定义联系

构建概念模型时，关于实体之间的联系如何设计，需要考虑以下几个问题。

1. 实体与联系的取舍问题

将现实世界中的一个数据对象作为实体还是作为联系来设计呢？例如，在为教学系统建模时，可以将学生、教师和课程设计为三个实体，也可以将课程作为学生与教师这两个实体之间的联系。如果将课程设计为学生和教师之间的联系，即每门课都用学生和教师之间的一个联系来表示，那么前提是该联系至少应具有描述属性"课程号"和"课程名"，并且每门课正好为一名学生开设且正好同一名教师相联系。但这种设计不能方便地表示多名学生选修同一门课程的情况，因为这样就必须为选修同一门课程的每名学生分别定义一个与授课教师之间的联系。因此，通常将课程设计为一个实体，这样能够反映现实世界的情形。

通常采用的原则是，当数据对象描述发生在实体之间的行为或动作时，就将这个数据对象设计成联系。例如，学生和课程之间的选修行为，教师和课程之间的授课行为，读者和图书之间的借阅行为，供应商与商品之间的供货行为，顾客和商品之间的购买行为等，均作为联系来设计。

需要注意的一点是，不要将所有可能的联系都加入设计中，也就是说，只要有发生在实体之间的行为，就将其作为联系加入设计中，这不是一个好的设计，因为这样可能会导致数据冗余度高以及数据库操作复杂。因此，设计时应该尽量消除冗余的联系，即取消可以从其他联系中导出的联系。

2. 确定联系的类型

E-R 模型可以描述多个实体之间的联系，因此联系的度可以是二元、三元甚至多元的。一般多为二元联系，三元联系或多元联系虽然少见，但有时这些联系可以更好地反映真实世界。比如，多元联系可以更清晰地表示多个实体参与到一个联系中的情形，而在使用二元联系的设计中，难以体现这样的参与性约束，破坏了人们对现实世界的认识。因此，在 E-R 模型的设计中，需要结合具体需求和应用背景综合考虑将联系设计成二元联系、三元联系甚至多元联系。

联系是多元联系还是二元联系，一般取决于一个语义约束中所包含实体的数目。如果语义约束中包含了两个实体，就采用二元联系；如果包含了三个或更多的实体，就采用三元联系或多元联系。

【**例 4-3**】假设给出如下语义约束：一名学生可以参加多届运动会、多个项目，一个项目允许多名学生报名参加，并要求系统能够正确记录一名学生在某届运动会、某一项目上所取得的成绩。

图 4-9 三元联系

显然，该语义约束中包含了三个实体：学生、运动会、项目。它们之间的联系是三元联系。如图 4-9 所示。

假设使用 3 个二元联系，则这 3 个联系分别表示为：

1）一名学生可以参加多届运动会，一届运动会有多名学生参加。

2）一名学生可以参与多个项目的比赛，一个项目有多名学生参加。

3）一届运动会设有多个项目，一个项目可以在多届运动会上设置。

上述 3 个二元联系的组合难以表达"某个学生参加某届运动会的某个项目"，也不能清晰地表达出某个学生参加某届运动会中某个项目比赛的成绩。

3. 确定联系本身是否有属性

这通常根据联系的属性特点来判断。联系的属性通常是描述一个动作的特征或结果。另外，联系的属性一般与参与联系的实体都有关，但又不属于任何参与联系的实体的属性集合。例如，学生和课程之间选修联系的"成绩"属性，读者和图书之间借阅联系的"日期"

属性（包括借书日期和还书日期），供应商与商品之间供货联系的"数量"属性等。

多数情况下没有必要为联系添加属性，但有时将某些属性作为联系的属性至关重要，甚至别无选择。比如，学生和课程之间的联系是"选课"，课程成绩是否必须作为选课的属性？这要根据该联系的类型来确定。当学生和课程之间的联系类型是一对一时，课程成绩既可作为学生的属性，也可作为课程的属性，还可作为"选课"的属性；当联系类型是一对多时，课程成绩可作为课程的属性，也可作为"选课"的属性；当联系类型是多对多时，课程成绩只能作为"选课"的属性。

如果无法明确一个数据对象是作为实体的属性还是联系的属性，则需要了解创建数据库的意图和相关的语义约束，或者需要从所了解的现实世界中寻找答案。

4.2.4　设计局部 E-R 图

在数据库设计的需求分析阶段，通过多层数据流图和数据字典描述整个系统。在概念设计阶段，将以数据流图和数据字典为依据进行设计。

1. 选择局部应用

根据系统的具体情况，在多层的数据流图中选择一组适当层次（经验很重要）的数据流图作为出发点，让这组图中每一部分对应一个局部应用，以此设计局部 E-R 图。一般而言，高层数据流图只能反映系统的概貌，低层数据流图又过于细节化，而中层数据流图能较好地反映系统中各局部应用的子系统组成，因此通常以中层数据流图作为设计局部 E-R 图的依据。

2. 逐一设计局部 E-R 图

数据字典中的"数据结构""数据流"和"数据存储"等已是若干属性的有意义的聚合，需要将这些数据从数据字典中抽取出来，并参照数据流图来确定局部应用中的实体、属性、主键，以及实体型之间的联系（1:1、1:n、m:n）等。

局部 E-R 图设计完成之后，需要将各个局部 E-R 图进行集成，形成总 E-R 图，即视图集成。视图集成的方法有两种：多元集成法和二元集成法。**多元集成法**是一次性将多个局部E-R 图合并为一个总 E-R 图；**二元集成法**是先集成两个局部视图，然后用累加的方法逐一集成每一个新的视图。无论使用哪一种方法，视图集成均由合并局部 E-R 图和优化两个步骤完成。

4.2.5　合并局部 E-R 图

合并局部 E-R 图的主要任务是消除各局部 E-R 图之间的冲突，生成初步 E-R 图。

局部 E-R 图的设计通常由不同的设计人员进行，因此，各个局部 E-R 图之间不可避免地会存在许多不一致的地方，称之为**冲突**。冲突主要分为三类：属性冲突、命名冲突和结构冲突。

1. 属性冲突

属性冲突又分为属性值域冲突和属性的取值单位冲突。**属性值域冲突**包括属性值类型的冲突、取值范围的冲突等。例如，在有些局部应用中将属性"学号"定义为数值类型，而在另一些局部应用中又将其定义为字符类型。又如年龄，有的可能用出生年月表示，有的则用整数表示。对于**属性的取值单位冲突**，比如属性"金额"，有的以人民币"元"为单位，有的以人民币"万元"为单位，有的则以美元、日元或欧元为单位。对于属性冲突，通常采用讨论、协商等行政手段加以解决。

2. 命名冲突

命名冲突又分为同名异义和异名同义两种。**同名异义**是指不同意义的对象在不同的局部应用中具有相同的名称。比如，"单位"在某些局部应用中表示人员所在的部门，而在某些局部应用中可能表示重量、长度等属性。又比如，"房间"在不同的局部应用中可能表示教师或学生宿舍，还可能表示系办公室等。**异名同义**是指同一意义的对象在不同的局部应用中具有不同的名字。比如，科研项目在财务管理应用中称为项目，在科研管理应用中称为课题，在工程管理应用中称为工程。又比如，教科书在不同的局部应用中可能称为教材，也可能称为参考书，还可能称为课本。对于命名冲突，通常也是采用讨论、协商等行政手段加以解决。

3. 结构冲突

结构冲突分为三类：同一对象在不同应用中具有不同的抽象；同一实体在不同局部 E-R 图中所包含的属性个数或者属性的排列次序不完全相同；实体之间的联系在不同局部视图中呈现不同的类型。

1）**同一对象在不同应用中具有不同的抽象**。比如，"课程"在某一局部应用中被设计成实体，而在另一局部应用中则被当作属性。又比如，教师的职称在某一局部应用中被当作实体，而在另一局部应用中被当作属性。这类冲突解决的方法是将属性转为实体，或者将实体转为属性，使同一对象具有相同的抽象。

2）**同一实体在不同局部 E-R 图中所包含的属性个数或者属性的排列次序不完全相同**。这种冲突是由于不同的局部应用关注了同一个实体的不同侧面而造成的。解决的方法是，将各局部 E-R 图中属性的并集作为该实体的属性，然后再设计属性的排列次序。

3）**实体之间的联系在不同局部视图中呈现不同的类型**。比如，两个实体在某个局部应用中是多对多联系，而在另一个局部应用中是一对多联系。对于这类冲突，通常采用的解决方法是根据具体应用的语义约束对实体联系的类型进行综合或调整。

4.2.6   优化

初步 E-R 图中可能存在冗余的数据和冗余的实体间联系，需要进行优化。**优化**是指消除不必要的冗余，生成基本 E-R 图。所谓冗余的数据是指可由基本数据导出的数据，冗余的联系是指可由其他联系导出的联系。冗余数据和冗余联系容易破坏数据库的完整性，给数据库维护增加困难，因此需要消除不必要的冗余。

优化主要采用分析方法，即以数据字典和数据流图为依据，根据数据字典中关于数据项之间逻辑关系的说明来消除冗余。优化后得到的全局 E-R 图在转化为关系模式之后，还可以利用关系规范化理论进一步消除不必要的冗余，规范化理论中的函数依赖概念提供了消除冗余联系的形式化工具，第 5 章将对关系规范化理论进行详细介绍。

需要说明的是，并不是所有的冗余数据与冗余联系都必须加以消除，有时为了提高某些应用的效率，不得不以冗余信息作为代价。

【**例 4-4**】假设为某大学设计一个简单的教务管理系统，对系、学生、教师、课程等信息进行管理。请根据调查和对现实世界相关常识的了解，设计 E-R 模型。

1）通过调研，得到如下数据信息：

- 一名学生可选修多门课程，一门课程可被多名学生选修。
- 一位教师可讲授多门课程，一门课程可被多位教师讲授。
- 一个系有多位教师，一位教师只能属于一个系。
- 一个系开设多门课程，一门课程只隶属于一个系。

2）根据上述分析，可以确定相应的实体、属性、主键，以及实体之间的联系。

- 实体、属性和主键：

    如图 4-10 所示，有 4 个实体：系实体，系号是主键；教师实体，教师号是主键；学生实体，学号是主键；课程实体，课程号是主键。

- 联系类型：

    学生和课程是多对多的联系。

    教师和课程是多对多的联系。

    系和教师是一对多的联系。

    系和学生是一对多的联系。

    系与课程是一对多的联系。

图 4-10 实体和实体的属性

- 联系和联系的属性：

    将学生和课程之间的联系命名为选修，成绩作为该联系的自身属性。

    将教师和课程之间的联系命名为讲授，考虑将设计问题简单化，这里不为讲授设置自身属性（现实情形下，讲授学年、讲授学期、地点等可作为该联系的自身属性）。

3）学生选课的局部 E-R 图和教师授课的局部 E-R 图，分别如图 4-11a 和图 4-11b 所示。

说明：为简便起见，E-R 图中省略了各个实体的属性描述。

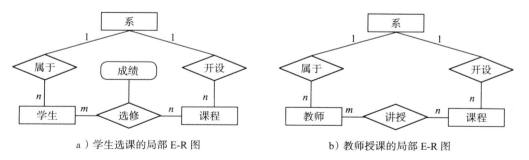

a）学生选课的局部 E-R 图　　　　b）教师授课的局部 E-R 图

图 4-11 局部 E-R 图

4）合并局部 E-R 图。将学生选课的局部 E-R 图和教师授课的局部 E-R 图进行合并时，要考虑是否存在各种冲突，如属性冲突、命名冲突以及结构冲突等。如有冲突，需要先解决冲突，然后合并，消除冗余。图 4-12 给出了合并以及优化后的全局 E-R 图。

4.3　构建关系模型

构建关系模型就是针对 E-R 模型得到的实体以及在对应用需求充分理解的基础上，对实体进一步细化，并最终构造出合适的关系数据模式（简称为关系模式），实际上是将 E-R 图转换为关系模式，转换时需要解决两个主要问题：如何将实体和联系转换为关系模式，以及如何确定这些关系模式的属性和主键。

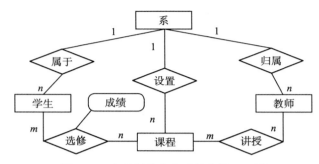

图 4-12　合并以及优化后的全局 E-R 图

将 E-R 图转化为关系模式的主要步骤如下：

1）将 E-R 图中的所有实体转换成相应的关系模式，将实体的属性转换为关系模式的属性。

2）将联系转换为关系模式，该关系模式的属性是联系自身的属性和参与该联系的所有实体的主键的集合。

3）根据需要，将多个关系模式合并成一个。

4.3.1　将实体转换为关系模式

对于 E-R 图中的实体，通常是直接创建一个同名并且具有相同属性的关系模式。简单地说，关系模式的属性就是实体的属性，关系模式的主键就是实体的主键。需要注意的是，在有些情况下，转换后的关系模式中需要反映出 E-R 图中实体之间的联系。

【例 4-5】考虑图 4-13 中的 3 个实体，将它们转换为关系模式。

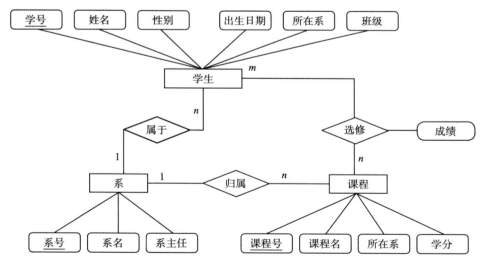

图 4-13　E-R 图示例

转换后的关系模式如下：

学生（*学号*，姓名，性别，出生日期，所在系，班级）

系（*系号*，系名，系主任）

课程（*课程号*，课程名，所在系，学分）

E-R 模型中允许非原子属性，但关系的性质要求 "表中的每一列都是不可再分的基本数据项"。因此，在转换过程中需要遵循一定的转换规则。

1）如果实体的属性是复合属性，需要拆分成简单属性。

例如，对于一个带有复合属性 name（组成属性为 first-name 和 last-name）的实体集 customer，转换为关系模式后，原复合属性 name 将被拆分成两个简单属性 name.first-name 和 name.last-name。

2）如果实体中存在多值属性，需要为多值属性单独创建一个新的关系模式，并且在新关系模式中包含实体的主键，将其作为外键。然后，将多值属性的每个值映射到新关系模式中的单独行。

例如，实体 employee 的主键是 employee-id，该实体中有一个属性 dependent-names 是多值属性，在将该实体转换为关系模式时，需要单独为多值属性创建一个新的关系模式，假设创建的新关系模式是 *employee-dependent-names(employee-id, dname)*。表 4-1 给出了一个新关系模

表 4-1　employee-dependent-names 关系实例

employee-id	dname
007	Mark
007	Dana

式的实例，employee-id 为 "007" 的雇员所赡养的人的姓名为 Mark 和 Dana。

4.3.2　将联系转换为关系模式

联系可以转换为一个单独的关系模式，也可以和参与联系的实体所对应的关系模式合并。将联系转换为关系模式后，其属性通常包含两个部分：联系自身的属性和参与联系的实体的主键。联系分为一对一、一对多、多对多三种类型，在将不同类型的联系转换为关系模式时，通常采用不同的策略。

1. 二元联系

对于常见的二元联系，在转换为关系模式时，通常根据联系的类型采用不同的策略。

（1）1:1 联系

方法 1：转换为一个独立的关系模式

转化后关系模式的属性由联系自身的属性以及参与该联系的两个实体的主键构成。转换后关系模式的主键是参与联系的任意一个实体的主键。

方法 2：与某一端对应的关系模式合并

将另一端实体的主键及联系自身的属性加入该端，该端关系模式的主键不变。

（2）1:n 联系

方法 1：转换为一个独立的关系模式

由联系自身的属性、参与联系的两个实体的主键构成关系模式，并将 n 端实体的主键作为该关系模式的主键。

方法 2：与 n 端对应的关系模式合并

通常情况下采用这种方法，以减少系统中关系模式的个数。具体做法是将联系自身的属性和 1 端实体的主键加入 n 端实体对应的关系模式中，合并后关系模式的主键不变，仍为 n 端的主键。

（3）*m:n* 联系

只能将联系转换为一个独立的关系模式，其属性包括联系自身的属性、参与联系的两个实体的主键，该关系模式的主键通常由这两个实体的主键共同构成。

【例4-6】在图4-14所示的E-R图中，当学生与课程之间的联系"选修"类型分别是一对一、一对多、多对多时，分别给出转换后的关系模式。

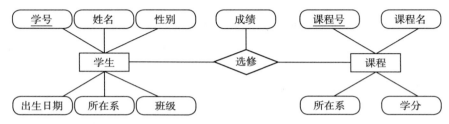

图4-14　学生与课程之间的联系

1）学生与课程之间的联系"选修"类型是一对一时，E-R图转换为如下关系模式：

学生（*学号*，姓名，性别，出生日期，所在系，班级，课程号，成绩）

课程（*课程号*，课程名，所在系，学分）

或者：

学生（*学号*，姓名，性别，出生日期，所在系，班级）

课程（*课程号*，课程名，所在系，学分，学号，成绩）

或者：

学生（*学号*，姓名，性别，出生日期，所在系，班级）

选修（*学号*，*课程号*，成绩）（注：从学号和课程号中选其一作为主键）

课程（*课程号*，课程名，所在系，学分）

2）学生与课程之间的联系"选修"类型是一对多时，E-R图转换为如下关系模式：

学生（*学号*，姓名，性别，出生日期，所在系，班级）

课程（*课程号*，课程名，所在系，学分，学号，成绩）

或者：

学生（*学号*，姓名，性别，出生日期，所在系，班级）

选修（*课程号*，学号，成绩）

课程（*课程号*，课程名，所在系，学分）

3）学生与课程之间的联系"选修"类型是多对多时，E-R图转换为如下关系模式：

学生（*学号*，姓名，性别，出生日期，所在系，班级）

选修（*学号*，*课程号*，成绩）

课程（*课程号*，课程名，所在系，学分）

2. 多元联系

对于三个或三个以上实体间的 *m:n* 多元联系，也可转换为一个关系模式，其属性由参与该多元联系的各实体的主键以及联系自身的属性构成，该关系模式的主键由参与联系的所有实体的主键共同组成。

【例4-7】图4-15描述了学生、教室、课程之间的三元联系，为简单起见，并未列出实体的全部属性。

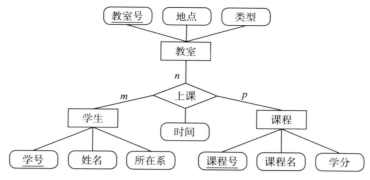

图 4-15　*m:n* 的三元联系

图 4-15 中，"上课"联系是一个多对多的三元联系，可以将它转换为如下关系模式：

上课（教室号，学号，课程号，时间）

其中，（教室号，学号，课程号）是该关系模式的主键。

因此，将图 4-15 的 E-R 图转换为如下 4 个关系模式：

教室（教室号，地点，类型）

学生（学号，姓名，所在系）

课程（课程号，课程名，学分）

上课（教室号，学号，课程号，时间）

3. 合并关系模式

为减少系统中的关系数目，可以将具有相同主键的关系进行合并。合并方法是：将其中一个关系模式的全部属性加入另一个关系模式中，然后去掉其中的同义属性（可能同名也可能不同名），并适当调整属性的次序。

【例 4-8】图 4-16 给出了某大学排课系统的局部 E-R 图，将其转换为关系模式。

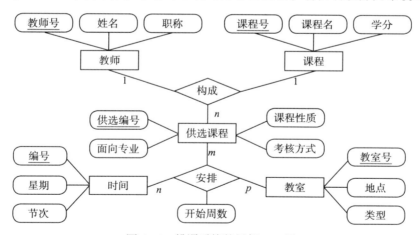

图 4-16　排课系统的局部 E-R 图

"构成"联系是一个 1:1:*n* 的三元联系，调整教师、课程和供选课程三个实体的 1:*n* 多元联系，将"构成"联系与 *n* 端供选课程对应的关系模式合并，即将"教师号"和"课程号"加入到供选课程关系模式中。

供选课程（供选编号，面向专业，课程性质，考核方式，教师号，课程号）

"安排"联系是一个 $m:n:p$ 的三元联系，需要将该联系转换为一个关系模式，按照转换规则，各实体的主键以及联系自身的属性组成该关系模式的属性，其主键由各参与实体的主键共同组成。

安排（供选编号，编号，教室号，开始周数）

"时间"实体对应的关系模式为**时间（编号，星期，节次）**。但从语义考虑，可以将时间与安排这两个关系模式进行合并，以减少关系的数量。将"时间"关系模式的全部属性加入安排关系模式中，然后去掉其中的同义属性"编号"，同时，考虑到同一门课可以在不同星期的不同节次被安排到同一个教室的情况，将星期和节次作为主属性，与供选编号和教室号共同组成"安排"关系模式的主键。合并后的关系模式为：

安排（供选编号，星期，节次，教室号，开始周数）

因此，将图 4-16 所示 E-R 图对应的关系模式调整后，得到如下 5 个关系模式：

教师（教师号，姓名，职称）

课程（课程号，课程名，学分）

供选课程（供选编号，面向专业，课程性质，考核方式，教师号，课程号）

教室（教室号，地点，类型）

安排（供选编号，星期，节次，教室号，开始周数）

4. 自联系

自联系是指同一个实体集内部实体之间的联系。对于自联系也可按 1:1、1:n 和 $m:n$ 三种情况分别进行关系模式的转换，但需要对不同的属性名加以区分。

【**例 4-9**】如图 4-17 所示，教师实体集内部存在管理与被管理的 1:n 联系，即 1 名管理者管理多名教师，1 名教师只能被 1 名管理者管理。可以将该联系与教师实体合并，合并后的主键"教师号"将重复出现，但含义和作用并不相同，需要给予不同的属性名加以区分。

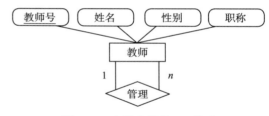

图 4-17 实体内部的 1:n 联系

教师（教师号，姓名，性别，职称，管理者的编号）

得到初步的关系模式后，还应该进行适当的修改和调整，以提高数据库系统的性能，这就是关系模式的规范化。对关系规范化理论的详细介绍参见第 5 章。

4.4 小结

关系数据库的数据建模工作就是完成两级抽象，即将现实世界的事物抽象为 E-R 模型，然后再将 E-R 模型转换为关系模型。简单地说就是构造 E-R 图，然后将其转换为一组关系模式。

E-R 图是 E-R 模型常用的一种图形表示，它提供了表示实体、属性和联系的方法。设计 E-R 图的基本步骤是，首先抽象出与局部应用对应的局部 E-R 图，然后将局部 E-R 图合并形成初步 E-R 图，最后对初步 E-R 图进行优化，消除冗余数据和冗余联系后，形成基本 E-R 图。设计局部 E-R 图时，要遵循相关的设计原则，合理区分实体和属性、实体和联系、实体的属性和联系的属性、二元联系和多元联系。在将局部 E-R 图合并成初步 E-R 图的过程中，需要解决各种冲突，即消除各局部 E-R 图之间存在的命名、属性特征和结构的不一致和冲突。E-R 模型是概念设计阶段的产物，它只能说明实体间语义的联系，并不能说明详细的数据结构，而且不能直接在某个具体的 RDBMS 上实现。因此，需要将 E-R 模型转换为具体 RDBMS 支持的关系数据模型。

构建关系模型就是针对 E-R 模型得到的实体以及在对应用需求充分理解的基础上，对实体进一步细化，并最终构造出合适的关系数据模式（简称为关系模式），实际上是将 E-R 图转换为关系模式，转换时需要解决两个主要问题：如何将实体和联系转换为关系模式，以及如何确定这些关系模式的属性和主键。

习题

1. 已知一个图书馆数据库，它为每个借阅者保存读者记录，包括：读者号、姓名、地址、性别、年龄、单位。对每本书，有：书号、书名、作者、出版社。对每本被借出的书，有：读者号、借出的日期、应还日期。要求给出 E-R 图。
2. 已知下列实体信息：
   学生：学号、姓名、性别、年龄、所在系、所属班级。
   课程：课程号、课程名、学分。
   教师：教师号、教师姓名、性别、出生日期、职称、所在系。
   其中，每名学生可以学习多门课程，每门课程可以有多名学生学习；每名学生学完一门课程后得到一个成绩；每门课程只由一名教师讲授，每名教师只能教授一门课程。根据上述语义约束，画出 E-R 图。
3. 简述利用 E-R 模型进行概念数据库设计遇到的设计问题。
4. 图 4-18 给出了某工厂物资管理的全局 E-R 图。根据给出的 E-R 图，写出相关的语义约束以及实体型和联系类型。

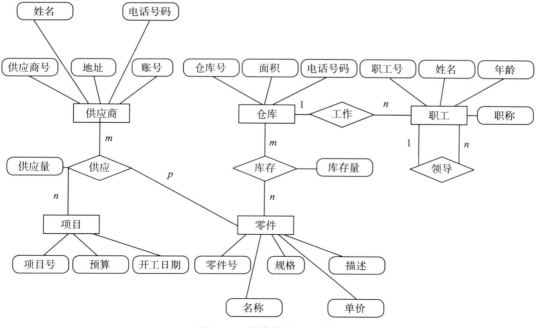

图 4-18 物资管理 E-R 图

5. 简述利用 E-R 模型进行概念数据库设计的常用方法。

6. 简述局部 E-R 图在合并过程中的冲突种类以及解决方法。

7. 什么是视图集成？视图集成常用的方法有哪些？

8. 图 4-19 是合并后的初步 E-R 图。判断是否存在冗余的数据或冗余的联系，说明理由。如果存在冗余，请给出消除冗余后的 E-R 图。

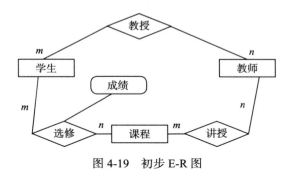

图 4-19　初步 E-R 图

9. 请将图 4-18 给出的某工厂物资管理全局 E-R 图转换为关系模式集，并指出每个关系模式的主键，如果有外键，请写出外键。

第 5 章
关系规范化理论

关系数据库设计的核心是关系模式的设计。关系模式的设计就是按照一定的原则从数量众多而又相互关联的数据中，构造出一组既能较好地反映现实世界，又具有良好操作性能的关系模式。"不好"的关系模式会导致信息重复、无法表达确定的信息。关系数据库设计需要找到一个"好"的关系模式，避免数据冗余以及数据更新时的各种异常。如何评价一个关系模式是"好"还是"不好"？如何将一个"不好"的关系模式转换为"好"的关系模式？解决这些问题的方法就是使用规范化理论对关系模式进行规范化。规范化理论对关系数据库的设计起着重要的指导性作用，主要包括数据依赖、范式和模式设计三方面的内容。

5.1 关系数据库设计中出现的问题

评价关系模式通常有一些准则，比如每个属性和模式都应有简单的含义，冗余应控制在最小，表中存在的空值应该最少，不允许出现无意义的元组等。

【例 5-1】建立一个关系数据库来描述学生的一些情况，该数据库只包含一个关系模式**学生信息（学号，姓名，系名，系主任名，课程号，成绩）**，用于存放学生及其所在的系以及课程成绩的信息。该关系模式包含如下语义：一个系有多名学生，一名学生只属于一个系；一个系只有一名系主任，一名系主任只能在一个系任职；一名学生可以学习多门课程，每门课程可以有多名学生学习。试分析这个关系模式是否存在设计问题。

通过分析，可知主键为（学号，课程号），并且发现该关系模式中描述了多件事情，含义复杂，如图 5-1 所示。

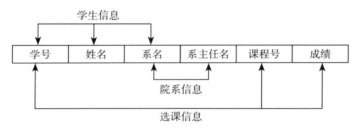

图 5-1　一个关系模式描述了多件事情

这是一个"不好"的关系模式,因为该关系模式存在以下问题。

1. 数据冗余

如果某个学生选了 N 门课,姓名、系名、系主任名就会重复出现 N 次。同一个系的学生有 M 个,系主任名就会重复出现 M 次。

由于数据冗余,可能会导致更新异常、插入异常、删除异常等。

2. 更新异常

当修改某一元组的系主任名时,必须修改其他相同系名的相关元组,否则会造成同一系名但不同系主任名这样的数据不一致问题。

3. 插入异常

如果一个系刚组建,还没有招收学生,则无法插入该系的任何数据,因为主键为空。

4. 删除异常

一个系的学生毕业了,删除这些学生的记录,则系主任等信息也删掉了。

上述操作异常导致该关系模式不是一个"好"的数据模式,原因是关系模式中各个属性之间存在过多的数据依赖。解决的方法就是重新组织关系模式的结构,将它分解成多个关系模式,并保证每个关系模式是"好"模式,而且这种分解是无损连接的。通过分解关系模式可以消除其中不合适的数据依赖,以解决数据冗余、插入异常、删除异常、更新异常等问题。

可以将该关系模式分解为以下三个新的关系模式:

学生 – 系(学号,姓名,系名)

学生成绩(学号,课程号,成绩)

系 – 系主任(系名,系主任名)

那么,如何判断分解后的关系模式是"好"模式呢?这就需要利用关系规范化理论,判断是否达到所要求的规范化程度,即范式级别。各个范式的级别不同,数据依赖的种类也不同。

重要提示

1. 冗余是导致关系模式出现问题的主要因素,因为对含有冗余值的元组进行修改的过程相当复杂,并且这种修改往往会引起一些异常的发生,从而导致数据不一致、数据丢失、数据错误。

2. 主键与外键在多个表中的重复出现,不属于数据冗余。

3. 非键字段的重复出现,是一种低级的、重复性的数据冗余,它会增加数据的不一致性,这种数据冗余需要消除。

4. 高级冗余不是字段的重复出现,而是字段的派生出现,比如表中有"数量""单价"和"总金额"三个字段,"总金额"是派生字段,因为它可以通过"数量"乘以"单价"计算出来,这种情况属于高级冗余。有时,为了提高查询统计效率,允许适量的高级冗余的存在。

5.2 函数依赖

数据依赖是关系中属性值之间相互依赖、相互制约的联系。它是对现实世界属性间相互联系的抽象。属性间的数据依赖类型中最重要的有两种：函数依赖（Functional Dependency，FD）和多值依赖（MultiValued Dependency，MVD）。本章只讨论函数依赖。

函数依赖在现实世界极为普遍。例如，在关系模式**学生 – 系（学号，姓名，系名）**中，每个学生对应一个唯一学号，而且每个学生只属于一个系。因此，当一个学号的值确定之后，这个学生的姓名和所在系的值也被唯一确定了。这种值的确定就像数学函数一样：自变量 x 确定之后，相应的函数值 $f(x)$ 也就唯一地确定了。因此，可以说，学号函数决定姓名和系名，或者说姓名、系名函数依赖于学号。

5.2.1　函数依赖的定义

定义 1　函数依赖

设 $R(U)$ 是一个属性集 U 上的关系模式，X 和 Y 是 U 的子集。若对于 $R(U)$ 的任意一个可能的关系 r，r 中不可能存在两个元组在 X 上的属性值相等，而在 Y 上的属性值不等，则称 "**X 函数决定 Y**" 或者 "**Y 函数依赖于 X**"，记作 $X \rightarrow Y$。

若 Y 不函数依赖于 X，则记作 $X \nrightarrow Y$。若 $X \rightarrow Y$，则 X 叫作**决定因素**（Determinant）。

对于**学生 – 系（学号，姓名，系名）**这个关系模式，存在 "学号→姓名" 和 "学号→系名" 两个函数依赖，分别表示如果两个元组在属性 "学号" 上的值相等，那么它们在属性 "姓名" 上的值也一定相等；如果两个元组在属性 "学号" 上的值相等，那么它们在属性 "系名" 上的值也一定相等。

实际上，可以通过属性间的联系来确定函数依赖关系。

1）如果属性 X 和 Y 有 1:1 的关系，则存在函数依赖 $X \rightarrow Y$ 和 $Y \rightarrow X$，X 和 Y 互相函数依赖，可表示成：$X \longleftrightarrow Y$。

例如，在例 5-1 中，"系名" 与 "系主任名" 这两个属性存在一对一的联系，因此存在函数依赖，可以表示成：系名←→系主任名。

2）如果属性 X 和 Y 有 1:n 的联系，则存在函数依赖 $Y \rightarrow X$（但 $X \nrightarrow Y$）。

例如，在例 5-1 中，"系名" 与 "学号" 存在一对多的联系，因此存在函数依赖：学号→系名。

3）如果属性 X 和 Y 有 m:n 的联系，则 X 与 Y 不存在任何函数依赖。

例如，在例 5-1 中，"学号" 与 "课程号" 存在多对多的联系，因此 "学号" 与 "课程号" 之间不存在函数依赖关系。

函数依赖属于语义范畴，只能根据数据的语义来确定函数依赖，有时候需要设计者做强制规定。例如，"姓名→系名" 这个函数依赖只有在 "不允许姓名相同" 这个强制规定下才成立。这样，当插入某个元组时，若发现同名元组，系统将拒绝插入。

【**例 5-2**】针对例 5-1 给出的关系模式，给出所有的函数依赖关系。

学生信息（学号，姓名，系名，系主任名，课程号，成绩）

根据其语义，存在如下函数依赖关系：

1）学号→姓名

2）学号→系名

3）系名←→系主任名

4）（学号，课程号）→成绩

该函数依赖的含义是，如果两个元组在属性 "学号" 和 "课程号" 上具有相同的值，则这两个元组在属性"成绩"上的值也相同。

5）（学号，课程号）→姓名

6）（学号，课程号）→系名

上述列出的函数依赖关系是根据数据的语义得到的。实际上，在关系模式的规范化过程中，不仅可以根据数据的语义得到函数依赖关系，而且还可以根据已知的函数依赖推导出其他的函数依赖。

重要提示

1. 函数依赖（FD）不是针对某个关系实例而是针对所有关系实例都要满足的约束条件，确切地说，针对的是关系模式。因此，不能仅通过一个实例来确定函数依赖。

2. 函数依赖中的"函数"不同于数学函数，不可计算，只能通过观察得出在 FD 左边的属性值给定的情况下，该元组的 FD 右边的属性值是怎样的。

函数依赖的分解和结合

根据 FD 的定义，下面给出一个 FD 的集合：

$$X_1 X_2 \cdots X_n \rightarrow Y_1$$
$$X_1 X_2 \cdots X_n \rightarrow Y_2$$
$$\cdots$$
$$X_1 X_2 \cdots X_n \rightarrow Y_m$$

按照函数依赖的结合规则，可以将 FD 左边具有相同属性的多个 FD 组合起来，形成一种缩写形式，该形式与原形式等价，即

$$X_1 X_2 \cdots X_n \rightarrow Y_1 Y_2 \cdots Y_m$$

（1）分解规则

可以使用一个 FD 的集合

$$X_1 X_2 \cdots X_n \rightarrow Y_i (i=1,2,\cdots,m)$$

来替换一个 FD：

$$X_1 X_2 \cdots X_n \rightarrow Y_1 Y_2 \cdots Y_m$$

这种转换称为**分解规则**。

（2）结合规则

可以使用一个 FD

$$X_1 X_2 \cdots X_n \rightarrow Y_1 Y_2 \cdots Y_m$$

来替换一个 FD 的集合：

$$X_1 X_2 \cdots X_n \rightarrow Y_i (i=1,2,\cdots,m)$$

这种转换称为**结合规则**。

这里提到的分解规则和结合规则就是 Armstrong 公理的引理中的两条规则。对于**学生 – 系（学号，姓名，系名）**这个关系模式，存在"学号→姓名"和"学号→系名"两个函数依赖，按照结合规则，可转换为一个 FD：学号→（姓名，系名）。

5.2.2　平凡函数依赖与非平凡函数依赖

定义 2　平凡函数依赖（Trivial FD）

在关系模式 $R(U)$ 中，对于 U 的子集 X 和 Y，若 $X \rightarrow Y$，但 $Y \subseteq X$，则称 $X \rightarrow Y$ 是**平凡函数依赖**。

存在平凡函数依赖，就是允许 FD 左边的属性出现在右边，也就是说，右边的属性集合是左边属性集合的子集。

例如，关系模式**学生成绩（学号，课程号，成绩）**中，存在平凡函数依赖：

（学号，课程号）→学号

（学号，课程号）→课程号

对于任一个关系模式，平凡函数依赖都是必然成立的，它不反映新的语义。

定义 3　非平凡函数依赖（Nontrivial FD）

在关系模式 $R(U)$ 中，对于 U 的子集 X 和 Y，如果 $X \to Y$，但 Y 不是 X 的子集，则称 $X \to Y$ 是**非平凡函数依赖**。

仅当 FD 右边的属性集合中至少有一个属性不属于左边的属性集合时，才称为非平凡函数依赖。除了特殊说明，通常情况下，所讨论的函数依赖都是指非平凡函数依赖。

例如，关系模式**学生成绩（学号，课程号，成绩）**中，存在非平凡函数依赖：

（学号，课程号）→成绩

5.2.3　完全函数依赖与部分函数依赖

定义 4　完全函数依赖（Full FD）

在关系模式 $R(U)$ 中，对于 U 的子集 X 和 Y，如果 $X \to Y$，且对于 X 的任意真子集 X'，都有 Y 不函数依赖于 X'（$X' \nrightarrow Y$，即 $X' \to Y$ 不成立），则称 **Y 完全函数依赖于 X**，记作 $X \xrightarrow{F} Y$。

例如，在关系模式**学生成绩（学号，课程号，成绩）**中，存在的非平凡函数依赖"（学号，课程号）→成绩"就是完全函数依赖，记为：（学号，课程号）$\xrightarrow{F}$ 成绩。

定义 5　部分函数依赖（Partial FD）

在关系模式 $R(U)$ 中，对于 U 的子集 X 和 Y，如果 $X \to Y$，但 Y 不完全函数依赖于 X，则称 **Y 部分函数依赖于 X**，记作 $X \xrightarrow{P} Y$。

例如，对于例 5-2 中的函数依赖（学号，课程号）→姓名，学号→姓名，但课程号 $\nrightarrow$ 姓名，因此，"姓名"部分函数依赖于（学号，课程号），记为：（学号，课程号）$\xrightarrow{P}$ 姓名。

函数依赖通常是指非平凡函数依赖，因此，这里的完全函数依赖和部分函数依赖都是在非平凡函数依赖基础上的进一步约束关系。

【例 5-3】指出例 5-1 关系模式中的所有完全函数依赖和部分函数依赖关系。

学生信息（学号，姓名，系名，系主任名，课程号，成绩）

完全函数依赖关系有：

1）学号 $\xrightarrow{F}$ 姓名

2）学号 $\xrightarrow{F}$ 系名

3）系名 $\xrightarrow{F}$ 系主任名

4）系主任名 $\xrightarrow{F}$ 系名

5）（学号，课程号）$\xrightarrow{F}$ 成绩

部分函数依赖关系有：

1）（学号，课程号）$\xrightarrow{P}$ 姓名

2）（学号，课程号）$\xrightarrow{P}$ 系名

由上面的例子可以看出，如果 FD 的左边的属性集只有一个属性，则该 FD 一定是完全

函数依赖，只有当FD的左边属性集中含有两个或两个以上的属性时，FD才有可能是部分函数依赖。

重要提示

对于完全函数依赖或部分函数依赖而言，当FD的左边属性集由多个属性组成时，这个属性集通常是主键或是候选键。

5.2.4　传递函数依赖

定义6　传递函数依赖

在关系模式 $R(U)$ 中，对于 U 的子集 X、Y、Z，$Y \rightarrow X$ 不成立，X、Y、Z 是 R 上不同的属性集。若 $X \rightarrow Y$，$Y \rightarrow Z$，则称 **Z 传递函数依赖于 X**，记作 $X \xrightarrow{传递} Z$。

例如，对于例5-2中存在的函数依赖"学号→系名"和"系名→系主任名"，根据传递函数依赖的定义，属性"系主任名"传递函数依赖于"学号"，即学号 $\xrightarrow{传递}$ 系主任名。

实际上，传递函数依赖就是通过已知的函数依赖推导出的一种函数依赖，是一种间接依赖关系。

在传递函数依赖的定义中，$Y \rightarrow X$ 不成立这个条件非常重要，如果不考虑这个条件，很容易将直接依赖关系当成间接依赖关系。

【例5-4】 对于例5-1给出的关系模式，如果设计者强制规定"不允许学生的姓名相同"，是否存在学号 $\xrightarrow{传递}$ 系名，或者姓名 $\xrightarrow{传递}$ 系名？

如果设计者强制规定"不允许学生重名"，则会存在下面的函数依赖关系：

1）学号→姓名，姓名→系名

但是，属性"系名"不是传递依赖于"学号"，因为存在函数依赖"姓名→学号"。

2）姓名→学号，学号→系名

但是，属性"系名"不是传递依赖于"姓名"，因为存在函数依赖"学号→姓名"。因此，在例5-1给出的关系模式中不存在这样的传递函数依赖。

此外，还要注意传递函数依赖的定义中的"X、Y、Z 是 R 上不同的属性集"这个条件。

【例5-5】 分析关系模式 **教师（教师号，教师姓名，教师性别）** 中是否存在传递函数依赖。

若

$$X=\{ 教师号 \}，Y=\{ 教师姓名，教师性别 \}，Z=\{ 教师姓名 \}$$

根据数据的语义，得出下列函数依赖关系：

$$教师号 \rightarrow 教师姓名，教师号 \rightarrow 教师性别$$

根据 Armstrong 公理的引理规则（结合规则），可得

$$教师号 \rightarrow （教师姓名，教师性别）$$

即 $X \rightarrow Y$，但 $Y \rightarrow X$ 不成立。

此外，根据 Armstrong 公理的自反律（若 $Y \subseteq X \subseteq U$，则 $X \rightarrow Y$），可得

$$（教师姓名，教师性别）\rightarrow 教师姓名$$

即 $Y \rightarrow Z$。

根据上述分析可知，$X \rightarrow Y$，但 $Y \rightarrow X$ 不成立，$Y \rightarrow Z$。因为不满足条件"X、Y、Z 是 R 上不同的属性集"，所以 Z 不传递函数依赖于 X。因此，本例给出的关系模式中不存在传

递函数依赖。

传递函数依赖使函数依赖关系变得相当复杂，在实际应用中，具有传递函数依赖的关系模式的语义通常也比较复杂，容易产生冗余和操作异常，因此，一般不希望在关系模式中存在传递函数依赖。

定义 7　最小函数依赖

设一个关系为 $R(U)$，X 和 Y 为 U 的子集，若 $X \rightarrow Y$，并且为完全非平凡函数依赖，同时 Y 是单属性，则称 $X \rightarrow Y$ 为 R 的**最小函数依赖**。由 R 中所有最小函数依赖构成 R 的最小函数依赖集，其中不含有冗余的传递函数依赖。

5.3　范式与规范化

消除异常的常用方法是对关系模式进行分解。本章将关系模式看作一个三元组 $R < U$，$F >$，其中，R 表示关系名，U 表示一组属性，F 表示属性组 U 上的一组函数依赖。当且仅当 U 上的一个关系 r 满足 F 时，r 称为 $R < U$，$F >$ 上的一个关系。

通常按照属性间的依赖关系来区分关系模式的规范化程度。关系数据库中的关系必须满足一定的要求，关系模式满足不同程度的要求就属于不同的范式。

范式是符合某种级别的关系模式的集合。由于规范化的程度不同就产生了不同的范式，如第一范式、第二范式、第三范式、BCNF 范式、第四范式、第五范式等。每种范式都规定了一些约束条件。

若某一关系模式 R 为第 n 范式，可简记为 $R \in n\text{NF}$。比如，某一关系模式 R 为第三范式，记为 $R \in 3\text{NF}$。

各种范式之间的关系如下：

$$1\text{NF} \supset 2\text{NF} \supset 3\text{NF} \supset \text{BCNF} \supset 4\text{NF} \supset 5\text{NF}$$

从第一范式到第二范式，从第二范式到第三范式，直到第五范式，约束条件依次增强，也就是说规范化程度越来越高。但并不能说规范化程度越高的关系模式就越好。规范化程度越高，在查询时就越需要进行多个关系的连接操作，从而增加了查询的复杂性。

规范化理论用来改造关系模式，通过分解关系模式来消除其中不合适的数据依赖，以解决插入异常、删除异常、更新异常和数据冗余问题，提高数据的共享度。对一个关系模式 R 进行分解，不仅要分离 R 中的属性，使其组成多个关系模式，而且还要对 R 进行投影，将对应关系中元组的数据转移到分解后的多个关系模式对应的关系中。关系模式的分解不是唯一的，但必须保证分解后的关系模式与原关系模式"等价"，也就是说分解后的关系通过外主键连接后仍可以得到原有的关系，同时分解后的关系的函数依赖不会丢失，即保持原有的依赖关系和无损连接性。

5.3.1　第一范式

定义 8　第一范式（1NF）

如果一个关系模式 R 的所有属性都是不可分的基本数据项，则 $R \in 1\text{NF}$。

从定义可以看出，1NF 不允许关系中出现嵌套或复合的属性。1NF 属于最低规范化级别，它确保关系中的每个属性都是单值属性，即关系模式中不能出现复合属性。

每个关系模式都要满足 1NF，因为这是对关系模式的最低要求，它由关系的基本性质决定，任何关系必须遵守。但是仅满足 1NF 的关系模式并不一定是一个好的关系模式。例如，例 5-1 给出的学生关系模式**学生信息（*学号*，*姓名*，*系名*，*系主任名*，*课程号*，*成绩*）**，每个属性都是不可分的基本数据项，但存在数据冗余和操作异常，因此这个关系模式是一个"不好"的关系模式，需要将其分解。

对于不满足 1NF 的关系，可以采取关系分解的方法使之满足 1NF。

5.3.2　第二范式

码也称为键，是能唯一标识每一行的列或列的组合。利用函数依赖的概念，给出码的形式化定义。

定义 9　码（Key）

设 K 为 $R<U, F>$ 中的属性或属性组合，若 $K \xrightarrow{F} U$，则 K 为 R 的**候选码**（Candidate Key）或**候选键**。若候选码多于一个，则选定其中一个作为**主码**（Primary Key）或**主键**。

也可以这样理解，若关系中的一个属性或属性组能够决定整个元组，并且它的任何子集都不能函数决定整个元组，则称它为该关系的一个候选码。

包含在任何候选码中的属性称为主属性。不包含在任何候选码中的属性称为非主属性或非码属性。例如，关系模式**学生 – 系（*学号*，*姓名*，*系名*）**中的"学号"是候选码，也是主码、主属性。关系模式**学生成绩（*学号*，*课程号*，*成绩*）**中的候选码和主码都是属性组合（学号，课程号），其中，"学号"是主属性，"课程号"是主属性，而"成绩"是非主属性。

一个关系模式中，候选码可以有多个。

【例 5-6】一个反映学生、教师、课程之间联系的关系模式 **STJ（*SNO*，*TNO*，*JNO*）**中的属性分别表示学号、教师号和课程号，其语义为：每门课有多名教师教授，某名学生选定一门课，就对应一名教师，每名教师只教一门课。给出函数依赖关系，并指出候选码。为了便于理解，表 5-1 给出了一个关系实例。

根据语义，可得如下函数依赖关系：

$$TNO \rightarrow JNO$$
$$(SNO, TNO) \rightarrow JNO$$
$$(SNO, JNO) \rightarrow TNO$$

其中，候选码有两个：（SNO，TNO）和（SNO，JNO）。

不管一个关系中有多少个候选码，在实际应用中只选取其中一个作为主码。

定义 10　外部码（Foreign key）

关系模式 R 中的属性或属性组 X 并非 R 的候选码，但 X 是另一个关系模式的候选码，则称 X 是 R 的**外部码**（Foreign key），也称**外码**或**外键**。

例如，"学号"不是关系模式**学生成绩（*学号*，*课程号*，*成绩*）**的候选码，但却是关系模式**学生 – 系（*学号*，*姓名*，*系名*）**的候选码，则称"学号"是**学生成绩（*学号*，*课程号*，*成绩*）**的外码。

主码和外码一起提供了表示关系之间联系的手段。

定义 11　第二范式（2NF）

如果 $R \in 1NF$，且每一个非主属性完全函数依赖于候选码，则 $R \in 2NF$。

由定义可以看出，2NF 在 1NF 基础上消除了非主属性对候选码的部分函数依赖。2NF

表 5-1　STJ 关系实例

SNO	TNO	JNO
1	1001	A001
2	1001	A001
3	1001	A001
4	1002	A001
5	1003	A002
6	1004	A002

是与完全函数依赖有关的范式。一般来说，具有单个属性候选码的关系模式都属于 2NF。若某个关系模式中的候选码由多属性构成，并且存在非主属性对候选码的部分函数依赖，则该关系模式不属于 2NF。

【例 5-7】例 5-1 中的关系模式是否属于 2NF？如果不属于，请将其分解并使分解后的关系模式属于 2NF。

学生信息（学号，姓名，系名，系主任名，课程号，成绩） 中的候选码是（学号，课程号），除了学号和课程号是主属性外，其余属性均为非主属性。通过分析可知，存在非主属性对候选码的部分函数依赖，即

$$（学号，课程号）\xrightarrow{P} 姓名$$
$$（学号，课程号）\xrightarrow{P} 系名$$

根据定义 11，可以判断例 5-1 中的关系模式不属于 2NF。需要将该关系模式分解，消除非主属性对候选码的部分函数依赖。分解的方法是：

1）将部分函数依赖关系决定方（学号）和非主属性从关系模式中提取出来，单独构成一个关系模式。

2）将余下的属性加上主码构成另一关系模式。注意，关系模式中仍要保留部分函数依赖的决定方属性，起到与分解出来的新关系之间的关联作用。

将 *学生信息（学号，姓名，系名，系主任名，课程号，成绩）* 分解为以下两个属于 2NF 的关系模式：

学生 – 系（学号，姓名，系名，系主任名）

其中的候选码为"学号"。

学生成绩（学号，课程号，成绩）

其中的候选码为（学号，课程号）。

通常采用投影分解法将一个 1NF 的关系分解为多个 2NF 的关系，这可以在一定程度上缓解原 1NF 关系中存在的数据冗余度大、插入异常、删除异常、修改复杂等问题，但并不能完全消除关系模式中的各种异常情况和数据冗余。

5.3.3 第三范式

定义 12 第三范式（3NF）

关系模式 $R<U, F>$ 中若不存在候选码 X、属性组 Y 及非主属性 Z（$Z \nsubseteq Y$），使得 $X \rightarrow Y$，$Y \rightarrow Z$ 成立，且 $Y \nrightarrow X$，则称 $R \in 3NF$。

可以这样理解，若 $R \in 2NF$，且 R 的所有非主属性都不传递依赖于候选码，则称 R 属于第三范式。或者这样理解，若 $R \in 1NF$，对 R 中的每一个非平凡的函数依赖 $X \rightarrow Y$，要么 Y 是主属性，要么 X 中含有候选码，则 $R \in 3NF$。因为 X 中含有候选码，所以 X 不会是任何候选码的真子集。而 2NF 定义中，X 不是任何候选码的真子集，还可能是非主属性组。因此，3NF 与 2NF 相比，条件更强。

如果 $R \in 3NF$，则每一个非主属性既不部分依赖于候选码，也不传递依赖于候选码。因此，若某个关系模式中存在非主属性对候选码的传递函数依赖，该关系模式就不属于 3NF。所以说，3NF 在 2NF 的基础上消除了非主属性对候选码的传递函数依赖。

【例 5-8】分析下面给出的例 5-7 分解后的关系模式是否属于 3NF。若不是，请分解并使分解后的关系模式属于 3NF。

学生 – 系（学号，姓名，系名，系主任名）

学生成绩（学号，课程号，成绩）

对于**学生成绩（学号，课程号，成绩）**，候选码为（学号，课程号），非主属性是"成绩"，很显然，属性"成绩"完全函数依赖于候选码，不存在任何非主属性对候选码的传递函数依赖，因此，**学生成绩** ∈ 3NF。

对于**学生 – 系（学号，姓名，系名，系主任名）**，候选码是"学号"，并存在下列函数依赖关系：

$$学号 \rightarrow 系名，系名 \nrightarrow 学号，系名 \rightarrow 系主任名，则学号 \xrightarrow{传递} 系主任名$$

显然，存在非主属性"系主任名"对候选码"学号"的传递函数依赖。因此，关系模式"学生 – 系"不属于第三范式。需要将其投影分解，将传递依赖的属性分离出来。分解后的关系模式如下：

学生（学号，姓名，系名）

其中的候选码为"学号"。

系（系名，系主任名）

其中的候选码为"系名"或者"系主任名"。

很显然，在分解后的"学生"和"系"关系模式中，消除了非主属性对候选码的传递函数依赖。因此，**学生** ∈ 3NF，**系** ∈ 3NF。

5.3.4 BCNF 范式

定义 13 BCNF 范式

关系模式 $R<U, F> \in$ 1NF，若 $X \rightarrow Y$ 且 $Y \nsubseteq X$ 时 X 必含有候选码，则 $R \in$ BCNF。

如果关系模式 R 中每一个决定属性因素都包含候选码，则 $R \in$ BCNF。BCNF 属于修正的 3NF，一般来说，属于 3NF 的关系模式可能属于 BCNF，也可能不属于 BCNF。在一个 BCNF 关系模式中，消除了任何属性（包括主属性）对候选码的传递依赖与部分函数依赖。

可以这样理解，如果 $R \in$ BCNF，则所有非主属性对每一个候选码都是完全函数依赖；所有的主属性对每一个不包含它的候选码，也是完全函数依赖；没有任何属性完全函数依赖于非码的任何一组属性。

BCNF 不允许主属性对候选码的部分和传递函数依赖，相比 3NF，BCNF 条件更强。从 3NF 到 BCNF 也是通过分解得到的。

【例 5-9】分析下列给出的关系模式是否属于 BCNF。

学生（学号，姓名，系名）

系（系名，系主任名）

学生成绩（学号，课程号，成绩）

对于**学生（学号，姓名，系名）**，**学生** ∈ 3NF，候选码为"学号"，并且是唯一决定因素，按照 BCNF 的定义，**学生** ∈ BCNF。

对于**系（系名，系主任名）**，**系** ∈ 3NF，无论候选码是"系名"还是"系主任名"，这两个码都是由单个属性组成，并不相交，并且除了"系名"和"系主任名"之外没有其他决定因素，按照 BCNF 的定义，**系** ∈ BCNF。

对于**学生成绩（学号，课程号，成绩）**，**学生成绩** ∈ 3NF，候选码只有一个（学号，课程号），并且是唯一决定因素，按照 BCNF 的定义，**学生成绩** ∈ BCNF。

【例 5-10】分析例 5-6 给出的关系模式是否属于 3NF 以及是否属于 BCNF。

STJ（SNO，TNO，JNO）

根据例 5-6 可知，STJ 存在下列函数依赖关系：

$$TNO \rightarrow JNO$$
$$（SNO，TNO） \rightarrow JNO$$
$$（SNO，JNO） \rightarrow TNO$$

其中，候选码有两个（SNO，TNO）和（SNO，JNO），主属性为 SNO、TNO、JNO，不存在任何非主属性对候选码的部分依赖或传递依赖。因此，*STJ* ∈ 3NF。

但是，存在主属性对候选码的部分依赖，因为（SNO，TNO）→ JNO，TNO → JNO，SNO $\nrightarrow$ JNO，所以 JNO 部分函数依赖于（SNO，TNO），即（SNO，TNO）$\overset{P}{\rightarrow}$ JNO。因此，STJ 不属于 BCNF。也可以这样理解，因为决定因素 TNO 不包含候选码，所以 STJ 不属于 BCNF。可以将 STJ 分解为以下两个关系模式：

S-J（SNO，JNO），*T-J（TNO，JNO）*

对于 S-J 和 T-J，不存在任何属性对候选码的部分函数依赖和传递函数依赖。因而，*S-J* ∈ BCNF，*T-J* ∈ BCNF。

到 BCNF 为止，完全消除了由于函数依赖带来的过度冗余及相应的三类异常。

5.4 一个关系数据库设计实例

本节以设计一个简单的教学管理系统为背景，通过一个名为"教学管理"的数据库设计实例来介绍数据库设计的主要过程。

1. 需求分析

数据库设计人员需要与最终用户反复交流，真正理解用户意图并确定他们想在系统中存放什么数据以及想怎么使用这些数据。

（1）需要的数据以及数据结构

每名学生的信息包括：学号，姓名，性别，出生年月，班级。

每名教师的信息包括：教师号，姓名，性别，出生日期，工作时间，职称，基本工资。

每门课程的信息包括：课程号，课程名，课程类型，学分。

（2）数据之间的联系

1）一名学生可选修多门课程，一门课程可被多名学生选修。

2）一名教师可讲授多门课程，一门课程可被多名教师讲授。

3）同一名教师可以为不同的班级讲授同一门课程。

（3）在数据库实现时需要遵循的业务规则

1）数据的取值范围。比如，性别的值只能取"男"和"女"之一；成绩的取值范围只能是 0 到 100；学生或教师的出生年月，其值不能大于等于当前日期等。

2）数据的类型和长度要求。比如，姓名的类型必须是文本型；成绩的类型必须是数值型等。

3）必填的值。比如学号、课程号、教师号等。

4）数据的默认值设定。比如学分的默认值为 2。

5）数据的值合理性检查。比如本例规定课程号的组成必须是一个字母开头后跟数字。

2. 数据库概念结构设计

（1）确定实体

实体有三个：学生、教师、课程。

（2）确定实体的属性

各实体的属性如图 5-2 所示。

图 5-2 实体以及实体的属性

学生和课程是多对多的联系；教师和课程也是多对多的联系。

（3）确定主键

选取属性作为主键的基本原则，就是对同一个实体集（比如学生实体集）中的不同实体在主键上不能取相同的值，并且实体在主键上的值不能为空。

基于这个原则，选取学号作为学生实体的主键，教师号作为教师实体的主键，课程号作为课程实体的主键。

（4）使用 E-R 图描述构建的概念模型

1）首先针对局部应用构建局部 E-R 图，确定该用户视图的实体、属性和联系类型。在设计 E-R 图时，能作为属性的就不要作为实体，这样有利于 E-R 图的简化。图 5-3 和图 5-4 给出了局部 E-R 图。

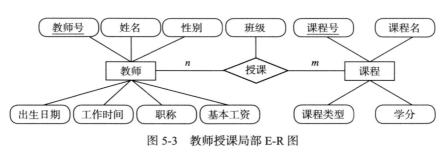

图 5-3 教师授课局部 E-R 图

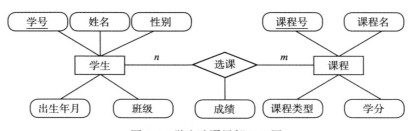

图 5-4 学生选课局部 E-R 图

2）将每一个局部 E-R 图综合起来，产生出总体的 E-R 图。在 E-R 图的综合过程中，同名实体只能出现一次，还要去掉不必要的联系，这样才能消除冗余。一般来说，从总体 E-R 图必须能导出原来所有的局部 E-R 视图，包括所有的实体、属性和联系。本例的应用场景比较简单，不存在各类冲突和不必要的冗余，图 5-5 给出了全局 E-R 图。

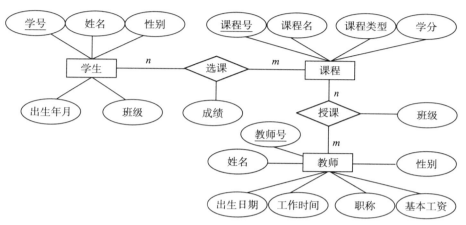

图 5-5　合并后的全局 E-R 图

3. 数据库逻辑结构设计

将 E-R 图转换为关系模式，并审核关系模式是否存在低级的数据冗余，如果存在，则需要对关系模式进行分解，使其达到某一级别的范式。

1）转换为关系模式。

除了 3 个实体转换为 3 个关系模式外，还需要将实体之间的联系转换为关系模式。选课作为学生实体和课程实体之间的多对多，需要将其转换为关系模式。同样，授课作为教师实体和课程实体之间的多对多联系，也需要将其转换为关系模式，因为同一名教师可以为不同的班级讲授同一门课程，所以教师号、课程号和班级将联合作为授课表的主键。

学生表（学号，姓名，性别，出生年月，班级）

教师表（教师号，姓名，性别，出生日期，工作时间，职称，基本工资）

课程表（课程号，课程名，课程类型，学分）

选课表（学号，课程号，成绩）

授课表（教师号，课程号，班级）

2）对关系模式进行优化。

上述 5 个关系模式都属于第三范式，不存在低级的数据冗余。

4. 数据库物理结构设计

确定数据库在物理设备上的存储结构和存取方法。其中，关系模式存取方法的选择是需要考虑的主要问题，而存取方法的选择主要集中在建立索引的问题上。索引的作用相当于图书的目录，可以根据目录中的页码快速找到所需的内容。这个阶段的主要成果是在数据库中生成的具体表（实际是表结构），包括创建主键、外键、属性列、索引、约束等。对于初学者而言，物理结构设计主要是结合具体的数据库管理系统设计表的结构。表 5-2 至表 5-6 给出结合 Access 2010 设计的表结构。

表5-2 学生表的表结构

字段名	学号	姓名	性别	出生年月	班级
字段类型	文本	文本	文本	日期/时间	文本
字段长度	8	10	1	系统默认为8，格式为短日期	10
说明	主键，设置输入掩码		默认值为"男"	设置有效性规则	

表5-3 教师表的表结构

字段名	教师号	姓名	性别	出生日期	工作时间	职称	基本工资
字段类型	文本	文本	文本	日期/时间	日期/时间	查阅向导	查阅向导
字段长度	4	10	1	系统默认为8，短日期	系统默认为8，短日期	5	4
说明	主键，设置掩码	默认值为"男"	设置有效性规则	设置有效性规则	讲师，副教授，教授	1600,2000,2600,2800,3200,3600

表5-4 课程表的表结构

字段名	课程号	课程名	课程类型	学分
字段类型	文本	文本	查阅向导	查阅向导
字段长度	4	12	5	1
说明	主键		选修课、必修课、指选课	1,2,3,4

表5-5 选课表的表结构

字段名	学号	课程号	成绩
字段类型	文本	文本	数字
字段长度	8	4	
说明	主属性，属性设置同学生表中的"学号"	主属性，属性设置同课程表中的"课程号"	设置有效性规则，成绩取值范围为0～100

表5-6 授课表的表结构

字段名	教师号	课程号	班级
字段类型	文本	文本	文本
字段长度	4	4	10
说明	主属性，属性设置同教师表中的"教师号"	主属性，属性设置同课程表中的"课程号"	主属性

上述5张表之间存在的关系如下：

1）学生表和选课表存在一对多的关系，关联字段为学号。

2）课程表和选课表存在一对多的关系，关联字段为课程号。

3）教师表和授课表存在一对多的关系，关联字段为教师号。

4）课程表和授课表存在一对多的关系，关联字段为课程号。

5. 数据库的实施

对于初学者而言，数据库的实施主要指：1）创建数据库，指定存放的文件夹和名称，系统将自动为其分配存储空间；2）按照物理结构设计阶段产生的表结构设计数据表并创建表间关系，然后将数据导入数据表并保存，最后在数据表的基础上根据需要创建查询、报表、窗体、宏、模块等。这些内容涉及如何使用具体的DBMS实现一个具体的数据库系统，我们将在第四部分进行介绍。

5.5　小结

关系规范化理论为关系数据库设计提供了理论指导。关系规范化理论主要包括三方面的内容：函数依赖、范式、模式分解。

关系规范化的过程就是概念单一化和逐步分解关系的过程，是把属性间存在的部分依赖和传递依赖逐步转化为关系之间一对一或一对多联系的过程。

2NF 是与完全函数依赖有关的范式，消除了非主属性对候选码的部分函数依赖；3NF 是与传递函数依赖有关的范式，消除了非主属性对候选码的传递函数依赖；BCNF 是与决定因素有关的范式，消除了主属性对候选码的部分和传递函数依赖。规范化步骤可以在其中任何一步终止。但对于一般应用，通常对关系模式规范化到第三范式。

判断一个关系模式满足第几范式的步骤如下：

1）首先通过数据的语义列出属性之间的函数依赖关系。

2）确定候选码和主码，找出非主属性和主属性。

3）判断是否存在非主属性对候选码的部分函数依赖关系，如果存在，则该关系模式不属于 2NF。否则，该关系模式属于 2NF，继续执行第 4 步。

4）判断是否存在非主属性对候选码的传递依赖关系，若不存在，则该关系模式属于 3NF，继续执行第 5 步。

5）判断决定因素是否包含候选码，若包含，则该关系模式属于 BCNF。

习题

1. 名词解释：

   函数依赖、平凡函数依赖、非平凡函数依赖、完全函数依赖、部分函数依赖、传递函数依赖、1NF、2NF、3NF、BCNF

2. 不恰当的关系模式会产生哪些问题？

3. 什么情况下需要进行关系模式的分解？

4. 关系规范化的基本思想是什么？

5. 规范化级别越高的关系模式一定是最好的关系模式吗？请说明理由。

6. 指明下列关系模式 $R <U,F>$ 最高属于第几范式。

   （1）$R(X,Y,Z)$　　$F=\{Y \rightarrow Z, XZ \rightarrow Y\}$

   （2）$R(X,Y,Z)$　　$F=\{XY \rightarrow Z\}$

   （3）$R(X,Y,Z)$　　$F=\{Y \rightarrow Z, Y \rightarrow X, X \rightarrow YZ\}$

   （4）$R(X,Y,Z)$　　$F=\{X \rightarrow Y, X \rightarrow Z\}$

7. 下列关系模式是否属于第一范式？为什么？

   部门（部门号，部门名，部门经理，部门成员）

8. 设有一个关系模式 R（A,B,C,D），F 是 R 上成立的函数依赖集，$F=\{A \rightarrow D, AB \rightarrow CD\}$。

   （1）试说明 R 不属于第二范式的理由。

   （2）请将 R 分解，使分解后的关系模式都属于第二范式。

9. 设有一个关系模式 R（A,B,C,D），F 是 R 上成立的函数依赖集，$F=\{D \rightarrow A, AB \rightarrow C\}$。请指出 R 的候选码、主属性和非主属性。

10. 设有一个关系模式 R（X,Y,Z），F 是 R 上成立的函数依赖集，$F=\{Z \rightarrow Y, Y \rightarrow X\}$。

    （1）试说明 R 不属于第三范式的理由。

    （2）请将 R 分解，使分解后的关系模式都属于第三范式。

数据库实现基础

关系数据库支持关系模型并且是目前广泛使用的数据库技术。关系模型是一种以数学理论为基础构建的数据模型，使用关系来表达数据的逻辑结构。本书第二部分介绍了如何从现实世界提取和表示数据，并按照关系模型进行组织和优化，接下来第三部分将介绍如何处理这些关系数据，并从中获取需要的信息，即数据库操作语言。

为了让用户能够访问关系数据库中的数据，就要解决用户如何表达和描述对数据查询的请求这个问题。第三部分只包含1章内容（第6章），介绍数据查询语言，涵盖简洁且形式化的关系代数以及当今应用最普遍的一种标准数据库查询语言——SQL。

第6章

关系代数和 SQL

6.1 引言

关系代数、关系演算、SQL（Structured Query Language，结构化查询语言）、QBE（Query-By-Example，基于示例的查询）等都属于关系数据库操作语言。其中，**SQL** 是商业数据库处理采用的标准语言；**QBE** 是图形化语言，Access 可以很好地支持它，读者可以通过本书第四部分领略 Access 的 QBE 优势；**关系代数和关系演算**是关系操作的形式化描述语言，代表着关系操作能力的两种方式——代数方式和逻辑方式，它们在操作和表达能力上完全等价，是商用数据库语言 SQL 以及 QBE 的构成基础。关系代数是过程性语言，它包括一个运算集合，通过对关系的运算来表达查询要求。关系代数的运算对象和运算结果都是关系，使用关系代数时既要清楚做什么也要清楚怎么做。关系演算是非过程性的，使用谓词来表达查询要求，只描述所需要的信息，无须给出获得该信息的具体过程。考虑到篇幅问题，本章只介绍关系代数。

图 6-1 给出了一个例子，说明如何使用关系代数、SQL、QBE 来描述"查询选修了课程号为 C101 的学生的学号、姓名、成绩"这个查询要求。

关系模型三要素中的关系操作主要分为查询、插入、删除、修改四种。**查询操作**就是在一个关系或多个关系中查找满足条件的列或行，得到一个新的关系；**插入操作**是在指定的关系中插入一个或多个元组；**删除操作**是将指定关系中的一个或多个满足条件的元组删除；**修改操作**是针对指定关系中满足条件的一个或多个元组，修改其数据项的值。

关系操作能力可以使用关系代数的方式来表示，学习关系代数有助于从底层理解 RDBMS 所提供的各种数据操作功能，从而为学习 SQL 打下基础。SQL 操作与关系代数的各种运算之间的关系就是具体的数据库操作与抽象的代数运算之间的关系。本章首先介绍关系代数的相关知识，然后介绍 SQL。

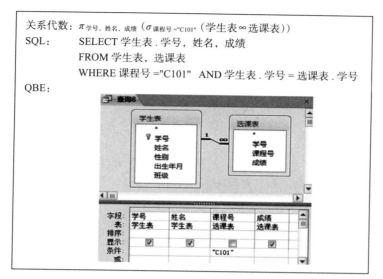

关系代数：$\pi_{\text{学号,姓名,成绩}}(\sigma_{\text{课程号}=\text{"C101"}}(\text{学生表} \infty \text{选课表}))$

SQL： SELECT 学生表.学号，姓名，成绩

FROM 学生表，选课表

WHERE 课程号 ="C101" AND 学生表.学号 = 选课表.学号

QBE：

图 6-1 使用关系代数、SQL、QBE 描述同一个查询需求

6.2 关系数据库实现的数学基础——关系代数

在关系数据库中，采用关系表示实体和联系，每个关系就是一张二维数据表，所有的数据都是通过数据表来存储的。表和表之间不是孤立存在的，它们之间存在一定的内在关联。通过关系操作可以方便地对数据库中的数据进行增删改以及查询。在某个特定的应用中，关系的集合构成了一个关系数据库。

关系数据库有着坚实的数学理论基础，除了规范化理论之外，关系代数也是关系数据库的数学理论基础之一。关系代数是一种抽象的查询语言，它提供了支持关系建立和运算的一系列操作。比如，要减少关系中元组的数量，可以采用关系代数中的"选择"运算；若要对两个结构相同的关系进行处理，可以采用"并""交""差"等集合运算。

按照运算符的不同，关系代数的运算（简称关系运算）分为传统的集合运算和专门的关系运算两大类。

6.2.1 传统的集合运算

从集合论的观点来定义关系，将关系看成若干个具有 K 个属性的元组集合。通过对关系进行集合操作来完成查询请求。传统的集合运算是从关系的水平方向进行的，包括并、交、差及广义笛卡儿积，属于二目运算。

要使并、差、交运算有意义，必须满足两个条件：一是参与运算的两个关系具有相同的属性数目；二是这两个关系对应的属性取自同一个域，即属性的域相同或相容。

1. 并（Union）

设关系 R 和关系 S 具有相同的目 K，即两个关系都有 K 个属性，且相应的属性取自同一个域，则关系 R 与 S 的并是由属于 R 或属于 S 的元组构成的集合，并运算的结果仍是 K 目关系。其形式定义如下：

$$R \cap S = \{t \mid t \in R \lor t \in S\}$$

其中，t 为元组变量。

2. 交（Intersection）

设关系 R 和关系 S 具有相同的目 K，即两个关系都有 K 个属性，且相应的属性取自同一个域，则关系 R 与 S 的交是由既属于 R 又属于 S 的元组构成的集合，交运算的结果仍是 K 目关系。其形式定义如下：

$$R \cap S = \{t \mid t \in R \wedge t \in S\}$$

3. 差（Difference）

设关系 R 和关系 S 具有相同的目 K，即两个关系都有 K 个属性，且相应的属性取自同一个域，则关系 R 与 S 的差是由属于 R 但不属于 S 的元组构成的集合，差运算的结果仍是 K 目关系。其形式定义如下：

$$R-S = \{t \mid t \in R \wedge t \notin S\}$$

【例 6-1】假设有图 6-2 所示的两个关系 R 和 S，给出 R 和 S 进行交、并、差运算的结果。

专业关系 R

专业代码	专业名称	系代码
1001	账务管理	01
1002	工商管理	01
3002	国际金融	03

专业关系 S

专业代码	专业名称	系代码
3002	国际金融	03
3003	国际贸易	03
4001	计算数学	04

图 6-2　专业关系 R 和专业关系 S

关系 R 和关系 S 的属性个数都为 3，并且相应的属性取自同一个域，因此 R 和 S 可以进行交、并、差运算，运算的结果仍是一个属性个数为 3 的关系。R 和 S 进行交、并、差运算的结果如图 6-3 所示。

$R \cap S$

专业代码	专业名称	系代码
3002	国际金融	03

$R \cup S$

专业代码	专业名称	系代码
1001	账务管理	01
1002	工商管理	01
3002	国际金融	03
3003	国际贸易	03
4001	计算数学	04

$R-S$

专业代码	专业名称	系代码
1001	账务管理	01
1002	工商管理	01

图 6-3　R 和 S 的交、并、差运算

重要提示

1. 进行并、交、差运算的两个关系必须具有相同的结构。对于 Access 数据库来说，是指两个表的表结构要相同。

2. 交运算可以使用差运算来表示：$R \cap S = R-(R-S)$ 或者 $R \cap S = S-(S-R)$。

---

4. 广义笛卡儿积（Extended Cartesian Product）

设关系 R 的属性数目是 K_1、元组数目为 m，关系 S 的属性数目是 K_2、元组数目为 n，则 R 和 S 的广义笛卡儿积是一个 $(K_1 + K_2)$ 列的 $(m*n)$ 个元组的集合。记作 $R \times S$。

【例 6-2】对图 6-2 所示的两个关系 R 和 S 做广义笛卡儿积, 运算结果如图 6-4 所示。

$R.$专业代码	$R.$专业名称	$R.$系代码	$S.$专业代码	$S.$专业名称	$S.$系代码
1001	账务管理	01	3002	国际金融	03
1001	账务管理	01	2003	国际贸易	03
1001	账务管理	01	4001	计算数学	04
1002	工商管理	01	3002	国际金融	03
1002	工商管理	01	3003	国际贸易	03
1002	工商管理	01	4001	计算数学	04
3002	国际金融	03	3002	国际金融	03
3002	国际金融	03	3003	国际贸易	03
3002	国际金融	03	4001	计算数学	04

图 6-4 R 和 S 的广义笛卡儿积的结果

R 和 S 的广义笛卡儿积是一个有序对的集合。有序对的第一个元素是关系 R 中的任意一个元组, 有序对的第二个元素是关系 S 中的任意一个元组。如果 R 和 S 中有相同的属性名, 可在属性名前加上所属的关系名作为限定。

6.2.2 专门的关系运算

专门的关系运算既可以从关系的水平方向进行, 也可以从垂直方向进行, 主要包括选择、投影、连接。

1. 选择 (Selection)

选择运算是从关系的水平方向进行, 是从关系 R 中选取符合给定条件的所有元组, 生成新的关系, 记作:

$$\sigma_{\text{条件表达式}}(R)$$

其中, 条件表达式的基本形式为 $X\theta Y$, θ 表示运算符, 包括比较运算符 ($<$, $<=$, $>$, $>=$, $=$, $\neq$) 和逻辑运算符 ($\wedge$, $\vee$, $\neg$)。X 和 Y 可以是属性、常量或简单函数。属性名可以用它的序号即它在关系中的列位置来代替。若条件表达式中存在常量, 则必须用英文引号将常量引起来。

选择运算是从行的角度对关系进行运算, 选出条件表达式为真的元组。例如, 查询图 6-2 关系 R 中专业代码 "1001" 对应的专业名称, 可以使用如下选择运算来表示该查询:

$$\sigma_{\text{专业代码} ="1001"}(R)$$

【例 6-3】对图 6-4 所示的关系进行查询, 找出同一个系开设不同专业的信息。

$$\sigma_{R.\text{专业名称} \neq S.\text{专业名称} \wedge R.\text{系代码} = S.\text{等代码}}(R \times S)$$

或者

$$\sigma_{2 \neq 5 \wedge 3=6}(R \times S)$$

上述选择运算的结果是一个属性数目为 6、元组数目为 1 的关系, 如图 6-5 所示。

$R.$专业代码	$R.$专业名称	$R.$系代码	$S.$专业代码	$S.$专业名称	$S.$系代码
3002	国际金融	03	3003	国际贸易	03

图 6-5   对 $R \times S$ 进行选择运算的结果

2. 投影（Projection）

投影运算是从关系的垂直方向进行，在关系 R 中选取指定的若干属性列，组成新的关系，记作：

$$\pi_{属性列}(R)$$

投影操作是从列的角度对关系进行垂直分割，取消某些列并重新安排列的顺序。在取消某些列后，可能会出现重复的元组，投影操作将会自动取消重复的元组，仅保留一个。因此，投影操作的结果使得关系的属性数目减少，元组数目可能也会减少。

【例 6-4】图 6-6 给出了由 5 个属性、7个元组组成的学生关系。若查询学生的学号和专业代码，可以通过对学生关系做投影操作实现。相应的投影操作如下：投影的结果仍是一个包含 2 个属性、7 个元组的关系，如图 6-7 所示。

$$\pi_{学号,专业代码}(学生)$$

或者

$$\pi_{1,4}(学生)$$

如果查询学生的姓名和专业代码，同样需要对学生关系进行如下投影操作：

$$\pi_{姓名,专业代码}(学生)$$

或者

$$\pi_{2,4}(学生)$$

学号	姓名	性别	专业代码	年龄
10221001	张小明	男	1001	20
10212568	王水	男	1002	21
10213698	金玉	女	4001	20
10216700	高兴	男	4003	20
09211902	陈杰明	男	3002	23
09201345	张婉儿	女	6002	22
10216707	高兴	女	4003	20

图 6-6 学生关系实例

从图 6-6 可以看出，有两个元组在姓名和专业代码上的属性值完全相同，投影后因为有重复元组，故只能保留一个元组。因此，投影结果是一个包含 2 个属性、6 个元组的关系，如图 6-8 所示。

学号	专业代码
10221001	1001
10212568	1002
10213698	4001
10216700	4003
09211902	3002
09201345	6002
10216707	4003

图 6-7 投影运算结果 1

姓名	专业代码
张小明	1001
王水	1002
金玉	4001
高兴	4003
陈杰明	3002
张婉儿	6002

图 6-8 投影运算结果 2

3. 连接（Join）

连接也称 θ 连接运算。关系 R 和关系 S 的连接运算记作：

$$R \underset{A\theta B}{\infty} S$$

其中，∞是连接运算符，A 和 B 分别代表关系 R 和 S 上的属性组，这些属性组个数要相等并且有可比性。

连接运算首先对 R 和 S 进行广义笛卡儿积，然后在广义笛卡儿积上进行选择运算。例

6-3 就是连接运算的一个例子。

连接运算也可以表示为：

$$\sigma_{A\theta B}(R\times S)$$

在连接运算中有两种最为重要的连接：等值连接和自然连接。

（1）等值连接（Equal Join）

当 θ 为 "＝" 时的连接操作就称为等值连接。也就是说，等值连接运算是从 $R\times S$ 中选取 A 属性组与 B 属性组的值相等的元组。等值连接运算可以表示为：

$$R \underset{A=B}{\infty} S$$

或者

$$\sigma_{A=B}(R\times S)$$

其中，A 和 B 分别代表关系 R 和 S 上的属性组，它们可以是相同的属性组，也可以是不同的属性组。

（2）自然连接（Natural Join）

自然连接是一种特殊的等值连接。关系 R 和关系 S 的自然连接首先要进行 $R\times S$，然后进行 R 和 S 中所有相同属性的等值比较的选择运算，最后通过投影运算去掉重复的属性。自然连接与等值连接的主要区别是，自然连接的结果中两个关系的相同属性（就是公共属性）只出现一次。自然连接运算可以表示为：

$$R \infty S$$

重要提示

1. 自然连接需要将两个关系中所有相同的属性逐一比较，并通过 "与" 运算符进行运算。

2. 当关系 R 和 S 没有公共属性时，R 和 S 的自然连接就是 R 和 S 的广义笛卡儿积。

【例 6-5】图 6-9 给出了两个关系 R 和 S。

对 R 和 S 进行广义笛卡儿积、连接、等值连接和自然连接运算。运算结果如图 6-10 至图 6-14 所示。

关系 R

A	B	C
1	2	3
4	5	6
7	8	9

关系 S

B	C	D
2	3	1
5	6	3
9	8	5

图 6-9　关系 R 和 S

$R\times S$

A	$R.B$	$R.C$	$S.B$	$S.C$	D
1	2	3	2	3	1
1	2	3	5	6	3
1	2	3	9	8	5
4	5	6	2	3	1
4	5	6	5	6	3
4	5	6	9	8	5
7	8	9	2	3	1
7	8	9	5	6	3
7	8	9	9	8	5

图 6-10　R 和 S 的广义笛卡儿积的结果

$R \infty S$
$A > D$

A	$R.B$	$R.C$	$S.B$	$S.C$	D
4	5	6	2	3	1
4	5	6	5	6	3
7	8	9	2	3	1
7	8	9	5	6	3
7	8	9	9	8	5

$R \infty S$
$R.C > S.C$

A	$R.B$	$R.C$	$S.B$	$S.C$	D
4	5	6	2	3	1
7	8	9	2	3	1
7	8	9	5	6	3
7	8	9	9	8	5

$R \infty S$
$A > D \land R.B = S.B$

A	$R.B$	$R.C$	$S.B$	$S.C$	D
4	5	6	5	6	3

图 6-11　R 和 S 的连接运算的结果

$R \infty S$
$A = D$

A	$R.B$	$R.C$	$S.B$	$S.C$	D
1	2	3	2	3	1

$R \infty S$
$R.B = S.B$

A	$R.B$	$R.C$	$S.B$	$S.C$	D
1	2	3	2	3	1
4	5	6	5	6	3

A	$R.B$	$R.C$	$S.B$	$S.C$	D
1	2	3	2	3	1
4	5	6	5	6	3

图 6-12　R 和 S 的等值连接运算的结果

图 6-13　条件为 $R.B=S.B \land R.C=S.C$ 的等值连接运算的结果

关系 R 和 S 自然连接，需要从 $R \times S$ 的运算结果上进行选择运算，选取条件表达式为真的元组，条件表达式为：$R.B=S.B \land R.C=S.C$，如图 6-13，然后再去掉其中的重复属性。

6.2.3　用关系代数表示查询

将并、交、差、选择、投影、连接运算进行有限次的组合，就构成了关系代数表达式。通常，可以利用关系代数表达式来表达各种数据查询要求。

【例 6-6】假设教学数据库中有 3 个关系，为便于书写，关系及属性使用了英文代号。

学生关系：S (S#, SNAME, AGE, SEX, SDEPT)

选课关系：SC (S#, C#, GRADE)

课程关系：C (C#, CNAME, CREDIT)

$R \infty S$

A	B	C	D
1	2	3	1
4	5	6	3

图 6-14　R 和 S 的自然连接运算的结果

请用关系代数表达式表示以下每个查询要求。

1）查询所有年龄小于 20 岁的男生的信息。

【分析】该查询涉及的属性是年龄和性别，这两个属性都存在于关系 S 中。涉及两个查询条件：年龄小于 20 和性别为"男"。关系代数表达式如下：

$$\sigma_{AGE<20 \land SEX= "男"}(S)$$

2）查询全体女生的学号和姓名。

【分析】该查询涉及的属性是性别、学号和姓名，这三个属性都存在于关系 S 中。涉及一个查询条件：性别为"女"。首先进行选择操作，找出性别是女生的元组，组成一个新关系，然后再对这个新关系中的学号和姓名两个属性列进行投影操作。关系代数表达式如下：

$$\pi_{S\#,SNAME}(\sigma_{SEX= "女"}(S))$$

3）查询选修了课程号为 C2 的学生的学号、姓名、成绩。

【分析】查询涉及的属性有：课程号，成绩，学号，姓名。学号、课程号和成绩是 SC

关系的属性，学号和姓名是 S 的属性。该查询涉及两个关系 SC 和 S，并且它们有共同属性"学号"，首先需要将这两个关系通过 S# 进行自然连接运算，然后对运算后生成的新关系进行选择和投影运算。关系代数表达式如下：

$$\pi_{\text{S\#,SNAME,GRADE}}\left(\sigma_{\text{C\#="C2"}}\left(S \bowtie SC\right)\right)$$

4）查询选修了课程号为"C1"、所在系为"计算机系"的学生的学号和成绩。

【分析】查询所涉及的属性有：课程号，成绩，学号，学生所在系。学号、课程号和成绩是 SC 关系的属性，学号和所在系是 S 关系的属性。该查询涉及关系 S 和 SC，首先对这两个关系进行自然连接，然后对运算后生成的新关系进行选择和投影运算。关系代数表达式如下：

$$\pi_{\text{S\#,SNAME}}\left(\sigma_{\text{SDEPT="计算机系"}\wedge \text{C\#="C1"}}\left(S \bowtie SC\right)\right)$$

5）查询选修了课程号为"C1"或"C2"的学生的学号。

【分析】查询请求涉及课程号和学号两个属性，这两个属性存在于关系 SC 中。关系代数表达式如下：

$$\pi_{\text{S\#}}\left(\sigma_{\text{C\#="C1"}\vee \text{C\#="C2"}}\left(SC\right)\right)$$

6）查询选修课程名为"DB"的学生的学号与姓名。

【分析】查询请求涉及课程名、学号和姓名三个属性，课程名是 C 关系的属性，学号和姓名是 S 关系的属性，但这两个关系之间没有公共属性。同时又发现，学号也是 SC 关系的属性，学生关系与选课关系之间有公共属性"S#"，课程关系与选课关系之间有公共属性"C#"，因此可以进行三个关系的自然连接，然后再对运算后生成的新关系进行选择和投影运算。关系代数表达式如下：

$$\pi_{\text{S\#,SNAME}}\left(\sigma_{\text{CNAME="DB"}}\left(S \bowtie SC \bowtie C\right)\right)$$

7）查询选修了课程号为"C1"和"C2"的学生的学号。

【分析】该查询仅涉及 SC 关系，难点在于如何表达"既选修了 C1，又选修了 C2"。一种方法是使用集合交运算，首先找出选修了课程号为"C1"的学生的学号，然后找出选修了课程号为"C2"的学生的学号，最后对这两个关系进行交运算，得到的新关系就是既选修了 C1 又选修了 C2 的学生的学号。

$$\pi_{\text{S\#}}\left(\sigma_{\text{C\#="C1"}}\left(SC\right)\right) \cap \pi_{\text{S\#}}\left(\sigma_{\text{C\#="C2"}}\left(SC\right)\right)$$

其实表达该查询的关系代数表达式有多种，我们知道，查询是按照元组一行一行进行的，SC 中的每一行只有一个课程号，查询时只能满足一个查询条件，即要么查询课程号是 C1，要么查询课程号是 C2。如果在关系的同一行上查到两个课程号，只能先将关系横向发展，即增加属性个数，方法就是采用广义笛卡儿积。下面给出满足该查询要求的另一个关系表达式，为表达简洁，这里用属性列的位置代替属性名。

$$\pi_{\text{S\#}}\left(\sigma_{1=4 \wedge 2="C1" \wedge 5="C2"}\left(SC \times SC\right)\right)$$

上述表达式中，SC 自身做广义笛卡儿积后，再做选择运算，这两步实际上就是 SC 自身做连接运算。请思考下面给出的表达式是否也可以正确表达该查询请求。

$$\pi_{\text{S\#}}\left(\sigma_{2="C1"\wedge 5="C2"}\left(SC \underset{1=4}{\bowtie} SC\right)\right)$$

或者

$$\pi_{\text{S\#}}\left(\sigma_{2="C1" \wedge 5="C2"}\left(SC\right)\right)$$

重要提示

1. 多数情况下，同一个查询可以使用多个不同的关系代数表达式来描述，这些表达式是等价的，也就是说，只要给出相同的操作数，这些表达式的结果就是相同的。

2. 在给出关系代数表达式时，需要结合语义想象出与关系模式对应的典型关系实例。

8）查询没有选修课程号为"C1"的学生的学号。

【分析】首先想到的是使用集合运算，先将学生关系中所有学生的学号列出，构成关系 $R1$。然后列出选课关系中所有选修了课程号为"C1"的学生的学号，构成关系 $R2$。最后将关系 $R1$ 和 $R2$ 进行差运算。关系表达式如下：

$$R1=\pi_{S\#}(S) \qquad R2=\pi_{S\#}(\sigma_{C\#="C1"}(SC)), \qquad R1-R2$$

或者

$$\pi_{S\#}(S) -\pi_{S\#}(\sigma_{C\#="C1"}(SC))$$

请思考下面的表达式是否也可以正确表达该查询请求。

$$\pi_{S\#}(\sigma_{C\#="C1"}(SC))$$

6.3 结构化查询语言 SQL

查询语言是用户从数据库中获取信息的语言，这些语言通常比程序设计语言有更高的抽象层次。关系代数虽然提供了一种表示查询的简洁、形式化的句法，但是，对于商业化的数据库系统，还需要一种对用户更加友好的查询语言。

目前，几乎所有的数据库管理系统都支持一种名为 SQL（Structured Query Language，结构化查询语言）的语言。大多数商业数据库产品虽然提供关系代数机制，但由于其相对复杂而很少使用。但是需要知道的是，所有的关系代数运算都可以使用 SQL 来表达。SQL 于 1974 年由 Boyce 和 Chamberlin 提出，并首先在 IBM 公司研制的关系数据库系统 System R 上实现，目前已经发展成为关系数据库的标准语言。不同于 C、C++、Java 等高级程序设计语言，SQL 是一种非过程化、面向集合的语言，对数据采用集合操作方式，只说明"做什么"，不用描述"怎么做"。SQL 既可以作为查询语言交互使用，也可以被嵌入到某个高级程序设计语言编写的程序中。由于篇幅所限，这里只介绍交互式 SQL。

6.3.1 SQL 的组成

尽管称 SQL 是结构化查询语言，但除了可以进行数据库查询之外，它还具有其他功能。从功能的角度将 SQL 分为以下三个部分。

1. 数据定义语言 (Data Definition Language，DDL)

由于数据库技术的出现，使得数据文件和数据的结构由 DBMS 统一管理。然而对于具体的应用，DBMS 并不清楚具体的数据结构，这需要由程序人员定义，DBMS 的作用就是提供一个定义数据结构的"接口"或"界面"。DDL 就是由 DBMS 提供给程序人员定义数据结构的一个"接口"或"界面"。DDL 具有定义 SQL 模式、基本表、视图和索引的功能。

DDL 主要有 CREATE 语句、DROP 语句和 ALTER 语句，这些语句的基本语法格式以及使用详见 6.3.4 节。

2. 数据操纵语言 (Data Manipulation Language，DML)

DDL 只定义数据的结构，数据则由 DBMS 提供的数据操纵功能进行填入。DML 提供了数据查询和数据更新的功能。通过提供的 SELECT 语句对数据进行查询，SELECT 语句的基本语法格式以及使用详见 6.3.5 节；通过 INSERT、DELETE、UPDATE 语句对数据分别进行插入、删除、修改等更新操作，这些语句的基本语法格式以及使用详见 6.3.6 节。

3. 数据控制语言 (Data Control Language，DCL)

由于 DBMS 是一个系统软件，需要提供一个管理或控制界面，这就是 DCL 的功能，它用于控制数据的访问权限。DCL 主要有 GRANT 语句和 REVOKE 语句，这些语句的基本语法格式以及使用详见 6.3.7 节。

重要提示

SQL 虽然是一个国际标准，但很多 RDBMS 产品并不完全支持标准 SQL，并且有可能支持标准 SQL 以外的功能或特性，以满足各自的需要。因此，不同的 RDBMS 产品所提供的 SQL 也会有所差异，而这种差异会体现在相应的命令和语法上。在使用某个具体的 RDBMS 产品提供的 SQL 时，应查阅相关手册。

SQL 操作的主要对象是关系，也称为表。一个表可以是一个基本表，也可以是一个视图，用户可以使用 SQL 语句对基本表和视图进行相关操作。

基本表也称**实表**，是本身独立存在的表，即实际存储在数据库中的表，通常 SQL 中一个关系就对应一个基本表，一个或多个基本表对应一个存储文件，一个表可以带若干索引；**视图**是从一个或几个基本表导出来的表，也称**虚表**。视图本身并不独立存储在数据库中，数据库中只存放视图的定义，用户可以在视图上再定义视图；存储文件由若干个基本表组成，其逻辑结构构成了关系数据库的内模式，每个存储文件与外存中的一个物理文件对应。

SQL 支持关系数据库的三级模式，其中，内模式对应于存储文件，模式对应于基本表，外模式对应于视图。

6.3.2　SQL 查询的基本结构

SQL 的核心就是查询。在 SQL 语句中，用"表"来表示"关系"，表中的列称为**属性**或**字段**，表中的行称为**记录**或**元组**。SQL 查询也常被称为 SELECT 语句，其基本结构如下：

```
SELECT  K1, K2, …, Kn
    FROM  R1, R2, …, Rm
    WHERE  F;
```

与该结构对应的关系代数表达式如下：

$$\pi_{K1,K2,\cdots,Kn}\left(\sigma_F\left(R1 \times R2 \times \cdots \times Rm\right)\right)$$

SELECT-FROM-WHERE 基本结构中的 **SELECT** 对应投影运算，指出在查询结果中要显示的属性 $K1$、$K2$、…、Kn；**FROM** 对应广义笛卡儿积，对表进行扫描，指出查询对象或者数据源；**WHERE** 对应选择运算，指出查询的条件，F 是条件表达式。

SELECT-FROM-WHERE 查询语句的执行过程是：先构造 FROM 中的广义笛卡儿积，然后进行选择运算，找到符合 WHERE 中的 F 条件的元组，最后投影到 SELECT 中的属性上。

与关系代数表达式不同的是，SQL 查询结果允许存在重复元组，这是因为关系代数是基于集合的概念，不可能出现重复元组。但在商用 RDBMS 的实际使用中去掉重复元组将会非常耗时，影响性能。在有些情况下，重复元组是有用的，比如，可以从查询结果中知道每个元组各有多少副本等。

SELECT 语句中的子句很多，下面给出 SELECT 语句的基本语法格式。其中，方括号"[ ]"表示其中的内容可选；尖括号"< >"表示其中的内容必写；管道线"|"表示从多个选项中选其一。

```
SELECT [ 谓词 ] <目标列表达式> [, <目标列表达式> ] …
FROM  <表名> [, <表名> ]…
[WHERE <查询条件表达式> ]
[GROUP BY <分组列名> [HAVING <分组条件表达式> ]]
[ORDER BY <排序列名> [ASC | DESC]];
```

1. SELECT 子句中的谓词

SELECT 子句中的谓词用于限制查询结果中元组或记录的数目。常用的有 ALL、DISTINCT 和 TOP n。ALL 显式指明允许出现重复元组，是缺省值。若要强行删除重复元组，可以使用 DISTINCT。TOP n 表示查询结果中仅显示前 n 条记录。TOP n 必须同时与 ORDER BY 子句使用，ORDER BY 子句指定字段的排序方式，TOP n 按照此排序方式选取前 n 条记录作为查询结果。

2. SELECT 子句中的目标列表达式

SELECT 子句中的目标列表达式可以是"<字段列表>"，也可以是"<表达式> [AS 别名]"的形式。

- **<字段列表>**：当需要在查询结果中显示部分字段时，将这些字段用英文逗号分隔；若要显示所有字段，可使用"*"代替。
- **<表达式> [AS 别名]**：表达式可以是字符串常量、算术表达式、函数等。AS 子句用于指定查询结果的自定义列名。通常情况下，主要用于计算字段，比如，在学生表中一般设置"出生日期"字段，而不是"年龄"字段。若要查询学生的"年龄"，虽然它在原表中并不存在，但可以通过对"出生日期"进行计算而得到，此时"年龄"就是一个计算字段。另外，若想在显示查询结果中对指定的列临时更名，也可以在该字段的后面使用 AS 子句。需要注意的是，别名是临时别名，它的使用并不会改变原表中对应的字段名。

【例 6-7】假设"教学管理"数据库中有 3 个关系，请使用 SQL 语句表达下列查询：

S (S#, SNAME, AGE, SEX, SDEPT)

SC (S#, C#, GRADE)

C (C#, CNAME, CREDIT)

1）查询全体女生的学号和姓名。

```
SELECT S#, SNAME
FROM S
WHERE SEX = "女";
```

需要说明的一点是，标准 SQL 语句中出现引号时，使用英文单引号或英文双引号均可。

2）查询全体女生的姓名，要求去掉同名的学生。

```
SELECT DISTINCT SNAME
```

```
FROM S
WHERE SEX = " 女 ";
```

3）查询全体男生的学号、姓名和出生年份。

```
SELECT S#, SNAME, 2018-AGE AS BIRTH_YEAR
FROM S
WHERE SEX = " 男 ";
```

4）查询学生的学号和姓名，并使用中文"学号"和"姓名"显示对应的字段。

```
SELECT S# AS 学号 , SNAME AS 姓名
FROM S;
```

3. FROM 子句

FROM 子句的基本格式为：

```
FROM <表名> [, <表名> ]…
```

FROM 子句本身定义了关系的笛卡儿积，说明要查询的数据是来自哪个或哪几个表。与关系代数相比，SQL 在表达自然连接方面相对简单一些。

【例 6-8】数据表同例 6-7。查询选修了课程号为"C2"的学生的学号、姓名、成绩。

```
SELECT S.S#, SNAME, GRADE
FROM S, SC
WHERE C# = "C2" AND S.S# = SC.S#
```

当表的名字过于复杂而为了简化书写，或者表自身做笛卡儿积或连接运算时，为了区别同一个字段名是来自哪个表，FROM 子句中也允许出现 AS 子句。

【例 6-9】数据表同例 6-7。查询选修了课程号为"C1"和"C2"的学生的学号。

```
SELECT R.S#
FROM SC AS R, SC AS T
WHERE R.S# = T.S# AND R.C# =  "C1" AND T.C# =  "C2"
```

4. WHERE 子句

WHERE 子句的基本格式为：

```
WHERE <查询条件表达式>
```

WHERE 子句用于指定查询条件，查询条件是由 SQL 运算符构成的表达式。如果在 SELECT 语句中省略 WHERE 子句，则表示无条件查询。

查询条件表达式常用的运算符包括如下几种：

1）比较运算符：<, <=, >, >=, =, <>。

2）逻辑运算符：逻辑与（AND）、逻辑或（OR）、逻辑非（NOT）。

3）谓词：

- 确定范围：BETWEEN…AND…、NOT BETWEEN…AND…等。
- 确定集合：IN、NOT IN 等。
- 字符匹配：LIKE 等。
- 确定空值：IS NULL、IS NOT NULL。
- ALL 和 ANY。
- 存在量词：EXISTS、NOT EXISTS。

4）集合的交（INTERSECT）、集合的并（UNION）、集合的差（EXCEPT 或 MINUS）。

【例 6-10】查询选修了 "C1" 课程号、成绩在 90 到 100 之间的学生的学号和成绩。

```
SELECT S#, GRADE
FROM SC
WHERE C# = "C1" AND GRADE <= 100 AND GRADE >= 90;
```

或者

```
SELECT S#, GRADE
FROM SC
WHERE (C# = "C1") AND (GRADE BETWEEN 90 AND 100);
```

【例 6-11】查找姓 "张" 的学生的学号和所在系。

```
SELECT S#, SDEPT
FROM S
WHERE SNAME LIKE "张%";
```

5. GROUP BY 子句

GROUP BY 子句的基本格式为：

```
GROUP BY <分组列名> [HAVING <分组条件表达式>]
```

GROUP BY 子句用于分组，是按照指定的分组字段先将记录分组（分组字段的值相同的分在同一组），然后再对分组后的每一组记录依次使用指定的聚集函数进行统计并给出结果。通常情况下，要求分组字段必须出现在查询结果中，否则将分不清统计结果属于哪一个分组。

【例 6-12】分别统计男生和女生的人数。

```
SELECT SEX, COUNT(S#) AS TOTAL
FROM S
GROUP BY SEX;
```

上述 SELECT 语句的含义是，先对性别分组，性别相同的为一组；然后对每一组应用聚集函数 COUNT( ) 统计每组的记录数目；最后将每一组的统计值作为查询结果的每一行。

【例 6-13】查询各个课程号与相应的选课人数。

```
SELECT C#, COUNT(S#) AS TOTAL
FROM SC
GROUP BY C#;
```

对于图 6-15 给出的 S 表、C 表和 SC 表的实例，例 6-12 和例 6-13 的查询结果如图 6-16 所示。

6. HAVING 子句

HAVING 子句的基本格式为：

```
HAVING <分组条件表达式>
```

如果希望在分组的基础上进一步选出符合指定条件的分组，就需要 HAVING 子句。HAVING 子句必须位于 GROUP BY 子句之后，作用是指定选择分组的条件。在分组条件中通常都包含聚集函数。

S

S#	SNAME	AGE	SEX	SDEPT
10221001	张小明	20	男	经管系
10212568	王水	21	男	数学系
10213698	金玉	20	女	数学系
10236700	李木子	20	男	自动化系
10211001	欧阳尚洁	19	女	计算机系

SC

S#	C#	GRADE
10221001	C1	86
10221001	C2	90
10212568	C1	89
10212568	C2	70
10212568	C3	75
10213698	C1	88
10213698	C3	96
10216700	C1	52
10216700	C2	80

C

C#	CNAME	CREDIT
C1	形式与政策	2
C2	大学英语 1	4
C3	大学计算机基础	2

图 6-15 S 表、C 表和 SC 表的实例

SEX	TOTAL
男	3
女	2

a) 统计男女生人数

C#	TOTAL
C1	4
C2	3
C3	2

b) 统计各门课的选课人数

图 6-16 例 6-12 和例 6-13 的查询结果

【例 6-14】查询选修课程超过 2 门的学生的学号。

```
SELECT S#
FROM SC
GROUP BY S#
HAVING COUNT (*) > 2;
```

说明:

COUNT(*) 函数用于统计元组的个数。本例中,COUNT(*) 是统计每一个分组中元组的个数。对于图 6-15 中的 SC 表,按学号 S# 分组后有 4 个组,分别是 S# 为"10221001""10212568""10213698"以及"10216700"。对这 4 个组依次执行 COUNT(*) 运算,结果分别为 2、3、2、2,代表对应学号所选课的数目。最后满足分组条件" COUNT(*)>2"的分组是 S# 为"10212568"的组,因为该组的元组数为 3,即该学生的选课数大于 2。

【例 6-15】查询选修了 2 门及以上课程的数学系学生的学号和姓名。

```
SELECT S#, SNAME
FROM S, SC
WHERE SDEPT = "数学系" AND S.S#=SC.S#
GROUP BY S#
HAVING COUNT (*) >=2;
```

重要提示

1.SELECT 语句中,有 HAVING 子句就一定有 GROUP BY 子句。但是,有 GROUP BY 子句不一定有 HAVING 子句。

> 2. HAVING 子句一般都会使用聚合函数，但在 WHERE 子句中则不允许使用聚合函数。
>
> 3. WHERE 子句作用于基本表和视图，HAVING 作用于分组。
>
> 4. 如果在同一个 SELECT 语句中同时存在 WHERE 子句和 HAVING 子句，首先执行 WHERE 子句中的条件表达式，满足 WHERE 条件的记录再通过 GROUP BY 子句进行分组。然后 HAVING 子句作用于每个分组，抛弃不符合条件的分组，将符合条件的分组通过 SELECT 子句产生查询结果。

7. ORDER BY 子句

ORDER BY 子句的基本格式为：

```
ORDER BY <排序列名> [ASC | DESC]
```

SELECT 语句的结果将按照 ORDER BY 子句中指定列的值进行排序。ASC 表示排序字段以升序排列，DESC 表示排序字段以降序排列。默认按照升序排列。如果省略 ORDER BY 子句，则查询结果将按照查询过程中的自然顺序给出。

【例 6-16】查询选修了"C1"课程的学生的学号和成绩。成绩按照降序排列，如果成绩相同，则按照学号升序排列。

```
SELECT S#, GRADE
FROM SC
WHERE C# = "C1"
ORDER BY GRADE DESC, S# ASC;
```

> **重要提示**
>
> 1. ORDER BY 子句中的指定列必须是来自 SELECT 子句中列出的字段。
> 2. 执行大量排序操作的代价很大，不是非常必要的情况下最好不要进行排序。

6.3.3 聚集函数

SQL 提供了 5 个内置的聚集函数。聚集函数也称**统计函数、集合函数、集函数、聚合函数、库函数**等。

1. 计数函数 COUNT

（1）COUNT(*)

用于统计行数。通常是统计元组的数目。返回结果中包括重复行和 NULL 行。

（2）COUNT(< 列名 >)

用于统计指定列（字段）值的个数。返回结果中不包括指定字段值为空（NULL）的行。

2. 求和函数 SUM

SUM(< 列名 >) 计算指定列（字段）值的总和，要求指定字段必须是数值型。返回结果中不包括指定字段值为空（NULL）的行。

3. 求平均值函数 AVG

AVG(< 列名 >) 计算指定列（字段）值的平均值，要求指定字段必须是数值型。返回结果中不包括指定字段值为空（NULL）的行。

4. 求最大值函数 MAX

MAX(< 列名 >) 计算指定列（字段）值中的最大值。返回结果中不包括指定字段值为空（NULL）的行。

5. 求最小值函数 MIN

MIN(< 列名 >) 计算指定列（字段）值中的最小值。返回结果中不包括指定字段值为空（NULL）的行。

上述聚集函数中，< 列名 > 的前面可以有 DISTINCT 选项或者 ALL 选项，缺省时表示 < 列名 > 前是 ALL 选项，ALL 统计重复元组，但不统计 NULL 行。DISTINCT 表示去掉重复元组和 NULL 行后再进行统计。注意，除非使用 DISTINCT，否则重复元组的个数也计算在内。

重要提示

1. COUNT(*) 中不能使用 DISTINCT 选项。

2. 聚集函数不允许嵌套，即一个聚集函数的操作数中不允许包含聚集函数。

3. 一般情况下，聚集函数只能在 SELECT 子句和 HAVING 子句中出现。如果在 SELECT 子句中出现，通常会使用 AS 子句来指定别名。

4. SELECT 语句中如果有 GROUP BY 子句，聚集函数将分别作用于每个组。

5. SELECT 语句中如果没有 GROUP BY 子句，聚集函数将作用于整个查询结果。

【例 6-17】统计学生的总人数。

```
SELECT COUNT(*)
FROM S;
```

【例 6-18】查询选修了"C2"课程的学生人数。

```
SELECT COUNT(S#) AS TOTAL
FROM SC
WHERE C# = "C2";
```

【例 6-19】查询"C1"课程的平均分、最高分和最低分。

```
SELECT AVG(GRADE) AS 平均分 , MAX(GRADE) AS 最高分 , MIN(GRADE) AS 最低分
FROM SC
WHERE C# = "C1";
```

【例 6-20】查询各门课程的平均分、最高分和最低分。

```
SELECT C#, AVG(GRADE) AS 平均分 ,MAX(GRADE) AS 最高分 ,MIN(GRADE) AS 最低分
FROM SC
GROUP BY C#;
```

请思考下面的 SQL 语句是否能正确表达例 6-20 的查询请求。

```
SELECT AVG(GRADE) AS 平均分 , MAX(GRADE) AS 最高分 , MIN(GRADE) AS 最低分
FROM SC
GROUP BY C#;
```

或者

```
SELECT AVG(GRADE) AS 平均分 , MAX(GRADE) AS 最高分 , MIN(GRADE) AS 最低分
FROM SC;
```

6.3.4 数据定义

SQL 的数据定义通过提供创建、修改和删除语句来完成对模式、关系和索引的定义。SQL 中的关系就是表，表分为**基本表**和**视图**。

1. 创建数据库

在 SQL 中，基本表、视图和索引都是 SQL 模式中的元素，创建 SQL 模式就是定义一个保存这些元素的物理空间。大多数的 RDBMS 创建 SQL 模式实际上就是创建数据库，在这个数据库中可以定义各种数据库对象，如基本表、视图和索引等。视图和索引的相关操作将在 6.3.8 节介绍。

创建数据库的语句的基本格式为：

```
CREATE DATABASE 数据库名
```

【例 6-21】创建名为"教学管理"的数据库。

```
CREATE DATABASE 教学管理
```

2. 删除数据库

删除数据库的语句的基本格式为：

```
DROP DATABASE 数据库名 [, ...n]
```

DROP DATABASE 可以删除多个数据库文件。如果删除数据库，将意味着数据库中的所有对象也将被全部删除，因此，需要谨慎对待数据库的删除操作。

3. 定义基本表

定义基本表就是创建一个基本表，对表名以及它所包括的各个属性名及其数据类型做出具体规定。实际上是创建基本表的表结构。定义基本表的语句的基本格式为：

```
CREATE TABLE <表名> ( <列名><数据类型> [ 列级完整性约束 ]
                  [, <列名><数据类型> [ 列级完整性约束 ]
                  [, …]
                  [, <表级完整性约束> ]);
```

说明：

1）<表名>：表的名字，是必写项。

2）<列名>：列的名称，即字段名，是必写项。

3）<数据类型>：字段的类型。通常的形式是类型（长度），是必写项。SQL 提供的常用数据类型有：INT（整数类型）、REAL（浮点数类型）、CHAR(n)（固定长度为 n 的字符串类型）、VARCHAR(n)（最大长度不超过 n 的可变长字符串类型）、DATE（包括年、月、日的日期类型，格式通常为"yyyymmdd"），以及 TIME（包括小时、分、秒的时间类型，格式通常为"hhmmss"）。

4）[列级完整性约束]：定义字段的完整性约束，用于在输入或修改数据时对字段进行有效性检查，为可选项。其展开格式为

```
[NOT NULL | NULL ] | [DEFAULT 默认值] | [{ PRIMARY KEY | UNIQUE}] |
[FOREIGN KEY] REFERENCES <表名> | CHECK (条件)
```

5）[表级完整性约束]：定义对整个数据表实施完整性的约束，为可选项。主要有三个子句，即 PRIMARY KEY、FOREIGN KEY、CHECK。其展开格式为

```
[, PRIMARY KEY (< 列名 >…) ]
[, FOREIGN KEY [ 外键名 ] (< 列名 >…) REFERENCES < 表名 >
[, CHECK (条件) …]
```

NOT NULL 和 NULL 属于空值约束，用于指定是否允许字段为空值，默认为 NULL；DEFAULT 用于指定该字段默认的值；PRIMARY KEY 属于主键约束，指定该字段为主键；UNIQUE 属于唯一性约束，用于指定字段的取值唯一，就是说每条记录在该字段上的值不允许相同。FOREIGN KEY 属于外键约束，指定该字段为外键；CHECK 指定所创建的基本表中所有记录都必须满足的条件，一般用于约束同一个表中多个列之间的取值关系，系统在执行 INSERT 语句和 UPDATE 语句时将自动检查 CHECK 约束。

重要提示

1. 如果完整性约束条件涉及表的多个属性列，则必须定义在表级上，否则可以定义在列级也可以定义在表级。例如，当主键由多个属性构成时，主键约束必须作为表级完整性进行定义。

2. UNIQUE 一般用于对候选键的约束，与 PRIMARY KEY 的主要区别是，表中所有元组在 UNIQUE 约束的字段值上唯一，最多只能有一个空值。

3. CHECK 约束在保证数据完整性的同时也会降低整个系统的效率。

【例 6-22】创建"教学管理"数据库中的学生表 S。

```
CREATE TABLE S
      ( S# CHAR(8),
        SNAME VARCHAR(10) NOT NULL, /* 列级完整性约束，SNAME 不能为空值 */
        AGE SMALLINT,
        SEX CHAR(1) DEFAULT " 男 ",
/* 列级完整性约束，定义 SEX 的默认值为 " 男 "*/
        SDEPT VARCHAR(20) CHECK(VALUE IN (" 数学系 "," 自动化系 "," 经管系 ")),
/* 列级完整性约束，定义 SDEPT 的取值只能是 " 数学系 "" 自动化系 " 或 " 经管系 "*/
        PRIMARY KEY (S#)            /* 表级完整性约束，定义 S# 为主键 */
      );
```

上述 SQL 语句也可以这样写：

```
CREATE TABLE S
      ( S# CHAR(8) PRIMARY KEY,   /* 列级完整性约束，定义 S# 为主键 */
        SNAME VARCHAR(10) NOT NULL, /* 列级完整性约束，SNAME 不能为空值 */
        AGE SMALLINT,
        SEX CHAR(1) DEFAULT " 男 ", /* 列级完整性约束，定义 SEX 的默认值为 " 男 "*/
        SDEPT VARCHAR(20),
        CHECK(SDEPT IN (" 数学系 "," 自动化系 "," 经管系 "))
/* 列级完整性约束，定义 SDEPT 的取值只能是 " 数学系 "" 自动化系 " 或 " 经管系 "*/
      );
```

【例 6-23】创建"教学管理"数据库中的选课表 SC。

```
CREATE TABLE SC
    ( S# CHAR(8) NOT NULL,       /* 列级完整性约束，S# 不能为空值 */
      C# VARCHAR(5) NOT NULL,     /* 列级完整性约束，C# 不能为空值 */
      GRADE INT ,
      PRIMARY KEY (S#, C#),       /* 表级完整性约束，定义 (S#, C#) 为主键 */
      FOREIGN KEY (S#) REFERENCES S,  /* 表级完整性约束，定义 S# 为外键 */
```

```
FOREIGN KEY (C#) REFERENCES SC, /* 表级完整性约束，定义 C# 为外键 */
CHECK(GRADE BETWEEN 0 AND 100) /* 表级完整性约束，GRADE 值在 0~100 之间 */
);
```

4. 修改基本表的结构

随着数据库应用需求的变换，表结构可能需要修改，比如，增加字段、删除字段或者修改字段的数据类型等。

修改基本表结构的语句基本格式为：

```
ALTER TABLE <表名>
[ADD <新列名> <数据类型> [ 完整性约束 ] ]
[DROP <列名> [CASCADE|RESTRICT] ]
[MODIFY <列名> <数据类型> ];
```

其中：

1）ADD 子句用于为基本表增加新的字段，该字段不能定义为 NOT NULL，因为增加新字段后，表中的所有记录在该字段上的值将被设置为 NULL。

2）DROP 子句用于删除基本表中的指定字段，然而许多数据库系统并不支持删除字段。使用 CASCADE 选项，表示所有引用到该列的视图和约束也将被删除，即所谓的级联删除；RESTRICT 表示该列在没有视图和约束引用时才可删除。默认值为 RESTRICT。

3）MODIFY 子句用于修改指定字段的数据类型。

【例 6-24】在表 S 中增加表示出生日期的字段 BIRTHDAY，其数据类型为日期型。

```
ALTER TABLE S
ADD BIRTHDAY DATE;
```

【例 6-25】将年龄 AGE 的数据类型改为 INT。

```
ALTER TABLE S
MODIFY AGE INT;
```

【例 6-26】删除表 S 中的 BIRTHDAY 字段。

```
ALTER TABLE S
DROP BIRTHDAY;
```

5. 删除基本表

删除基本表的语句的基本格式为：

```
DROP TABLE <基本表名>;
```

如果数据库中的某个基本表不再需要了，可以使用 DROP TABLE 语句删除。该语句不仅删除了指定表中的所有记录，同时也删除了表结构。表一旦被删除就无法恢复。

6.3.5 数据查询

1. 简单查询

简单查询是指查询操作仅涉及一张表，通常也称为**单表查询**，即形如 SELECT-FROM 或 SELECT-FROM-WHERE 的查询。

（1）无条件查询

无条件查询是指形如 SELECT-FROM 结构的查询。

【例 6-27】查询全体学生的学号、姓名、出生年份，并使查询结果的列标题分别为"学号""姓名"和"出生年份"。

```
SELECT S# AS 学号, SNAME AS 姓名, 2019-AGE AS 出生年份
FROM S;
```

【例 6-28】查询学生的选课记录。

```
SELECT *
FROM SC;
```

【例 6-29】查询所有选课的学生的学号。

```
SELECT DISTINCT S#
FROM SC;
```

在 SC 表中一名学生可以选多门课，因此，SC 表中存在学号相同的多条记录，使用 DISTINCT 去掉学号重复的记录，符合本查询的要求。

（2）条件查询

条件查询是指形如 SELECT-FROM-WHERE 结构的查询。条件查询的关键和难点是条件表达式的正确使用。

1）谓词 IN 和 NOT IN。

在 WHERE 子句中，可以用 IN 来查找字段值属于指定集合的元组。指定集合可以通过圆括号和字段的某几个取值直接列出，也可以是一个子查询的查询结果。与 IN 相对应的谓词是 NOT IN，用于查找字段值不属于指定集合的元组。

【例 6-30】查询所在系为"数学系"或"自动化系"学生的学号和姓名。

```
SELECT S#, SNAME
FROM S
WHERE SDEPT IN ("数学系", "自动化系");
```

上述的 WHERE 子句与下面的子句等价：

```
WHERE SDEPT = "数学系" OR SDEPT = "自动化系"
```

【例 6-31】查询所在系不是"数学系"或"自动化系"学生的学号和姓名。

```
SELECT S#, SNAME
FROM S
WHERE SDEPT NOT IN ("数学系","自动化系");
```

上述的 WHERE 子句与下面的子句等价：

```
WHERE SDEPT <> "数学系" AND SDEPT <> "自动化系"
```

2）IS NULL 和 IS NOT NULL。

谓词 IS NULL 和 IS NOT NULL 分别用于查询空值和非空值。

【例 6-32】查询选修了课程但没有成绩的学生的学号和课程号。

```
SELECT S#, C#
FROM SC
WHERE GRADE IS NULL;
```

【例 6-33】查询所有有成绩的学生的学号和课程号。

```
SELECT S#, C#
FROM SC
WHERE GRADE IS NOT NULL;
```

3）LIKE 及通配符 "_" 和 "%"。

谓词 LIKE 用于字符串的匹配，查找字段值与指定字符串相匹配的记录。字符串通常含有通配符 "%" 和 "_"，前者代表 0 ～ n 任意长度的字符串，后者代表任意一个字符。

例如，"a%b" 表示以 a 开头、以 b 结尾的任意长度的字符串；"a_b" 表示以 a 开头、以 b 结尾、长度为 3 的字符串。

【例 6-34】查找姓 "欧阳" 且全名为 4 个汉字的学生的姓名。

```
SELECT SNAME
FROM S
WHERE SNAME LIKE "欧阳＿＿";
```

【例 6-35】查询课程名中包含 "计算机" 的课程号和课程名。

```
SELECT C#, CNAME
FROM C
WHERE CNAME LIKE "%计算机%";
```

2. 集合查询

SELECT 语句的查询结果仍是一个表，因此可以对多条 SELECT 语句的查询结果进行集合操作。集合操作主要包括集合的交（INTERSECT）、集合的并（UNION）、集合的差（EXCEPT 或 MINUS）。

标准的 SQL 只提供了 UNION 操作，并没有直接提供 INTERSECT 和 EXCEPT 操作，但可以通过间接方法如语义替换来实现。比如，若查询数学系的学生与年龄小于 18 岁的学生的交集，可以通过 "查询数学系中年龄小于 18 岁的学生" 进行语义替换。又比如，若查询数学系的学生与小于 18 岁的学生的差集，可以通过 "查询数学系中年龄不小于 18 岁的学生" 进行语义替换。

使用 UNION 合并两个 SELECT 语句时，要求这两个 SELECT 的查询结果具有相同的字段个数，并且对应字段出自同一个值域，即具有相同的数据类型和取值范围。

【例 6-36】查询选修了课程号为 "C1" 或 "C2" 的学生的学号。

```
SELECT S#
FROM SC
WHERE C# = "C1"
UNION
SELECT S#
FROM SC
WHERE C# = "C2"
```

重要提示

1. 集合运算 UNION、INTERSECT 和 EXCEPT 分别对应于关系代数中的 ∪、∩和—，与关系代数中的并、交、差一样，参与 SQL 中集合运算的表也必须是相容的，即参与运算的两个表要具有相同的字段数目，并且这两个表对应的字段取自同一个域，数据类型最好相同。

2. 例 6-36 中 SQL 语句的执行结果不会出现重复的学号，若想保留所有的重复，必须用 UNION ALL 代替 UNION。

3. 在使用某个商用 RDBMS 时，需要查阅相关的技术资料来了解是否支持 INTERSECT 和 EXCEPT 操作，以及使用集合操作的语法格式。

3. 连接查询

连接查询属于多表查询。当查询目标涉及两个或两个以上的表时，需要进行连接运算。连接查询可以使用 SELECT-FROM-WHERE 结构轻松完成自然连接、等值连接的连接操作，只需要在 SELECT 子句中指出字段名，在 FROM 子句中指定各个表的名称，并使用英文逗号分隔，在 WHERE 子句中正确给出连接条件即可。

如果参与连接运算的多个表具有相同的字段名，为避免混淆，必须在字段名前加上所属的表名作为前缀。

【例 6-37】将 S 表和 SC 表进行笛卡儿积运算。

```
SELECT S.*, SC.*      /* 在查询结果中列出 S 表和 SC 表中的所有字段 */
FROM S, SC;
```

【例 6-38】将 S 表和 SC 表进行等值连接。

```
SELECT S.*, SC.*
FROM S, SC
WHERE S.S# = SC.S#;
```

【例 6-39】将 S 表和 SC 表进行自然连接。

```
SELECT S.S#, SNAME, AGE, SEX, SDEPT, C#, GRADE
FROM S, SC
WHERE S.S# = SC.S#;
```

【例 6-40】将 SC 表进行自身连接。

```
SELECT R.S#, SNAME, AGE, SEX, SDEPT, C#, GRADE
FROM SC R, SC T        /* 表名相同时，最好给出不同的别名以示区别 */
WHERE R.S# = T.S#;
```

可以看出，这条 SELECT 语句是完成 SC 表自身的自然连接，因为在 WHERE 子句中进行了两个表中所有相同属性的等值比较（本例中，公共属性只有一个 S#），并在查询结果的显示列中去掉了重复的列，只显示一个学号，即来自别名为 R 的 SC 表中的学号 S#。

【例 6-41】查询每个学生及所选课程的成绩情况。

```
SELECT S.*, SC.*
FROM S, SC
WHERE S.S# = SC.S#;
```

这是一个等值连接，因为在查询结果的列中会重复显示来自 S 表和 SC 表的两个学号。若想去掉重复的列，只显示一个学号，则使用如下的自然连接：

```
SELECT S.*, C#, GRADE
FROM S, SC
WHERE S.S# = SC.S#;
```

【例 6-42】查询选修了课程号为"C1"且成绩在 90 分以上的学生的学号、姓名、课程名和成绩。

```
SELECT S#, SNAME, CNAME, GRADE
FROM S, SC, C
WHERE S.S# = SC.S# AND SC.C# = C.C# AND C# = "C1" AND GRADE > 90;
```

【例 6-43】查询选修了课程号为 "C1" 和 "C2" 的学生的学号。

```
SELECT R.S#
FROM SC R, SC T
WHERE R.S# = T.S# AND R.C# = "C1" AND T.C# = "C2";
```

【例 6-44】按课程号列出数学系的学生选课的人数。

```
SELECT C#, COUNT(SC.S#)
FROM S, SC
WHERE SDEPT = "数学系" AND S.S# = SC. S#
GROUP BY C#;
```

重要提示

1. 对于没有 WHERE 子句的多表查询，表之间实际上是进行笛卡儿积运算。

2. 当表做自身连接时，需要分别给表起别名，以示区别，并为出现在 SELECT 语句中的所有属性名之前添加所属表的别名，作为前缀。

---

4. 嵌套查询

通常将一个 SELECT-FROM-WHERE 结构的语句称为一个**查询块**。嵌套查询是指在一个查询块内部再嵌入另一个查询块，准确地说，是将一个查询块 S2 嵌套在另一个查询块 S1 的 WHERE 子句或 HAVING 子句的条件中，称 S1 为**父查询**或**外层查询**，S2 为**子查询**或**内层查询**。

SQL 提供的这种层层嵌套方式，体现了 SQL 语言的结构化。RDBMS 按照由内向外的原则执行嵌套查询，首先处理最内层查询块，然后依次向外处理。需要注意的是，ORDER BY 子句不能出现在子查询中。

【例 6-45】查询与姓名为 "王水" 的学生同一个系的学生。

首先要确定 "王水" 所在的系，然后再查找该系的学生。分别使用 SELECT 语句完成这两个查询。

1) 确定 "王水" 所在的系。

```
SELECT SDEPT
FROM S
WHERE SNAME = " 王水 ";
```

以图 6-15 给出的 S 表为例，查询结果是 "数学系"。然后将 "数学系" 作为下一步查询的条件。

2) 查找所有 "数学系" 的学生。

```
SELECT S#, SNAME, AGE, SEX
FROM S
WHERE SDEPT = " 数学系 ";
```

上述查询需要两个步骤分别进行查询，既麻烦也不现实，下面使用嵌套查询来实现，即将第一个查询块作为子查询，将第二个查询块作为父查询，相应的 SQL 语句如下：

```
SELECT S#, SNAME, AGE, SEX
FROM S
WHERE SDEPT =
    (SELECT SDEPT
FROM S
WHERE SNAME = " 王水 ");
```

（1）使用谓词 IN 和 NOT IN 的嵌套查询

将一个子查询模块的查询结果，作为父查询 WHERE 子句中的谓词 IN 或 NOT IN 所包含的列表元素。谓词 IN 和 NOT IN 用于判断一个元素是否在某个集合中。

【例 6-46】使用嵌套查询完成查询选修了课程号为"C3"的学生的姓名。

下面给出不使用嵌套查询完成该查询请求的 SQL 语句。

```
SELECT SNAME
FROM S, SC
WHERE S.S# = SC.S# AND C# = 'C3';
```

下面给出使用嵌套查询完成该查询请求的 SQL 语句。

```
SELECT SNAME      /* 父查询 */
FROM S
WHERE S# IN
    (SELECT S#      /* 子查询 */
    FROM SC
    WHERE C# = 'C3');
```

在上述嵌套查询中，父查询依赖于子查询，首先确定子查询，将子查询的结果作为父查询的查询条件中的内容。

本例的子查询是从 SC 表中选出课程号 C# 为"C3"的学号，对于图 6-15 给出的 SC 表而言，通过该子查询找到了学号分别为"10212568"和"10213698"的学生。此时再执行父查询，父查询实际上是执行下列 SQL 语句：

```
SELECT SNAME      /* 父查询 */
FROM S
WHERE S# IN ("10212568","10213698");
```

最后的查询结果是显示列名为"SNAME"的两条记录，分别为"王水"和"金玉"。

【例 6-47】查询选修了课程名为"大学计算机基础"的学生的学号、姓名和所在系。

```
SELECT S#, SNAME, SDEPT
FROM S
WHERE S# IN
    (SELECT S#
    FROM SC
    WHERE C# =
        (SELECT C#
        FROM C
        WHERE CNAME = " 大学计算机基础 "));
```

（2）使用 ALL 和 ANY 的嵌套查询

有时会有类似这样的查询要求，比如"比其中一个大"或者"比所有的都大"，单纯使用比较运算符并不能表达这样的要求。SQL 提供了对集合比较的支持，提供了将比较运算符与 ALL 或 ANY 结合的操作符，包括：>ANY、>=ANY、<>ANY、<ANY、<=ANY、=ANY（等

价于 IN)、>ALL、>=ALL、<ALL、<=ALL、=ALL、<>ALL(等价于 NOY IN)等。其中,">=ANY"表示大于等于子查询结果中的某个值,"<=ALL"表示小于等于子查询结果中的所有值,其他操作符类似,不再一一解释。

【例 6-48】找出所有与"大学计算机基础"或"大学英语 1"相同学分的课程信息。

```sql
SELECT C.*
FROM C
WHERE CREDIT =ANY   /* 等于子查询结果中的某个值 */
    (SELECT CREDIT
    FROM C
    WHERE CNAME IN ("大学计算机基础","大学英语 1"));
```

【例 6-49】查询其他系中比数学系所有学生年龄都小的学生信息。

这里的"比数学系所有学生年龄都小"可以使用"< ALL"表示,"其他系"是指除"数学系"之外的系。因此,嵌套查询的 SQL 语句如下:

```sql
SELECT S.*
FROM S
WHERE SDEPT <>"数学系" AND AGE < ALL
    (SELECT DISTINCT AGE
    FROM S
    WHERE SDEPT="数学系");
```

上述查询也可以使用聚集函数,SQL 语句如下:

```sql
SELECT S.*
FROM S
WHERE SDEPT <>"数学系" AND AGE <
    (SELECT MIN(AGE)
    FROM S
    WHERE SDEPT="数学系");
```

【例 6-50】找出学生平均年龄最大的系。

"平均年龄"和"最大"可以分别使用聚集函数 AVG 和 MAX 来表示,但是,"平均年龄最大"就不能通过 MAX(AVG()) 来表示,因为聚集函数不允许嵌套。可以先计算出每个系学生的平均年龄,然后将其作为子查询。SQL 语句如下:

```sql
SELECT SDEPT
FROM S
GROUP BY SDEPT
HAVING AVG(AGE) >=ALL
    (SELECT AVG(AGE)
    FROM S
    GROUP BY SDEPT);
```

(3)带有 EXISTS 谓词的嵌套查询

EXISTS 代表存在量词。带有 EXISTS 谓词的子查询只返回逻辑值"TRUE"或"FALSE",主要用于测试一个子查询的结果是否为空,就是说没有任何元组或记录。

对于 EXISTS,若内层查询结果非空,则外层的 WHERE 子句返回真值,否则外层的 WHERE 子句返回假值。对于 NOT EXISTS,若内层查询结果为空,则外层的 WHERE 子句返回真值,否则外层的 WHERE 子句返回假值。

【例 6-51】查询所有选修了课程号为"C1"的学生的学号和姓名。

```
SELECT S#, SNAME
FROM S
WHERE EXISTS
    (SELECT *
    FROM SC
    WHERE SC.S# = S. S# AND C# = "C1");
```

请思考，如果不使用嵌套查询，上述 SQL 语句该如何写？

【例 6-52】查询没有选修课程号为 "C1" 的学生的学号和姓名。

```
SELECT S#, SNAME
FROM S
WHERE NOT EXISTS
    (SELECT *
    FROM SC
    WHERE SC.S# = S. S# AND C# = "C1");
```

> **重要提示**
>
> 1. 由 EXISTS 引出的子查询，其 SELECT 子句的目标列表达式通常都使用 " * "，这是因为带 EXISTS 的子查询只返回逻辑真值或假值，给出列名并无实际意义。
> 2. 所有带 IN、比较运算符、ANY 和 ALL 的子查询都可以用带 EXISTS 的子查询等价替换，反之不一定可行。

【例 6-53】对于例 6-45 中 "查询与姓名为 '王水' 的学生同一个系的学生" 的 SQL 语句，可以用带 EXISTS 的子查询进行替换：

```
SELECT S#, SNAME, AGE, SEX
FROM S R2
WHERE EXISTS
    (SELECT *
    FROM S R1
    WHERE R1. SDEPT = R2. SDEPT AND SNAME = " 王水 ");
```

6.3.6　数据更新

数据更新包括数据的插入、修改和删除。本节主要介绍基本表的更新操作，有关视图和索引的更新操作将在 6.3.8 节介绍。

1. 插入数据

插入数据的功能就是向指定表中添加记录并给新记录的字段赋值，或者将某个查询结果插入指定表中。数据插入语句是 INSERT INTO，其基本格式如下：

```
INSERT INTO <表名> [(<列名> [, <列名>…])]
VALUES (<常量> [, <常量>…]) | <子查询>
```

其中，<列名>指出哪些列需要插入数据，**VALUES** <常量>指出要插入的列的具体值。

【例 6-54】在 SC 表中插入一条选课记录，S#、C#、GRADE 的值分别是 "10220101"、"C1"、89。

```
INSERT INTO SC(S#, C#, GRADE)   /* 插入单个记录 */
VALUES("10220101" ,"C1", 89);
```

【例 6-55】假设在"教学管理"数据库中存在另一张表 SCF，表结构同 SC。现将 SC 表中课程号为"C1"成绩不及格的记录插入 SCF 表中。

```
INSERT INTO SCF      /* 插入查询结果 */
SELECE *
FROM SC
WHERE C# = "C1 " AND GRADE<60;
```

重要提示

1. 当省略<列名>时，VALUES 后多个<常量>构成的常量列表，其顺序必须要与表中的字段一一对应，而且新插入记录必须在这些字段上都有值。

2. 如果常量列表顺序没有与表中的字段相对应，则必须在 INTO 中明确写出<常量>所对应的字段顺序。

3. 如果表中的某些字段没有在 INTO 中列出，并且这些字段在该表创建时进行了 NOT NULL 约束，比如 SC 表中的 S# 和 C#，此时插入数据操作会失败。对于没有 NOT NULL 约束的字段，若没有在 INTO 中列出，新插入记录在这些字段上的取值将为空值。

2. 修改数据

修改指定表中符合条件的记录，并使用指定的表达式修改对应字段的值。修改数据首先要找到指定表中需要修改的记录，然后再去执行修改操作。需要注意的是，随时保持数据的备份副本。如果更新了错误记录，可以从备份副本中检索这些记录并恢复。

修改数据的语句的基本格式为：

```
UPDATE <表名>
SET <列名>=<表达式> [, <列名>=<表达式>…]
[WHERE <条件>];
```

【例 6-56】将课程号为"C3"课程的学分修改为 3。

```
UPDATE C     /* 修改单个记录的值 */
SET CREDIT = 3
WHERE C# = "C3";
```

【例 6-57】将所有学生的年龄增加 1 岁。

```
UPDATE S    /* 更新 S 表中所有记录的年龄 */
SET AGE = AGE +1;
```

【例 6-58】将所有选修了课程号为"C3"课程的成绩加 5 分。

```
UPDATE SC   /* 更新 C 表中符合条件记录的课程成绩，可能是单个记录，也可能是多个记录 */
SET GRADE = GRADE + 5
WHERE C# = "C3";
```

【例 6-59】将计算机系学生的所有课程成绩清零。

```
UPDATE SC
SET GRADE=0
WHERE S# IN
    (SELECT S#
```

```
FROM S
WHERE SDEPT="计算机系");
```

3. 删除数据

删除数据首先从指定表中找到需要删除的记录，然后再将它们从指定表中删除。删除数据的语句基本格式如下：

```
DELETE FROM <表名>
[WHERE <条件> ];
```

【例 6-60】删除 SCF 表中所有的记录。

```
DELETE FROM SCF
```

【例 6-61】从 S 表中删除学号以 "09" 开头、所在系为 "经管系" 的学生。

```
DELETE FROM S
WHERE S# = "09%" AND SDEPT = "经管系";
```

【例 6-62】删除计算机系所有学生的选课记录。

```
DELETE FROM SC
WHERE S# IN
    (SELECT S#
    FROM S
    WHERE SDEPT="计算机系");
```

【例 6-63】从 S 表中删除年龄比平均年龄大的学生。

```
DELETE FROM S
WHERE AGE >
    (SELECT AVG(AGE)
    FROM S);
```

重要提示

1. 删除数据操作只能从一个表中删除符合条件的记录，不能通过一条 DELETE 语句一次从多个表中删除记录。若要对多个表中的记录进行删除，需要使用多条 DELETE 语句。

2. 删除数据操作并不能删除表，只是删除了表中的记录，表结构仍存在，还可以插入记录。若要删除一个表，则使用 DROP TABLE 语句。

6.3.7 数据控制

SQL 的数据控制包括事务管理功能和数据保护功能。本小节只讨论数据保护功能中用户访问数据的权限控制。SQL 数据控制提供了两条基本语句 GRANT 和 REVOKE。

1. 授权

GRANT 语句用于向用户授予某些权限。SQL 主要包括 SELECT、DELETE、INSERT、UPDATE 权限，SELECT 授予用户读权限，DELETE、INSERT 和 UPDATE 分别授予用户删除数据、插入数据和修改数据的权限。此外，SQL 还支持其他几种权限，如基本表的创建、修改和删除以及建立索引的权限，程序的执行权限等。

权限的授予者要么是 DBA，要么是表的**属主**（Owner）。表的属主也称表的**创建者**、**拥有者**或**所有者**。GRANT 语句的基本格式如下：

```
GRANT <权限>[, <权限>]...
    [ON <TABLE | DATABASE > <名称>]
    [TO <用户>[, <用户>]...
```

其中,

<权限>: 对于 TABLE 包括 SELECT、DELETE、INSERT、UPDATE、ALL PRIVILEGES, 若 TABLE 是基本表, 还具有 ALTER 和 INDEX 等权限。对于 DATABASE, 只有 CREATETAB 权限, 即在数据库中创建表的权限。

【例 6-64】将 "教学管理" 数据库中创建表的权限授予用户 USER_ZHANG。

```
GRANT CREATETAB        /* 将一种权限授予一个用户 */
    ON DATABASE "教学管理"
    TO USER_ZHANG;
```

【例 6-65】将查询 S 表、SC 表和 C 表的权限授予用户 USER_ZHANG 和 RABBIT。

```
GRANT SELECT          /* 将一种权限授予多个用户 */
    ON TABLE S, SC, C
    TO USER_ZHANG, RABBIT;
```

【例 6-66】将查询和修改 SC 表的权限授予用户 USER_ZHANG 和 RABBIT。

```
GRANT SELECT, UPDATE        /* 将多种权限授予多个用户 */
    ON TABLE SC
    TO USER_ZHANG, RABBIT;
```

【例 6-67】将修改 SC 表中成绩的权限授予用户 USER_ZHANG 和 RABBIT。

```
GRANT UPDATE(GRADE)        /* 将修改表中某个字段的权限授予多个用户 */
    ON TABLE SC
    TO USER_ZHANG, RABBIT;
```

2. 收回授权

DBA 和授权者可以通过 REVOKE 语句将授予的权限收回。收回授权的语句格式如下:

```
REVOKE <权限>[, <权限>]...
    [ON <TABLE | DATABASE > <名称>]
    [TO <用户>[, <用户>]...
```

【例 6-68】将授予用户 RABBIT 对 S 表、SC 表和 C 表的所有权限收回。

```
REVOKE ALL PRIVILEGES
    ON TABLE S, SC, C
    TO RABBIT;
```

【例 6-69】收回所有用户对 SC 表的修改权限和插入权限。

```
REVOKE UPDATE, INSERT
    ON TABLE SC
    TO PUBLIC;
```

6.3.8 视图和索引

1. 概述

（1）视图

鉴于安全考虑, 有时候需要向用户隐藏部分数据, 比如, 规定数学系的工作人员只能看到本系学生的信息，或者每名学生只能看到自己的选课信息等。除了安全考虑外，可能还希望系统能提供创建更符合特定用户直觉的个性化关系集合的机制。因此，视图的主要用途包括：

- 简化用户的操作。
- 使用户能以多种角度看待同一数据。
- 对重构数据库提供了一定程度的逻辑独立性。
- 对机密数据提供安全保护。

因为视图是虚表，所以对视图的更新实际上就是对基本表的更新。

（2）索引

通过创建索引来改善查询性能是常见的做法。本书介绍的查询实例所涉及的表，其中的记录数量很少，而实际系统中记录数相当庞大，比如中国移动的用户数据表，当对这种数据表的全部记录逐一查询时，查询的低效率就显而易见了。为了加快查询速度，建立索引是一种手段，并且 RDBMS 会自动完成对索引的维护。

索引是数据位置信息的关键字表，系统利用索引可以较快地在磁盘上定位所需数据。通过索引减少查询时间，例如查询某个手机号对应的用户时，RDBMS 系统首先会查找索引，找到对应记录在磁盘上的位置，然后取到对应的磁盘块，从而得到需要的用户记录。

SQL 中的索引类型有三种：**唯一索引**、**聚簇索引**和**非聚簇索引**。唯一索引规定每一个索引关键字不允许有相同的值。如果创建索引时将表的候选码作为索引关键字，需要指明索引类型为唯一索引，如果创建成功，任何违反候选码定义的记录在插入时都会失败。聚簇索引规定表中记录的物理顺序（即在磁盘上的存储顺序）与索引的顺序一致。而非聚簇索引则不需要顺序一致。在最经常查询的列上建立聚簇索引可以提高查询效率。

索引的创建和删除，只能由数据库管理员或表的拥有者进行。

2. 视图操作

（1）定义视图

定义视图就是创建视图，使用 CREATE VIEW 语句。RDBMS 执行该语句就相当于建立了一个虚表，并不执行其中的 SELECT 语句。只有在查询视图时，才根据视图的定义从基本表中生成查询数据。CREATE VIEW 语句的基本格式如下：

```
CREATE VIEW <视图名> [ ( <列名> [ , <列名> ]…) ]
    AS <子查询>
```

如果省略了列名，则表示该视图由子查询的 SELECT 子句目标列中的各字段组成。但在下列三种情况下必须明确指定组成视图的所有列名：

- 某个目标列是聚集函数或列表达式。
- 多表连接时选出了几个同名列作为视图的字段。
- 需要在视图中为某个列指定别名。

另外，子查询 SELECT 语句中不允许有 DISTINCT 和 ORDER BY。

【例 6-70】建立数学系学生的视图。

```
CREATE VIEW S_M   /* 省略了列名，隐含指定 SELECT 子句的 3 个目标列组成该视图字段 */
    AS
SELECT S#, SNAME, AGE
FROM S
```

```
WHERE SDEPT = " 数学系 ";
```

（2）删除视图

删除视图是指从数据字典中删除指定的视图定义，其语句的基本格式如下：

```
DROP VIEW <视图名>;
```

【例 6-71】删除视图 S_M。

```
DROP VIEW S_M;
```

重要提示

1. 视图不仅可以建立在一个或多个基本表上，也可以建立在一个或多个已经定义好的视图上，还可以同时建立在基本表和视图上。

2. 删除某个视图后，由该视图导出的其他视图也将失效，必须显式地使用 DROP VIEW 语句进行逐一删除。

3. 删除基本表时，必须显式地使用 DROP VIEW 语句对该基本表导出的所有视图进行逐一删除。

（3）查询视图

视图一经定义，就可以对它进行查询。对视图进行查询时，RDBMS 首先检查查询涉及的基本表或视图是否存在，如果存在，则从数据字典中取出该视图的定义，将定义中的查询与对视图的查询相结合，然后转换为对基本表的查询，这个转换过程称为视图的消解 (View Resolution)。

【例 6-72】查询例 6-70 中创建的视图 S_M 中年龄小于 20 的学生的学号、姓名和年龄。

```
SELECT S#, SNAME, AGE
FROM S_M
WHERE AGE<20;
```

对于上述视图查询，RDBMS 首先检查视图 S_M 所涉及的表 S 是否存在，如果存在，则从数据字典中取出视图 S_M 的定义，将定义中的查询 "Sdept = " 数学系 "" 与对视图的查询 "AGE<20" 相结合，然后转换为对基本表的查询，即实际上执行下列 SQL 语句：

```
SELECT S#, SNAME, AGE
FROM S
WHERE SDEPT = " 数学系 " AND AGE<20;
```

3. 建立与删除索引

（1）建立索引

建立索引的语句的基本格式如下：

```
CREATE [UNIQUE] [CLUSTER] INDEX <索引名>
ON <表名 | 视图名>(<列名> [ 次序 ] [, <列名> [ 次序 ]]…);
```

其中，使用 UNIQUE 创建唯一索引；CLUSTER 表示创建聚簇索引，对于一个基本表，最多只能建立一个聚簇索引，经常更新的列不宜建立聚簇索引。次序包括 ASC 和 DESC 两种，默认为 ASC。

【例 6-73】分别为 S、C 和 SC 表建立索引。其中，S 表按学号升序建立唯一索引 SSNO，

C 表按课程号升序建立唯一索引 CCNO，SC 表按学号升序和课程号降序建立唯一索引 SSCNO。

```
CREATE UNIQUE INDEX SSNO ON S (S#);
CREATE UNIQUE INDEX CCNO ON C (C#);
CREATE UNIQUE INDEX SSCNO ON SC(S# ASC, C# DESC);
```

（2）删除索引

删除索引时，系统会从数据字典中删去有关该索引的描述，其语句的基本格式如下：

```
DROP INDEX <索引名>;
```

【例 6-74】删除 C 表的索引。

```
DROP INDEX CCNO;
```

重要提示

1. 不宜对属性域值单一的列创建索引，被索引的列的数据值最好多而杂。例如，不宜对性别建立索引，因为性别只有"男"和"女"。

2. 索引虽然可以提高查询速度，但不宜建立太多的索引，最好不要超过 3 个。这是因为索引占用磁盘空间，并且维护索引需要一定的开销。

6.4　小结

关系代数和 SQL 都属于关系数据库操作语言。关系代数是一种抽象的查询语言，通过对关系的运算来表达查询要求。关系代数的运算对象是关系，运算结果也是关系。关系代数的运算分为集合运算和专门的关系运算。集合运算将关系看成元组的集合，其运算是从行的角度进行。专门的关系运算不仅涉及对关系中的行操作而且还涉及对列的操作。

作为管理关系数据库的系统软件，每一种 RDBMS 都有自己的 SQL 技术标准。SQL 作为关系数据库领域中的一个主流语言，广泛应用于商用系统中。它支持关系数据库的三级模式结构，提供了数据定义、数据操纵和数据控制三大主要功能。本章介绍了标准 SQL 的基本用法。

SQL 数据定义功能包括对数据库、基本表、视图和索引的创建和撤销，以及基本表、视图和索引的修改。SQL 数据操纵功能包括数据查询和数据更新两部分。其中，数据查询是整个 SQL 的核心，使用 SELECT 语句实现，兼有关系代数和元组演算的特点。数据更新包括数据的插入、更新和删除。SQL 数据控制功能包括给用户授权，以及回收权限。

习题

1. 关系的连接运算通常分为几种？它们之间各有什么异同？
2. 图 6-17 给出了三个关系实例：学生、课程和成绩。

（1）请给出以下广义笛卡儿积的结果。

成绩 × 课程、学生 × 成绩、成绩 × 成绩

（2）请给出以下连接运算的结果。

成绩 $\underset{2 \neq 5}{\infty}$ 成绩、成绩 $\underset{2 \neq 5 \wedge 1 = 4}{\infty}$ 成绩、成绩 ∞ 成绩

学生关系

学号	姓名	性别	年龄
10221001	张小明	男	20
10212568	王水	男	21
10213698	金玉	男	20
10216700	高兴	男	20

课程关系

课程号	课程名	学分
C1	形式与政策	2
C2	大学英语1	4
C3	大学计算机基础	2

成绩关系

学号	课程号	成绩
10221001	C1	86
10221001	C2	90
10212568	C1	89
10212568	C2	70
10212568	C3	75
10213698	C1	88
10213698	C3	96
10216700	C1	52
10216700	C2	80

图 6-17   学生、课程和成绩关系

3. SQL 对于"是否允许在查询结果中存在重复元组"是如何实现的？

4. SELECT 语句中，何时需要使用 GROUP BY 子句？何时需要使用 HAVING 子句？

5. 简述 WHERE 子句与 HAVING 子句之间的区别。

6. 简述 GROUP BY 子句与 ORDER BY 子句之间的区别。

7. 对于"SELECT-FROM-WHERE-GROUP BY-HAVING-ORDER BY"结构，请说明各个子句先后执行的顺序。

8. 假设教学数据库中有 3 个关系，为便于书写，关系及属性使用了英文代号。

学生关系 *S (S#, SNAME, AGE, SEX, SDEPT)*

选课关系 *SC (S#, C#, GRADE)*

课程关系 *C (C#, CNAME, CREDIT)*

请分别使用关系代数表达式和 SQL 语句来表示以下每个查询要求。

（1）查询所有"计算机系"年龄不大于 20 岁的女生信息。

（2）查询全体男生的学号、姓名和所在系。

（3）查询选修了课程号为"C1"、所在系为"计算机系"的学生的学号、课程名和成绩。

（4）得到一张包括学号、姓名、课程名、学分和成绩的学生成绩表。

（5）查询选修了课程号为"C1"和"C2"的学生的学号和姓名。

9. 在"教学管理"数据库中创建满足下列要求的 SQL 语句。

（1）查找学号中含"6"的学生的基本信息。

（2）查询男生的人数和平均年龄。

（3）统计每个系的男生人数。

（4）查询选修了"C2"课程的男生和女生人数。

（5）查询选修了 2 门及以上课程的女生的学号和姓名。

（6）查询选修了课程名中含有"数据库"的学生的学号、姓名、所在系、课程名以及成绩。

（7）将"C1"课程不及格的成绩全部改为空值。

（8）统计每名学生所选课程的总学分。

（9）找出"大学英语 1"平均成绩最高的系。

（10）删去在 *SC* 表中没有成绩的选课记录。

10. 假设某"图书管理"数据库有下列三个基本表：

图书（*编号*，分类号，书名，作者，出版单位，单价）

读者（*借书证号*，单位，姓名，性别，职称，地址）

借阅（借书证号，编号，借书日期）

请使用 SQL 语句表达下列查询要求。

（1）找出姓"李"的读者所在的单位。

（2）查找单价在 10 至 30 元之间的图书。

（3）查找"机械工业出版社""高等教育出版社"和"科学出版社"的所有图书及作者。

（4）查找书名中含有"数据库"的所有图书。

（5）找出姓名为"高兴"的读者所借的所有图书的书名、作者、出版单位及借阅日期。

11. 分别解释下列 SQL 语句。

（1）

```
SELECT COUNT(*) AS 藏书总册数 FROM 图书;
```

（2）

```
SELECT 出版单位, MAX(单价) AS 最高价, MIX(单价) AS 最低价
FROM 图书
WHERE 出版单位 = "机械工业出版社";
```

（3）

```
SELECT COUNT(借书证号) AS 借书人次
FROM 借阅
WHERE 借书证号 IN
    (SELECT 借书证号
    FROM 读者
    WHERE 单位 = "计算机系");
```

（4）

```
SELECT *
FROM 借阅
WHERE 编号 IN
    (SELECT 编号
    FROM 图书
    WHERE 单价 >= 22);
```

（5）

```
SELECT *
FROM 图书
WHERE 单价 >ALL
    (SELECT 单价
    FROM 图书
    WHERE 出版单位 = "机械工业出版社");
```

使用 Access 实现数据库

在介绍了数据库技术的相关概念、原理以及关系数据库设计方法之后，第四部分将涉及数据库技术应用的内容，即数据库的具体实现——以 Access 2010 为具体的 DBMS，详细介绍利用 Access 进行数据库实现的方法。第四部分共 6 章的内容，其中，第 7 章介绍如何使用 Access 2010 创建数据库和数据表，以进行数据的组织和管理；第 8 章介绍如何创建查询以进行数据检索和分析；第 9 章介绍如何创建窗体和报表，以完成数据的输入和输出；第 10 和 11 章则讲述如何通过编写宏和 VBA 模块来进行数据库编程，以实现数据库应用程序；第 12 章讨论 Access 2010 与外部数据进行数据共享的机制和方法。

第 7 章
数据的组织和管理

数据库是与特定主题或目的相关的数据集合，它提供了精心定义的结构来存储数据。Access 数据库不仅仅是表的集合，还包含了其他类型的对象，因此，Access 数据库相当于一个存放表、查询、窗体、报表、宏以及模块 6 类数据库对象的容器。Access 2010 将所有的数据库对象集中存储在一个扩展名为 .accdb 的物理文件（即数据库文件）中。利用 Access 2010 开发一个数据库系统，相当于一个创建数据库文件并向其中添加数据库对象的过程。因此，在开发一个数据库系统之前，首要的工作就是创建数据库。

7.1 创建数据库

Access 2010 提供了多种创建数据库的方法。可以利用模板创建，也可以直接创建一个空数据库。

7.1.1 利用数据库模板创建数据库

Access 2010 提供了标准的数据库框架，即 Access 数据库模板。对于初次使用 Access 2010 的用户，如果不想自己从头创建数据库，可以利用 Microsoft Access 2010 提供的各种数据库模板来快速创建专业的数据库系统。

Access 数据库模板是一个在打开时会创建完整数据库应用程序的文件，其中包含了相应的数据库对象。每个模板都是针对特定的数据管理的需要而设计的。通过这些模板可以了解数据库的组成，并尝试学习构造数据库的方法。对于利用不同模板创建的数据库，数据库对象的种类和数目也有所不同，比如，利用"学生"样本模板创建的数据库，其中只有表、窗体和报表，读者在熟悉 Access 之后可以根据具体需要自行创建和添加新的数据库对象。因此，在利用模板创建数据库之前，需要了解和熟悉模板各自的特点。"罗斯文"样本模板中包含了 Access 的 6 类数据库对象，读者可以将该模板作为观察和模仿的重点。

1. Access 2010 数据库模板

（1）Web 数据库模板

Web 数据库是指互联网中以 Web 查询接口方式访问的数据库资源。在 Access 2010 中，

Web 数据库是指为发布到运行 Access Services 的 SharePoint 服务器上而设计的数据库。通俗地说，就是在 Backstage 视图中单击"空白 Web 数据库"命令选项创建的数据库，或者是通过了兼容性检查后发布到 Access Services 上的数据库。如图 7-1 所示，Access 2010 内置了 5 个 Web 数据库模板，均不含有样例数据，只是一个框架。

慈善捐赠 Web 数据库　　联系人 Web 数据库　　问题 Web 数据库　　项目 Web 数据库　　资产 Web 数据库

图 7-1　Access 2010 内置的 5 个 Web 数据库模板

- **慈善捐赠 Web 数据库**。使用此模板可以记录赞助商的信息、捐赠活动以及捐赠活动的详情，通过报表的形式汇总统计每个活动的赞助商、活动期间收到的捐赠数目、每个赞助商的捐赠总额等，还可以跟踪与活动相关的事件以及尚未完成的任务。
- **联系人 Web 数据库**。使用此模板可以管理团队协作人员或客户的信息，比如记录并查询人员姓名和地址信息、电话号码、电子邮件地址，甚至可以附加图片、文档或其他文件，并以窗体和报表的形式展示联系人的各种基本信息。
- **问题 Web 数据库**。使用此模板可以管理一系列问题。比如，对各种问题进行分类、设置优先级、记录问题的摘要和状态以及与问题相关的问题；对问题进行分配，并统计问题的分配者以及解决问题的情况；追踪问题解决的进展情况等。
- **项目 Web 数据库**。此模板用于跟踪各种项目及其相关任务。例如，记录并管理客户、项目以及项目中的任务信息；向指定人员分配项目中的任务，并监控任务的完成情况等。
- **资产 Web 数据库**。该模板主要用于资产的管理。例如，记录特定资产的详细信息，如所属项目、存放地点、制造商、型号、类别、购置日期、报废日期、购置价格以及所有者等；以窗体的形式展示用户信息和资产信息；产生各种统计报表，如对报废资产的统计、按照类别统计资产等。

（2）客户端数据库模板

客户端数据库是相对 Web 数据库而言的。Web 数据库可以直接通过浏览器来访问，不依赖于所使用的计算机中是否安装了 Access 2010，而客户端数据库则要求计算机必须安装 Access 2010 才可以使用这个数据库。客户端数据库虽然没有被设计为可以发布到 Access Services 上，但仍可以通过将它们放在共享网络文件夹或文档库中进行共享。本书重点介绍客户端数据库的相关操作。如不特别指明，第四部分提到的数据库均指客户端数据库。

如图 7-2 所示，Access 2010 内置了 7 个客户端数据库模板，除了"罗斯文"之外，均不含有样例数据，只是一个框架。

- **教职员**。该模板包括表、查询、窗体和报表 4 类数据库对象，用于管理有关教职员的重要信息，包括个人信息、学历信息、通信信息、工作信息、过敏和用药信息以及紧急联系人信息等。
- **罗斯文**。该模板提供了一个功能强大的数据库系统，包含了 6 类数据库对象，对客户、采购、订单、库存、产品、供应商、员工、发票等进行管理，能够提供各种主题、分类的展示与查询，生成各种统计报表，并拥有友好的用户界面。

- **任务**。该模板包括表、查询、窗体和报表 4 类数据库对象，主要用于管理自己或团队要完成的一组工作项目。该模板包括任务说明、任务的状态、优先级、开始与截止日期、分配者以及任务完成的进展等。
- **事件**。该模板包括表、查询、窗体和报表 4 类数据库对象，主要用于管理诸如会议、考试、约会、谈判等各种事件，例如，事件内容、开始和截止时间、事件的详细说明等。此外，还可附加附件和图像。该模板还包括各种主题的事件信息展示以及按周、当天、当前对事件进行统计等功能。
- **销售渠道**。该模板包括表、查询、窗体、报表和宏 5 类数据库对象，主要用于在较小的销售小组范围内监控预期销售过程。另外，该模板还包括销售机会的管理以及客户信息和员工信息的管理等。
- **学生**。该模板包括表、查询、窗体和报表 4 类数据库对象，主要用于对学生、监护人以及紧急联系的信息进行管理，包括收集、查询并展示学生信息、监护人信息、紧急联系信息、学生过敏史及用药记录的医疗信息，并能够按照各个类别生成统计报表等。
- **营销项目**。该模板包括表、查询、窗体和报表 4 类数据库对象，主要用于管理营销项目的详细信息、计划并监控项目的可交付结果，包括供应商信息管理、员工信息和项目信息的管理功能，以及员工可交付和公司可交付项目的结果管理功能，并具有对已完成、未完成、未交付、已延期项目以及项目亏损情况进行统计功能。

教职员　　　罗斯文　　　任务　　　事件　　　销售渠道　　　学生　　　营销项目

图 7-2　Access 2010 内置的 7 个客户端数据库模板

如果上述模板中没有可满足用户的特定需要的，并且用户的计算机可以连接到 Internet，那么可以访问 Office.com 来浏览或搜索更多的模板。

2. 利用模板创建数据库

下面介绍利用模板创建数据库的方法。首先单击 Backstage 视图中的"新建"命令，再单击"样本模板"，在"可用模板"下，选择要使用的模板。然后，在"文件名"文本框中输入数据库的名称，并指定该数据库文件要保存的位置。如果不指定具体位置，Access 将在"文件名"文本框下面显示的默认位置创建数据库。最后，单击"创建"。

【例 7-1】利用"罗斯文"样本模板创建一个名为"罗斯文演示"的数据库文件，并将它保存在子目录"张 – 数据库"下。

具体操作步骤如下：

1）在 Backstage 视图中单击"罗斯文"模板，如图 7-3 所示。

2）在"文件名"文本框中，输入"罗斯文演示"，并指定存放的位置，如图 7-4 所示。

3）单击"创建"，会出现提示界面，按照提示去做之后，出现如图 7-5 所示的界面。

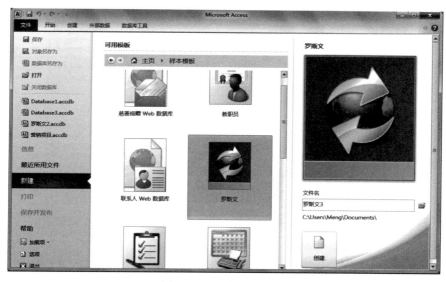

图 7-3　选择数据库模板

图 7-4　保存数据库文件

重要提示

　　使用模板创建数据库，在单击"创建"之后，可能会出现一些提示或消息界面，需要根据下列情况执行相应的操作来保证顺利使用新创建的数据库：

　　1. 如果 Access 显示带有空用户列表的"登录"对话框，则单击"新建用户"，并填写"用户详细信息"窗体，然后单击"保存并关闭"。选择新建的用户名，单击"登录"。

　　2. 如果 Access 显示空白数据表，则可以在该数据表中直接键入数据，也可以单击其他按钮和选项卡来浏览数据库。

　　3. 如果 Access 显示"开始使用"页面，则可以单击该页面上的链接，了解有关数据库的详细信息，也可以单击其他按钮和选项卡来浏览数据库。

　　4. 如果 Access 在消息栏中显示"安全警告"消息，则在自己确认信任模板来源的前提下，单击"启用内容"。

　　5. 如果数据库要求登录，则需要重新登录。

　　4）单击"导航窗格"中的 ≫ 按钮，并单击 ⊙，在弹出的"浏览类别"菜单中选择"对象类型"后，导航窗格中将显示该数据库中已经创建的各个数据库对象，如图 7-6 所示。

　　5）可以先逐一打开每个数据库对象进行观察和了解。在学习完后续章节的内容后，回过头来再对该数据库进行揣摩、思考甚至修改，以帮助树立专业的数据库设计理念。

图 7-5 "主页"窗体

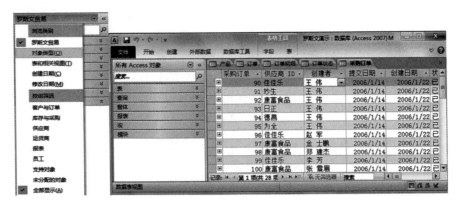

图 7-6 表名为"采购订单"的数据表视图

如果想利用 Office.com 上的模板创建数据库，需首先连接到 Internet 上，从 Backstage 视图中浏览 Office.com 上的模板。具体步骤如下：

1）在 Backstage 视图上单击"新建"，执行下列操作之一：选择 Office.com 下方显示的模板，如图 7-7 所示；或者在搜索模板框中，键入搜索关键字进行搜索。

图 7-7 Office.com 提供的模板

2）找到合适的模板后，模板图标将显示在界面中，通过单击来选择它。

3）在"文件名"文本框中，输入文件名并指定要存放的位置后，单击"下载"。

使用模板创建数据库之后，就能够立即开始使用数据库了。如果认为创建的数据库系统不太符合自己的需求，可以对数据库进行修改，比如，修改表结构、增加数据库对象等，使其能够更好地符合具体的要求。如果没有模板可满足具体需求，那么只有从头开始创建数据库。

7.1.2 创建空数据库

创建空数据库的方法：首先选择 Backstage 视图的"新建"命令，单击"空数据库"，输入文件名并指定存放的位置后，单击"创建"即可。

【**例 7-2**】创建一个名为"教学管理"的数据库文件，并将它保存在子目录"张 – 数据库"下。

具体操作步骤如下：

1）选择 Backstage 视图的"新建"命令，单击"空数据库"。

2）在"文件名"文本框中输入"教学管理"并指定存放的位置，如图 7-8 所示。

3）单击"创建"按钮后，将显示如图 7-9 所示的窗口。可以观察到，在窗口顶部显示的是"教学管理：数据库（Access 2007）"等字样，表明当前打开的是"教学管理"数据库，后续在该窗口下创建的各类数据库对象都将保存在该数据库中。同时还可以看到，系统自动为"教学管理"数据库添加了第一个数据库对象，即名为"表 1"的数据表。这个名字是系统给出的默认名，用户可以重新命名。通过窗口左下端显示的信息可知，当前显示的是"表1"的数据表视图。此外，在功能区出现了新增的选项卡组"表格工具"，这意味着可以开始创建数据表了。表的具体创建过程将在 7.2 节详细介绍。

图 7-8　创建名为"教学管理"的数据库

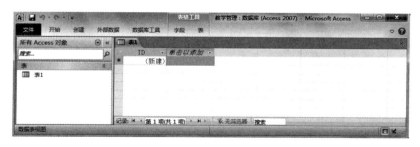

图 7-9　新建的数据库

> **重要提示**
>
> 1. 对于初学者而言，不要着急操作，要耐心并仔细观察界面以及界面的变化，这是非常重要的。界面上有许多重要信息可以帮助用户了解当前数据库所处的状态。观察界面对理解和掌握 Access 的各种概念和术语很有帮助。
>
> 2. 如果不加特别说明，第四部分所涉及的包括表、查询、窗体、报表、宏、模块等各种数据库对象均创建在名为"教学管理"的数据库中。

7.1.3 数据库的操作与维护

1. 打开数据库

打开数据库的方法有多种，下面结合两种情形给出打开数据库的方法。

（1）没有启动 Access 2010

如果没有启动 Access 2010，那么可以找到需要打开的数据库文件的保存位置，双击文件名直接打开，同时也启动了 Access 2010，直接出现 Access 2010 的用户操作界面。例如，对于例 7-2，直接打开"教学管理"数据库文件后，出现的界面如图 7-10 所示。注意观察该界面与图 7-9 的区别。

图 7-10　在保存"教学管理"数据库的位置直接打开数据库

（2）启动了 Access 2010

方法一：

Access 会自动"记忆"最近打开的数据库。若要快速打开最近使用过的数据库，可在 Backstage 视图中单击"最近所用文件"，然后单击要打开的数据库名，如图 7-11 所示。

图 7-11　从最近使用的文件中快速打开数据库文件

从图 7-11 中观察到，在"最近使用的数据库"中，排在前 4 位的数据库分别列在了 Backstage 视图的左侧，如果要打开的数据库位列其中，则直接单击即可快速打开该数据库文件。随着其他数据库的打开，"最近使用的数据库"中的数据库的排列位置会发生变化。

如果想将自己的数据库文件固定在第一位，可以将数据库文件后面的图钉图标激活，使其由 📌 变为 📍，并通过固定或取消固定来调整数据库的排列位置，如图 7-12 所示。

图 7-12　将"教学管理"数据库固定在列表第 1 位

方法二：

在 Backstage 视图中单击"打开"，在弹出的图 7-13 所示的"打开"对话框中，双击包含所需数据库的文件夹，找到需要打开的数据库后，执行下列操作之一：

1）若要在默认打开模式下打开该数据库，请双击它。

2）若要在多用户环境中进行共享访问，以便自己与其他用户都可以读 / 写数据库，则单击"打开"按钮。

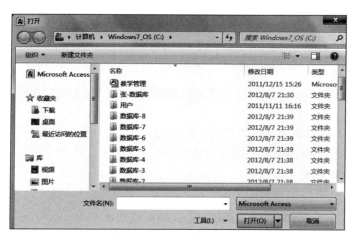

图 7-13　"打开"对话框

在"打开"按钮中有个黑色倒三角，单击它将出现下拉菜单，如图 7-14 所示。Access 提供了几种打开方式，不同的选择意味着不同的结果。

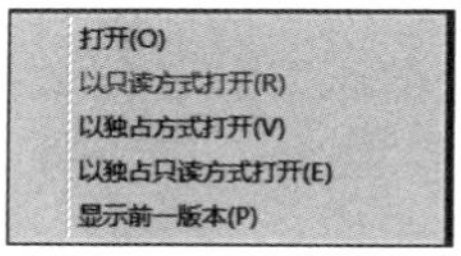

若选择"以只读方式打开"，则可以查看数据库但不能编辑数据库；若选择"以独占方式打开"，则在用户自己打开数据库后，其他任何人都不能再打开这个数据库；若选择"以独占只读方式打开"，则在用户自己打开数据库后，其他用户仍可以打开该数据

图 7-14　打开方式选择

库，但只能进行只读访问。

2. 保存与关闭数据库

（1）保存数据库

在创建好数据库之后，可以开始逐一添加数据库对象，在添加的过程中可随时保存数据库文件。常用的数据库保存方法有两种，一是单击快速访问工具栏中的"保存"按钮🖫。

二是切换至 Backstage 视图，如图 7-15 所示，选择"保存"或"数据库另存为"，两者的区别在于，前者保持数据库名和保存位置不变，后者可以改变数据库名和保存位置。在需要重新对数据库命名时可以采用"数据库另存为"，但另存前，必须要关闭所有打开的数据库对象。

注意：图 7-15 中的"对象另存为"不同于"数据库另存为"，它的作用是保存数据库中某个对象的副本。

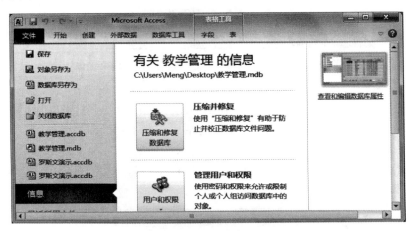

图 7-15　保存数据库

（2）关闭数据库

在完成数据库的相关操作之后，需要关闭数据库。关闭的方法有多种，这里介绍其中的两种：

1）单击图 7-15 窗口右上角的"关闭"按钮 ⬛✕⬛。

2）单击 Backstage 视图中的"关闭数据库"。

3. 压缩和修复数据库

压缩和修复数据库的主要目的有两个，一是为了数据库的备份，二是为了整理数据库。在数据库操作过程中可能会不断添加和删除数据或数据库对象（这种现象在学习 Access 初期尤为突出），随着数据库使用次数的增多，数据库中的"垃圾"也开始多起来，数据库文件会变得越来越大，删除数据并不能有效减少数据库文件的大小，有时会发现一个几乎删空了的数据库文件也大到几十兆甚至更多。

压缩和修复数据库的方法是在图 7-16 所示的 Backstage 视图中单击"信息"，然后选择"压缩和修复数据库"命令，或者在 Access 用户操作界面，选择"数据库工具"选项卡"工具"组中的"压缩和修复数据库"命令，完成数据库的压缩和修复工作，如图 7-17 所示。

图 7-16　在 Backstage 视图中选择"压缩和修复数据库"

图 7-17　工具组中的"压缩和修复数据库"

4. 备份数据库

为了避免因为软硬件故障而造成数据丢失，应该养成备份数据库的习惯。备份数据库的方法：首先进行压缩，然后在 Backstage 视图中单击"保存并发布"，选择"备份数据库"，最后在图 7-18 所示的对话框中输入备份文件名，单击"保存（S）"按钮。备份的文件名中最好保留原数据库名并在其后注上备份日期。

图 7-18　备份"罗斯文演示"数据库

有些人认为备份数据库很麻烦且没有必要，还浪费空间，其实这种想法是不正确的。对于重要的数据库，一定要做好日常的备份，当系统发生故障时，可以使用备份来还原整个数据库。

5. 查看和编辑数据库属性

通过查看数据库属性，可以了解并编辑数据库的相关信息。在图 7-16 所示的窗口右侧可以看到名为"查看和编辑数据库属性"的链接，单击该链接，弹出如图 7-19 所示的带有多个选项卡的对话框，从中可以查看"常规""统计""内容"的信息，也可以对"摘要"和"自定义"选项卡中所列的内容进行编辑。其中，"内容"包含了所查看数据库中的所有数据库对象。

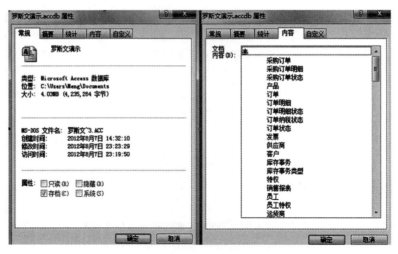

图 7-19   "罗斯文演示"数据库的属性

7.2 创建数据表

创建好数据库文件后，就可以开始添加数据库对象了。首先要添加的是数据表，简称表。

重要提示

从本章开始将逐步深入到具体的操作。在学习中不要急于完成老师布置的作业，而是要仔细看书并对相关概念和说法通过上机实验进行观察和验证，最好能在例题的基础上进行拓展实验，然后得出自己的结论，这样既提高了兴趣，同时也提升了学习效果和学习能力。

7.2.1 数据表概述

在 Access 中，数据表可以存储诸如文本、图片、音频、视频等各种类型的数据，它是数据库中唯一用于存储数据的数据库对象，是其他数据库对象的基础。

1. 表与表结构

一个完整的表是由表结构和表内容两部分构成的。表结构就是表的框架，表内容由一条条记录组成。创建表首先要建立表结构，然后再向表中添加或导入数据。创建表结构是表创建的最重要的步骤之一。通常，在创建好表结构之后，表内容的输入不一定要立即进行，可以先保存并关闭表。此时的表是空表，即只有表结构而没有任何记录的表。

表结构由表名和字段组成。表名是表的唯一标识，用于区别其他表以及作为数据源时的指定名称，用户通过表名对指定的表进行操作。创建表时需要指定表名，给出的名字最好有意义且简单明了。如果没有指定表名，系统将给出诸如"表 1"这样由"表"和序号构成的默认表名。字段由字段个数、每个字段的名称、字段的数据类型以及包含字段大小、格式、输入掩码、默认值、有效性规则等的字段属性组成。

图 7-20 给出的这张表表名是"客户"，从图中显示的部分可以看到至少有 6 个字段、16 条记录。字段名分别是 ID、公司、姓氏、名字、职务、业务电话等。实际操作时，可以通

过左右或上下滚动条来查看字段和记录。从图的最下端系统显示的记录数可以得知，该表
中共有 29 条记录，当前定位在第一条记录上。

　　图 7-20 给出的"客户"表是在数据表视图下显示的结果。如果想进一步了解"客户"表结构中各字段的数据类型和字段属性，则需要在设计视图下查看该表，如图 7-21 所示。如果想查看表的属性，可以在导航窗格中找到该表，单击鼠标右键（简称右击鼠标），在弹出的快捷菜单中选择"表属性"。

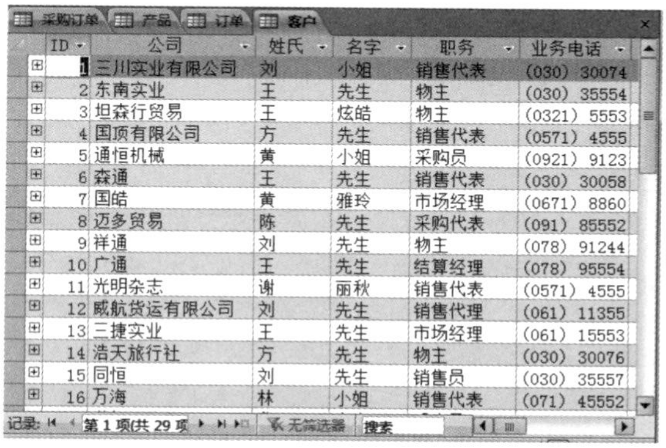

图 7-20　"罗斯文"数据库中的"客户"表

图 7-21　"客户"表设计视图中字段"公司"的数据类型和常规属性

　　通常，一个数据库中包含许多表。在创建表之前，要根据实际需求，规划和设计多个表，并设计它们之间的关系。具体内容包括：指定表名；指定表中的字段个数和字段名；设置字段数据类型和字段属性；指定主键；创建表间关系；输入或导入表的数据。对于一个数据库系统的完整开发过程而言，现在所处的阶段是数据库实现阶段，至于表名、表中字段个数、字段名以及主键，在逻辑设计阶段就已经确定，并已经进行关系规范化。数据库实现阶段主要包括建立实际的数据库结构，以及装入数据、调试和运行应用程序。从现在开始将结合前三部分所介绍的数据库理论知识，介绍如何利用一个具体的 RDBMS 来实现数据库系统。

　　对表的操作既包括对整体表的操作，如表的复制、重命名等，也包括对表结构的操作，如添加和删除字段，还包括对表内容的操作，如对记录的增加、删除、修改等。

2. 表的视图

　　表有 4 种视图，分别是数据表视图、设计视图、数据透视表视图和数据透视图视图，常用的是数据表视图和设计视图。在打开表之后，单击"开始"选项卡"视图"组中的带有倒三角的视图命令，从 4 种视图选项中选择一个，完成从一种视图到另一种视图的切换。

　　（1）数据表视图

　　在导航窗格双击某个表，打开表时的默认视图是数据表视图。在数据表视图下可以看到表中的字段和记录等内容，如图 7-20 所示的"客户"表就是数据表视图。在数据表视图中

可以添加、编辑、浏览表中数据。例如，在"客户"表中添加一条来自"实力公司"的客户记录，并将"东南实业"公司的客户姓氏改为"张"，如图 7-22 所示。观察与图 7-20 的区别，如记录总数等。因为新添加的记录总是追加到表末端，所以具体的记录内容并未在图 7-22 所示的截图中列出。

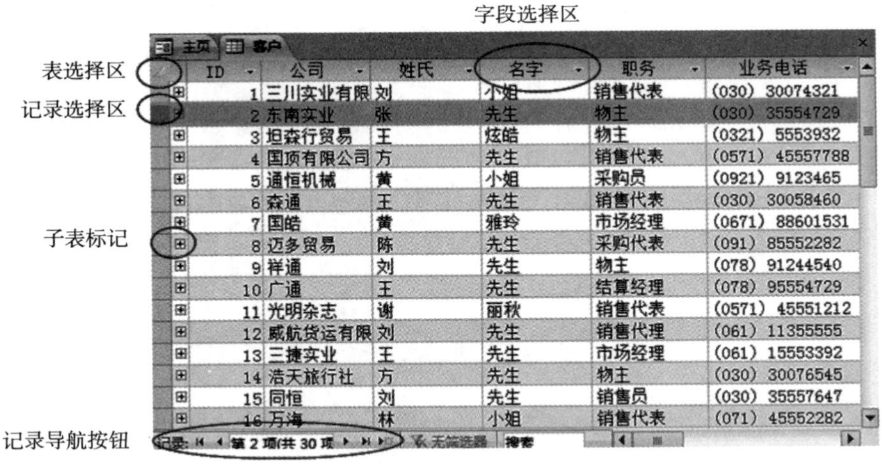

图 7-22 "客户"表的数据表视图

在数据表视图中有几个区域需要了解，它们分别是字段选择区、表选择区、记录选择区、子表标记以及记录导航按钮，通过对它们的操作，可以快速准确地完成相应的功能。在数据表视图下，如果要调整行高或要将整张表复制到 Word 文档或 PPT 中，可单击表选择区，选中表的字段和全部记录，右击鼠标从快捷菜单中选择"行高"或"剪切"；如果想将某列全部选中，则单击该列的字段选择区，右击鼠标，从快捷菜单中选择相应的操作，如排序、设置该列字段的宽度、隐藏或冻结该列字段，或者在该字段前插入一个新字段等；单击某行的记录选择区，则选中该行记录，右击鼠标，从快捷菜单中选择相应的操作，如在表尾插入一条新的空白记录、删除该记录或设置该行的行高等；当光标位于某条记录的某个字段时，位于该记录行前端的记录选择区标记为黄色；单击子表标记"+"将打开与该表建立关系并与该条记录有关的另一张表的内容。另外，通过右击表的名字，可以保存或关闭该表，还可以在表的不同视图之间进行切换。

通常情况下，打开一个表后的默认视图是数据表视图，如图 7-23 所示，可以从图中的三处观察到当前是数据表视图。第一处是单击"开始"选项卡中的"视图"组中的"视图"命令，看到"数据表视图"前的图标为选中状态。第二处是窗口左下端显示为"数据表视图"。第三处是位于状态栏右侧的"数据表视图"控件按钮为选中状态。

（2）设计视图

数据表视图可以快速展示表的内容，但是无法看到表结构的详细信息，如字段的数据类型、大小等。表的设计视图将展示表的结构，并提供详细的字段设置信息。

在表的设计视图下，可以创建和修改表结构。例如，对字段的名称、数据类型以及字段的属性进行设置和修改。

图 7-21 给出了"客户"表的设计视图。设计视图分为上下两部分，上面部分是字段名称、数据类型和说明信息，下面部分是字段属性，包括字段的常规属性和查阅属性。有关字

段名、数据类型和字段属性的相关内容将在 7.2.2 节详细介绍。

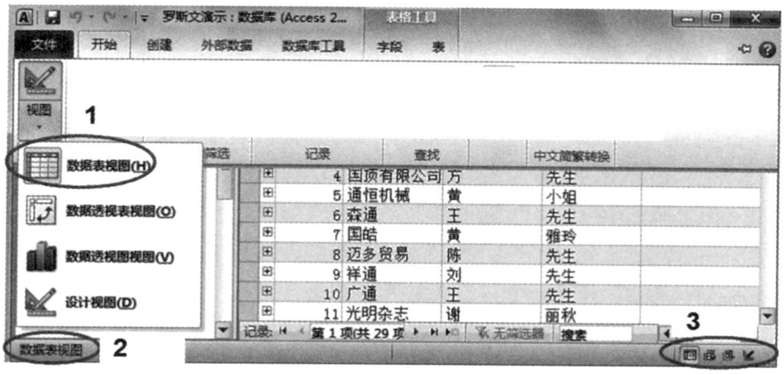

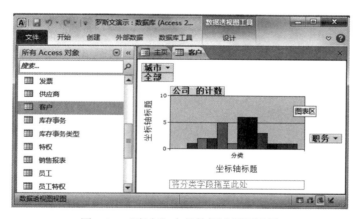

图 7-23 不同类型的视图切换

（3）数据透视图视图

数据透视图视图主要用于创建统计图，以直方图、饼图等图形方式显示指定字段的统计属性。

单击"视图"选项中的"数据透视图视图"，或者单击位于状态栏右侧的"数据透视图视图"控件按钮，可快速切换到"数据透视图视图"。图 7-24 给出了"客户"表的数据透视图视图。

图 7-24 "客户"表的数据透视图视图

（4）数据透视表视图

数据透视表视图主要用于创建一种统计表，表以行、列、交叉点的内容展示统计属性。

7.2.2 设计数据表的结构

创建数据表之前，需要设计好数据表的结构，主要包括设置表中每个字段的名称、数据类型、主键和常规属性。

1. 字段的命名

字段命名主要遵循的规则有以下 3 条：

1）字段名应有意义，不宜太长，在 64 个字符以内。Access 采用 Unicode 编码，汉字同数字和字符一样都占两个字节。

2）字段名可以使用字母、数字、汉字、空格和一些字符的组合，但最好不要使用空格以及 Access 内部保留的关键字，如 if、select、and 等。

3）字段名不区分大小写字母，如 AGE、Age 和 age 是同一个字段。

2. 字段的数据类型

Access 2010 提供了 12 种数据类型，如图 7-25a 所示。其中，文本和备注数据类型均可存储文本，前者常用于短文本，后者常用于长文本。数字和货币数据类型均可存储可计算的数值数据。下面介绍几种常用的数据类型。

a) 数据类型

b) 数字型的子类型

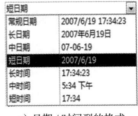
c) 日期 / 时间型的格式

d) 数字型或货币型的格式

图 7-25　Access 2010 的字段类型和字段格式

（1）文本型

文本型用于存储文字数据，包括英文字母、汉字、字符和不需要计算的数字，或者它们的组合。例如，姓名"张三"，代号"007"，电话号码"55668899"，"紫阁 B 单元 806 房间"等。Access 2010 中，对表以及表中各类型的字段长度是有实际限制的，具体限制可参考 Access 2010 的帮助手册。在设置字段属性时，属性"字段大小"可设置为 0 至 255 个字符，默认值是 50 个字符。该类型字段没有"格式"属性。"格式"即字段的显示布局。

（2）备注型

与文本型类似，只是备注型允许的长度为 65 535 个字符，常用于存储长文本，如简历、备注信息或备忘录、摘要等。该类型字段没有"字段大小"属性，也没有"格式"属性。

（3）数字型

数字型用于存储需要计算的数值数据。但也有例外，比如，字段"学号""编号"等并不用于计算，通常设为文本型，但有时为了防止用户输入其他类型的字符，也可以设为数字型。数字型的字段值只能是数字。数字型数据又可细分为字节、整型、长整型、单精度、双精度、同步复制 ID、小数等子类型，默认值设为长整型。如图 7-25b 所示，前 3 个子类型表示整数类型，分别占 1 个、2 个、4 个字节，取值范围依次增大。例如，如果字段的数据类型是整型（整型为 2 个存储字节），则最大的取值为 16 位二进制数的最高位为 0，后 15 位为全 1，转换为十进制数为 32 767。如果字段的取值超过 32 767，该字段的数据类型就得设置为长整型。单精度和双精度分别占 4 个和 8 个字节，允许的小数位数分别为 7 和 15。同步复制 ID 用于建立同步复制时的唯一标识。

在设置数字型字段属性时，属性"字段大小"只能从如图 7-25b 所示的下拉列表中选择。可以设置字段的"格式"属性，如图 7-25d 所示。

（4）日期 / 时间型

日期 / 时间型用于存储日期和时间。该类型字段没有"字段大小"属性，但有"格式"

属性，可以在图 7-25c 所示的下拉菜单中选择一种格式。

（5）货币型

货币型用于存储表示金额的数据，例如工资、学费、奖学金等。该类型字段没有"字段大小"属性，但可以设置字段的"格式"属性，如图 7-25d 所示。

（6）自动编号

自动编号字段可以提供唯一值，常用于表中没有合适的基于数字型字段的主键。常见的自动编号是自动加 1 的编号，也有随机编号方式。该类型字段的属性"字段大小"只能从长整型和同步复制 ID 两者之间选择，默认值为长整型。可以设置字段的"格式"属性，如图 7-25d 所示。

（7）查阅向导

查阅向导类型比较特殊。当向表中输入数据时，如果不想自己输入字段的值，而是希望能从下拉列表中选择，那么可以设置该字段的类型为"查阅向导"。需要注意的是，在设置好字段的"查阅向导"类型后，再次通过设计视图查看该字段的类型时，显示的并不是"查阅向导"类型，而是"文本"或"数字"类型，具体是哪种数据类型，要取决于在"查阅向导"对话框中的输入或设置。

【例 7-3】在"罗斯文演示"数据库中的"客户"表设计视图中，将字段"公司"的数据类型修改为"查阅向导"。

具体操作步骤如下：

1）打开"罗斯文演示"数据库（最好关闭"主页"窗体），然后打开"客户"表。注意：不可以"只读"方式打开。

2）切换至设计视图下，通过单击箭头展开下拉列表，将字段"公司"的数据类型设置为"查阅向导"，弹出如图 7-26 所示的"查阅向导"对话框。

图 7-26　"查阅向导"对话框

3）在图 7-26 中确认查阅向导获取其数值的方式。有两种方式，前一种是从其他表或查询中获取数值，不用自己录入，后一种是自己键盘输入所需的值。当前选择前一种方式，单击"下一步"。

4）从图 7-27 中选择获取值的数据源类型，选择"表"后，列出了"罗斯文演示"数据库中所有的表，从中选择"供应商"表，单击"下一步"。

5）从图 7-28 中选择获取值的字段"公司"后，单击"下一步"。经过几步后，弹出如图 7-29 所示的对话框。此时，将"供应商"表的"公司"字段的所有值都自动作为查阅字段的取值，然后单击"完成"。

图 7-27   在对话框中选择获取值的表

图 7-28   在对话框中选择包含获取值的字段

图 7-29   "供应商"表中"公司"字段的所有值自动作为查阅字段的取值

6）此时系统会提示，"客户"表中的 29 条记录的"公司"字段原来的内容全部被删除，单击"确认"后，打开表，如图 7-30 所示，发现表中"公司"字段的内容为空。此时，需要单击右侧的下拉按钮，从图 7-31 所示的下拉列表中指定公司名。

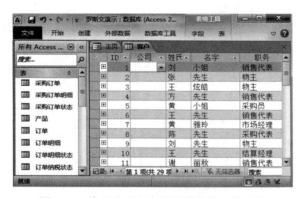

图 7-30   将"公司"字段的数据类型设置为
查阅向导类型后的"客户"表

图 7-31   查阅字段值的输入

需要注意的是，本例只是为了说明设置查阅字段的方法和过程。设置查阅向导类型的正确时机应该在定义表结构时，而不是在创建表结构后并且表中有了数据再将字段的数据类型修改为"查阅向导"。

3. 字段的常规属性

字段的常规属性用于定义字段数据的保存、处理和显示方式。

（1）字段大小

只有数字型和文本型字段需要设置字段大小，其他类型字段无须指定大小，它们由系统统一规定，占用固定长度的存储空间。数字型字段的大小是指取值范围。文本型字段的大小是指最多允许的字符个数，大小可在 1 ～ 255 个字符，同数字、英文字符一样，一个汉字占 1 个字符。

（2）格式

属性"格式"是设置字段的显示格式，主要用于数据显示的美观和统一。如果字段的数据类型是"数字""日期/时间""货币""自动编号"和"是/否"，那么需要进一步设置"格式"属性，如图 7-25 所示。其中，"固定"格式的小数位数可变，长度由"小数位数"属性说明。如果希望控制输入格式并按照输入的格式显示数据，则需要设置属性"输入掩码"。

（3）输入掩码

利用"输入掩码"属性可以创建字段的输入模板，强制按照设定的模式来录入数据。输入掩码用于文本型、日期/时间型、数字型、货币型字段，可以直接输入"输入掩码"所用的字符来设置掩码。对于文本型和日期/时间型的字段，也可以通过如图 7-32 所示的由系统提供的"输入掩码向导"来完成。表 7-1 给出了几个常用的掩码设置字符。

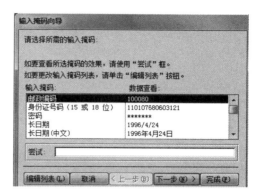

图 7-32 输入掩码向导

表 7-1 "输入掩码"中的掩码字符

字符	描述	掩码示例	示例数据
0	数字 0 至 9，必选项	（000）-0000	正确输入：(010)-8261，(029)-6341 等 错误输入：(10)-82693460，原因是区号少一位。 必选项指设置几个 0 就输几个数
9	数字 0 至 9 或空格，可选项	（999）-99999999	(010)-8269，(010)-826930，(10)-82693460，(10)-8269 等
L	字母，必选项	LLL-9999	Num-1，Num-100，num-9999，avg-001，XYZ-9090 等
?	字母，可选项	????????-L??-999999	Cornell-A-14，实际显示效果为 CornellA14，这与"区域和语言选项"设置有关
A	字母或数字，必选项	AAA-AAA	Aab-101，Big-806，811-203，EFD-xyz 等
a	字母或数字，可选项	AAA:aaaaaaa	TEL: 12345678，fax: 6780，MBA: IBT80 等
&	任一字符或空格，必选项	&&&&&&&&&&&&	Za_xy@263.net，SAT: Math 720 等
C	任一字符或空格，可选项	CCCCCCCCCCCCCCC	x_y2@126.com，SAT Math 720 等

【例 7-4】对"罗斯文演示"数据库中的"员工"表的"邮政编码"字段设置输入掩码。具体操作步骤如下：

1）在"员工"表的设计视图下，单击字段属性区域"输入掩码"右边的■按钮，打开"输入掩码向导"对话框，如图 7-33 所示。因为"邮政编码"字段的数据类型是文本型，所以可以使用"输入掩码向导"设置掩码。

2）在图 7-33 所示的对话框中，掩码字符为 6 个 0，表示输入"邮政编码"字段值时必须输入 6 位数字。在对话框中还可以设置占位符，即等待输入字符的位置提示符，此处设置为"$"，默认是"_"。然后在弹出的对话框中选择数据存储方式，第一个选项表示完整保存方式，第二个选项表示部分存储方式。在这里选哪种方式都可以，因为本例没有出现提示字符。

3）本例选择第二种方式，单击"完成"后，将在图 7-33 中"输入掩码"空白处出现"000000;;$"，设置的输入掩码中两个分号之间是空白，说明采用了部分存储方式。

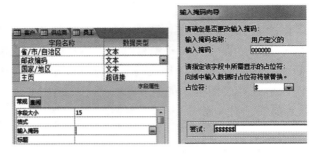

图 7-33   使用"输入掩码向导"设置"邮政编码"的输入掩码

4）保存设置，将设计视图切换至数据表视图，按照设定的格式输入"邮政编码"字段的值，如图 7-34 所示。

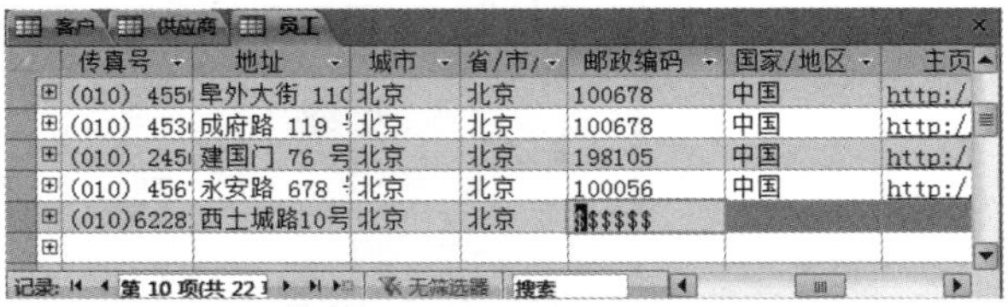

图 7-34   在"员工"数据表视图下输入"邮政编码"字段的值

如果熟悉了输入掩码的用法，对于诸如邮编、学号等字段，可以直接输入掩码。假设"员工"表中的邮编都是以"100"开头的 6 位数字，则可以将"100"作为提示字符，数据输入时就可以少输入 3 位数字，但要求采用完整保存方式，这样才可以将提示字符"100"与用户输入的字符一同保存。输入掩码设置为："100"000;0;$，如图 7-35 所示。读者可以比较图 7-35 与图 7-34 的异同。

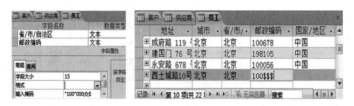

图 7-35   设置"输入掩码"后的"邮政编码"字段值的输入

重要提示

1. 如果某个字段既设置了"格式"属性，又设置了"输入掩码"属性，那么在显示时，会忽略掩码的设置，因为"格式"属性的设置优先于"输入掩码"的设置。

2. 设置"输入掩码"表达式的完整格式为："掩码字符串;存储方式;占位提示符"，但通常只输入掩码字符串，后面为系统默认值。存储方式用"0"和"1"表示。"1"或空白表示部分存储方式，即系统只保存用户输入的字符；"0"表示完整保存方式，即系统将输入的字符和提示字符一同保存。

（4）标题

标题可以设置字段的"标题"属性，仅作为显示时字段的代号，并不改变表结构中的字段名。

（5）默认值

默认值为输入字段值时自动出现的数据内容。例如，如果学生表中男生占多数时，那么可设置"性别"字段的默认值为"男"，这样，在录入每名学生信息时，遇到"性别"字段，系统将自动产生"男"，可以减少录入量。

【例 7-5】将图 7-35 所示的"邮政编码"在表的数据表视图下显示为"邮编"，并将"国家/地区"字段的默认值设置为"中国"。

具体操作步骤如下：

1）在设计视图下打开"员工"表，设置"邮政编码"字段的"标题"属性值为"邮编"，设置"国家/地区"字段的"默认值"属性值为"中国"，如图 7-36 所示。

图 7-36　设置"标题"和"默认值"属性

2）保存表，然后切换至数据表视图，输入新记录，这两个字段的显示情况如图 7-37 所示。

图 7-37　设置"标题"和"默认值"属性后的数据表视图

在图 7-38 所示的"订单"表中，读者可以看到"订单日期"字段的"默认值"属性的设置情况。

图 7-38　"订单"表中"订单日期"字段的属性设置和数据表视图下的字段默认值

图 7-38 说明了字段的属性设置也可以使用表达式，这里使用的表达式是一个函数，即由 Access 提供的一个内置函数 Now()，表示返回系统当前的日期和时间。在数据表视图下输入新记录，新记录的"订单日期"字段值的位置上出现系统当前日期，双击该位置，出现如图 7-38 所示的系统当前日期和时间。

对于复杂的表达式可以使用"表达式生成器",在图 7-38 中,将光标移至"默认值"属性行的最右端,会出现■图标按钮,单击该按钮,将打开"表达式生成器"对话框,如图 7-39 所示。

从图 7-39 中可以观察到,表达式生成器由上部的表达式框、下部左侧的"表达式元素"框、中间的"表达式类别"和右侧的"表达式值"组成。除了在表达式框中自行输入表达式之外,还可以从对话框中选择表达式元素来设置表达式。表达式元素有三类:函数、常量和操作符。若选择了内置函数,则在"表达式类别"框中将显示函数类别。当

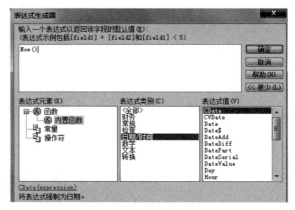

图 7-39 "表达式生成器"对话框

前显示的是"日期/时间"类别的内置函数,从最右侧的下拉列表中选择需要的函数,如"CDate",将在对话框的底部出现一个对选定函数的简单说明。

重要提示

1.属性设置时除汉字之外,均在英文状态下输入。设置后要保存,否则不起作用。

2.在设置属性时,对于文本型或备注型字段,应该使用英文双引号将设置的值括起来,例如,图 7-36 中的默认值"中国"。对于日期/时间型的字段,设置属性值时,要使用"#"将设置值括起来。

（6）有效性规则和有效性文本

"有效性规则"属性用于定义字段数据输入的规则,是一个条件表达式,用于保证所输入数据的正确性。例如,"性别"字段中,可以用"0"或者"F"表示"女",用"1"或者"M"表示"男"。如果用户输入其他数据或字母,系统将会显示一个出错提示信息,提示内容就是"有效性文本"属性中设定的字符串。

观察图 7-38,这是"订单"表中"订单日期"字段的"有效性规则"和"有效性文本"属性设置情况。"订单日期"字段的"有效性规则"设置为">=#1900/1/1#",表示订单日期如果不采用系统默认值,而是自行输入,那么所输入的日期必须是 1900 年 1 月 1 日或之后的日期,如果输入的日期值不满足这个条件表达式,则系统会弹出提示对话框"日期值必须大于 1900-1-1。",并使输入值无效。

对于复杂的有效性规则表达式,可以利用"表达式生成器"生成规则表达式。方法是单击"有效性规则"右侧的■图标按钮,打开如图 7-39 所示的"表达式生成器"对话框。例如,观察到图 7-38 中"有效性规则"的设置并不合理,订单生成的日期通常在处理的当天或之前,如果输入的日期是第二天或第二年,甚至 20 年以后,系统将无法检测也无法提示。

【例 7-6】设置"罗斯文演示"数据库中"订单"表中的"订单日期"字段属性,使得输入新记录时,该字段的值要么是系统当前日期和时间,要么是在 1900 年 1 月 1 日至系统当前日期之间的任意一个日期,包括 1900 年 1 月 1 日和当前系统日期。如果输入错误,系统将提示:"输入有误!日期值必须是 1900-1-1 至系统当前日期之间的一个值。"

具体操作步骤如下：

1）在"订单"表的设计视图中，利用"表达式生成器"设置有效性规则，对于不复杂的规则，可以直接输入表示规则的条件表达式。在"有效性文本"属性中输入提示信息，如图 7-40 所示。

图 7-40　"订单日期"字段的"有效性规则"和"有效性文本"

2）保存表并切换至数据表视图，然后输入新记录。当输入错误的订单日期时，如输入第二天的日期时，系统将弹出提示信息，如图 7-41a 所示。

a)"订单日期"字段值输入错误时系统的提示信息图　　　b)从日历中选择日期

图 7-41　"订单日期"字段值的输入

3）单击"确定"按钮后，修改日期，也可以单击具体"订单日期"字段值后的日历控件，如图 7-41b 所示，从中选定正确的日期，本例选中"今日"。

4）保存"订单"表，然后保存"罗斯文演示"数据库。

4. 主键

主键是用于区分表中各条记录的一个或多个字段。使用主键可以确保表中主键字段中的每个值不为空并且都唯一。此外，如果指定了主键，Access 会自动为主键创建索引，这有助于改进数据库的性能。

设置主键的方法有多种，如果是在数据表视图中创建新表，Access 会自动创建一个自动编号数据类型且名为"ID"的字段作为主键。在设计视图下创建的表，如果需要，可以直接设置主键，也可以在设计视图中更改或删除主键。

在设计视图中，设置主键或取消主键的常用方法有以下两种：

1）选中要作为主键的字段，单击"表格工具"的"设计"选项卡"工具"组中的"主键"。

2）选中要作为主键的字段，右击鼠标，在弹出的快捷菜单中单击"主键"即可。

在设置主键之后，主键字段的前面将会出现钥匙图标 。若取消主键，则钥匙图标消失。

重要提示

1. 将多个连续的字段设置为主键的方法：在设计视图中，光标停在字段选择区，出现一个右箭头后，按住鼠标左键选中多个连续的字段，然后松开鼠标，在选择区外右击鼠标，然后从快捷菜单中选择"主键"。

2. 如果作为主键的多个字段不连续，则可以通过移动字段使其连续，操作方法是：在表的设计视图中，单击要移动的字段选择区，按住鼠标左键待出现一个虚方框时，拖动鼠标至合适位置，松开鼠标即可。

3. 在设计视图中保存一个新表而没有设置主键时，Access 会提示是否增加主键，如果选择"是"，那么 Access 会创建一个"自动编号"类型的 ID 字段作为主键。如果选择"否"，则创建的表没有主键。

7.2.3 创建数据表的方法

Access 提供了很多种创建表的方法。下面从操作的角度对 Access 所提供的创建表的方法进行归类。

1）利用"表格工具"选项卡组的"字段"选项卡来创建表，如图 7-42a 所示。

具体分为利用字段模板创建表、通过输入数据创建表和通过指定字段类型创建表等 3 种方法。这 3 种方法都是在数据表视图中，以直接输入数据、添加字段或指定数据类型的方式，使系统自动产生编号形式的字段名，如"字段 1""字段 2"等。如果是直接输入数据，Access 会根据输入数据的类型来自动设置字段的数据类型，随后用户也可以修改设置。

2）利用"创建"选项卡中的"表格"组来创建表，如图 7-42b 所示。

可以分别利用"表格"组中的"表""表设计"和"SharePoint"列表来创建表。其中，利用"表"的方法与上面介绍的相同。"表设计"就是利用"表设计器"来创建表，是在表的设计视图中创建表，这是最常用也是最重要的表创建方法。通过"SharePoint"列表来创建表，是指创建从 SharePoint 列表导入的表或者链接到 SharePoint 列表的表。

3）利用"外部数据"选项卡中的"导入并链接"组来创建表，如图 7-42c 所示。

a)"表格工具"选项卡组的"字段"选项卡

b)"创建"选项卡中的"表格"组

c)"外部数据"选项卡中的"导入并链接"组

图 7-42　使用三种选项卡分别创建表

可以通过导入数据来创建表，导入的数据可以来自 SharePoint 列表、Excel 表、其他 Access 数据库中的数据、ODBC 数据库（如 SQL Server）、XML、HTML、符合条件的文本文件、Outlook 等。

通过对选项卡的简单介绍，读者应该初步了解了创建表的各种方法，同时也会发现，同一种创建方法给出了多种操作方式，即在界面中安排不同的命令来完成表创建的功能。现在做一个归纳，创建表的方法主要有以下 5 种：

1）利用表模板创建表

2）利用字段模板创建表

3）利用输入数据创建表

4）利用数据导入创建表

5）利用表设计器创建表

7.2.4 节和 7.2.5 节将分别介绍利用表设计器创建表、利用字段模板创建表和利用输入数据创建表的方法。这里特别强调，利用表设计器创建表的方法必须熟练掌握，因为利用其他方法创建的表一般都需要在表的设计视图中进行二次修改和设置。利用数据导入创建表的方法将在 7.4 节介绍。

7.2.4　利用输入数据和字段模板创建表

在之前的上机练习题中完成了创建名为"教学管理"的数据库，该数据库是一个空数据库。打开"教学管理"数据库后，发现出现了"表格工具"选项卡组，并且系统已经自动向数据库添加了一个名为"表 1"的空表，该表中只有一个自动编号类型字段，如图 7-43 所示，当前是"表 1"的数据表视图。

图 7-43　在新创建的空数据库中自动添加新表

注意，因为"教学管理"数据库是通过创建空数据库的方法创建的，所以打开数据库时除了看到一个名为"表 1"的数据表之外，没有其他数据库对象，出现"表 1"的目的是系统有意提示用户创建完数据库后首要的任务就是创建数据表。如果此时不输入任何数据，直接关闭"表 1"，"表 1"文件将自动被删除，再次打开"教学管理"数据库时将看不到任何数据库对象。

利用图 7-42a 所示的"表格工具"选项卡组的"字段"选项卡，在"表 1"的数据表视图中进行创建表的操作，实际上就是向表中添加字段和记录的过程。

1. 利用输入数据创建表

利用输入数据创建表时，既可以通过直接输入字段的值，也可以通过将其他数据源的数据复制粘贴到表中的方式同时进行表中字段和表中记录的添加，Access 会根据输入的每个字段值来自动设置字段的数据类型。例如，如果输入或粘贴的字段是一个日期值，Access 会自动设置该字段的数据类型为"日期/时间"型；如果是文字，Access 会自动设置该字段的数据类型为"文本"型。

在图 7-43 所示"表 1"的第一行输入数据完成后，即在添加字段的同时还添加了表中第 1 项的内容或者说表的第 1 条记录，比如，输入了 78.9 和 2018-09-12 之后，Access 会以第一行输入的数据个数以及数据的类型为标准确定表中字段的个数以及字段的数据类型，并对字段赋予字段编号形式的名称，如图 7-44a 和 7-44b 所示。如果后续输入行中数据的类型与第一行数据的类型不相符，系统会给出提示由用户重新输入，或者允许转换为文本类型等，如图 7-44c 所示。

a）数据表视图下通过输入数据创建"表 1"   b）设计视图下的"表 1"

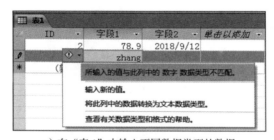

c）在"表 1"中输入不同数据类型的数据

图 7-44 利用输入数据创建表

利用输入数据创建表，这种方法适用于表中的数据已经预先确定并且非常规范的情形。如果输入的数据事先不确定，建议数据输入与下列两个方法结合使用。

方法一： 根据图 7-43 中的提示"单击以添加"，单击黄色区域，从弹出的数据类型列表中选择一种数据类型作为该列字段的数据类型，此时系统自动给这一列字段起一个名字"字段 1"。然后，在图 7-42a 所示的"字段"选项卡的"属性"组中依次设置"名称和标题""默认值"和"字段大小"。这种创建表的方法是先确定字段的数据类型，由系统自动给字段命名，然后用户再修改字段名并设置字段的基本属性。

方法二： 在图 7-43 所示的光标处，即第一条记录的第二列，直接输入字段的值，如"张小明"，这时，系统会自动给这一列字段起一个名字"字段 1"，在数据输入完毕后，在"属性"组中依次设置"名称和标题""默认值"和"字段大小"，在"格式"组中设置字段的数据类型。这种创建表的方法是先输入数据，由系统自动给字段命名，然后用户再修改字段名并设置字段的基本属性。

【例 7-7】 按照表 5-4 给出的表结构，在新建的"教学管理"数据库中创建"课程表"。

具体操作步骤如下：

1）打开"教学管理"数据库，弹出如图 7-43 所示的窗口。

2）选中 ID 字段列，从"表格工具"的"字段"选项卡的"属性"组中，单击"名称和标题"，在弹出的"输入字段属性"对话框的"名称"中输入字段名"课程号"，然后单击"确定"按钮，结果如图 7-45 所示。

图 7-45　在新表中添加字段　　　　图 7-46 设置"课程号"的数据类型

3）如图 7-46 所示，在"格式"组中设置"课程号"字段的数据类型为"文本"；在"属性"组设置字段的大小为 4。此时，第一个字段设置完成。

4）开始设置第二个字段"课程名"，单击图 7-45 黄色区域的"单击以添加"，从数据类型下拉列表中选择"文本"，或者在光标处输入某个课程名，如"形式与政策"，此时，第二列出现名为"字段 1"的字段名，按照第 2 和 3 步的方法，将"字段 1"改为"课程名"，并设置数据类型和字段大小。

5）第 3 个字段"课程类型"比较特殊，它是查阅向导类型，不能使用输入数据的方法，只能单击图 7-45 黄色区域的"单击以添加"，从数据类型下拉列表中选择"查阅和关系"。在弹出的"查阅向导"对话框中，选择"自行键入所需的值"，然后单击"下一步"按钮。

6）在弹出的对话框中依次输入三种课程类型，如图 7-47 所示，然后单击"下一步"按钮，系统给该字段一个默认标签"字段 1"，可以修改该字段名，然后单击"完成"。

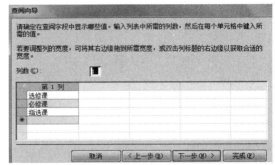

图 7-47　输入查阅字段中显示的值

7）重复步骤 2 和 3，依次设置字段名为"课程类型"、大小为 5 和默认值。

8）添加最后一个字段"学分"，它是查阅向导类型，步骤同第 5 步。

注意，在字段的添加过程中，如果想删除字段，可选中字段并右击鼠标，在弹出的快捷菜单中选择"删除字段"即可。

9）输入记录数据完毕后，在"文件"选项卡上，单击"保存"以保存表。如果没有保存，那么在关闭表时，系统将提示是否保存，若保存表，则在弹出的对话框中输入"课程表"。也可以在关闭表后，在导航窗格选中该表名并右击鼠标，在弹出的快捷菜单中选择"重命名"。再次在数据表视图下打开"课程表"，如图 7-48 所示。

思考：如果在图 7-48 所示的"课程表"数据表视图下再输入一条课程号是"C401"的记录，系统将不允许添加这条记录，这是为什么？

再思考：由"课程表"的数据表视图切换至设计视图，观察课程表的"课程号"字段，如图 7-49b 所示，发现前面有个钥匙图标，这是主键标识，说明"课程号"是主键，可是，在此之前的操作中并没有设置主键，系统怎么知道"课程号"是主键？

图 7-48 "教学管理"数据库中的"课程表"数据表视图

再次思考：这个"课程号"字段是怎样添加的？

有时，对操作结果要像前面这三个问题一样，进行"三思"，即对操作过程要思考，同时要自行设计实验来验证自己的想法是否正确。

在例 7-7 的步骤 1 中增加一个步骤：打开"表 1"的设计视图，如图 7-49a 所示，会发现 ID 字段是主键，数据类型是"自动编号"。想一想例 7-7 的步骤 2，"课程号"是由 ID 改造过来的，"课程号"自然继承了这个主键设置。

a)"表 1"的设计视图   b)"课程表"的设计视图

图 7-49 "表 1"和"课程表"的设计视图

思考：若将例 7-7 步骤 2 改为删除 ID 字段，然后再添加新字段，可以进行该操作吗？

再思考：若将例 7-7 步骤 2 改为先添加课程表的所有字段，然后再删除 ID 字段，可以进行该操作吗？

再次思考：怎样才能删除 ID 字段呢？什么情况下需要删除 ID 字段呢？

2. 利用字段模板创建表

可以利用 Access 2010 自带的字段模板创建表。由于在模板中已经设计好了各种字段的属性，因此，在创建表的过程中，可以直接使用模板中的字段。关键操作是在"字段"选项卡的"添加和删除"组中单击相应的数据类型，或利用"其他字段"右侧的下拉按钮，添加相应类型的字段。

【**例 7-8**】按照表 5-2 的表结构设计，在"教学管理"数据库中创建名为"学生表"的表。

具体操作步骤如下：

1）单击"创建"选项卡中的"表"，弹出与图 7-43 几乎相同的窗口，唯一不同的地方是导航窗格中有两个表，即"课程表"和"表 1"，现在准备为"表 1"添加字段。

2）首先将 ID 字段改造为学生表的主键"学号"。方法参见例 7-7。

3）现在添加"姓名"和"性别"字段。通过单击"添加和删除"组中的"文本"，分别创建"字段 1"和"字段 2"，然后设置其大小分别为 10 和 1，并命名字段，设置"性别"的默认值。

4）添加"出生年月"字段。单击"其他字段"右侧的下拉按钮，从弹出的如图 7-50 所示的字段类型列表中选择"长日期"，然后设置字段名为"出生年月"。

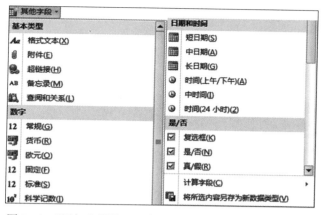

图 7-50 "添加和删除"组中"其他字段"的字段类型列表

5）添加"班级"字段，方法同步骤 3。

6）逐一输入如图 7-51 所示的"学生表"的 13 条记录，然后保存表并命名为"学生表"。再次在数据表视图中打开"学生表"，发现共 13 条记录，如图 7-51 所示。

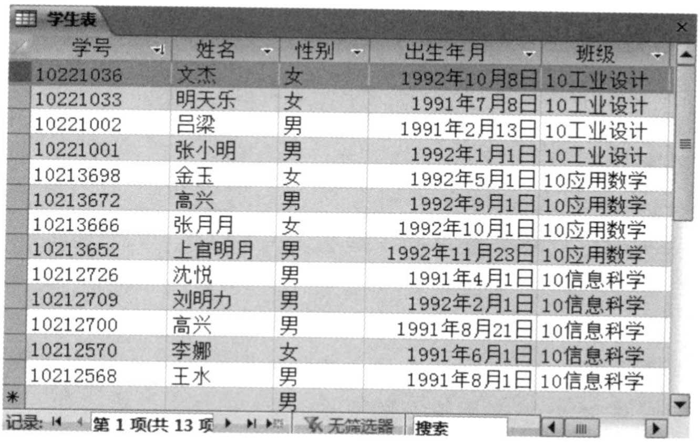

学号	姓名	性别	出生年月	班级
10221036	文杰	女	1992年10月8日	10工业设计
10221033	明天乐	女	1991年7月8日	10工业设计
10221002	吕梁	男	1991年2月13日	10工业设计
10221001	张小明	男	1992年1月1日	10工业设计
10213698	金玉	女	1992年5月1日	10应用数学
10213672	高兴	男	1992年9月1日	10应用数学
10213666	张月月	女	1992年10月1日	10应用数学
10213652	上官明月	男	1992年11月23日	10应用数学
10212726	沈悦	男	1991年4月1日	10信息科学
10212709	刘明力	男	1992年2月1日	10信息科学
10212700	高兴	男	1991年8月21日	10信息科学
10212570	李娜	女	1991年6月1日	10信息科学
10212568	王水	男	1991年8月1日	10信息科学
		男		

记录：第 1 项(共 13 项) 无筛选器 搜索

图 7-51 "学生表"数据表视图

重要提示

1. 系统自动命名字段以编号形式的字段名，如"字段 1""字段 2"等，应当尽量以有意义的名称重命名字段，以免发生混淆。

2. 为字段重新命名的另一种方法是，保存表之后，再次打开，在表的数据表视图中双击每个列标题，然后为每一列键入一个名称，并再次保存该表。

7.2.5 使用表设计器创建表

使用表设计器创建表就是在设计视图中创建表的结构。关键操作是，单击"创建"选项卡上的"表"组中的"表设计"。

创建完每张表的表结构之后，再创建表间关系，最后在数据表视图中输入表中的数据，经过这三步后才真正完成数据表的创建。

【例 7-9】利用表设计器，在"教学管理"数据库中创建"授课表"，表结构见表 5-6。
具体操作步骤如下：

1）打开"教学管理"数据库，单击"创建"选项卡上的"表"组中的"表设计"，弹出如图 7-52 所示的表设计视图。

图 7-52　新建的"表 1"的表设计视图

2）在"字段名称"列依次输入"教师号""课程号"和"班级"，然后在"数据类型"列依次设置"教师号""课程号"和"班级"字段的数据类型。将"教师号"字段的输入掩码设为"0000"，有效性规则设为"<>"0000""。图 7-53 给出了设置后的"教师号"字段的常规属性。

因为本例是根据已经设计好的表结构创建表，在设计结构时已经考虑了字段相容的问题，因此，只需要按照设计好的表结构直接输入即可。如果是随意练习创建几个有联系的表，那么对于联系字段的数据类型及相关属性就要考虑字段的相容性。例如，教师表与授课表是一对多的联系，教师号作为两个表的关联字段，在两个表中都存在，那么就要保证两个表中教师号的数据类型相容。

字段名称	数据类型
教师号	文本
课程号	文本
班级	文本

字段属性

常规　查阅

字段大小	4
格式	
输入掩码	0000
标题	
默认值	
有效性规则	<>"0000"
有效性文本	教师号不能为全零，请重新输入！
必需	否
允许空字符串	是
索引	有(有重复)

图 7-53　"授课表"设计视图中设置"教师号"的常规属性

3）可以在"说明"列中输入每个字段的附加信息。当插入点位于该字段时，所输入的说明信息将显示在状态栏中。添加并设置完所有字段之后，保存该表。

常用的三种保存表的方法如下：

- 在"文件"选项卡上，单击"保存"按钮。
- 右击"字段名称"上方的表名，单击快捷菜单中的"保存"，并对该表进行重命名。
- 关闭该表，按系统提示保存该表，并重命名。

通过上述 3 个步骤创建了"授课表"的表结构，目前表中没有任何数据，即记录数为 0。然后使用表设计器依次创建"教学管理"数据库中其他 4 张数据表的表结构，并创建这些表之间的关系，之后就可以按照图 7-48、图 7-51、图 7-56、图 7-54、图 7-55 所示的内容依次向"课程表""学生表""教师表""授课表""选课表"输入表中的数据。在输入数据的过程中注意观察字段输入掩码的设置格式，以及当输入违反有效性规则时系统按照设置的"有效性文本"给出的提示信息。注意，当设置字段的"必需"属性为"是"时，表示一定要在该字段指定或输入内容，当"允许空字符串"属性值设为"是"时，表示允许出现空字符串。由于篇幅所限，不是所有的知识都可以从课本上学习的。因此，在学习过程中，一定要通过实际操作掌握各个概念和功能的含义。

重要提示

数据表视图中几种常用的字段操作如下：

1. 若要对字段重命名，可双击对应的列标题（字段名），然后键入新的字段名称。

2. 若要移动字段列，则可以单击它的列标题将它选中，然后拖至所需位置。还可以选择若干连续列，并将它们一起拖到新位置。

3. 若要向表中添加多个字段，那么可以使用“字段”选项卡上的“添加和删除”组中的命令添加新字段。

授课表

教师号	课程号	班级
1311	C101	10工业设计
1311	C101	10信息科学
1323	C201	10应用数学
1511	C301	10工业设计
1669	C301	10信息科学
1782	C301	10应用数学
1782	C401	10工业设计
1782	C401	10应用数学
1669	C401	10信息科学
1766	C303	10信息科学
1669	C303	10工业设计

记录：第 1 项(共 11 项　无筛选器

图 7-54　“授课表”的数据表视图

关系　选课表

学号	课程号	成绩
10212568	C101	66
10212568	C401	80
10212570	C101	87
10212700	C101	88
10212700	C301	66
10212709	C101	62
10212709	C301	78
10212726	C101	90
10212726	C301	90
10212726	C303	71
10212726	C401	85
10213652	C201	100
10213652	C401	96
10213666	C201	99
10213672	C201	68
10213672	C301	70
10213672	C401	81
10213698	C201	86
10213698	C301	81
10221001	C101	89
10221001	C301	80
10221001	C303	85
10221001	C401	95
10221002	C101	88
10221002	C301	98
10221033	C101	88
10221033	C301	82
10221036	C101	99

记录：第 28 项(共 28 项　无筛

图 7-55　“选课表”的数据表视图

教师表

教师号	姓名	性别	出生日期	工作时间	职称	基本工资
1311	孟子	男		1981/6/20	教授	3600
1323	爱丽丝	女		1981/7/1	副教授	2800
1511	程晖	男		1990/7/20	讲师	2000
1669	张剑锋	男		1999/6/26	副教授	2600
1766	欧阳清	女		2000/7/13	教授	3200
1782	幸运星	女		2002/6/28	副教授	2600
2056	徐程程	女		2009/9/1	讲师	1600

记录：第 1 项(共 7 项)　无筛选器　搜索

图 7-56　“教师表”的数据表视图

创建表的方法很多，需要自行逐一练习，这样才能掌握操作方法，了解每种创建方法的特点。在解决具体问题时，可以根据实际情况，如具体要求、难易程度等，并结合自己的喜好选择创建表的方法。

7.2.6 创建表间关系

通常，一个数据库中包含许多表，这些表很少是孤立存在的，尤其是在一个设计良好的数据库中，各个表之间因为表中的共同字段而存在着某种联系，Access 中将这种联系称为表间关系。

Access 的表间关系一般分为一对一、一对多、多对多 3 种。通过创建表间关系，不仅可以保证一次查询就可以得到多个表的数据，而且还能保证表间数据操作的同步性和数据的完整性。

利用 Access 提供的表间关系创建功能可以创建一对一和一对多的关系，但不能直接建立多对多的关系，因此需要将多对多的关系转换为多个一对多的关系来实现。比如，两个表之间的多对多关系可以通过引入"第三方"表（常称为连接表）将其转换为两个一对多的关系，此时，"第三方"表要作为"多"端，并且其主键至少包含所连接的两个表的主键。例如，学生表和课程表之间是多对多的关系，通过引入"第三方"表，即选课表，将多对多的关系转换为两个一对多的关系，分别是学生表和选课表之间的一对多的关系以及课程表和选课表之间的一对多的关系，此时，选课表中应该包含学生表和课程表的主键。

重要提示

1. 在创建表间关系之前，必须要关闭所有的表。

2. 在创建一对多的表间关系时，利用鼠标拖动字段时必须沿主表向子表的方向。

3. 创建表间关系最好是在创建好表结构之后输入数据之前。这样，在输入数据时，系统自动按照完整性规则来规范数据的输入，以保证数据的完整性、正确性和一致性。

4. 表间关系创建好之后，先输入所有"一"方表的数据，最后再输入连接表中的数据。例如，对于"教学管理"数据库中的 5 张表，先输入"学生表""教师表""课程表"中的数据，再输入"选课表"和"授课表"中的数据。

---

1. 创建表间关系

（1）创建表间关系的方法

打开数据库，单击"数据库工具"选项卡"关系"组的"关系"，在弹出的"显示表"对话框中选择要建立关系的表，单击"添加"按钮，在"关系"窗口中以鼠标在公共字段间的拖动方式来创建表和表之间的关系。创建关系过程中，需要在"编辑关系"对话框中选择相应的选项。如图 7-57 所示，左边是"关系"窗口，右边是"编辑关系"对话框。

在创建表间关系的过程中，如果需要在"关系"窗口中添加表，则可以单击"关系工具"的"设计"选项卡中的"显示表"，在弹出的"显示表"对话框中选择要添加的表。

（2）子表

当两个表之间创建了一对多关系后，将位于"一"端的表称为主表，将位于"多"端的表称为子表。当在数据表视图下打开主表时，可通过单击子表标记将子表打开或关闭。例如，对于图 7-57，"教师表"位于"一"端，是主表，"授课表"位于"多"端，是

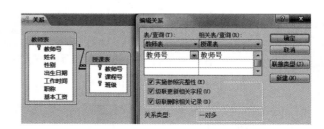

图 7-57 "关系"窗口和"编辑关系"对话框

子表。

（3）"编辑关系"对话框中的三个选项

在创建表间关系的过程中，会出现"编辑关系"对话框，其中有三个复选框，分别是"实施参照完整性""级联更新相关字段"和"级联删除相关记录"。这些复选框其实就是一些规则，用于保证表间关系的完整性以及数据的正确性和一致性。

1）"实施参照完整性"复选框。

只有满足以下 3 个条件时才可以在关系中实施参照完整性：

条件 1：主表中的匹配字段为主键或具有唯一索引。

条件 2：两个表的关联字段具有相同的数据类型，但也有例外，如允许"自动编号"类型的字段与"数字"类型的"长整型"字段相关联，或者允许"自动编号"类型"同步复制ID"字段与"数字"类型的"同步复制 ID"字段相关联。

条件 3：两个表属于同一个 Access 数据库。

如果选中"实施参照完整性"，则表示接受了如下规则的限制，或者说要遵守如下规则：

规则 1：不能在"多"端表中输入主表中不存在的记录。

规则 2：如果"多"端表存在与主表中某个记录相匹配的记录，则不能从主表中删除该记录。

规则 3：如果"多"端表存在与主表某个记录相匹配的记录，则不能在主表中更改该匹配记录的主键值。

例如，对于"学生表"和"选课表"，按照规则 1，不允许在"选课表"中输入"学生表"中不存在的学生选课记录。按照规则 2 和规则 3，在"课程表"中有学号为"10221001"学生的选课记录，实施参照完整性之后，就不允许在"学生表"中删除学号为"10221001"学生的记录，也不以允许修改"学生表"中该记录的"学号"字段值。

2）"级联更新相关字段"复选框。

只有选中"实施参照完整性"之后，才可选此项。如果选中"级联更新相关字段"，那么只要更新主表中记录的主键值，所有相关表中记录的该主键字段的值也将随之更新。

3）"级联删除相关记录"复选框。

只有选中"实施参照完整性"之后，才可选此项。如果选中"级联删除相关记录"，那么只要删除主表中的记录，相关表中的相关记录也将随之删除。

【例 7-10】在图 7-57 中，"教师表"和"授课表"之间建立了一对多的关系，并依次选择了"实施参照完整性""级联更新相关字段"和"级联删除相关记录"三个选项。

通过下面的操作来理解这三个选项的含义。

1）如果在"授课表"中输入一条记录，其中的"教师号"不在"教师表"中，即"教师表"中没有这位教师，则系统将给出如图 7-58 所示的提示信息。

2）将"教师表"中姓名是"孟子"的教师号由"1311"改为"1007"，"授课表"中的教师号字段值也随之变为"1007"，如图 7-59 所示。如果没有选择"级联更新相关字段"，则这种修改操作是不被允许的。

图 7-58　违反"实施参照完整性"的系统提示信息

3）在"教师表"中删除"孟子"，"授课表"中的相关记录也将被删除。

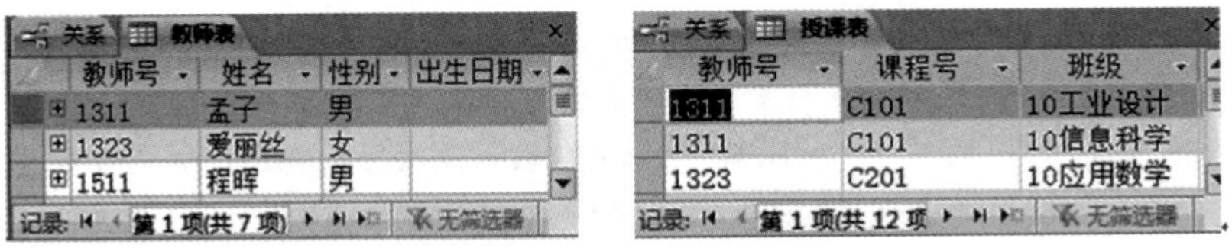

a）更新前的"教师表"和"授课表"

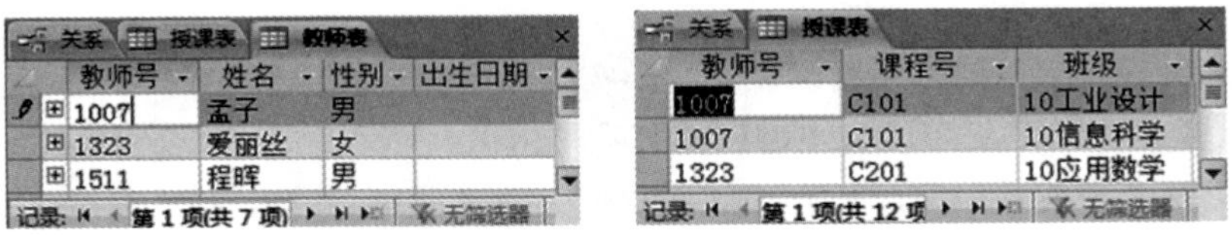

b）更新后的"教师表"和"授课表"

图 7-59　选择"级联更新相关字段"后的操作结果

为了不影响数据的使用，最好先将"教师表"和"授课表"分别备份一个副本，然后再删除记录。当删除"教师表"中的"孟子"后，将弹出如图 7-60 所示的对话框，提示将执行级联删除。若选择"是"，则"授课表"中"孟子"的相关记录也将被删除。如果在进行此项操作之前没有选中"级联删除相关记录"复选框，则这样的删除操作是不允许的。

图 7-60　"级联删除相关记录"的提示信息

【例 7-11】创建"教学管理"数据库中 5 张表之间的关系。

具体操作步骤如下：

1）打开"教学管理"数据库，单击"数据库工具"选项卡"关系"组的"关系"，在弹出的"显示表"对话框中分别选中"学生表""课程表""选课表""教师表"和"授课表"，每选择一个表，单击一次"添加"按钮。也可以直接在"显示表"对话框中双击要添加的表。当需要建立关系的表全部添加完之后，关闭"显示表"。

2）在如图 7-61 所示的"关系"窗口中，为了使建立的关系显示清晰不重叠，可以按住鼠标左键从表名部分拖动，将关系移动到合适位置。还可以改变表的显示宽度和高度，方法是首先将光标停在表的边框，待出现双向箭头后，按住鼠标左键拖动。

图 7-61　创建表间关系的"关系"窗口

3）这里先介绍建立"教师表"和"授课表"之间的一对多关系的方法。在"一"端的"教师表"中，选中主键"教师号"，然后按住鼠标左键，将其拖动到"多"端的"授课表"

中的"教师号"字段上。通过随后弹出的"编辑关系"对话框，可以确认两个表的公共字段和所建立的关系类型是否正确。然后，选中"实施参照完整性""级联更新相关字段"和"级联删除相关记录"三个复选框，最后单击"确定"按钮即可。

4）按照步骤 3 的操作方法依次创建"课程表"和"授课表"之间的一对多关系、"课程表"和"选课表"之间的一对多关系以及"学生表"和"选课表"之间的一对多关系，图 7-62 给出了 5 个表建立关系后的结果。

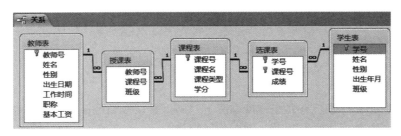

图 7-62 表间关系创建后的效果

2. 维护表间关系

创建好表间关系之后，可以对表间关系进行查看、编辑、删除和隐藏等操作。这主要是利用"关系工具"的"设计"选项卡中的"工具"和"关系"组中的命令来完成，如图 7-63 所示。也可以直接对"关系"窗口中的表间关系连线进行相关操作。

（1）查看和编辑关系

有时为了维护表数据的完整性，需要查看并编辑表间关系。

- 查看表间关系。单击"数据库工具"选项卡"关系"组的"关系"，在弹出的窗口中将显示所有表间关系。
- 编辑表间关系。表间关系的编辑是在"编辑关系"对话框中进行的，主要涉及"实施参照完整性""级联更新相关字段"和"级联删除相关记录"三个复选框的选择。另外，就是"连接属性"的设置，如图 7-64 所示。通常选择选项 1，即两表之间的自然连接操作，选项 2 和 3 分别表示左连接和右连接。

编辑表间关系的常用方法有以下两种：

- 选中两个表之间的连线，双击鼠标，在弹出的"编辑关系"对话框中进行相应的操作即可。
- 在"关系工具"的"设计"选项卡中的"工具"组中单击"编辑关系"，进行相应的操作即可。

（2）删除表关系

不能删除打开的表之间的表间关系。因此，在删除表间关系之前，先要关闭表。删除表间关系就是删除表和表之间的连线，方法是将光标移至关系线的中央位置，并右击鼠标，然后在弹出的快捷菜单中单击"删除"。删除关系后，表之间的

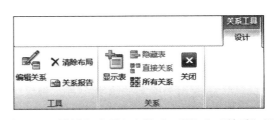

图 7-63 "设计"选项卡中的"工具"和"关系"组

图 7-64 "编辑关系"对话框中的"连接属性"

连线消失。

（3）清除布局

与删除表间关系不同，单击图 7-63 中的"清除布局"时，其执行结果是当前所有关系在"关系"窗口中消失，但这并不是删除当前所有关系，而只是在窗口中清除了关系的布局。当单击图 7-63 中的"所有关系"时，该数据库中所有的表间关系还会原样显示。

（4）隐藏表

选中要隐藏的表，单击图 7-63 中的"隐藏表"，或右击鼠标，在弹出的快捷菜单中选择"隐藏表"即可。表隐藏后，该表与其他表之间的关系也被隐藏，若想显现该表和关系，单击图 7-63 中的"所有关系"即可。

7.2.7 向表中添加记录

如果数据表处于打开状态并在设计视图下，则将其切换到数据表视图，就可以向该数据表添加记录。如果数据表没有打开，则在导航窗格的"表"对象中找到要打开的数据表，双击或者从快捷菜单中单击"打开"命令，在数据表视图中打开该数据表，此时就可以添加记录了。如果打开的是一个空数据表，则第一行的记录选定器中将包含一个星号（*），表示这是一条新纪录。添加完记录后单击"快速访问工具栏"中的"保存"图标，保存数据表。

7.2.8 为 Access 表创建索引

Access 提供了索引功能，以帮助用户快速对表中的记录进行查找、排序和分组操作。如果没有为表创建索引，则当对表进行查询操作时，Access 会对表中所有记录逐一检索以确保找到匹配项，耗时低效。创建索引会增强查询的性能。在向表中添加记录时，新记录总会添加到表的末尾，表中记录的顺序就是记录添加到表时所采用的顺序，这里称为物理顺序，这种顺序适合于表中记录数较少并且对其进行查询的次数较少或者要求添加到表中的记录高度有序的情形，可以不需要为表创建索引。但如果表中记录很多并且需要某些字段频繁出现在查询或排序操作中，就需要通过为这些字段创建索引来为表中的记录指定逻辑顺序。这样当查找数据时，Access 会在索引中查找到该数据的位置，就像通过书中的目录找到所需内容所在的页码一样快速而有效。

1. 简单索引

大多数情况下，一个表会包含一个或多个简单索引。简单索引仅通过对表中的单个字段进行创建，具体做法是将表中某个字段的常规属性"索引"的值设置为"有（有重复）"或者"有（无重复）"。其中，"有（有重复）"表示索引允许重复，即允许该字段中出现重复的值，该设置适用于姓名、出身年月、班级等字段，其值可能会在表中多次出现；"有（无重复）"表示索引不允许重复，即禁止该字段中出现重复的值，只能是唯一值，诸如身份证号、学号、编号等字段。

默认情况下，Access 不会对表中的字段自动创建索引，但如果是为表指定主键并且主键是单个字段时，Access 将自动为主键创建索引，并赋予该主键字段的"索引"属性值为"有（无重复）"，而且不允许对该属性值进行修改。比如，在表的设计视图中创建一个学生表的表结构时，一旦指定"学号"为主键，该字段"索引"属性的值就由"无"自动变为"有（无重复）"，这说明 Access 为该表创建了一个简单索引。

2. 复合索引

复合索引就是对多个字段创建索引。只要复合索引的字段不是主键，该复合索引中的任何字段就可以为空。一个字段既可以是表中的主键，也可以是复合索引的一部分。

【例 7-12】为"表 1"创建复合索引。

具体操作步骤如下：

1）在表的设计视图中，单击图 7-65 所示的"设计"选项卡中的"索引"按钮，打开"索引"对话框，如图 7-66 所示。

图 7-65　"设计"选项卡中的"索引"按钮创建复合索引

2）在图 7-66 所示的"索引"对话框中输入索引名称并指定包含在复合索引中的字段，本例复合索引名称为"省市"，其中包含"所在省"和"所在市"两个字段。需要注意的是创建复合索引时，字段的顺序非常重要。

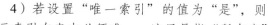

图 7-66　设置复合索引名称和包含的字段

3）单击索引名称"省市"所在行的任意处，出现"主索引""唯一索引"和"忽略空值"。"主索引"默认值为"否"。若双击"主索引"，说明将"主索引"的值设置为"是"，此时 Access 将该索引设置为主键，在"所在省"和"所在市"字段的前面将出现主键标记，如图 7-67 所示。如果不将其作为主键，则再次双击"主索引"，主键标志将消失。如果此时在图 7-66 所示的"学号"前面增加主键标志，即设置"学号"为主键，将在"索引"对话框中出现新的一行，索引名称为"PrimaryKey"，字段名称为"学号"，如图 7-68 所示。

图 7-67　设置复合索引为主键

4）若设置"唯一索引"的值为"是"，则表示索引在表中必须唯一，这里是指"所在省"和"所在市"两个字段值的组合必须唯一，不能重复。比如表中允许"海南省""三亚市"、"海南省""海口市"和"海南省""琼海市"。

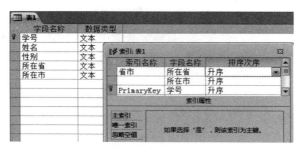

图 7-68 设置"学号"为主键后的"索引"对话框

5)"忽略空值"默认值为"否"。若设置"忽略空值"的值为"是",则表示 Access 将排除带有 NULL 值的记录。

对大规模数据的表并且是主键之外的字段创建索引会加快检索速度,但对于频繁添加记录和修改记录的情形,创建索引有可能导致性能的下降,因为只要编辑表中的数据,Access 就会对新记录调整内部顺序,从而更新索引信息。需要注意的是,Access 不能对数据类型是长文本和 OLE 对象的字段创建索引。此外,如果某个字段包含的唯一值很少,就不要对该字段创建索引,比如"是 / 否"类型的字段所包含值的范围有限,Access 可以轻松地对此类字段中的数据进行排序,而不需要创建索引。创建索引会占用一定的磁盘空间,从而增加数据库文件的大小,因此,在数据库应用系统开发过程中,要在提高查询效率和因维护大量索引而产生的系统开销之间进行权衡。

7.3 使用和维护数据表

7.3.1 记录的定位与选择

在数据表视图下可以查看数据表中的记录。数据表最初按照主键排列记录,并按照表设计中的顺序排列字段。快速定位单条记录的常用方法是,单击图 7-22 所示的位于数据表视图底部的记录导航按钮,或者单击要定位记录的记录选择区。

选择多条连续记录的常用方法是,首先选中首行记录,然后按住 <Shift> 键,最后选定末行记录。

7.3.2 记录的添加与删除

在数据表视图中,单击最末一条记录下面的空白单元格,或单击记录导航按钮中的"新(空白)记录",然后输入要添加的记录数据。

删除记录的方法是,先选择要删除的记录,然后在图 7-69 所示的快捷菜单中选择"删除记录",系统会给出删除确认信息。

7.3.3 记录的复制与修改

选中要复制的记录,在图 7-69 所示的快捷菜单中选择"复制",然后单击要复制的位置,最后在快捷菜单中选择"粘贴"即可,也可以通过组合键 <Ctrl+C> 和 <Ctrl+V> 来完成。同一个表内的记录复制要注意主键的唯一性。

修改记录的常用方法是,将光标定位在要修改的数据位置,然

图 7-69 有关记录操作的快捷菜单

后直接修改数据即可。

7.3.4　记录的排序与筛选

1. 记录的排序

记录的排序是一种最基本最简单的数据分析方式。通过排序，可以快速查找指定字段值最大或最小的前 N 个记录。表中记录默认的显示顺序是按照主键的升序排列。如果没有主键，则按照输入记录的先后顺序排列。若要按照另一个或多个字段的值对整个表的所有记录重新排列，则需要采用记录排序的方法。

【例 7-13】在“教学管理”数据库中的“教师表”中增加两条记录，然后按照“性别”升序和“职称”降序排序。如果“性别”相同，再按照“职称”降序排列。

具体操作步骤如下：

1）在“教师表”的数据表视图中，输入两条记录，如图 7-70 所示。

2）选中“职称”字段列，单击“开始”选项卡“排序与筛选”组中的“降序”按钮；或者右击鼠标，在快捷菜单中选择“降序”。

3）设置“性别”升序排列。排序结果如图 7-71 所示。

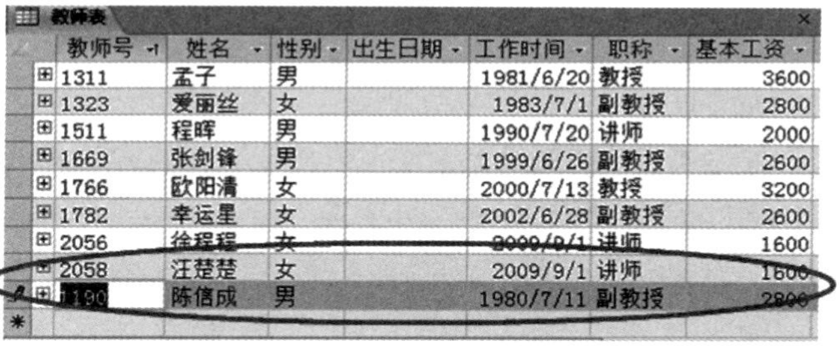

教师表

教师号	姓名	性别	出生日期	工作时间	职称	基本工资
1311	孟子	男		1981/6/20	教授	3600
1323	爱丽丝	女		1983/7/1	副教授	2800
1511	程晖	男		1990/7/20	讲师	2000
1669	张剑锋	男		1999/6/26	副教授	2600
1766	欧阳清	女		2000/7/13	教授	3200
1782	幸运星	女		2002/6/28	副教授	2600
2056	徐程程	女		2009/9/1	讲师	1600
2058	汪楚楚	女		2009/9/1	讲师	1600
1190	陈信成	男		1980/7/11	副教授	2800

图 7-70　在“教师表”中添加了两条记录

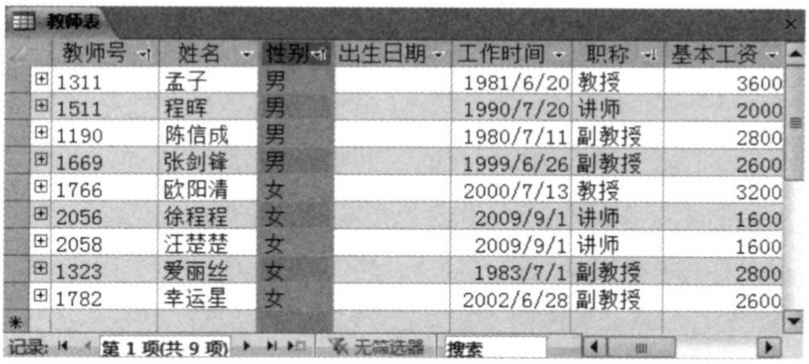

教师表

教师号	姓名	性别	出生日期	工作时间	职称	基本工资
1311	孟子	男		1981/6/20	教授	3600
1511	程晖	男		1990/7/20	讲师	2000
1190	陈信成	男		1980/7/11	副教授	2800
1669	张剑锋	男		1999/6/26	副教授	2600
1766	欧阳清	女		2000/7/13	教授	3200
2056	徐程程	女		2009/9/1	讲师	1600
2058	汪楚楚	女		2009/9/1	讲师	1600
1323	爱丽丝	女		1983/7/1	副教授	2800
1782	幸运星	女		2002/6/28	副教授	2600

记录: 第 1 项(共 9 项)　无筛选器　搜索

图 7-71　按照多个字段对“教师表”进行排序的结果

重要提示

1. 对于文本型字段的排序，英文按照字母排序，中文按照拼音字母排序，其他字符按照 ASCII 码顺序排序。

2. 备注型、OLE 对象以及超链接字段不可排序。

3. 按照升序排序时，空值字段的记录将排在最前面。

4. 多字段排序时，要注意排序的实际操作顺序。如，例 7-13 中，先对“性别”排序，再对“职称”排序，这样才会达到题目要求的排序效果。

2. 记录的筛选

筛选就是只显示表中符合条件的记录，将不满足条件的记录隐藏起来。记录的筛选特别适合于从大数据量的表中快速查看自己感兴趣的记录。Access 提供了文本筛选器、日期筛选器和数字筛选器，以进行更细致准确的筛选。执行筛选操作后，可以通过单击窗口底端的"已筛选"或"未筛选"选项显示筛选后或筛选前的表内容。

记录筛选常用的方法有以下三种：

1）右击要筛选的字段，在弹出的快捷菜单中选择与该字段数据类型一致的筛选器。

2）单击字段名右侧的下拉按钮进行筛选。

3）单击"开始"选项卡"排序与筛选"组中的"筛选器"，对选中的字段列或某个字段进行筛选。

【例 7-14】在"教师表"中显示 2000 年之后参加工作的讲师信息。

具体操作步骤如下：

1）在"教师表"的数据表视图中，右击"工作日期"列中的任意位置，如第一条记录的"工作日期"字段，从弹出的快捷菜单中选择"日期筛选器"，弹出如图 7-72 所示的级联菜单。

2）选择"之后"，弹出如图 7-73 所示的对话框，输入"2000/12/31"或从右边的日历控件中选择日期，然后单击"确定"按钮。

3）在"职称"字段列的下拉菜单中，直接勾选"讲师"，如图 7-74 所示；或者选择"文本筛选器"，自定义筛选条件。筛选结果如图 7-75 所示。

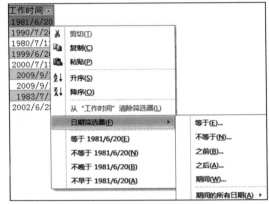

图 7-72　日期筛选器的级联菜单

图 7-73　"自定义筛选"对话框

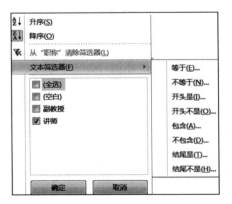

图 7-74　文本筛选器的级联菜单

图 7-75　筛选"讲师"的结果

7.3.5　数据的查找与替换

通过查找和替换操作，可以对指定的数据进行快速定位、查看和修改。常用的方法是单击"开始"选项卡"查找"组中的"查找"或"替换"。图 7-76 给出了"查找和替换"对话框,输入查找或替换条件,进行数据的查找或替换。

图 7-76 "查找和替换"对话框

7.3.6 维护数据表

1. 表的复制与重命名

（1）表的复制

在学习操作的过程中,有时需要对创建好的表进行练习和实验,这可能会破坏表结构或表中的记录,为了避免这种情况,最好先将表复制一份,然后再做相应的操作练习。下面通过一个例子来说明表复制的具体操作步骤。

【例 7-15】将"教学管理"数据库中的"学生表"复制一份,复制后的表名为"学生表 – 原表"。

具体操作步骤如下:

1）打开"教学管理"数据库,此时的导航窗格如图 7-77 所示。

2）选中"学生表",按下 <Ctrl+C> 和 <Ctrl+V> 进行复制和粘贴,或者右击鼠标,在如图 7-78 所示的快捷菜单中分别单击"复制"和"粘贴"命令进行复制和粘贴。

图 7-77 "教学管理"数据库的导航窗格

图 7-78 表操作的快捷菜单

3）在如图 7-79 所示的对话框中输入"学生表 – 原表",如果将表的结构和全部记录都进行复制，则选择第 2 个选项"结构和数据"，然后单击"确定"按钮。

4）接着在导航窗格中出现"学生表"的备份表，即"学生表 – 原表"，如图 7-80 所示。

图 7-79　表复制方式和命名

图 7-80　表复制后的导航窗格

（2）表的重命名

如果想重新命名某个表，那么在导航窗格中选中该表，然后单击如图 7-78 所示的快捷菜单中的"重命名"命令，直接输入新的表名，最后按回车键即可。注意，在进行表的重命名之前，必须要关闭该表。

2. 修改表结构

修改表结构是对表中字段的相关操作，如添加、修改、删除字段以及设置字段的属性等操作。

修改表结构通常在设计视图中进行，但也可以在数据表视图中进行字段的添加和删除以及设置部分字段属性的操作。

【例 7-16】在"教学管理"数据库中的"学生表"中增加两个字段，字段名分别是"专业"和"照片"，数据类型分别为"文本"和"OLE 对象"。要求"专业"字段大小为 10，并位于"出生年月"和"班级"字段之间。

具体操作步骤如下：

1）打开"教学管理"数据库中的"学生表"，并切换至设计视图下。

2）右击"班级"字段，在弹出的快捷菜单中选择"插入行"，如图 7-81 所示，这时将在"班级"字段之前插入一个空行，然后输入"专业"，并设置数据类型和常规属性。

3）将光标移至"班级"字段的下一行，输入字段名"照片"，并设置数据类型为"OLE 对象"。"OLE 对象"主要用于存储图形、图像、文档等。

4）设置好之后保存表。

5）图 7-82 给出了修改表结构后的"学生表"的设计视图。

【例 7-17】删除"学生表"中的"专业"字段，并将"姓名"字段大小修改为 8。

具体操作步骤如下：

图 7-81　设计视图下在当前字段前插入一个字段

图 7-82　增加字段后的"学生表"设计视图

1）打开"教学管理"数据库中的"学生表"，并切换至设计视图下。

2）右击"专业"字段，在如图 7-81 所示的快捷菜单中选择"删除行"。如果表中有数据，系统将给出如图 7-83 所示的提示信息，单击"是"按钮即可。

3）将"姓名"字段的字段长度设置为 8，保存表时，系统给出如图 7-84 所示的提示，单击"是"按钮，此时原表中如果存在记录的"姓名"长度大于 8 个字符，将自动截取为 8 个字符。

图 7-83　删除字段时的系统提示信息　　　　图 7-84　修改的字段长度小于原长度时的系统提示信息

3. 表的删除

再次强调一下，在进行表的删除操作之前，必须先关闭该表。如果想删除某个表，则在导航窗格中选中该表，单击如图 7-78 所示的快捷菜单中的"删除"，系统会弹出确认删除对话框。

如果被删除的表已经同其他表建立了关系，那么，在对该表进行删除之前，先删除与其他表的关系。表被删除后无法恢复，因此，在删除前必须要明确是否一定要删除该表。如果是为了练习操作，则需要在删除操作前对表进行备份。

7.3.7　设置表的显示格式

设置表的显示格式主要包括调整行的显示高度或列的显示宽度、隐藏列、冻结列以及表中字体和背景设置等文本格式设置操作。显示格式的设置不会影响表的结构。

1. 调整行高和列宽

（1）调整行高

调整行高的操作是在数据表视图下单击表选择区或者记录选择区，右击鼠标，从弹出的快捷菜单中选择"行高"，然后在如图 7-85 所示的对话框中输入行高，整个表的行高将调整为设置的数值。

图 7-85　设置行高的对话框

（2）调整列宽

调整列宽的操作是在数据表视图下，单击要调整列宽的字段选择区，右击鼠标，从弹出的快捷菜单中选择"字段宽度"，然后在如图 7-86 所示的对话框中输入列宽或单击"最佳匹配"按钮，该列的宽度将调整为设置的数值。

图 7-86　设置列宽的对话框

2. 隐藏列与显示隐藏列

（1）隐藏列

在数据表视图下，首先选中要隐藏的一个或多个字段列。选中多个字段列的方法是，出现黑色下箭头时，单击要隐藏的第 1 列字段选择区，按住左键拖动鼠标至最后一个要隐藏的列，然后右击鼠标，从如图 7-87 所示的快捷菜单中选择"隐藏字段"，或者单击"开始"选项卡"记录"组中的"其他"，选择"隐藏字段"，将选中的字段列隐藏起来。

（2）显示隐藏列

在数据表视图下，单击某列字段选择区，右击鼠标，从如图 7-87 所示的快捷菜单中选择"取消隐藏字段"，或者单击"开始"选项卡"记录"组中的"其他"，选择"取消隐藏字段"，在弹出的"取消隐藏列"对话框中勾选要显示的列，如图 7-88 所示，单击"关闭"按钮即可。

3. 冻结列与取消冻结

（1）冻结列

当表中的列数很多需要借助水平滚动条来查看表中列的内容时，可以冻结某些重要的列，使其固定在窗口的左侧且总是可见。冻结列的主要方法是，单击要冻结列的字段选择区，然后右击鼠标，在如图 7-87 所示的快捷菜单中选择"冻结字段"即可。

（2）取消冻结列

单击任意字段选择区，然后右击鼠标，在如图 7-87 所示的快捷菜单中选择"取消冻结所有字段"即可。

4. 文本格式设置

可以通过单击"开始"选项卡的"文本格式"组中的各种命令按钮来设置表中数据的字体、字号、颜色、背景色、对齐方式以及网格线等。

图 7-87　右击字段选择区弹出的快捷菜单

图 7-88　勾选"教师表"中要显示的列

7.4　导入和导出数据

Access 可以在多种应用程序之间交换和使用数据，比如，将一个 Access 数据库中的数据导出到另一个数据库中，这个数据库可以是 Access 数据库、Oracle 数据库、SQL Server 数据库、MySQL 数据库、dBASE 数据库等类型，也可以将这些类型的数据库中的数据导入到 Access 数据库中。再比如，可以将 Excel 表、SharePoint 列表、文本文件、XML 文档、HTML 文档、Outlook 中的数据导入到 Access 数据库，也可以将 Access 数据库中的数据导出到这些类型的文件中。

7.4.1　导入数据

导入数据是指将外部数据复制到 Access 数据库中。如果希望在 Access 中使用某个 Excel 表中的数据，或者希望将多个来自不同数据源的数据融合在一起，以便做更深入的分析和处理，则可以采用数据导入的方式创建需要的表。

Access 可以轻松导入数据或链接其他程序的数据，如可以从 Excel 表、另一个 Access 数据库、SharePoint 列表或者各种其他源中导入数据。由于数据源的类型不同，导入过程也稍有差别，但共同而关键的一步就是，在"外部数据"选项卡的"导入和链接"组中，单击要导入的文件类型。

【例 7-18】将图 7-89 所示的一个存有教师信息的 Excel 文件作为导入数据源，在"教学管理"数据库中创建一个名为"教师表 – 导入数据"的表。

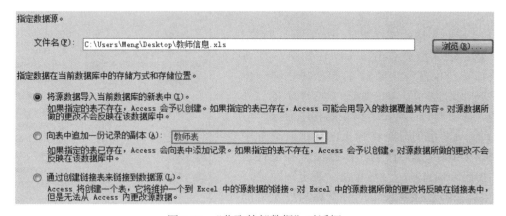

图 7-89　一个 Excel 表类型的外部数据

具体操作步骤如下：

1）打开"教学管理"数据库，在"外部数据"选项卡上的"导入并链接"组中，单击"Excel"。

2）在"获取外部数据"对话框中，单击"浏览"，指定如图 7-89 所示的要导入的数据源，在如图 7-90 所示的对话框中选择默认项"将源数据导入当前数据库的新表中"，然后单击"确定"按钮。

3）在弹出的"导入数据表向导"对话框中，按照提示完成相应选择，如指定导入字段和数据类型等，然后单击"下一步"按钮。

4）选择"我自己选择主键"，将"教师号"作为主键，然后单击"下一步"按钮。

5）在向导的最后一页，指定要导入的表名称，本例为"教师表 – 导入数据"，然后单击"完成"按钮。

6）此时，Access 将询问是否要保存刚才完成的导入操作的详细信息。如果后续需要多次执行同样的导入数据操作，可单击"是"按钮，然后输入保存导入步骤的名称。这样做的好处是，再次执行与此相同的导入操作时，只需在"外部数据"选项卡上的"导入"组中单击"已保存的导入"，就可以自动执行导入过程。

图 7-90　"获取外部数据"对话框

7）导入完成后，在导航窗格中新增加了一个名为"教师表 – 导入数据"的表对象。

Excel 表与 Access 数据表虽然在结构上类似，并且都存储数据，但是它们有本质的区别，即数据的组织方式不同。Excel 并不考虑数据冗余问题，只是直接将某个工作表中的数据导入到数据库中，也不关注与数据组织和更新相关的问题，尤其是在 Excel 表中包含大量冗余数据的情况下将其导入数据库，虽然在导入过程中通常由系统指定一个名为"ID"的主键来标识每一条记录，但是大量的冗余数据仍然被导入到了 Access 数据表中。此时可以利用 Access 特有的"表分析器向导"对表进行优化，快速标识出冗余数据，将原表中的数据拆分到若干个新表中，使新表中的数据只被存储一次。此外，向导还会在这些表之间创建必要的表间关系。具体方法是，打开包含要分析的表的 Access 数据库，在"数据库工具"选项卡上的"分析"组中，单击"分析表"，启动"表分析器向导"。在观看简短教程之后，选择要分析的表，然后决定哪些表包含哪些字段，这一步骤可以由向导决定，然后观察组织结果，有些时候向导会提供比自己的方案更有效的组织建议。如果不喜欢向导的建议，可以单击"上一步"按钮，返回到需要的一页，自己重新排列字段。

重要提示

1. 可将外部数据导入新的表或已有的表中。如果某些导入类型不与 Access 数据表的结构兼容，Access 将自动创建一个表结构。如果希望按照某个固定的表结构导入数据，则应该在导入数据之前事先创建好表结构。

2. 在向 Access 数据库导入 Excel 表数据时，必须保证 Excel 表中某一列的每个单元格包含相同数据类型的数据，因为 Access 会基于 Excel 表中除列标题之外的前几行数据确定新创建的 Access 数据表中每个字段的数据类型，如果发现包含有不兼容的数据，可能会发生导入失败。

7.4.2 导出数据

Access 不仅提供了数据的导入功能，而且还可以将表、查询、窗体、报表中可见的字段和记录导出到其他格式的文件中，如 Excel、Word、PDF、txt、ODBC、dBASE、HTML、XML 等。

从 Access 数据库导出数据的主要操作步骤如下：

1）在导航窗格中选择要导出的数据库对象，如某个数据表，然后右击鼠标，在如图 7-91 所示的快捷菜单中选择"导出"，接着单击要导出的文件类型。也可以单击如图 7-92 所示的"外部数据"选项卡的"导出"组中的相应命令。

2）启动导出向导，在弹出的导出对话框中输入要保存的目标文件名、存储位置和文件格式，并指定导出选项，然后单击"确定"即可。

3）Access 还会在导出向导的最后一页询问是否要保存导出步骤。如果经常进行表的导出，那么可以保存导出步骤，这样，在下次表导出时无须再使用向导，可自动执行导出操作。

图 7-91　快捷菜单

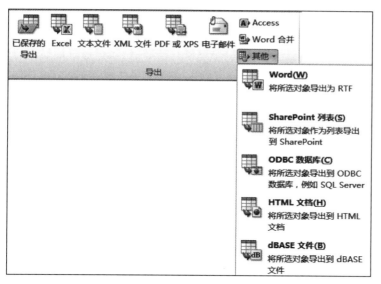

图 7-92　"外部数据"选项卡中的"导出"组中的相应命令

重要提示

1. "导出"命令只有在数据库已打开且数据库对象已选中时才可使用。

2. 如果有任何通过应用筛选器而隐藏的字段或记录，那么导出向导不会导出这些数据。同时，在导出报表时将尽可能按原有报表格式复制数据及其布局。

3. 对于包含子表的表，只会将主表中的数据导出。

7.5　小结

Access 2010 数据库是一个扩展名为 .accdb 的物理文件，开发数据库系统首先要做的工作就是创建数据库。创建数据库常用的方法是利用数据库模板或者创建一个空数据库。

数据库创建之后就可以添加各个数据库对象了。在对数据库文件进行任何更改后都要及时保存数据库，以防出现错误时导致数据丢失。

随着数据库使用次数的增多以及增删改等操作的频繁使用，会产生一些垃圾数据，使得数据库变得非常庞大，此时需要对数据库进行压缩和修复。一些重要的数据库需要备份时，一般先压缩后备份。数据库的备份在系统出现重大故障需要还原整个数据库时，将会非常有用。

数据表是数据库中一个重要的数据库对象，分类存储着各种数据。数据库中可以包含多个数据表。数据表主要由表结构和记录组成。

创建表的方法有很多，利用表模板和表设计器是常用的创建方法。使用表设计器创建表的操作包括创建表结构和输入数据两部分。关键步骤是首先创建每个表的表结构并设置主键。表结构由表名和字段组成，字段由字段个数、字段名、字段的数据类型以及字段属性组成，然后创建表间关系，最后再输入每个数据表中的数据。创建表间关系时需要设置参照完整性，以保证数据的一致性。

数据表视图和设计视图是表的两个常用的视图。在数据表视图下主要完成输入表数据、设置表的显示格式、对表中的记录数据进行定位、选择、删除、修改、添加、筛选、排序、查找、替换等各种操作。在设计视图下，主要完成表结构的创建以及诸如字段的增删改等修改表结构的操作。

习题

1. 简述创建数据库常用的方法有几种。
2. 压缩数据库的目的是什么？有什么作用？
3. 如何查看某个数据库的属性？
4. 简述创建表的方法及每种方法的使用场景和特点。
5. 数据表视图和表的设计视图有什么区别？
6. 输入掩码和有效性规则的区别是什么？
7. 在创建表间关系时，选择"实施参照完整性""级联更新相关字段""级联删除相关记录"这三个选项与不选择这三个选项结果有什么不同？
8. 冻结字段与隐藏字段有什么不同？

上机练习题

1. 利用"罗斯文"样本模板创建一个名为"罗斯文演示"的数据库文件，并保存到自己电脑的某个文件夹中。
2. 以"罗斯文演示"数据库为例，练习打开、保存、关闭、压缩与恢复、另存为、备份等数据库操作。
3. 将"罗斯文演示"数据库中"订单"表中订单日期字段的"默认值"设置为日期函数 date()，观察在数据表视图中新输入一条记录时，订单日期字段位置出现的值与图 7-38 有什么不同。
4. 以"罗斯文演示"数据库中的"订单"表为例，练习 7.3 节介绍的所有操作。
5. 创建一个名为"教学管理"的数据库文件，并将它保存在以自己名字命名的子目录中。然后按照表 7-2 至表 7-6 所示的表结构，在"教学管理"数据库中分别创建"学生表""教师表""课程表""授课表"和"选课表"，并创建表间关系以及设置参照完整性等选项，最后参照书中给出的各表的数据表视图中的记录来输入表数据，分别是图 7-51、图 7-56、图 7-48、图 7-54 和图 7-55。保存这 5 张表，作为后续章节上机练习的数据源。
6. 请按照如图 7-93 所示的"网上书店系统"E-R 图完成下列要求。

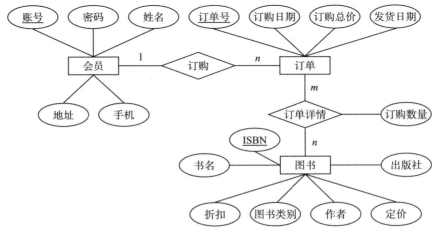

图 7-93 "网上书店系统"E-R 图

（1）按照如图 7-93 所示的 E-R 图设计关系模式。

（2）创建一个名为"网上书店系统"的数据库文件。

（3）在关系模式的基础上创建相应的数据表，并定义表间关系。假设数据表中的数据来自如图 7-94 至图 7-97 所示的 Excel 表，并且这些 Excel 表已经保存在自己电脑的某个文件夹中。

	A	B	C	D	E
1	账号	密码	姓名	地址	手机
2	dgliu	123456	刘德格	北京邮电大学学3楼1120	13000187888
3	lingzhang	asdfgh	张玲	北京邮电大学学3楼1126	18671050389
4	xiangchen	hello123	陈翔	北京邮电大学学3楼1129	17034243564
5	yanli	roseli	李艳	北京邮电大学学3楼1620	12345768998
6	hhhuang	mmkkll	黄海湖	北京邮电大学学3楼3120	18723455665

图 7-94　会员表

	A	B	C	D	E	F	G
1	ISBN	书名	作者	出版社	定价	折扣	图书类别
2	9756350496647	面向对象的JAVA语言程序设计	孟祥武	北京邮电大学出版社	16	8.5	计算机
3	9787100074667	ASP.NET从入门到精通	（美）谢菲尔德	清华大学出版社	69	8	计算机
4	9787111406112	数据库与数据处理-Access2010实现	张玉洁	机械工业出版社	35	9	计算机
5	9787121173608	英语中级听力	何其莘	外语教学与研究出版社	24.9	6.8	外语
6	9787510040290	英语名篇	王昭	北京大学出版社	25	7.5	外语
7	9787510040291	思考中医	刘丽红	中国中医药出版社	28	6	医学
8	9787544755023	C语言程序设计	谭浩强	清华大学出版社	38	8	计算机
9	9787549553631	国史大纲	钱穆	商务印书馆	60	6.8	文学

图 7-95　图书表

	A	B	C	D	E
1	订单号	订购日期	订购总价	发货日期	账号
2	1100000	2016/1/1	468.75	2016/1/2	xiangchen
3	1103200	2016/2/2	122.4	2016/2/2	dgliu
4	1121660	2016/4/6	168.75	2016/8/2	yanli
5	1168000	2017/5/1	220.116	2017/5/2	xiangchen
6	1174605	2017/12/1	220.8	2017/12/2	dgliu
7	1176000	2017/12/1	40.8	2017/12/3	lingzhang
8	1180001	2018/1/1	334.4	2018/1/2	hhhuang
9	1180020	2019/2/6	3286		yanli
10	1103211	2016/5/1	408	2016/5/2	yanli

图 7-96　订单表

	A	B	C
1	订单号	ISBN	订购数量
2	1100000	9787510040290	25
3	1103200	9787549553631	3
4	1121660	9787510040290	9
5	1168000	9787121173608	13
6	1174605	9787100074667	4
7	1176000	9787549553631	1
8	1180001	9787544755023	11
9	1180020	9756350496647	10
10	1180020	9787111406112	100
11	1103211	9756350496647	30

图 7-97　订单详情表

（4）保存名为"网上书店系统"的数据库文件。

（5）将"网上书店系统"数据库文件另存为"网上书店系统 – 发布"。

（6）打开"网上书店系统"数据库文件，修改"会员表"表结构，增加"身份证号"字段，字段类型为"文本"型。

（7）打开"网上书店系统"数据库文件，修改"订单表"表结构，分别增加名为"订单状态"和"完成百分比"的字段，字段类型为"文本"型。

（8）保存名为"网上书店系统"的数据库文件。

第 8 章

数据的查询和分析

如果希望查看表中的某些数据，可以利用第 7 章介绍的记录筛选或者查找操作来完成。但是如果要同时查看多个表中的数据，或者从多个表中检索出符合条件的组合数据，就需要利用 Access 提供的查询工具。

8.1 查询概述

8.1.1 查询的概念

查询是 Access 数据库另一个重要的数据库对象，通过查询可以将数据转换为信息，因此，查询也是一种数据处理和分析的工具。通过查询可以将各个数据源汇集在一起。查询不仅可以从一个或多个表中找出符合条件的记录，而且还可以执行数据计算、合并不同表中的数据以及添加、更改或删除表数据。

查询是用户通过设置某些查询条件，从表或其他查询中选取全部或部分数据，以表的形式显示数据供用户浏览。查询是操作的集合，不是数据表中的记录集合。保存查询只是保存查询的操作，也就是说，每个查询只记录该查询的操作方式。每执行一次查询，系统将根据该查询的操作方式从数据源中抽取数据，然后动态生成查询结果。当关闭查询时，无论是否保存该查询，查询结果都会自动消失。

查询的数据源是表，查询常作为窗体、报表和其他查询的数据源。查询的主要功能如下：

1）可以从一个或多个表中选择部分或全部字段或记录，其功能相当于关系代数中的投影和选择操作。

2）对数据进行统计、排序、计算和汇总。

3）通过设置查询参数，形成交互式查询方式。

4）提供交叉表查询功能，对数据进行分组汇总。

5）提供操作查询功能，创建新表，并对数据表中的记录进行追加、更新、删除等操作。

8.1.2 查询的类型

在 Access 2010 中，将查询分为 5 类，分别是选择查询、参数查询、交叉表查询、操作查询和 SQL 查询。

1. 选择查询

选择查询是最常用的查询类型，它可以从一个表或多个表中找到满足设定规则的数据信息，也可以对表进行记录分组以及数据合计、计数、求平均值和其他类型的计算。

2. 参数查询

这种查询利用对话框提示用户输入查询条件参数，并根据不同的条件参数来检索满足条件的相应记录。

3. 交叉表查询

交叉表查询主要用于显示表中某个字段的汇总值，如合计、平均值、计数或其他类型的总和，它是一种更容易浏览汇总数据的查询类型。它将来源于表或查询中的字段进行分组，一组位于交叉表的左侧，另一组位于交叉表的上部，然后在交叉表的行和列的交叉处显示某个字段的统计值。

4. 操作查询

选择查询、参数查询和交叉表查询不会改变数据源表或查询中的数据，而操作查询会更改数据源表中的记录。该查询主要用于表中记录的追加、更新、删除以及生成新表，使得对数据库中数据的维护更加便利。操作查询一般分为以下 4 类：

1）**生成表查询**：根据一个或多个表中的全部或部分数据创建新表。生成表查询的运行结果是生成一个新表。

2）**追加查询**：将来自一个或多个表中的一组记录添加到一个或多个表的尾部。

3）**更新查询**：对一个或多个表中的一组记录进行更新。

4）**删除查询**：从一个或多个表中删除一组记录。删除查询通常会删除整条记录，注意，记录一旦被删除，将不能恢复。

5. SQL 查询

SQL 是一种在数据库系统中应用广泛的数据库查询语言。SQL 查询是指使用 SQL 语句创建的查询。前面介绍的 4 种查询操作实际上是 Access 在后台将相应的查询操作转换为等效的 SQL 语句，可以在查询的 SQL 视图中看到相应查询操作对应的 SQL 语句。

某些 SQL 查询不能在设计视图中创建，称为 SQL 特定查询，包括传递查询、数据定义查询和联合查询，这些查询必须在 SQL 视图中使用 SQL 语句进行创建。对于子查询，要在查询设计视图的"字段"行或"条件"行中输入 SQL 语句。

8.1.3　查询的视图

查询有 5 种视图，分别是数据表视图、设计视图、SQL 视图、数据透视表视图和数据透视图视图。

1. 数据表视图

如图 8-1 所示，数据表视图用于浏览查询的运行结果。与表的数据表视图相似，但在查询的数据表视图中不可以对查询结果进行更改操作。

2. 设计视图

设计视图用于创建和修改查询，如图 8-3 所示。

3. SQL 视图

SQL 视图是查看和编辑 SQL 语句的窗口。在 SQL 视图中，可以利用 SQL 语句创建查询，也可以查看当前查询对应的 SQL 语句，还可以直接修改 SQL 语句，如图 8-6 所示。

4. 数据透视表视图

数据透视表视图用于生成数据分析后的数据透视表，如图 8-5 所示。

5. 数据透视图视图

数据透视图视图用于生成数据分析后的数据透视图，如图 8-4 所示。

【例 8-1】以"罗斯文演示"数据库为例来认识查询的各种视图。

1）打开"罗斯文演示"数据库，在导航窗格中打开某个查询，例如"已订库存"，此时处于该查询的数据表视图下，如图 8-1 所示。

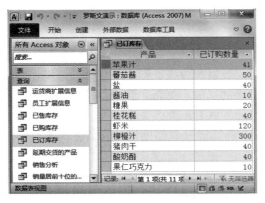

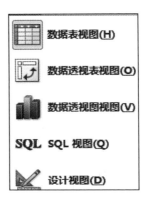

图 8-1　查询的数据表视图　　　　　　　　图 8-2　查询的 5 种视图

2）单击"开始"选项卡中的"视图"命令，从图 8-2 所示的视图类型中选择"设计视图"，将数据表视图切换为图 8-3 所示的设计视图。

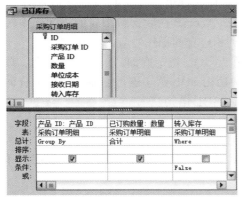

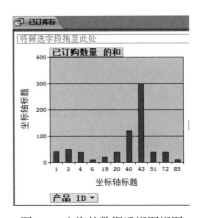

图 8-3　查询的设计视图　　　　　　　　图 8-4　查询的数据透视图视图

从图 8-3 可以看出，设计视图分为上下两个部分。上部分称为字段列表区，显示了查询的数据源及其相应的字段，本例中，数据源只有一个，即"采购订单明细"表。如果想添加其他数据源，可单击"查询工具"上的"设计"选项卡，从"查询设置"组中选择"显示表"，然后选择要添加的表或其他查询。设计视图的下部分称为设计网格区，默认情况下由以下几行组成：

- "字段"行：该行用于设置查询操作中所涉及的字段。常用的方法是从字段选择区选中某个字段，将其拖放至该行的某列上，或者从该行的下拉列表中选择某个字段。
- "表"行：显示或选择字段所在的表名或查询名。通常，在选择字段后，表名将自动出现在该行。
- "排序"行：用于对查询结果按照该列字段指定的排序方式进行排序。对于多字段的排序，要注意在"字段"行安排字段的排列顺序，排序时将按照字段从左到右的顺序。
- "显示"行：设置对应字段是否在查询结果中显示。勾选复选框，表示同列字段将在对应的 SQL 语句中出现，如图 8-6 所示，并且这些字段将显示在查询结果中，如图 8-1 所示。本例的查询结果只显示第 1 列字段"产品 ID"和第 2 列字段"已订购数量"。
- "条件"行和"或"行：用于设置查询条件。在"条件"行中可以为"字段"行中的不同字段指定查询条件，这些条件将通过 AND 运算符组合在一起，在"或"行中指定的条件则通过 OR 运算符组合在一起。

图 8-5 查询的数据透视表视图

本例中在图 8-3 中出现了一个"总计"行，该行只有在对数据进行分组和汇总统计时才会出现。

3）从图 8-2 所示的视图类型中选择"数据透视图视图"，将设计视图切换为如图 8-4 所示的数据透视图视图。

4）从图 8-2 所示的视图类型中选择"数据透视表视图"，将数据透视图视图切换为如图 8-5 所示的数据透视表视图。

5）从图 8-2 所示的视图类型中选择"SQL 视图"，将数据透视表视图切换至如图 8-6 所示的 SQL 视图。

图 8-6 查询的 SQL 视图

8.1.4 查询的创建方法

在创建查询之前，尤其是查询中的字段来自多个表（即多表查询）时，这些表之间需要事先建立好表间关系。主要有三种创建查询的方法。

1. 利用查询向导

利用查询向导可以创建简单选择查询、交叉表查询、查找重复项查询和查找不匹配项查询。

2. 利用查询设计视图

利用查询向导只能创建不带条件的查询。对于有条件的查询可以在查询设计视图下进行创建。利用该方法可以创建和修改各类查询，是创建查询的主要方法。

3. 使用 SQL 查询语句

在查询的 SQL 视图下直接输入 SQL 语句来编写查询命令。使用该方法可以创建所有类型的查询，尤其是在查询设计视图下无法实现的查询，如数据定义查询、联合查询和传递查询等。

8.1.5 查询的保存、运行与修改

1. 保存查询

1）对于使用查询向导创建的查询，在向导的最后一页输入查询的名称，单击"完成"按钮，系统将自动保存该查询。

2）对于使用查询设计视图创建的查询，可单击快速访问工具栏上的"保存"按钮，输入查询名称。

2. 查询的运行和结果显示

查询的运行和显示是在查询的数据表视图下实现的。有以下几种常用的运行查询的方法：

1）对于使用查询向导创建的查询，在向导的最后一页单击"完成"按钮，即打开查询的运行结果。

2）对于使用查询设计视图创建的查询，在创建完成后，切换至数据表视图下，即可显示查询结果。或者在查询的设计视图下，单击"查询工具"上的"设计"选项卡的"结果"组中的"运行"。

3）对于已经创建好并保存的查询，在导航窗格中，双击要运行的查询，即可运行该查询。

8.2 设置查询条件

查询条件是一个表达式，与公式类似，其中包括字段引用、运算符、函数和常量等。Access 将查询条件与记录相应的字段值进行比较，以确定在查询结果中是否包括该记录。例如，"性别 = " 男 ""是一个表达式，Access 将它与每条记录的性别字段的值进行比较，如果记录中性别字段的值为"男"，则在查询结果中包含此记录。

除了使用 SQL 语句外，若要在查询中添加条件，必须在设计视图中打开查询，然后在要为其指定条件的字段列的"条件"行中输入该字段的条件。

8.2.1 查询表达式

在 Access 中，常将查询条件称为查询表达式。表 8-1 给出了在设计视图"条件"行中经常出现的一些表达式示例。表达式由字段名、常量、函数和运算符等组成。在表达式中出现的字段名必须包含在英文方括号之内。此外，查询表达式中出现的英文字母大小写不敏感，即 Access 不区分字母的大小写，比如"IS NULL""is null"和"Is Null"都是一样的。

表达式中的常量包括数值常量、字符串常量、日期 / 时间型常量和逻辑型常量，其数据类型分别是数字型、文本型、日期 / 时间型和是 / 否型，不同的常量有不同的表示方法。

表 8-1　查询表达式示例

字段名	条件	说明
出生年月	Between #2006/1/14# And #2006/12/31#	查询从 2006 年 1 月 14 日到 2006 年 12 月 31 日之间出生的记录
出生年月	Year([出生年月])>1991	查询 1991 年以后出生的记录
工作时间	Year(Date())-Year([工作时间])>20	查询参加工作时间在 20 年以上的记录
学号	Like "*6*"	查询学号中含 "6" 的记录
姓名	Not Like " 张 *"	查询所有的记录，但姓 "张" 的记录除外
课程名	Like "* 设计 *"	查询课程名中包含 "设计" 的所有记录
课程名	Left([课程名],2)=" 大学 "	查询课程名以 "大学" 开头的记录
班级	In ("10 工业设计 ","10 信息科学 ")	查询班级为 "10 工业设计" 或者 "10 信息科学" 的记录
成绩	Is Null	查询成绩为空的所有记录
成绩	>=90	查询成绩大于等于 90 分的记录
工资	<3600 And >=2000	查询工资大于等于 2000 并且小于 3600 的记录

1. 数值常量

数值常量分为整数和实数。直接输入数值即可。

2. 字符串常量

需要使用英文的单引号或双引号将常量括起来。例如，姓名为 "孟子"，可表示为 " 孟子 "。性别为 "男"，表示为 " 男 " 等。

3. 日期 / 时间型常量

需要使用 " # " 将常量括起来。例如，出生年月为 "1992 年 10 月 1 日"，可表示为 #1992 年 10 月 1 日 # 或者 #1992/10/1#。

4. 逻辑型常量

使用 TRUE、YES 或 -1 表示逻辑真，使用 FALSE、NO 或 0 表示逻辑假。

8.2.2　运算符

表达式中的运算符包括算术运算符、关系运算符、逻辑运算符、字符串连接运算符和特殊运算符等。

1. 算术运算符

按照优先级由高到低的顺序依次为：乘方 (^)、乘 (*)、除 (/)、整除 (\)、取余 (mod)、加 (+)、减 (-)。其中，整除是对除法运算后的结果取整。

2. 关系运算符

关系运算符包括大于 (>)、大于等于 (>=)、小于 (<)、小于等于 (<=)、等于 (=)、不等于 (<>)。

3. 逻辑运算符

逻辑运算符包括逻辑与 (And)、逻辑或 (Or)、逻辑非 (Not)。

4. 字符串连接运算符

字符串连接运算符包括 " + " 和 " & "。" + " 要求连接的必须是字符。" & " 可以连接字符、数值、日期 / 时间、逻辑型数据等。" & " 在连接时，先将非字符转换为字符，然后再进行连接运算。例如，" "12"+"13" " 的结果是 "1213"，"12&13" 的结果也是 "1213"，

""总计："& 10+30"的结果是"总计：40"。

5. 特殊运算符

特殊运算符主要包括 Between X And Y、In、Like、Is Null 和 Is Not Null。

（1）Between X And Y

Between X And Y 等价于逻辑表达式"<=Y And >=X"。

（2）In

In 常用于指定一个字段值列表，查询字段的值只要与列表中的任何一个值相匹配，表达式的结果就为 TRUE。

（3）Like

Like 常用于模糊查询，判断查询字段的值是否符合 Like 指定的模式。如果符合，表达式的结果就为 TRUE。Like 常与通配符"*""?"和"#"配合使用。"*"表示零个或多个字符；"?"表示任意一个字符；"#"表示一个数字。

（4）Is Null 和 Is Not Null

Is Null 和 Is Not Null 用于指定一个字段为空或非空。Null 的意思是值为空或者未定义，而不是表示值为空格或为零。

8.2.3 函数

Access 系统提供了大量的标准函数，为用户更好地管理和维护数据库提供了极大的便利。常用的函数有数值函数、字符函数、日期／时间函数、条件函数和统计函数，表 8-2～表 8-6 给出了一些常用函数的说明。

表 8-2 常用的数值函数

函数	说明
Abs(< 数值表达式 >)	返回表达式的绝对值
Int(< 数值表达式 >)	返回不大于表达式值的最大整数。例如，Int(1.9) = 1，Int(−1.9) = -2
Sqr(< 数值表达式 >)	返回表达式的平方根
Rnd(< 数值表达式 >)	返回一个 0 至 1 之间的随机数
Round(< 数值表达式 >,n)	保留 n 位小数，从 n+1 位起进行四舍五入。例如，Round(1.25678，2) = 1.26
Fix(< 数值表达式 >)	截掉小数，返回整数部分。例如，Fix(1.89) = 1

表 8-3 常用的字符函数

函数	说明
Space(< 数值表达式 >)	返回空字符串，空格数由表达式值确定
Left (< 字符表达式 >,< 数值表达式 >)	从字符串左边截取 n 个字符，n 是数值表达式的值
Right (< 字符表达式 >,< 数值表达式 >)	从字符串右边截取 n 个字符，n 是数值表达式的值
Mid (< 字符表达式 >,< 数值表达式 1>,< 数值表达式 2>)	从字符串的第 m 个位置截取 n 个字符，m 是数值表达式 1 的值，n 是数值表达式 2 的值。例如，Mid ("asluckqw",3,4) = luck
Len(< 字符表达式 >)	返回字符串的长度。例如，Len(" 美好 ") = 2
Asc(< 字符表达式 >)	返回表达式首字符对应的 ASCII 码值
Chr(< 字符的 ASCII 码值 >)	将 ASCII 码值转换为对应的字符
Ltrim(< 字符表达式 >)	去掉字符串的前导空格。例如，Ltrim(" asdfg ") = "asdfg "
Rtrim(< 字符表达式 >)	去掉字符串的尾部空格。例如，Rtrim(" asdfg ") = " asdfg"
Trim(< 字符表达式 >)	去掉字符串的前导和尾部空格。例如，Ttrim(" asdfg ") = "asdfg"

表 8-4 常用的日期 / 时间函数

函数	说明
Date()	返回系统当前日期
Time()	返回系统当前时间
Now()	返回系统当前日期和时间
Year(< 日期表达式 >)	返回表达式中的年
Month(< 日期表达式 >)	返回表达式中的月
Day(< 日期表达式 >)	返回表达式中的日

表 8-5 常用的条件函数

函数	说明
IIf(逻辑表达式 ,< 表达式 1>,< 表达式 2>)	如果逻辑表达式的值为 TRUE，则函数返回值为表达式 1 的值，否则为表达式 2 的值。例如，IIf([成绩])<60, " 未通过 "," 通过 ")。该函数可以嵌套以实现更复杂的条件判断

表 8-6 常用的统计（聚合）函数

函数	说明
Sum(< 字符串表达式 >)	计算一组记录的某个字段值的总和。例如，使用 Sum([成绩]) 统计总分
Avg(< 字符串表达式 >)	计算一组记录的某个字段值的平均值。例如，使用 Avg([成绩]) 统计平均分
Min(< 字符串表达式 >)	计算一组记录的某个字段值的最小值。例如，使用 Min([成绩]) 统计最低分
Max(< 字符串表达式 >)	计算一组记录的某个字段值的最大值。例如，使用 Max([成绩]) 统计最高分
Count(< 字符串表达式 >)	统计某个字段值非空的记录数。例如，使用 Count ([学号]) 统计学生人数

8.2.4 查询中计算的设置

查询不仅可以检索符合查询条件的记录，而且还可以对查询结果进行计算分析，如计数、求和、求平均值等。在 Access 中，查询中的计算分为预定义计算和自定义计算。

1. 预定义计算

通常将使用预定义计算的查询称为**汇总查询**或**总计查询**。汇总查询通过设置"总计"行来实现，即在查询设计视图的设计网格区中的"总计"行选择 Access 提供的计算功能。具体操作步骤如下：

1）在查询设计视图下，打开"查询工具"上的"设计"选项卡中的"显示 / 隐藏"组，单击"汇总"，在设计网格区中添加"总计"行。

2）在要计算的字段对应的"总计"行中，单击右侧下拉箭头，从下拉列表中选择一种计算。有关预定义计算的操作实例参见例 8-4、例 8-8 和例 8-9 等。

2. 自定义计算

自定义计算通过输入表达式来完成计算。在查询中，使用自定义计算通常是创建计算字段。计算字段是指在查询数据源中不存在但可以使用表达式并利用已有字段计算推导出来的字段。计算字段不会作为一个新字段被添加到数据表中，只是出现在查询的结果中。创建计算字段的方法是，在查询设计视图的设计网格区的空字段行直接输入计算字段名和计算表达式。具体的输入格式为"计算字段名 : 表达式"。注意，其中的冒号是英文冒号。

请读者注意，本章所有的例子如不特别说明都是在"教学管理"数据库中创建。

【例 8-2】创建一个名为"学生年龄"的查询，查询结果显示姓名和年龄。

【分析】"教学管理"数据库中的各个数据表中虽然没有年龄字段，但可以通过出生年月字段计算得到，因此需要创建一个名为"年龄"的计算字段。此外，姓名和出生年月字段均来自"学生表"，因此该查询的数据源是"学生表"。

具体操作步骤如下：

1）打开"教学管理"数据库，单击"创建"选项卡上的"查询"组中的"查询设计"，弹出查询设计视图和"显示表"对话框。

2）在"显示表"对话框的"表"选项卡上，双击"学生表"，关闭"显示表"对话框。

3）双击"学生表"中的姓名字段，或者将姓名字段拖放至设计网格区字段行的第 1 列。

4）右击字段行的第 2 列，单击快捷菜单中的"显示比例"，如图 8-7 所示，在弹出的"缩放"框中，输入"年龄：Year(Date())-Year([出生年月])"，创建计算字段"年龄"，然后单击"确定"按钮。

图 8-7　创建计算字段"年龄"

图 8-8　"学生年龄"查询的执行结果

5）在"设计"选项卡上的"结果"组中，单击"运行"。或者切换至查询的数据表视图，运行该查询。

6）保存该查询，将该查询命名为"学生年龄"。图 8-8 给出了查询结果。

8.3　创建选择查询

8.3.1　使用向导创建选择查询

使用查询向导可以按照向导提示，选择一个或多个数据源（表和查询）和相应的字段，快速完成查询的创建工作。如果查询中的字段来自多个表，这些表应事先建立了关系。具体操作步骤如下：

1）打开数据库，单击"创建"选项卡上的"查询"组中的"查询向导"。

2）选择"简单查询向导"。

3）从"表 / 查询"中选择查询的数据源，从"可用字段"中选择查询结果输出的字段。若要将多个表和查询中的字段包括在查询中，则在向导首页上选择第一个表或查询中的字段后，再选择下一个表或查询，然后单击要包括在查询中的字段，继续重复这些步骤，直至字段选择完毕，然后单击"下一步"按钮。

4）指定或输入"查询标题"。

5）退出向导，系统将自动保存并按照默认选项运行该查询。

【例 8-3】使用查询向导创建名为"教师授课"的查询，显示教师号、姓名、所讲授的课程号、课程名以及课程学分。

【分析】查询结果中教师号和姓名来自"教师表"，讲授的课程号来自"授课表"，课程名以及课程学分来自"课程表"，因此，该查询是一个多表查询，数据源是"教师表""授课表"和"课程表"。

具体操作步骤如下：

1）打开"教学管理"数据库，运行查询向导，从"新建查询"对话框中选择"简单查询向导"，单击"确定"按钮，弹出如图 8-9 所示的"简单查询向导"。

2）从"表/查询"中选择"教师表"，从"可用字段"中选择教师号和姓名，添加到右侧的"选定字段"框中。

3）从"表/查询"中选择"授课表"，从"可用字段"中选择课程号，添加到右侧的"选定字段"框中。

4）从"表/查询"中选择"课程表"，从"可用字段"中选择课程名和学分，添加到右侧的"选定字段"框中。

5）单击"下一步"。由于本例没有汇总统计要求，因此，按照系统默认的"明细"，单击"下一步"按钮。

6）输入查询名称"教师授课"，单击"完成"按钮。如果不修改查询设计，则系统自动保存该查询，并按照系统默认选项"打开查询查看信息"运行该查询。查询结果如图 8-10 所示。

图 8-9　"简单查询向导"

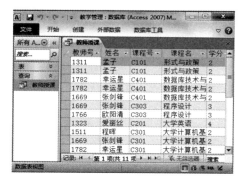

图 8-10　查询"教师授课"的执行结果

从图 8-10 可以看到，导航窗格的查询对象中新增一个名为"教师授课"的查询，右侧显示的是该查询的运行结果，即查询的数据表视图。可以通过"开始"选项卡或状态栏右侧的视图按钮进行查询视图的切换，图 8-11 和图 8-12 给出了该查询的 SQL 视图和设计视图。

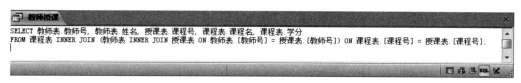

图 8-11　查询"教师授课"的 SQL 视图

图 8-12　查询"教师授课"的设计视图

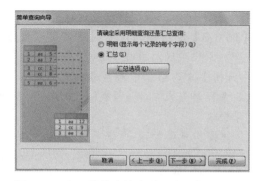
图 8-13　在"简单查询向导"中选择"汇总"

【例 8-4】使用查询向导创建名为"学生成绩统计"的查询，要求显示的内容有学号、每个学生所有课程的总成绩和平均成绩。

【分析】本查询涉及学号和成绩，属于单表操作，数据源为"选课表"，因为需要统计总成绩和平均成绩，所以需要在"简单查询向导"中使用"汇总"选项。

具体操作步骤如下：

1）打开"教学管理"数据库，然后运行"简单查询向导"。

2）从"表/查询"中选择"选课表"，从"可用字段"中选择学号和成绩，添加到右侧的"选定字段"框中。

3）单击"下一步"按钮，从图 8-13 选择"汇总"，单击"汇总选项"按钮，从弹出的对话框中勾选"汇总"和"平均"，如图 8-14 所示。

4）然后单击"确定"按钮，返回到如图 8-13 所示的界面，然后单击"下一步"按钮。

5）输入查询名称"学生成绩统计"，单击"完成"按钮，查询结果如图 8-15 所示。图 8-16 是该查询的设计视图，读者可观察设计网格区与图 8-12 的设计网格区有何不同。

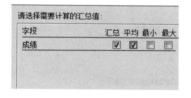
图 8-14　设置"汇总选项"

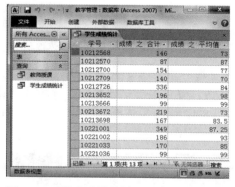
图 8-15　"学生成绩统计"查询的执行结果

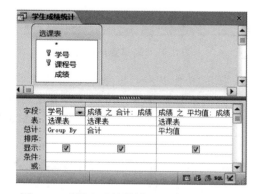
图 8-16　"学生成绩统计"查询的设计视图

由于在图 8-13 中选择了"汇总"选项，因此在设计网格区增加了"总计"行，系统首先按照"学号"字段对"选课表"中的记录进行分组，然后自动运用 SUM 和 AVG 函数对字段"成绩"进行统计计算。在如图 8-15 所示的查询结果中，出现了两个由系统自动命名的计算字段，分别是"成绩 之 合计"和"成绩 之 平均值"。在如图 8-16 所示的设计视图中，可以直接在"字段"行修改计算字段的名称。修改时要注意，仅修改英文冒号前的名称。

使用查询向导可以方便、快捷地创建简单的查询，但不能直接创建有条件的查询以及带有复杂计算的查询。实际应用中，对于复杂的选择查询，可以先使用查询向导快速创建查询，然后在查询的设计视图中进行完善和修改。

8.3.2 使用设计视图创建选择查询

在设计视图中可以自主设计查询，相比查询向导，使用设计视图创建查询显得更加灵活。主要操作步骤如下：

1）打开数据库文件，单击"创建"选项卡上的"查询"组中的"查询设计"。

2）打开空白的查询设计视图，同时出现"显示表"对话框。

3）从"显示表"对话框中双击查询的数据源，使其添加到设计视图上部的"字段列表区"。

4）从"字段列表区"选择查询结果输出的字段，双击或拖动鼠标将字段添加到"设计网格区"的"字段"行。

5）设置"显示"行和"条件"行。若查询结果需要按某个字段排序，则在"排序"行进行设置；若需要对查询结果进行汇总统计，则需要插入"总计"行。

6）输入查询名称，保存并退出，或者直接切换至查询的数据表视图，查看查询结果。

【例 8-5】查询班级名为"10 信息科学"的男生基本信息，查询名为"10 信科男生"。

【分析】这是一个只涉及"学生表"的单表查询，有两个查询条件，即性别为"男"并且班级名是"10 信息科学"。查询结果是显示除性别和班级之外所有字段的记录。

按照下列步骤创建查询"10 信科男生"：

1）单击"创建"选项卡上的"查询"组中的"查询设计"，打开查询设计视图。

2）在"显示表"对话框的"表"选项卡上，双击"学生表"，将其设为数据源。关闭"显示表"对话框。

3）在"学生表"中，依次双击每个字段，将这些字段添加到查询设计网格中。

4）单击性别列和班级列的"显示"复选框，取消勾选，使查询结果不显示性别和班级信息。

5）在性别列的"条件"行中，键入"男"，系统自动显示为""男""。

6）在班级列的"条件"行中，键入"10 信息科学"，系统自动显示为""10 信息科学""，如图 8-17 所示。

7）在"设计"选项卡上的"结果"组中，单击"运行"，或者切换至数据表视图下，查看查询结果，如图 8-18 所示。

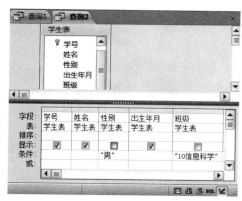

图 8-17 在查询设计视图下设置查询字段和条件

图 8-18 带条件的查询运行结果

8）右击系统默认名"查询2"，或按下 Ctrl+S 组合键保存查询，也可直接关闭该查询，系统会询问是否保存该查询，在弹出的"另存为"对话框中输入"10信科男生"，然后单击"确定"按钮。此时，在导航窗格的查询对象中新增一个名为"10信科男生"的查询，双击该查询名，即可运行查询，并显示查询结果。

【例 8-6】对例 8-3 创建的查询进行修改，创建一个名为"教师讲授3学分信息"查询，查询结果为所讲授课程学分为 3 学分的教师号、姓名以及所讲授的课程号和课程名。

【分析】首先确定查询类型，显然这是一个选择查询，其次确定查询的数据源。本查询涉及的字段有教师号、姓名以及所讲授的课程号、课程名，这些字段全部包含在例 8-3 所创建的查询"教师授课"中，因此，可以直接将该查询作为本查询的数据源。因为是在原查询的基础上增加了查询条件，所以只能使用设计视图或者 SQL 查询来实现本例的查询要求。当然，也可以将"教师表""授课表"和"课程表"三个表作为本查询的数据源（请思考：该查询的数据源为什么是三个表，而不是"教师表"和"课程表"两个表），创建过程请读者自行练习。

按照下列步骤创建查询"教师讲授3学分信息"：

1）单击"创建"选项卡上的"查询"组中的"查询设计"，打开查询设计视图。

2）在"显示表"对话框的"查询"选项卡上，双击"教师授课"。关闭"显示表"对话框。

3）依次双击"教师授课"中的每个字段，将它们添加到查询设计网格中。

4）取消学分列"显示"复选框的勾选，并在学分列的"条件"行中输入"3"。

5）保存该查询，命名为"教师讲授3学分信息"。

6）运行查询，查询结果如图 8-19 所示。图 8-20 给出了该查询的设计视图。

图 8-19　带条件的查询运行结果

图 8-20　在查询设计视图中设置字段和条件

在设计视图中可以增加字段，也可以删除字段。例如，在本例中，如果查询结果除原字段外还要求显示课程类型，则需要添加"课程类型"字段。操作方法：右击设计视图上部的字段选择区，在弹出的快捷菜单中选择"显示表"，双击"课程表"，并双击"课程表"中的"课程类型"字段，此时的设计视图和查询结果如图 8-21 所示。

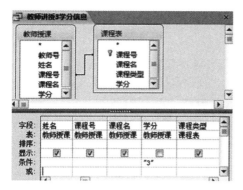

图 8-21　增加了"课程类型"字段后的"教师讲授 3 学分信息"查询设计视图和查询结果

8.4　创建参数查询

8.4.1　参数查询概述

有时，希望只创建一个查询，然后在运行查询时，通过输入不同的查询参数得到不同的查询结果。也就是说，在原先设置的查询条件不变的情况下，通过输入改变条件字段的值，比如"班级"字段，在运行查询时输入不同的班级，得到不同的查询结果。对于类似这样的查询需求，选择查询显然是无法满足的，需要创建参数查询。

与选择查询不同，运行参数查询时，系统会显示对话框，要求输入查询数据，然后将用户输入的数据替换在设计网格区"条件"行中事先设置的参数。使用这种查询，可以在不修改查询设计的情况下，重复使用相同的查询结构。

参数查询中的参数也是条件，与查询条件不同的是，参数的值需要在运行查询时由用户输入，而查询条件是在创建查询时预先设置好的。参数查询包括单参数查询和多参数查询。

1. 单参数查询

单参数查询只涉及一个参数的查询，即在一个"字段"列的"条件"行指定一个参数，在执行参数查询时，只需要针对该字段输入一个参数值。例如，查询某个学号的学生信息、某年参加工作的教师信息、某个课程号的课程信息或授课信息，等等。

2. 多参数查询

多参数查询涉及多个参数，即在一个或多个"字段"列的"条件"行中指定多个参数，在执行参数查询时，用户依次输入多个参数值，如查询某个时间段出生的学生，或某年至某年之间参加工作的教师信息，或者某班某门课的平均成绩，等等。

8.4.2　参数查询条件的设置

设置参数查询条件需要在查询设计视图中进行。设置参数查询条件的关键点是，在查询设计视图的设计网格区"字段"列的"条件"行中输入由英文方括号作为定界符的字符串，当执行参数查询时，系统将弹出一个"输入参数值"对话框，其中的提示信息就是出现在英文方括号中的字符串。此外，参数查询条件的设置也非常关键。表 8-7 给出一些常用的参数查询条件示例，请读者练习掌握。提醒读者注意的是，只有字段已经添加到设计视图的"字段"行的某列之后，才可以对该字段设置参数查询条件。

表 8-7　常用的参数查询条件

"字段"列	"字段"列所在的"条件"行	说明
学号	[请输入学号：]	提示"请输入学号："，按照输入的学号查询
姓名	Like [请输入姓名：] & "*"	提示"请输入姓名："，若输入"张"，则查询姓"张"的人员信息
工作日期	Between [请输入开始日期：] And [请输入结束日期：]	系统相继弹出两个对话框，第一个提示"请输入开始日期："，输入日期后单击"确定"按钮，出现第二个对话框，提示"请输入结束日期："，输入日期后单击"确定"按钮，系统将查询两个日期之间并包括这两个日期的数据
课程号	Like "*" & [请输入课程号：]& "*"	提示"请输入课程号："，若输入"3"，则查询包含"3"的课程号的相关信息
出生年月	[请输入出生月：]	属于单参数查询，系统提示"请输入出生月："，输入某一月份，系统将按照输入的月份进行查询。保证该查询正常执行的前提是，必须在创建参数查询时，增加一个计算字段"出生月"，即将原"字段"列的"出生年月"修改为"出生月：Month([出生年月])"
班级	Like "*" & [请输入班级：] & "*"	提示"请输入班级："，若输入"数"，运行该查询时，相当于执行查询条件为"Like * 数 *"的选择查询，即将检索到所有班级名中包含"数"的相关信息

【例 8-7】使用设计视图创建一个查询，名为"某班某月出生的学生信息"，查询结果显示"学生表"中的所有字段。

【分析】首先确定查询类型，然后确定查询的数据源。若是参数查询，还需要确定在哪些字段的"条件"行中指定参数查询条件。由题目要求可知，是对"学生表"的单表查询，类型是多参数查询，需要在班级字段和计算字段"出生月"的"条件"行中指定参数查询条件。具体操作步骤如下：

1）打开查询设计视图，将"学生表"中的所有字段依次添加到设计网格区的"字段"行。如果希望先提示输入班级，则首先添加"班级"字段，然后添加"出生年月"字段，使班级字段出现出生年月字段的前面。

2）在"班级"的"条件"行中输入"Like "*" & [请输入班级：] & "*""，这是一个模糊查询。

3）右击"出生年月"字段，选择"显示比例"，输入"出生月：Month([出生年月])"创建计算字段"出生月"。

4）在"出生月"的"条件"行中输入"[请输入出生月：]"，这是一个精确查询，如图8-22 所示。观察图 8-22 的查询设计视图，这两个条件位于同一个"条件"行上，表示这两个条件表达式是逻辑与的关系，即只有这两个条件都满足的情况下，才能找到符合条件的记录，其中一个条件不满足，查询结果将是一个空表。

5）如果想查看班级为"10 信息科学"并且在 8 月出生的学生信息，可在运行查询后的输入提示对话框中输入如图 8-23 所示的数据。

6）单击"确定"按钮后，运行结果如图 8-24 所示。

由此可见，当运行该查询并且用户相继输入两个参数后，这两个参数值将被传递到如图8-22 所示的两个参数设置的位置并替代原参数，使原来的两个参数条件分别变为"Like "*"& "信" & "*""和"8"。这样该查询的查询结果就是班级名中含有"信"和"出生月"为 8

这两个条件进行逻辑与的运算结果。

图 8-22 "某班某月出生的学生信息"参数查询的设计视图

图 8-23　"某班某月出生的学生信息"　　　　　　图 8-24　班级名中含"信"且 8 月
　　　参数查询的运行提示　　　　　　　　　　　　出生的学生信息

8.5　创建交叉表查询

如果要实现诸如每个班的平均成绩、每个班的男女生人数等具有统计功能的查询，则除了可以通过创建选择查询来完成外，还可以通过创建交叉表查询来完成。

8.5.1　交叉表查询概述

交叉表查询属于高级查询，是一种特殊的聚合查询（又称统计查询），可以更快捷地实现统计功能。使用交叉表查询汇总数据时，将从作为列标题的指定字段或表达式中选择值，以一种比选择查询更紧凑的方式来展示数据。交叉表查询利用交叉表中的行标题、列标题以及交叉点信息来显示来自数据源中某个字段的汇总值，如合计、计数、平均值等，并将这些结果显示在一个名为交叉表的数据表中。例如，若查询每个班的男女生人数，就可以使用交叉表查询来完成：将"班级"字段作为行标题，位于交叉表的左侧；将"性别"字段作为列标题，位于交叉表的最上方；将"学号"字段作为行和列交叉位置上的字段，并为该字段指定一个预定义的计算，如计数。图 8-25 和图 8-26 分别给出了该交叉表查询的运行结果以及查询设计视图。

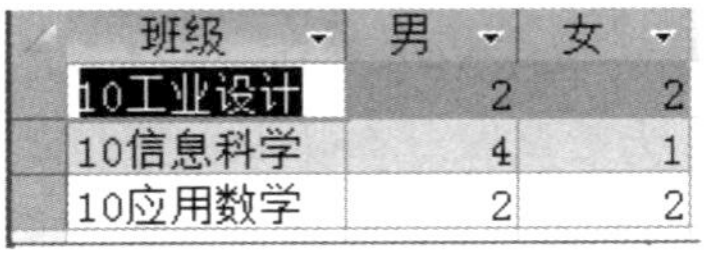

图 8-25　交叉表查询的运行结果

图 8-26　交叉表查询的设计视图

观察图 8-26 发现，在查询设计网格区增加了"总计"行和"交叉表"行，并分别从"交叉表"行的下拉列表中为三个字段设置了"行标题""列标题"和"值"，这些是在交叉表查询中必须要选择的选项。

8.5.2   创建交叉表查询的方法

创建交叉表查询可以使用"查询向导"和"查询设计"两种方法。使用"查询向导"只能从一个数据源中创建交叉表查询,而使用"查询设计"可以从多个数据源获取查询数据。

在创建交叉表查询时,需要指定哪些字段作为行标题,或者说是行标题字段,还要指定哪个字段作为列标题,即列标题字段,以及哪个字段作为要汇总的值,即值字段。通常情况下只能指定一个字段作为列标题,指定一个字段作为要汇总的值。

重要提示

1. 交叉表查询中,行标题字段可以多于一个,但不宜过多,最好不要超过三个,否则会导致结构复杂,难以阅读,失去进行统计汇总原本的直观简洁的特点,从而影响数据的可读性。

2. 交叉表查询中,列标题字段和值字段只能指定一个。

3. 在确定行标题字段后,要考虑将具有最少取值的字段作为列标题。例如,如果查询按年龄和性别进行某种计算,最好选择性别作为列标题,因为性别的取值只有"男"和"女"两种,比年龄的取值种类要少得多。

4. 在交叉表查询的结果中,行标题字段的名称会显示在左侧,而列标题字段名并不显示在数据表中,显示的是列标题字段的值,如图 8-25 所示。

5. 对于复杂的交叉表查询,可以先使用向导创建查询,然后再使用设计视图修改查询设计。

6. 如果选择多个字段来作为行标题,则对这些字段的选择顺序将决定查询结果的排列顺序。

8.5.3   使用向导创建交叉表查询

通常情况下,交叉表查询向导是创建交叉表查询的最快捷、最简单的方法,该向导可以完成大部分的创建工作。使用向导创建所需的基本交叉表查询,然后再在设计视图下调整和修改该查询的设计。需要注意的是,使用向导创建交叉表查询只能指定一个表或者一个查询作为数据源。在向导中不能使用表达式来创建字段,也不能添加参数提示。

【**例 8-8**】使用向导创建如图 8-25 所示的交叉表查询,查询名为"统计男女生人数"。

【**分析**】首先确定数据源,然后确定行标题字段及个数、列标题字段和值字段。按照图 8-25 所示,数据源为"学生表",行标题字段为"班级",列标题字段为"性别",值字段为"学号"。具体操作步骤如下:

1)在"创建"选项卡上的"查询"组中,单击"查询向导"。

2)在"新建查询"对话框中,单击"交叉表查询向导",然后单击"确定"按钮,启动交叉表查询向导。

3)从向导中选择查询的数据源。在本例中,从"视图"中选择"表"单选框,然后从"表"列表框中选择"学生表"。

4)在向导的下一页上,从"学生表"的所有字段中选择行标题字段。注意,使用向导创建时,最多可选择三个字段用作行标题,然后单击"下一步"按钮。

5)选择列标题字段。如果所选的列标题字段是"日期/时间"类型,则需要进一步指定用于组合日期的间隔。可以指定"年""季度""月""日期"或"日期/时间"等。

6）选择值字段。如图 8-27 所示，只能选择一个字段和一个用于计算汇总值的函数。通常，所选字段的数据类型将决定哪些函数可用。

7）观察图 8-27，左上侧有一个"是，包括各行小计"的复选框，选择或取消该复选框表示包含或排除行小计，默认为选择该复选框。如果在本步骤清除了该复选框，结果将与图 8-25 一致。如果选中该复选框，则该查询的运行结果和查询设计视图如图 8-28 和图 8-29 所示，可以看到，查询结果中多出一个行标题"总计 学号"，这说明系统进行了每行的男女人数的累加，即包括了各行小计。

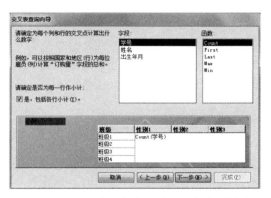

图 8-27　在交叉表查询向导中选择行标题字段、列标题字段和值字段

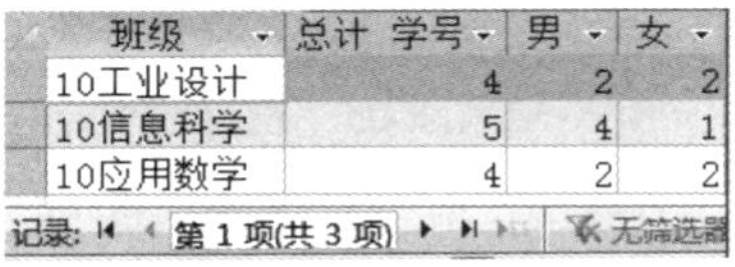

8）在向导的下一页上，输入查询名"统计男女生人数"，然后指定是查看结果还是修改查询设计。对于本例，如果在步骤 7 中选中了复选框，建议修改设计，直接在设计视图下修改，即删除多余的行标题字段，以得到与图 8-25 一致的查询结果。

图 8-28　含行小计的交叉表查询结果

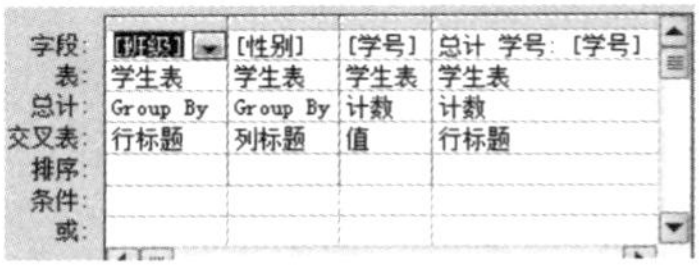

图 8-29　交叉表查询的设计视图

重要提示

1. 如果使用交叉表查询向导，则只能选择单个表或查询作为交叉表查询的数据源。

2. 如果单个表中不具有要包含在交叉表查询中的全部数据，则应该首先创建一个包含所需数据的选择查询，然后将该查询作为数据源。

8.5.4　使用设计视图创建交叉表查询

使用设计视图创建交叉表查询，可以根据需要使用任意多个数据源，如表和查询。对于多个数据源的情形，通常采用一种简单的方法，就是先创建一个返回所需全部数据的选择查询，然后将该查询作为交叉表查询的唯一记录源。

使用设计视图创建交叉表查询的关键步骤是，在查询设计视图下，单击"显示 / 隐藏"组中的"汇总"，在设计网格区添加"总计"行，单击"查询类型"组中的"交叉表"，在设计网格区添加"交叉表"行，并通过"交叉表"行的下拉列表设置行标题字段、列标题字段以及值字段，通过"总计"行的下拉列表设置计算类型，如总计、平均值、计数或其他计算。需要注意的是，对于某些数字类型的字段，在对其计算平均值时，如果希望限定小数点的位数为 2 位，可以在设计视图下右击该"字段"列，从图 8-30 的列表中选择

图 8-30　设置数字类型字段的小数位数

"属性"，然后在窗口右侧弹出的"属性表"中，设置"格式"属性为"固定"，"小数位数"为 2。

【例 8-9】统计每个班每门课的平均成绩。创建一个名为"统计班课平均成绩"的交叉查询。

【分析】由题目要求可知，该查询是多表查询。为简化操作，这里使用课程号而不是课程名来标识每门课，这样查询的数据源仅涉及"学生表"和"选课表"。此外，还需要在设计网格区增加"总计"行和"交叉表"行，使用汇总查询创建"平均成绩"，并将班级作为行标题字段，课程号作为列标题字段，平均成绩作为值字段。具体操作步骤如下（请注意操作顺序）：

1）在设计视图下，将"学生表"和"选课表"中的班级、课程号和成绩字段依次添加到"字段"行。

2）创建汇总查询：单击"显示 / 隐藏"组中的"汇总"，在设计网格区增加"总计"行。在成绩列的"总计"行中选择"平均值"。修改成绩列的字段名为"平均成绩：成绩"，并设置"平均成绩"的小数位数为 1 位。

3）在设计网格区添加"交叉表"行：单击"设计"选项卡上的"查询类型"组中的"交叉表"，如图 8-31 所示。

图 8-31 设置"总计"行和"交叉表"行

4）在班级列的"交叉表"行中，选择"行标题"；在课程号列的"交叉表"行中，选择"列标题"；在平均成绩列的"交叉表"行中，选择"值"。

5）保存查询并命名为"统计班课平均成绩"，运行结果如图 8-32 所示。其中有些单元格为空，表示该班级没人选此课或不能选此课。

班级	C101	C201	C301	C303	C401
10工业设计	91.0		86.7	85.0	60.0
10信息科学	67.4	90.0	74.7	71.0	70.0
10应用数学		88.3	75.5		88.5

记录: ◄ ◄ 第1项(共 3 项) ► ►◄ ▼ 无筛选器 搜索

图 8-32 "统计班课平均成绩"的查询结果

重要提示

1. 如果需要，可以在"条件"行中输入条件表达式来显示满足条件的查询结果。还可以在"排序"行指定行标题字段和列标题字段的排序方式，以达到查询结果按照某种排列顺序来显示的目的。

2. 不能为值字段指定条件，也不能在值字段上进行排序。

3. 可以向列标题字段和任意行标题字段添加参数提示，即设置参数，使其变为交叉表的参数查询。

8.6 创建操作查询

8.6.1 操作查询概述

前面介绍的几种查询其实都属于选择查询，即根据指定的查询条件，从数据源中检索符合条件的记录并生成动态数据集。这些查询没有改变数据源中的任何数据，而操作查询可以改变查询数据源中的数据，因此，为了避免误操作引起的数据丢失，在执行操作查询前应做好数据库或表的备份工作。

操作查询是在选择查询的基础上创建的查询，可以对数据源（主要是表）中的数据进行追加、删除、更新操作，还可以创建新表。

操作查询与选择查询的区别除了对数据源进行改变以及查询的图标不同之外，还有就是查询结果的直观可见性。在数据表视图下打开选择查询可以直接看到查询结果，而打开操作查询并不直接显示操作查询的结果，只是执行操作查询，如对数据表进行更新、追加、删除以及生成新表等，这些操作的结果只能在导航窗格的"表"对象中被观察到。

前面介绍过操作查询有 4 种，分别是生成表查询、删除查询、更新查询和追加查询。

在操作查询中，尤其是更新查询和追加查询中要注意所操作的字段类型必须一致。另外，每创建一个操作查询，保存后，在导航窗格的"查询"对象中可看到位于该查询名前的图标，读者可观察图标所代表的查询类型。

8.6.2　创建生成表查询

如果希望将查询结果保存在一个表中，例如，假设要将各个班的成绩统计数据分别保存到不同的表中，就可以使用生成表查询。对于数据源来自多个表的情形，可以先创建一个选择查询，然后将该选择查询作为数据源再创建生成表查询。

生成表查询主要用于将查询结果保存在一个实表中，即生成一个新的数据表。创建生成表查询的关键操作是，首先从"查询工具"的"设计"选项卡上的"查询类型"组中单击"生成表"，输入新表的名称，然后在关闭查询时保存查询并输入所创建的生成表查询的名称。

【例 8-10】创建名为"信息科学平均成绩"的生成表查询。创建的新表的表名为"信科平均成绩"。

【分析】在例 8-9 中已经创建了各个班级每门课程的平均成绩，因此，本例可直接将名为"统计班课平均成绩"的查询作为数据源。

按照下列步骤创建新表：

1）单击"创建"选项卡上的"查询"组中的"查询设计"，然后单击"显示表"对话框中的"查询"选项卡，将查询"统计班课平均成绩"添加到字段选择区，并将该查询的所有字段添加到设计网格区的"字段"行。在班级列的"条件"行输入"10 信息科学"。

2）在查询设计视图下，单击"查询类型"组中的"生成表"，如图 8-33 所示，弹出"生成表"对话框。

3）在"生成表"对话框中输入将要生成的新表表名"信科平均成绩"，如图 8-34 所示。

4）单击"确定"按钮，并保存查询，输入所创建的生成表查询的名称为"信息科学平均成绩"。

图 8-33　"设计"选项卡的"查询类型"

图 8-34　"生成表"对话框

此时，在导航窗格的"查询"对象中，可以看到新创建的生成表查询"信息科学平均成绩"。可以看到该查询名前的图标与其他查询的图标不同，明显多一个"！"。运行该查询，会依次弹出如图 8-35 所示的对话框。单击"是"按钮后，在导航窗格的"表"对象中，出现了一个名为"信科平均成绩"的新表。

图 8-35　首次运行生成表查询弹出的对话框

8.6.3　创建追加查询

如果将来自其他数据源的记录添加到指定的表中，可以使用追加查询。追加查询从一个或多个数据源中选择多条记录，将其添加到指定表的末尾。创建追加查询的关键操作是首先选择数据源和目标表，数据源可以是一个或多个表/查询，然后单击"设计"选项卡上的"查询类型"组中的"追加"。

【例 8-11】将"10 应用数学"的各科平均成绩添加到表"信科平均成绩"中。

【分析】通过运行查询"统计班课平均成绩"，可以得到每个班每门课程的平均成绩。因此，本例直接将该查询作为数据源，并在该查询的设计视图中增加一个查询条件。

按照下列步骤创建新表：

1）选择数据源，即在设计视图下将查询"统计班课平均成绩"中的全部字段添加到字段选择区。

2）在班级列的"条件"行中输入查询条件"10 应用数学"。

3）单击"设计"选项卡上的"查询类型"组中的"追加"，弹出"追加"对话框，在对话框的"表名称"下拉列表中选择目标表，如图 8-36 所示，然后单击"确定"按钮。

图 8-36　从"表名称"下拉列表中选择目标表

4）此时，在设计网格区新增了一个"追加到"行，通过单击该行的单元格，可以为每个源字段指定要追加的目标字段，如图 8-37 所示。如果有不匹配的字段，则简单的处理方法是在该行将该字段置空，这样就不会将数据追加到该字段上。

5）关闭并保存查询为"追加应数平均成绩"。在导航窗格的"查询"对象中，可以看到新创建的名为"追加应数平均成绩"的查询，双击该查询名，弹出如图 8-38 所示的对话框。

6）依次单击"是"按钮，完成记录的追加操作。

在导航窗格的"表"对象中打开"信科平均成绩"表，观察到"10 应用数学"班的各科平均成绩已经追加到了原表记录的尾部。

图 8-37 设置追加查询

图 8-38 运行追加查询时弹出的对话框

重要提示

1. 追加查询的数据源表和目标表的表结构应该相同。具体地说，数据源表中字段的数据类型必须与目标表中字段的数据类型兼容。文本字段与大多数其他类型的字段兼容，数字字段只与其他数字字段兼容。例如，可以将数字追加到文本字段，但不可以将文本追加到数字字段。

2. 追加查询的结果无法撤销。因此在创建该查询之前，最好对数据库或目标表进行备份。

3. 如果在运行追加查询时发现没有什么反应，并在 Access 状态栏中存在"此操作或事件已被禁用模式阻止"的消息，可单击消息栏中的"启用内容"按钮来启用查询。

8.6.4 创建更新查询

1. 更新查询概述

如果要对一个或多个表中一批记录的某些字段值进行更新，可以使用更新查询。使用更新查询可以修改一条或多条记录中的数据。同追加查询一样，更新查询的结果无法撤销，因此，更新前最好进行备份工作。

创建更新查询的关键操作是，首先找到需要更新的记录，通常需要创建用于找出更新记录的选择查询。然后，将该选择查询转换为可运行的更新查询，即在设计视图网格区增加"更新到"行，在该行输入表达式来更新记录。

在使用更新查询时，下列类型的字段不能进行更新。

1）**计算字段**。计算字段没有永久性存储位置，因此不能更新。

2）**汇总查询或交叉表查询中的字段**。因为其值是通过使用预定义计算得到的，所以不能更新。

3）自动编号类型的字段。

4）主键字段。除非先将关系设置为自动级联更新，否则不可使用查询来更新该字段。

5）唯一值查询和唯一记录查询中的字段。这类查询中的值是汇总值，其中某些值表示单条记录，而其他值表示多条记录。由于不可能确定哪些记录被作为重复值而排除，因此无法执行更新操作。

6）联合查询中的字段。由于某些重复记录已从联合查询的结果中移除，因此 Access 无法更新所有必需的记录。

2."更新到"行中使用的表达式示例

表 8-8 给出了一些在"更新到"行中使用的表达式示例，请读者自行练习并掌握其用法。

表 8-8 "更新到"行中的表达式示例

"字段"列	"更新到"行中的表达式	结果
职称	"副教授"	将"职称"字段值改为"副教授"
工作时间	#2012/6/16#	将"工作时间"字段值修改为 2012-06-16
党员	是	在"党员"字段为"是/否"类型时，将值修改为"是"
班级	"20" & [班级]	在"班级"字段值的前面增加"20"
成绩	[成绩] * 1.1	将"成绩"提高10%
课程号	Right([课程号],3)	从"课程号"中右边截取 3 个字符
成绩	IIf(IsNull([成绩]), 0, [成绩])	将"成绩"字段中的 Null（未知或未定义）值更改为零 (0)

【例 8-12】创建名为"更新班级名"的更新查询，即在所有班级的班级名前增加"20"。

【分析】本例涉及的数据源是"学生表"，并且是表中所有的记录，是非常简单的更新查询。为了不影响原有的"学生表"，本例对"学生表"进行备份，命名为"学生表 -1"。具体操作步骤如下：

1）将备份表"学生表 -1"添加到查询的设计视图中。

2）双击表中需要更新的字段班级，将其添加到"字段"行上。

3）在"设计"选项卡上的"查询类型"组中，单击"更新"，在设计网格区新增一个名为"更新到"的行。

4）在班级字段的"更新到"行中输入表达式""20"& [班级]"。注意，更新值的长度不要超过该字段的长度。

5）关闭并保存该查询，将其命名为"更新班级名"。

此时，在导航窗格的"查询"对象中，可以看到新创建的"更新班级名"。双击该查询，将显示一条警告消息，若确定要更新数据，则单击"是"按钮，完成数据的更新操作。该查询的运行结果是对"学生表 -1"中所有记录的"班级"字段的值进行修改。需要注意的是，该更新查询比较特殊，只能运行一次。请思考，如果运行多次后，会是什么效果？

重要提示

1. 如果在建立表间关系时设置了级联更新，运行更新查询将会引起相关表的变化。

2. 在运行更新查询之前，一定要确认是否存在要更新的数据。

3. 每运行一次更新查询，就会对目标表进行一次更新。

【例 8-13】创建名为"更新课程名和学分"的更新查询，将"C303"的课程名修改为"程序设计语言"，将其学分修改为 2 学分。

【分析】本例涉及的数据源是"课程表"，有一个查询条件，即课程号是"C303"。具体操作步骤如下：

1）将"课程表"添加到查询设计视图中。

2）双击字段"课程名""学分"和"课程号"，将其添加到"字段"行上。

3）在"设计"选项卡上的"查询类型"组中，单击"更新"，在设计网格区新增一个名为"更新到"的行。

4）在课程名字段的"更新到"行中输入"程序设计语言"。注意，更新值的长度不要超过该字段的长度。在学分的"更新到"行中输入"2"，在"课程号"字段的"条件"行中输入"C303"，如图 8-39 所示。

5）关闭并保存该查询，将其命名为"更新课程名"。

此时，在导航窗格的"查询"对象中，可以看到新创建的"更新课程名"。双击该查询，将显示警告消息，若确定要更新数据，则单击"是"按钮，运行该查询。查看运行结果，就是查看数据表名为"课程表"中的内容。

图 8-39　更新查询的设计视图　　　　图 8-40　"删除空成绩"的查询设计视图

请读者比较更新前后"课程表"的内容，并观察与"课程表"有关的表和查询中的"课程名"和"学分"的变化情况，比如，此时运行例 8-3 中创建的"教师授课"查询，请观察查询结果与图 8-10 有什么不同。

8.6.5　创建删除查询

如果存在大量需要删除的行，并且删除记录的条件很明确，使用删除查询将会非常方便、快捷。删除查询适用于删除一批记录。例如，学生选修了课但没有参加考试，因而没有成绩，在生成成绩单时，一种处理办法是删去没有成绩的学生选课记录。删除查询将永久并不可逆地从表中删除记录。

删除查询的操作要点是，首先选择数据源并设置"查询类型"，再设置删除查询的条件来指定将要删除的记录。

【例 8-14】创建名为"删除空成绩"的删除查询，删除"选课表"中"成绩"为空的选课记录。

【分析】该查询的数据源为"选课表"，删除记录的条件是"成绩"值为空，即使用"Is Null"。

具体操作步骤如下：

1）备份"选课表"为"选课表 -1"。在查询设计视图下，将"选课表 -1"中的成绩字段添加到"字段"区。

2）在成绩字段列的"条件"行中输入"Is Null"或者"Null"，若输入"Null"，系统将自动更正为"Is Null"。

3）在"设计"选项卡上的"查询类型"组中，单击"删除"按钮，此时，在设计网格中，"排序"和"显示"行将消失，并且出现"删除"行，如图 8-40 所示。

4）关闭并保存查询。

5）运行该删除查询，将显示警告消息，若确定要进行删除数据，则单击"是"按钮，执行删除查询，其结果是从"选课表 -1"中删除 2 条成绩为空的记录。

运行该删除查询前后的"选课表"内容如图 8-41 所示。

图 8-41　运行删除查询之前和之后的"选课表 -1"的部分内容

重要提示

1. 删除查询可以从单个表或多个表中删除记录。

2. 如果是从多个表中删除记录，则这些表必须事先建立了表间关系，并且选中了"参照完整性"和"级联删除相关记录"选项。

8.7　SQL 查询

8.7.1　QBE 与 SQL 查询

1. QBE 查询

关系型数据库管理系统（RDBMS）主要有两种语言：基于示例查询（Query By Example, QBE）语言和结构化查询语言（Structured Query Language，SQL）。在本节之前介绍的几种查询类型都属于 QBE（Query By Example）查询，图 8-3 所示的设计网格区也称为 QBE 窗格。QBE 是一种基于图形点击式查询数据库的方法，它与 SQL 的最大区别是，QBE 具有图形用户界面，允许用户通过在屏幕上创建示例表来编写查询。QBE 特别适合于不太复杂、可用几个表描述的查询。Access 支持 QBE 查询，提供了创建查询的各种工具，如向导、查询设计器（即设计视图）等，并能自动将 QBE 查询转换为 SQL 命令（SQL 特定查询除外）。在利用工具创建查询后，可以在" SQL 视图"下查看系统自动生成的对应的 SQL 语句，这对初学者学习 SQL 语言非常有帮助。

2. Access SQL 概述

SQL 是数据库系统中应用广泛的数据库查询语言。在第 6 章已经详细介绍了标准的 SQL 语言，本节将介绍 Access 的 SQL 语言。

Access 中所有查询都可认为是一个 SQL 查询。利用各种创建工具创建查询时，Access 将在后台构造等效的 SQL 语句，可以在" SQL 视图"下查看和修改其对应的 SQL 语句。然而并不是所有的查询都可以利用创建工具进行创建，有的查询只能通过 SQL 语句来实现。

例如，查询总成绩在前 3 名的学生情况，这类查询称为 SQL 特定查询，包括"联合查询""传递查询"和"数据定义查询"等，这类查询无法使用查询工具创建，必须通过输入 SQL 语句进行创建。

> **重要提示**
>
> Access 的 SQL 语言对字母大小写不敏感，因此读者在书写 SQL 语句时不用在意英文字母大小写的区别。

3. 创建 SQL 特定查询的方法

创建 SQL 特定查询时，需要在 SQL 视图下直接输入相应的 SQL 语句。操作步骤如下：

1）单击"创建"选项卡"查询"组中的"查询设计"。

2）关闭弹出的"显示表"对话框，不选择任何数据源，进入空白的查询设计视图。

3）将设计视图切换至 SQL 视图，或者单击如图 8-42 所示的"查询类型"组中的"联合"或"传递"或"数据定义"，在打开的相应窗口中输入 SQL 语句。

4）保存并运行查询。

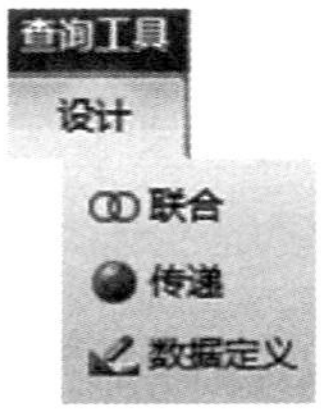

图 8-42 创建 SQL 特定查询

8.7.2 SQL 聚合函数

通过使用 SQL 聚合函数，可以确定数值集合的各种统计值。这些函数可以在查询表达式或 SQL 语句中使用，语法格式为：

```
函数名(expr)
```

其中，表达式 expr 中的操作数可以是表字段、常量或者函数。若为函数，则可以是系统内置函数或用户自定义的函数，但不能是其他 SQL 聚合函数。常用的 SQL 聚合函数如表 8-9 所示。

表 8-9 常用的 SQL 聚合函数

函数	功能	说明
Avg(expr)	计算算术平均值	例如，计算课程平均成绩的 Avg(选课表 . 成绩)
Count(expr)	计算查询所返回的记录数	Count 函数不计算具有 Null 字段的记录，除非 expr 是星号 (*) 通配符，即 Count(*)，表示统计包含 Null 字段在内的所有记录的总数
Sum(expr)	返回查询的指定字段中包含的一组值的总和	Sum 函数计算数字型字段值的总和。例如，使用 Sum 函数来统计所修课程的总学分、总成绩等。统计时，Sum 函数将忽略包含 Null 字段的记录
Min(expr) Max(expr)	返回查询的指定字段中包含的一组值的最小或最大值	通过 Min 和 Max，可以基于指定的聚合（或分组）来确定字段中的最小和最大值
First(expr) Last(expr)	分别返回查询结果集中第一个或最后一个记录的字段值	查询中包含有 ORDER BY 子句时，使用该函数很有意义。比如，按成绩的升序排序时，这两个函数分别返回最低分和最高分
StDev(expr) StDevP(expr)	返回以查询中指定字段内的一组值为总体样本或总体样本抽样的标准偏差的估计值	StDevP 函数对总体样本进行计算，StDev 函数对总体样本抽样进行计算。如果基础查询包含的记录少于两个，则这些函数返回 Null 值，表示无法计算标准偏差
Var(expr) VarP(expr)	返回以查询中指定字段内的一组值为总体样本或总体样本抽样的方差的估计值	VarP 函数计算总体样本，Var 函数计算样本总体抽样。如果基础查询中包含的记录少于两个，则 Var 和 VarP 函数返回 Null 值，表示无法计算方差

8.7.3 常用的 SQL 语句

常用的 SQL 语句包括 SELECT、INSERT、UPDATE 、DELETE、CREATE TABLE 和 DROP TABLE 等。其中，SELECT 语句是最常用的 SQL 语句，也称为 SELECT 命令。INSERT 语句用于在表中追加记录；UPDATE 语句用于修改表中记录的字段值；DELETE 语句用于删除表中的记录；CREATE TABLE 语句用于创建一个新表；DROP TABLE 语句用于删除指定的表。再次提醒读者，SQL 语句不区分英文字母大小写。

本小节通过之前创建的 QBE 所对应的 SQL 语句来学习 SELECT 语句。

SELECT 查询

SELECT 语句是 SQL 语言的核心。SELECT 语句的语法与标准 SQL 类似，这里不再赘述。其基本形式是：

```
SELECT 子句 -FROM 子句 [-WHERE 子句 ]
```

如果没有 WHERE 子句，则表示无条件查询。

【例 8-15】名为"教师授课"查询对应的 SQL 语句。

```
SELECT 教师表.教师号，教师表.姓名，授课表.课程号，课程表.课程名，课程表.学分
FROM 课程表 INNER JOIN ( 教师表 INNER JOIN 授课表 ON 教师表.[ 教师号 ] = 授课表.[ 教师号 ]) ON 课程表.[ 课程号 ] = 授课表.[ 课程号 ];
```

本例展示的是在例 8-3 中创建的查询对应的 SQL 语句。这是一个涉及"课程表""教师表"和"授课表"的多个数据源的无条件选择查询。对于公共字段，比如"教师表"和"授课表"中的公共字段是"教师号"，如果出现在 SELECT 语句中，则需要在该字段名前加上所属的表名，以示区别。如"教师表.教师号"和"授课表.教师号"。对于不是重复字段的情形，可以直接使用字段名。此外，在 SELECT 子句中，可以使用方括号将字段名括起来。如果字段名中没有包含任何空格或特殊字符（如标点符号），则方括号是可选的。本例的 SQL 语句也可以这样写：

```
SELECT 教师表.教师号，姓名，授课表.课程号，课程名，学分
FROM 课程表 INNER JOIN ( 教师表 INNER JOIN 授课表 ON 教师表.教师号 = 授课表.教师号 ) ON 课程表.课程号 = 授课表.课程号;
```

在 FROM 子句中包含的内容表示查询的数据源，本例是三个表，需要进行表的两两连接运算。INNER JOIN 表示连接类型是内部连接，即如果连接字段的值同时包含在两个表的记录中，则内部连接运算将仅选择这些记录。SQL 语句中，对于多表操作的查询，表的连接是必需的。在包含内部连接的查询运行时，查询结果中只包含两个连接表中存在有公共值的记录。本例中，首先将"教师表"与"授课表"通过公共字段"教师号"进行连接，然后再与"课程表"通过"课程号"字段进行连接，以完成将这三个表两两连接并作为查询数据源的工作。上述 SQL 语句也可以不使用 INNER JOIN，而写成如下形式，与上述 SQL 语句等价：

```
SELECT 教师表.教师号，姓名，授课表.课程号，课程名，学分
FROM 教师表，授课表，课程表
WHERE 教师表.教师号 = 授课表.教师号 AND 授课表.课程号=课程表.课程号;
```

【例 8-16】名为"学生成绩统计"查询的 SQL 语句。

```
SELECT DISTINCTROW 选课表.学号，Sum( 选课表.成绩 ) AS 总成绩，Avg( 选课表.成绩 ) AS 平均成绩
```

```
FROM 选课表
GROUP BY 选课表.学号;
```

本例展示的是在例 8-4 中创建的查询所对应的 SQL 语句。这是一个涉及单个数据源的无条件选择查询,对每个学生的总成绩和平均成绩进行统计。在统计之前先要对学号分组,然后执行 SELECT 子句,使用聚合函数计算总成绩和平均成绩,并通过 AS 子句来命名在查询结果中返回的总成绩和平均成绩。只要使用聚合函数或查询返回的是数据源不存在的字段或重复的字段,就必须使用 AS 子句,用于为该字段起一个临时名字。

在该 SELECT 子句中,出现了 DISTINCTROW 谓词。该谓词的作用是使查询结果忽略整个重复的记录,而不仅仅是重复的字段。需要注意的是 DISTINCTROW 仅在查询的数据源是多个表并且所选择的字段源于查询中所使用的表的一部分而不是全部时才起作用。如果查询仅包含一个表或者要从所有的表中输出字段,DISTINCTROW 就会被忽略,即无论 SELECT 子句中是否包含 DISTINCTROW 谓词,查询结果都相同。本例查询的数据源只有一个表,因此可以从 SELECT 子句中删去 DISTINCTROW。

SELECT 子句中另一个常用的谓词是 DISTINCT,它的作用是在查询结果中去掉在选定字段中包含重复数据的记录。

【例 8-17】名为"10 信科男生"查询的 SQL 语句。

```
SELECT 学生表.学号, 学生表.姓名, 学生表.出生年月,
FROM 学生表
WHERE (((学生表.性别)="男") AND ((学生表.班级)="10 信息科学"));
```

本例展示的是在例 8-5 中创建的查询所对应的 SQL 语句。这是一个带有两个条件的选择查询,使用了 WHERE 子句。WHERE 子句用于设置查询条件,从 FROM 子句所列出的表中查找满足查询条件的记录。可使用表 8-1 给出的查询表达式逐一练习 WHERE 子句的用法。

【例 8-18】名为"统计各班男女人数"查询的 SQL 语句。

```
SELECT 学生表.班级, 学生表.性别, Count(学生表.学号) AS 人数
FROM 学生表
GROUP BY 学生表.班级, 学生表.性别
HAVING (((学生表.班级) Like "*" & [请输入班级:] & "*"));
```

请读者在 SQL 视图下输入该语句,并切换至查询设计视图下观察该查询的设置情况。本例是参数查询,实际上是一个涉及单个数据源的带有分组条件的选择查询。其中,Count(学生表.学号)用于对学号计数,其功能等效与 Count(*),这是因为学号是"学生表"的主键,不允许为空值。GROUP BY 子句的作用是将它指定字段列表中具有相同值的记录划分成一个组,比如本例中先将同一个班级的学生划分为一个组,接着再将这个组划分成男生和女生两个组。SELECT 语句中的 GROUP BY 子句是可选的,但如果在 SELECT 语句中包含 SQL 聚合函数,则必须使用 GROUP BY 子句。在 GROUP BY 指定的字段中的 Null 值也会被分组,不会被忽略。但是,在汇总时,任何 SQL 聚合函数都不会计算 Null。

如果 SELECT 语句中有 GROUP BY 子句,那么 SELECT 子句字段列表中的字段只能是 GROUP BY 子句中出现的字段,未出现的字段只有作为 SQL 聚合函数中的参数才可以出现在 SELECT 子句中。例如,本例中 GROUP BY 子句指定了对"班级"和"性别"字段进行分组,这两个字段就必须出现在 SELECT 子句中,"学号"字段若想出现在 SELECT 子句中,

就必须作为聚合函数的参数。

HAVING 子句是可选的，只有需要对分组的记录设置查询条件时，HAVING 子句才会出现在 GROUP BY 子句的后面。本例中 HAVING 子句的作用是对分组后的班级进行条件筛选，仅显示含有用户输入内容的班级。需要注意的是，SELECT 语句中若有 HAVING 子句，则一定有 GROUP BY 子句。有关 GROUP BY 子句和 HAVING 子句的详细介绍可参考本书 6.3.2 节的内容。

【例 8-19】名为"某班某月出生的学生信息"查询的 SQL 语句。

```
SELECT 学生表.学号, 学生表.姓名, 学生表.性别, 学生表.班级, Month([出生年
月]) AS 出生月
FROM 学生表
WHERE (((学生表.班级) Like "*" & [请输入班级: ] & "*") AND ((Month([出生年
月]))=[请输入出生月: ]));
```

本例展示的是在例 8-7 中创建的多参数查询对应的 SQL 语句。该查询其实也是带有两个条件的选择查询，因为不涉及记录的分组，所以没有 GROUP BY 子句，因此，对出现在 SELECT 子句中的字段没有限制，"学生表"中的任何字段都可以出现在 SELECT 子句中。这里使用了 Month 函数，用于得到计算字段"出生月"。Month 是系统的内置函数，不是 SQL 聚合函数，因此可以在没有 GROUP BY 子句的情况下直接用于 SELECT 子句中。

【例 8-20】"符合学分要求"查询的 SQL 语句。

```
SELECT 选课表.学号, 学生表.姓名, Sum(课程表.学分) AS 总学分
FROM 学生表 INNER JOIN (课程表 INNER JOIN 选课表 ON 课程表.课程号 = 选课表.课
程号) ON 学生表.学号 = 选课表.学号
GROUP BY 选课表.学号, 学生表.姓名
HAVING (((Sum(课程表.学分))>=[请输入要求的总学分: ]));
```

请读者在 SQL 视图下输入该语句，并切换至查询设计视图下观察该查询的设置情况。本例是单参数查询，也是涉及三个数据源的带有分组条件的选择查询，有 GROUP BY 子句和 HAVING 子句。不能使用 WHERE 子句来代替 HAVING 子句，因为在 WHERE 子句中不允许使用聚合函数。有关 HAVING 子句和 WHERE 子句的区别请读者参考本书 6.3.2 节的内容。

【例 8-21】名为"统计男女生人数"查询的 SQL 语句。

```
TRANSFORM Count(学生表.[学号]) AS 学号之计数
SELECT 学生表.[班级]
FROM 学生表
GROUP BY 学生表.[班级]
PIVOT 学生表.[性别];
```

本例展示的是在例 8-8 中创建的交叉表查询对应的 SQL 语句。与前面几个 SQL 语句的不同之处是，在 SELECT 子句之前增加了 TRANSFORM 语句，该语句用于创建交叉表查询。TRANSFORM 的语法格式为：

```
TRANSFORM   使用聚合函数的值字段
SELECT 语句
PIVOT 列标题的字段或表达式 [IN (value1[, value2[, ...]])]
```

如果创建交叉表查询，则必须使用 TRANSFORM 语句和 PIVOT 语句，并且将 TRANSFORM 语句放置在 SQL 语句的前面，用于指定值字段，即指定用于计算行和列交叉

点的字段的值。PIVOT 语句紧跟在 SQL 语句的后面，用于指定作为列标题的字段或表达式，可以限制列标题字段只来自可选的 IN 子句中所列出的固定值（value1，value2）。SQL 语句中必须使用 GROUP BY 子句，用于指定行标题字段。

重要提示

1. 在 SELECT 语句中，如果字段名中包含了空格或特殊字符，则必须使用方括号将字段名括起来。

2. 如果 SELECT 语句中有两个或更多个同名字段，则必须在字段名前面冠以该字段的数据源名称。

3. 输入 SQL 语句时，让每个子句单独占一行，有助于提高 SQL 语句的可读性。

4. 每个 SELECT 语句最末尾都以英文分号结束。

8.7.4 数据定义查询

与其他查询不同，数据定义查询不检索数据，而是使用数据定义语言创建或删除数据库以及对数据表进行创建、修改或删除操作。数据定义语言是 SQL 语言的子集。本小节以表对象为例介绍 SQL 的数据定义功能。每个数据定义查询只能包含一条数据定义语句。对表对象的数据定义语句主要有 CREATE TABLE、ALTER TABLE 和 DROP。

1. 创建表结构

CREATE TABLE 用于创建表结构。语法格式参见 6.3.4 节相关内容。

【例 8-22】创建名为"S"的表。查询名为"创建表 S"。

```
CREATE TABLE S
      (SNO CHAR(4) NOT NULL,
       SNAME VARCHAR(8) NOT NULL,
       AGE SMALLINT,
       SEX CHAR(1),
       PRIMARY KEY (SNO));
```

在 SQL 视图下输入上述 SQL 语句，并保存该查询为"创建表 S"，在导航窗格的"查询"对象中出现该查询，注意该查询名前的图标。运行该查询，在导航窗格的"表"对象中出现名为"S"的表。

2. 修改表结构

ALTER TABLE 用于修改表结构，如添加、修改或删除列。语法格式如下：

```
ALTER TABLE 表名
ADD <列名> <数据类型> | MODIFY <列名> <数据类型> | DROP <列名>
```

（1）在表中增加新列（字段）

注意，新增加的列不能定义为 NOT NULL。

【例 8-23】在 S 表中增加名为"Scholarship"的列。查询名为"增加字段"。

```
ALTER TABLE S
ADD Scholarship CURRENCY;
```

（2）修改已有的列

修改指定表中指定字段的数据类型和字段长度。

【例 8-24】将 S 表中的 SNO 的长度修改为 10。查询名为“修改字段类型”。

```
ALTER TABLE S
ALTER SNO CHAR(10);
```

（3）删除已有的列

【例 8-25】删除 S 表中的“AGE”字段，查询名为“删除字段”。

```
ALTER TABLE S
DROP AGE;
```

3. 删除表

当表不再使用时，即没有视图和约束引用该表中的列时，才可删除该表。

【例 8-26】删除 S 表。

```
DROP TABLE S;
```

8.8 查询的应用

8.8.1 数据的清理

在实际的应用场景中，大多数数据表是通过导入外部数据来创建的，这些外部数据可能来自 Excel 表、文本文件、XML 文档、HTML 文档、Outlook 等，可能存在格式不规范、包含空白字段或重复项的数据。为了保证数据分析的质量，需要对导入的数据表数据进行清理或转换。

【例 8-27】图 8-43 给出了“网上书店系统”数据库中名为“出版社”数据表的部分内容，该数据表是通过导入一个 Excel 表创建的。请查找并删除重复记录。

【分析】删除重复记录，首先要查找到重复的记录，所谓重复的记录是相对而言的，重复的含义需要根据数据分析的目标和要求来定义。比如所要分析的“出版社”数据集中“出版社名称”不能重复，采用人工查找并删除重复记录对图 8-43 目前显示的记录数来说简单可行，但如果数据集规模很大，就需要工具进行自动查找重复的记录，本例使用“查询向导”工具。主要操作步骤如下：

1）单击“查询”组中的“查询向导”，在打开的“新建查询”对话框中的“查找重复项查询向导”，单击“确定”按钮。

2）在打开的向导首页中选择“表：出版社”，单击“下一步”按钮。

3）在向导的下一页中选择可能包含重复信息的一个或多个字段，本例选择“出版社名称”字段，单击“下一步”按钮。

4）在向导的下一页中选择希望出现在查询中的其他字段，然后单击“下一步”按钮。

5）保存查询，并采用系统的自动命名“查找 出版社 的重复项”。图 8-44 给

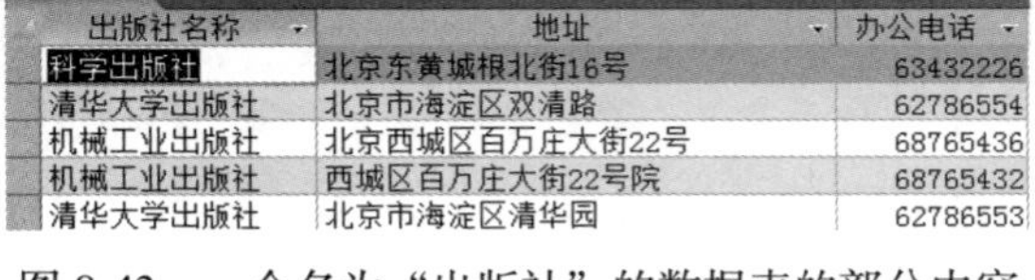

出版社

出版社名称	地址	办公电话
科学出版社	北京东黄城根北街16号	63432226
清华大学出版社	北京市海淀区双清路	62786554
机械工业出版社	北京西城区百万庄大街22号	68765436
机械工业出版社	西城区百万庄大街22号院	68765432
清华大学出版社	北京市海淀区清华园	62786553

图 8-43 一个名为“出版社”的数据表的部分内容

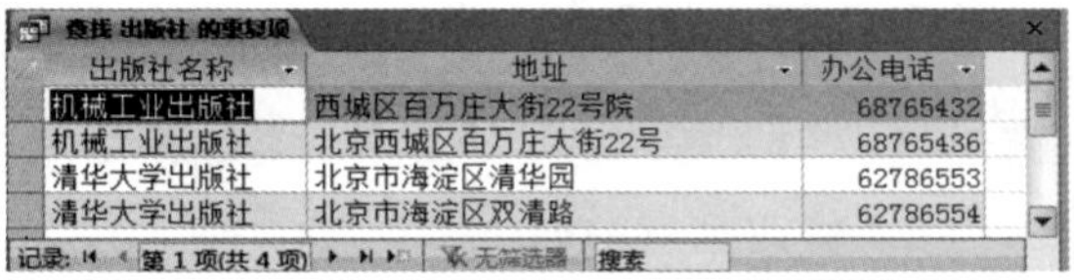

查找 出版社 的重复项

出版社名称	地址	办公电话
机械工业出版社	西城区百万庄大街22号院	68765432
机械工业出版社	北京西城区百万庄大街22号	68765436
清华大学出版社	北京市海淀区清华园	62786553
清华大学出版社	北京市海淀区双清路	62786554

记录: 第 1 项(共 4 项) 无筛选器 搜索

图 8-44 “查找 出版社 的重复项”查询的运行结果

出了该查询的运行结果，其中只列出了 4 条重复的记录，说明此时 Access 已经找出了重复的记录。

　　6）在导航窗格的"表"对象中选中"出版社"，按下 CTRL+C 组合键，然后再按下 CTRL+V 组合键，出现"粘贴表方式"对话框，按照图 8-45 所示进行设置，单击"确定"按钮。

图 8-45　创建数据表"出版社"的副本

　　7）此时，在导航窗格的"表"对象中出现了名为"出版社 的副本"的空数据表，在设计视图下将"出版社名称"设置为主键，保存该表。

　　8）创建一个追加查询，将数据表"出版社"中的记录追加到名为"出版社 的副本"的数据表中。由于设置了主键，因此，出版社名称重复的记录不会被追加到"出版社 的副本"表中。

　　9）运行该追加查询，一个没有重复项的非空数据表"出版社 的副本"就产生了，可以用来执行后续的数据分析。

　　【例 8-28】填充数据表中的空白字段。

　　【分析】空白字段是指字段的值是 NULL，即为空值。填充空白字段就是将这些空值更改为某个值，使其不为空。本例创建一个更新查询，将"网上书店系统"数据库中数据表"图书表"中的"折扣"字段的空值更改为 9 折。主要操作步骤如下：

　　1）在导航窗格的"表"对象中双击"图书表"，打开该数据表，增加两条新的图书记录，折扣字段暂不输入数据，作为空值，保存该数据表。

　　2）打开查询设计视图，添加"图书表"作为所创建查询的数据源。

　　3）将折扣字段添加到设计网格区的"字段"行，单击"查询类型"组中的"更新"。

　　4）在"更新到"行中输入"9"，在"条件"行输入"NULL"设置更新的条件，保存该查询为"填充空白字段"，该查询的设计视图如图 8-46 所示。

　　5）运行该查询，完成空白字段的填充。

图 8-46　填充"图书表"中的空白字段

8.8.2　数据的即席分析

　　这里的即席分析也称为即席查询（Ad Hoc），是指用户根据自己的需求灵活地选择查询条件，Access 能够根据用户选择的查询条件生成相应的查询统计结果。使用参数查询和条件函数可以进行数据的即席分析。

　　Access 提供了大量的内置函数来支持表达式，几乎可以在任何 Access 数据库对象中使用表达式来实现各种计算任务。本小节将介绍如何在查询中使用表达式来构建计算以进行数据的实时分析。

【例 8-29】创建"某班某门课的平均成绩"的查询，在查询结果中显示班级、课程号、课程名和平均成绩。

【分析】本例介绍在计算中使用聚合函数。由题目要求可知，该查询是一个涉及"学生表""课程表"和"选课表"的多表查询，类型是多参数查询，需要在班级和课程名字段的"条件"行中指定参数查询条件，还要在设计网格区增加"总计"行，计算平均成绩。具体操作步骤如下：

1）在设计视图下依次将班级、课程号、课程名和成绩字段添加到设计网格区的"字段"行。如果希望运行该查询时先提示输入班级，则首先添加班级字段，然后再添加课程号字段。

2）在班级"条件"行中输入"Like "*" & [请输入班级：] & "*""。

3）在课程号"条件"行中输入"[请输入课程号：]"。

4）插入"总计"行，在成绩字段列的"总计"行下拉列表中选择"平均值"。注意：本例是使用预定义计算创建的汇总查询，不是创建计算字段，因此不可以在成绩字段列中直接输入"平均成绩：AVG([成绩])"，因为 AVG 是聚集函数，只有对字段进行分组后，才可使用聚集函数。

5）为计算了平均值的成绩起一个别名"平均成绩"，即在成绩字段名前增加"平均成绩："，如图 8-47 所示。请读者切换至 SQL 视图，观察该查询对应的 SQL 语句。

字段：	班级		课程号	课程名	平均成绩：成绩
表：	学生表		选课表	课程表	选课表
总计：	Group By		Group By	Group By	平均值
排序：					
显示：	☑		☑	☑	☑
条件：	Like "*" & [请输入班级：] & "*"		[请输入课程号：]		
或：					

图 8-47 "某班某门课的平均成绩"的查询设计视图

6）保存该查询为"某班某门课的平均成绩"。查询结果如图 8-48 所示。

在此特别说明一下，由于在本书介绍的操作过程中对数据表进行了数据更新，因此读者在练习过程中可能会发现自己的查询结果与例题结果不同，此时首先检查自己的查询是否存在错误，然后再检查数据源并观察利用当前数据是否可以得到正确的结果。

图 8-48 分别统计各个班级"C101"课程的平均成绩

重要提示

1. 如果在多个"字段"列的"条件"行上都设置了参数查询条件，则该查询属于多参数查询，在运行该查询时，将按照这些字段在"字段"行上的排列顺序，依次弹出输入提示框。最后将这些输入的值进行逻辑与操作，作为整个查询的查询条件。

2. 运行参数查询时，若在弹出的提示框中输入"*"，则表示所有、全部的意思。图 8-48 中在班级的文本框中输入的"*"表示要查询所有班级。

【例 8-30】创建所修课程的总学分大于等于某个输入值的查询，查询名为"符合学分要求"，查询结果显示学号、姓名和总学分。

【分析】由题目要求可知，该查询的数据源是"学生表""课程表"和"选课表"三个表，属于多表查询，类型是单参数查询。重要操作是进行汇总查询，计算总学分。具体操作步骤如下：

1）将课程号、班级和学分字段依次添加到设计网格区的"字段"行。

2）插入"总计"行，在学分字段列的"总计"行下拉列表中选择"合计"。

3）修改学分字段列中的字段名为："总学分：学分"，并在其"条件"行中输入">=[请输入要求的总学分：]"。

4）保存该查询为"符合学分要求"。设计视图和查询结果如图 8-49 和图 8-50 所示。

图 8-49 "符合学分要求"的查询设计视图

图 8-50 "符合学分要求"的查询结果

此例的另一种做法是，先创建一个选择查询，查询结果显示学号、姓名和总学分。其中，总学分通过汇总查询得到，即插入"总计"行，并从该行右侧的下拉列表中选择"合计"选项。然后以该查询为数据源创建参数查询，在"总学分"的"条件"行输入">=[请输入要求的总学分：]"。

【例 8-31】对例 8-9 创建的查询进行修改，另存为"参数统计课班平均成绩"。将课程号和学分设为行标题字段，将班级作为列标题，并在运行交叉表查询时，提示输入某个课程号，如"C401"。

【分析】首先对例 8-9 创建的交叉表查询进行备份，并命名为"参数统计课班平均成绩"。然后，考虑到新增的行标题学分字段属于"课程表"，需要在设计视图下添加"课程表"。最后在课程号列的"条件"行输入参数提示，并设置"参数"。

具体操作步骤如下：

1）在导航窗格中，将查询"统计班课平均成绩"复制一份，命名为"参数统计课班平均成绩"。

2）在设计视图下打开"参数统计课班平均成绩"，将名为"课程表"的数据表添加到字段列表区，双击学分字段添加至"字段"行，并在其"交叉表"行设置为"行标题"。

3）在"交叉表"行分别将课程号设为行标题，将班级设为列标题。

4）在课程号列的"条件"行中，输入"[请输入课程号：]"，如图 8-51 所示。如果希望是模糊查询，可使用 Like 运算符将表达式与通配符连接起来。

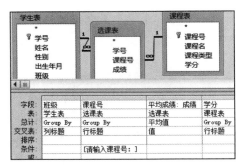

图 8-51 "参数统计课班平均成绩"设计视图

5）此步骤非常关键，一定要在"设计"选项卡的"显示 / 隐藏"组中单击"参数"，在弹出的"查询参数"对话框的"参数"列中输入与"条件"行中相同的参数提示，即方括号部分。注意，不能包含任何通配符或 Like 运算符。

6）保存该查询。

【例 8-32】创建如图 8-52 所示的查询，以交叉表格式显示 2017 年前后各出版社的图书销量。

图 8-52 显示 2017 年前后各出版社的图书销量   图 8-53 添加两次订购日期

【分析】交叉表查询不允许出现 2 个及以上的值字段，因此本例不能使用一个交叉表查询来完成题目要求。首先考虑查询的数据源，观察图 8-52，若要实现该查询的数据分析功能，需要的数据包括出版社、订购数量、订购日期，这些数据分布在"图书表""订单表""订单详情表"中，因此该查询是一个多表查询。然后确定查询类型，观察图 8-52，发现该查询出现了两个值字段，显然不是交叉表查询，而是选择查询，对"出版社"字段进行了分组，因而是一个汇总查询。主要操作步骤如下：

1）在查询的设计视图中添加"图书表""订单表""订单详情表"，并将出版社字段和订购日期字段添加到设计网格区中的"字段"行中。这里添加两个订购日期字段。

2）添加"总计"行，如图 8-53 所示，对出版社进行分组，并从订购日期字段的"总计"行中选择"Expression"。

3）在第一个订购日期字段的"字段"行中输入"2017 之前：Sum(IIf([订购日期]<#2017/1/1#,[订购数量],0))"，其含义表示创建一个计算字段"2017 之前"，并且如果是在 2017 年之前订购的图书，则对订单数量进行累加，以统计各个出版社的图书销量，作为计算字段的值出现在查询结果中。这里使用了 IIf 函数，该函数的用法请参考表 8-5。

4）在第二个订购日期字段的"字段"行中输入"2017 之后：Sum(IIf([订购日期]>=#2017/1/1#,[订购数量],0))"。

5）该查询的设计视图如图 8-54 所示，保存该查询。

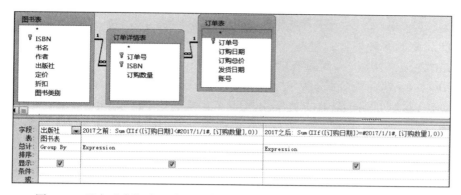

图 8-54　以交叉表格式显示 2017 年前后各出版社图书销量的查询设计视图

8.8.3　使用日期进行数据分析

如果数据表中有日期 / 时间型的字段，则可以利用 Access 提供的日期 / 时间函数（常用的函数见表 8-4）进行数据分析。比如 Date 函数返回当前系统日期，查询表达式"Date()-365"表示一年前的今天的日期，查询表达式"(Date()-[工作时间])/365.25"表示使用两个日期的差值得到的天数再除以 365.25 来计算工作了多少年，即工龄。因为考虑闰年情况下一年的平均天数，这里选择 365.25 而不是 365。图 8-55 给出了三种计算"教师表"中每位教师工龄方法的查询设计视图，请读者自行练习并观察查询结果。再比如 Weekday 函数返回某个日期是一周内的第几天，需要注意的是在 Access 中，一周是从星期日算起到星期六按照 1 到 7 编号，如果 Weekday 函数返回值是 7，则表示这一天是星期六。

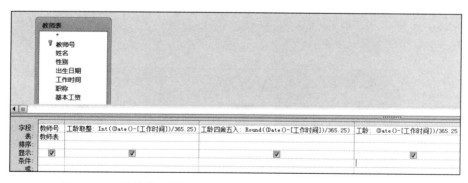

图 8-55　三种计算"教师表"中每位教师工龄方法的查询设计视图

【例 8-33】设置订单生成三天后的应发货日期。

【分析】本例介绍一种利用日期进行数据分析的方法，即确定在哪一天达到某个设定时间点，这里使用 DateAdd 函数。数据源是"网上书店系统"数据库中名为"订单表"的数据表。为了观察查询效果，修改订单号是"1180020"的"订购日期"字段的值，将其修改为"2019/02/06"，将"发货日期"修改为 NULL，"订单状态"修改为"未完成"。

该查询的 SQL 语句如下，查询的设计视图如图 8-56 所示，请读者自行练习。

```
SELECT 订单表 . 订购日期 , DateAdd("d",3,[ 订购日期 ]) AS 告警日期
FROM 订单表 ;
```

DateAdd 函数的格式如下。

DateAdd（时间间隔，要增加的间隔数量，当前使用的日期）

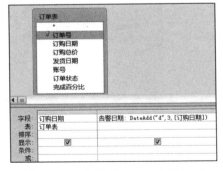

- 时间间隔有多种形式，包括：年（"yyyy"）、季度（"q"）、月（"m"）、一年中的天数（"ym"）、日（"d"）、一周的第几天（"w"）、周（"ww"）、小时（"h"）、分钟（"n"）、秒（"s"）等。注意，时间间隔中的英文引号不可以省略。
- 要增加的间隔数量：如果是正数，则表示将来的日期，为负数，则表示过去的日期。
- 当前使用的日期：日期可以是一个字段，也可以是一个常数，如果是日期常数，则必须使用 "#" 作为分界符，比如 #2019/02/13#。

图 8-56　查询中使用 DateAdd 函数

【例 8-34】对订单表进行数据分析，统计每本书各季度的订单总金额。

【分析】为了不破坏原有数据，同时又更好地展示查询效果，首先对 "网上书店系统" 数据库中的 "订单表" 进行备份，命名为 "订单表 -1"。修改 "订单表 -1" 中的数据，将 "订购日期" 中的全部年份修改为 "2018"，然后创建一个交叉表查询。

该查询的 SQL 语句如下，查询的设计视图和查询结果如图 8-57 和图 8-58 所示，请读者自行练习。

```
TRANSFORM Sum([ 订单表 -1]. 订购总价 ) AS 订购总价之合计
SELECT 图书表 . 书名 , 图书表 .ISBN
FROM [ 订单表 -1] INNER JOIN ( 图书表 INNER JOIN 订单详情表 ON 图书表 .ISBN =
订单详情表 .ISBN) ON [ 订单表 -1]. 订单号 = 订单详情表 . 订单号
GROUP BY 图书表 . 书名 , 图书表 .ISBN
PIVOT Format([ 订购日期 ],"q");
```

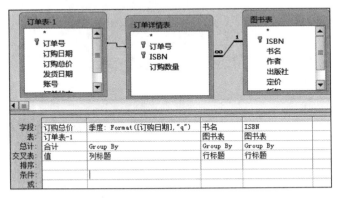

图 8-57　查询中使用 Format 函数

书名	ISBN	1	2	4
ASP.NET从入门到精通	9787100074667	57.6		220.8
C语言程序设计	9787544755023	334.4		
JAVA语言程序设计	9787306041586	57.6		
国史大纲	9787549553631	86.7		40.8
英语名篇	9787510040290	468.75	166.32	
英语中级听力	9787121173608		220.116	

图 8-58　统计每本书各季度的订单总金额

Format 函数的作用是按照某种格式的指令将某个变量或常量或字段转换为字符串。若将日期传给 Format 函数，则该函数的返回值是一个字符串，该字符串不能用于后续的计算。Format 的格式如下：

```
Format( 当前使用的日期 , 格式指令 )
```

其中，格式指令的形式与 DateAdd 函数中的时间间隔相同。

8.8.4 合并数据集

合并数据集可以通过创建联合查询得以实现。联合查询使用 UNION 运算符将两个兼容的 SELECT 语句进行合并，生成一个只读数据集。所谓兼容的 SELECT 语句就是指合并的两个 SELECT 语句必须具有相同数量的字段、在 SELECT 子句中有相同的排列顺序，并且包含相同或兼容的数据类型，比如"数字"和"文本"两种数据类型就是兼容的。

联合查询的结果将去掉重复行。如果希望在查询结果中保留重复行（记录），则使用 UNION ALL 关键字。联合查询属于 SQL 特定查询，只能通过书写 SQL 语句来创建。联合查询的基本 SQL 语法如下：

```
SELECT 语句 1
UNION [ALL]
SELECT 语句 2
```

创建联合查询的方法有两种，一种方法是首先在查询设计视图中创建好需要的选择查询，然后再在 SQL 视图下粘贴两个查询的 SQL 语句，通过 UNION 将它们合并为一个联合查询。另一种方法是直接在 SQL 视图下输入 SQL 语句创建联合查询。对于简单选择查询的联合，可以通过第二种方法创建。通常，第一种方法使用得较广泛。

【例 8-35】创建名为"选 C101 或 C401 课"的联合查询。查询选修了课程号是"C101"或"C401"的课程的学生的学号、姓名和班级。

【分析】本查询涉及的字段有课程号、学号、姓名和班级，这些字段分别存在于"选课表"和"学生表"中。首先创建 2 个选择查询，分别用于查询选修了"C101"课程的学生和选修了"C401"课程的学生，然后在 SQL 视图下使用 SQL 语句将它们合并为一个联合查询。具体操作步骤如下：

1）在设计视图下创建选修了"C101"课程的学生信息，包括学号、姓名和班级，保存该查询，命名为"选修 101"。

2）在设计视图下创建选修了"C401"课程的学生信息，包括学号、姓名和班级，保存该查询，命名为"选修 401"。需要注意的是，在选择字段时，要确保与上一步骤的选择顺序和字段数目相同。

3）创建联合查询，即在一个空白的查询设计视图下，单击"设计"选项卡上的"查询"组中的"联合"，切换至 SQL 视图。

4）在导航窗格的"查询"对象中打开"选修 101"查询，并切换至 SQL 视图，将其 SQL 语句复制粘贴到联合查询的 SQL 视图中，并删除 SQL 语句末尾的分号。

5）按下回车键，在新的一行中输入"UNION"，再次按下回车键。

6）用与步骤 4 相同的方法将"选修 401"查询的 SQL 语句复制粘贴到联合查询的 SQL 视图中。

7）运行该联合查询，图 8-59 给出了查询结果和 SQL 视图。通过观察发现，查询的结果并不符合题目要求。此外，如果有学生既选修了"C101"又选修了"C401"课程，查询结果中将会出现该学生的两条信息，请读者思考为什么会出现这种现象。

8）在 SQL 视图中修改 SQL 语句，删去每个 SELECT 子句中的"选课表.课程号"，保存该查询，命名为"选 C101 或 C401 课"。

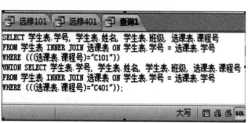

图 8-59　修改前联合查询的运行结果和 SQL 视图

8.8.5　对数据进行分层处理

通过例 8-35 创建的联合查询可以查找到选修了"C101"或者"C401"课程的学生。如果要查找既选修了"C101"又选修了"C401"课程的学生，应该如何完成呢？创建嵌套查询是一种解决方法。

在 SQL 中，如果在一个 SELECT 语句的 WHERE 子句中嵌入了另一个 SELECT 语句，则称这种查询为嵌套查询。通常，将 WHERE 子句中的 SELECT 语句称为子查询，相对于后面介绍的相关子查询而言，它是一种标准子查询，位于子查询外部的查询称为父查询。嵌套查询通常是先处理子查询，再处理父查询。对于多级嵌套的查询，由内层向外层依次处理。

【例 8-36】创建一个名为"某班女生"的查询，查找与学号为"10221001"的学生同班的女生的基本信息。

【分析】首先从"学生表"中找到"10221001"所在的班级名，然后从该班选择女生信息。该查询可以使用如下 SQL 语句进行创建。

```
SELECT *
FROM 学生表
WHERE 性别=" 女 " AND 班级 =
    (SELECT 班级
    FROM 学生表
    WHERE 学号 ="221001");
```

在创建"学生表"的表结构时，因为设置了"学号"的输入掩码，所以本例进行的学号比较是与去掉学号前两位后剩余的字符串进行比较。

【例 8-37】查询所有选修了课程"C301"的学生的学号和姓名。查询名为"选 301 课的学生"。

【分析】首先从"选课表"中找到选修了"C301"课程的学生的学号，然后从"学生表"

中找到这些学生，列出他们的学号和姓名。该查询可以使用如下 SQL 语句进行创建。

```
SELECT 学号，姓名
FROM 学生表
WHERE 学号 IN
    (SELECT 学号
     FROM 选课表
     WHERE 课程号 = "C301");
```

子查询中选修了"C301"课程的学生可能不止一个，即子查询的结果可能有多个值，因此，父查询的 WHERE 子句中不能使用"="，而要使用"IN"进行比较。

【例 8-38】创建名为"选 1 和 4 课"的联合查询。找到选修了"C101"并且还选修了"C401"课程的学生，显示其学号、姓名和班级。

【分析】此题如果只要求输出学号就比较简单，因为只涉及一个表"选课表"。题目要求输出学号、姓名和班级，这将涉及"学生表"和"选课表"。此外，要求检索选修了两门课的学生信息。在"选课表"的每条记录中不可能同时出现两个课程号，因此，不能使用"AND"。本例使用嵌套查询，子查询完成从"选课表"中找到选修了"C401"课程的学生"学号"，父查询完成从"选课表"中找到选修了"C101"课程的学生，并且将这些学生的学号与子查询找到的学号进行比较，找出学号相等的学生并显示其学号、姓名和班级。该查询可以使用如下 SQL 语句进行创建。

```
SELECT 学生表.学号，姓名，班级
FROM 选课表，学生表
WHERE 选课表.学号＝学生表.学号 AND 课程号="C101" AND 选课表.学号 IN
    (SELECT 学号
     FROM 选课表
     WHERE 课程号="C401");
```

8.8.6 计算百分比排名和频率分布

通常使用百分比作为测量某个实体相对整个组的性能的一种方法，计算某个数据集的百分比排名的公式是：(记录个数 - 排名)/ 记录个数。

频率分布用于根据指定变量或字段值的出现次数对数据进行分类，本小节介绍使用 Partition 函数构建频率分布的方法。Partition 函数的语法格式如下：

```
Partition( 需要计算的字段或变量，数值范围的开始值，数值范围的结束值，范围间隔 )
```

其中，数值范围的开始值必须大于等于 0，范围间隔不能小于 1。

【例 8-39】根据"网上书店系统"数据库中的"订单表"对会员的贡献率进行统计分析，计算每位会员的百分比排名。

1）按照图 8-60 所示创建一个名为"会员消费总额"的查询。

2）以"会员消费总额"为数据源创建一个查询"会员消费排名"。首先在设计视图下将账号和订购总额两个字段添加到设计网格区的"字段"行中，并在"字段"行的第 3 列中输入"排名 :(select count(*) from 会员消费总额 as S where [订购总额] > [会员消费总额].[订购总额])+1"来创建一个相关子查询，并为其起一个别名"排名"，保存该查询。该查询的 SQL 语句如下，查询设计视图如图 8-61 所示。

```
SELECT 会员消费总额.账号, 会员消费总额.订购总额, (select count(*) from 会员
消费总额 as S where [订购总额] > [会员消费总额].[订购总额])+1 AS 排名
    FROM 会员消费总额;
```

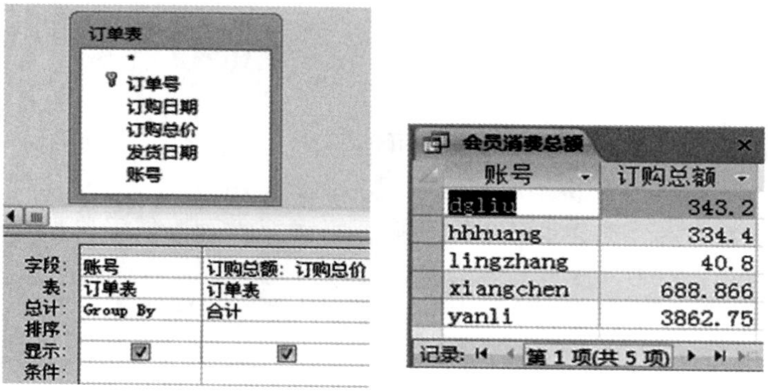

图 8-60   "会员消费总额"的查询设计视图和查询结果

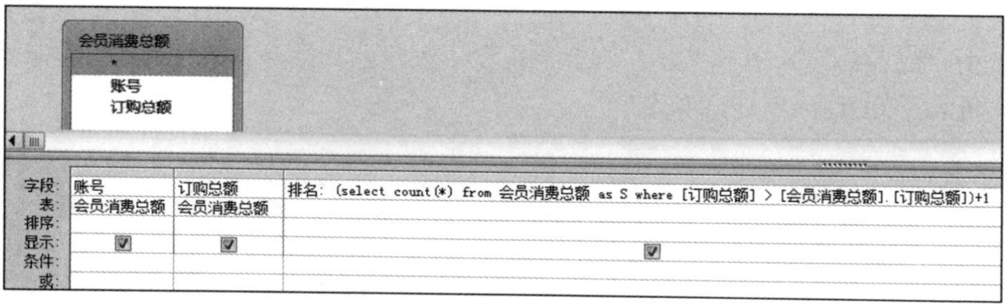

图 8-61   "会员消费排名"的查询设计视图

3）在"字段"行的第 4 列中输入"记录个数：(select count(*) from 会员消费总额)"，创建一个别名为"记录个数"的非相关子查询。非相关子查询与相关子查询的主要区别是在 SELECT 语句中是否引用了外部查询列。

4）在"字段"行的第 5 列中输入"百分点排名：([记录个数]-[排名])/[记录个数]"，创建一个计算字段"百分点排名"。

5）保存该查询。图 8-62 给出了该查询的运行结果。

账号	订购总额	排名	记录个数	百分点排名
dgliu	343.2	3	5	.4
hhhuang	334.4	4	5	.2
lingzhang	40.8	5	5	0
xiangchen	688.866	2	5	.6
yanli	3862.75	1	5	.8

图 8-62   "会员消费排名"的查询结果

在步骤 2 中使用 SELECT 语句创建了一个相关子查询。相关子查询不同于之前介绍的标准子查询，该子查询返回到外部查询并引用了外部查询中的"订购总额"列，这使得该子查询针对外部查询处理的每一行分别计算一次，对本例而言就是若有 N 个订购总额就要运行该子查询 N 次，这样得到的查询结果将是一个数据集。在创建相关子查询时，必须为其数据源创建一个别名，本例为"会员消费总额"创建的别名是 S，这是因为子查询和它

的外部查询使用相同的数据源，创建别名使 Access 可以区分在 SQL 语句中引用的是哪个数据源。

【例 8-40】统计所修课程平均成绩在各个成绩段（60～69，70～79，80～89，90～99）中的学生人数。

【分析】本例使用"教学管理"数据库。首先得到每位学生的平均成绩，然后使用 Partition 函数创建一个计算字段"成绩段"，用于统计各个成绩段上的学生人数分布。

主要操作步骤如下：

1）创建名为"计算学生平均成绩"的查询，该查询的设计视图如图 8-63 所示。

2）将该查询作为数据源创建另一个查询"统计成绩的学生人数"，在查询的设计视图下，将学号字段添加到"字段"行上，添加"总计"行。

3）在"字段"行的第 2 列中输入"成绩段：Partition([平均成绩],50,100,10)"，创建计算字段"成绩段"。

4）将"成绩段"的"总计"行设置为"Group By"，将学号字段的"总计"行设置为"计数"，保存并关闭该查询。

5）以设计视图打开该查询，将"学号 之计数：学号"修改为"人数：学号"，保存该查询。该查询的设计视图如图 8-64 所示。

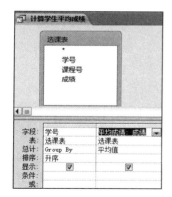

图 8-63　"计算学生平均成绩"的查询设计视图

图 8-64　统计各成绩段的学生分布人数

8.9　小结

查询是 Access 2010 数据库中的一个重要对象，它是按照一定的条件或规则从一个或多个数据表 / 查询中映射出的虚拟视图。用户使用查询可以查看、更新和分析数据库中的数据。

查询不仅可以从数据源中选择部分或全部数据，而且可以对数据分组，进行统计、排序、计算和汇总。此外，还可以利用查询创建新表，对表中的记录进行追加、更新、删除等操作。

查询包括数据表视图、设计视图、SQL 视图、数据透视表视图和数据透视图视图。创建和修改查询只能在设计视图和 SQL 视图下进行。数据表视图用于显示查询的结果。

Access 2010 中，将查询分为 5 类，分别是选择查询、参数查询、交叉表查询、操作查询和 SQL 查询。若要从数据源检索数据或者创建计算字段，或者进行分组汇总，可创建选择查询；若希望是交互式的选择查询，则可创建参数查询；若要对数据源中的字段进行分组，并对两组数据交叉处进行汇总统计，可创建交叉表查询；若要添加、更新和删除数据，或者创建新表将查询结果保存，则可以创建操作查询。上述查询可以利用 Access 提供的创建工具进行创建，并在后台自动生成对应的 SQL 语句，可以通过 SQL 视图查看这些查询的 SQL 语句。但是有些特定的查询（如联合查询、数据定义查询等不能使用创建工具进行创建）只能在 SQL 视图下使用 SQL 语句进行创建。

习题

1. 查询与表的主要区别是什么？
2. 创建查询的方法有哪些？简述每种方法的特点。
3. 简述查询的种类以及它们之间的区别。
4. 简述在选择查询中设置查询参数的方法和主要操作步骤。
5. 如果删除表中一批满足指定条件的记录，采用什么方法？如果删除一批记录中的指定字段的值，采用什么方法？
6. 对于例 8-35，除了创建联合查询之外，还可以使用什么方法？请描述主要创建步骤。

上机练习题

1. 创建下列查询。
   （1）查询学生的学号、姓名和班级。查询名为"查询学姓班"。
   （2）查询选修了课程"C401"并且成绩等于或大于 90 分以上的学生的学号、班级和成绩。查询名为"C401-90 分以上"。
   （3）查询职称为"教授"的授课情况，包括"教师号""姓名"、讲授的"课程名"和"学分"。查询名为"教授的授课信息"。
   （4）创建名为"所修学分"的查询，用于检索学生的学号、姓名以及每个学生所修课程的总学分。
   （5）创建名为"同班 8 号出生的学生"的查询，检索与学号为"10221001"的同学同班并且是 8 号出生的学生的基本信息。
2. 按照图 8-65 所示的查询设计视图创建一个查询，当运行该查询时会出现几个提示对话框，输入数据后，结果会是什么？

图 8-65 参数查询条件分别位于"条件"行和"或"行

3. 将图 8-26 中的"班级"作为列标题字段，"性别"作为行标题字段，查询结果与图 8-25 有什么不同？
4. 创建交叉表查询，统计各个班男女生的平均成绩。查询名为"各班男女生平均成绩"。
5. 创建查询"更新成绩"，将"选课表"中学号为"10212726"的同学的"C401"课程成绩修改为 90 分。然后，运行查询"C401-90 分以上"，是否可以看到新添加的这条记录？为什么？写出具体的操作步骤。

6. 图 8-66 给出了“网上书店系统”数据库中的数据表“订单表”和“订单详情表”的内容。下列 SQL 语句的查询结果将会是什么？请按照下列要求完成观察实验，并根据实验结果简述 DISTINCTROW 谓词和 DISTINCT 谓词的区别。

订单表

订单号	订购日期	订购总价	发货日期	账号
1100000	2016/1/1	468.75	2016/1/2	xiangchen
1103200	2016/2/2	122.4	2016/2/2	dgliu
1121660	2016/4/6	168.75	2016/8/2	yanli
1168000	2017/5/1	220.116	2017/5/2	xiangchen
1174605	2017/12/1	220.8	2017/12/2	dgliu
1176000	2017/12/1	40.8	2017/12/3	lingzhang
1180001	2018/1/1	334.4	2018/1/2	hhhuang
1180020	2019/2/6	3286		yanli
11032110	2016/5/1	408	2016/5/2	vanli

订单详情表

订单号	ISBN	订购数量
1100000	9787510040290	25
1103200	9787549553631	3
1121660	9787510040290	9
1168000	9787121173608	13
1174605	9787100074667	4
1176000	9787549553631	1
1180001	9787544755023	11
1180020	9756350496647	10
1180020	9787111406112	100
11032110	9756350496647	30

图 8-66　“网上书店系统”数据库中的数据表“订单表”和“订单详情表”

（1）

```
SELECT 订单表.账号
FROM 订单表 INNER JOIN 订单详情表 ON 订单表.订单号 = 订单详情表.订单号
ORDER BY 订单表.账号 DESC;
```

（2）

```
SELECT DISTINCTROW 订单表.账号
FROM 订单表 INNER JOIN 订单详情表 ON 订单表.订单号 = 订单详情表.订单号
ORDER BY 订单表.账号 DESC;
```

（3）

```
SELECT DISTINCT 订单表.账号
FROM 订单表 INNER JOIN 订单详情表 ON 订单表.订单号 = 订单详情表.订单号
ORDER BY 订单表.账号 DESC;
```

（4）

```
SELECT DISTINCT 订单表.订单号, 订单表.账号
FROM 订单表
ORDER BY 订单表.账号 DESC;
```

（5）

```
SELECT DISTINCTROW 订单表.订单号, 订单表.账号
FROM 订单表
ORDER BY 订单表.账号 DESC;
```

（6）

```
SELECT DISTINCT 订单表.账号
FROM 订单表
ORDER BY 订单表.账号 DESC;
```

（7）

```
SELECT DISTINCTROW 订单表.账号
FROM 订单表
ORDER BY 订单表.账号 DESC;
```

（8）

```
SELECT DISTINCTROW 订单表.账号, 订单表.订购日期, 订单表.订购总价, 订单表.发
货日期
```

```
    FROM 订单表 INNER JOIN 订单详情表 ON 订单表.订单号 = 订单详情表.订单号
    ORDER BY 订单表.账号 DESC;
```

（9）

```
    SELECT DISTINCTROW 订单表.账号, 订单表.订购日期, 订单表.订购总价, 订单表.发
货日期, 订单详情表.订单号, 订单详情表.ISBN
    FROM 订单表 INNER JOIN 订单详情表 ON 订单表.订单号 = 订单详情表.订单号
    ORDER BY 订单表.账号 DESC;
```

（10）

```
    SELECT 订单表.账号, 订单表.订购日期, 订单表.订购总价, 订单表.发货日期, 订单详
情表.订单号, 订单详情表.ISBN
    FROM 订单表 INNER JOIN 订单详情表 ON 订单表.订单号 = 订单详情表.订单号
    ORDER BY 订单表.账号 DESC;
```

7. 判断下列 SQL 语句是否正确。如果正确请给出查询结果，如果错误请指明错误之处和原因。

（1）

```
    SELECT 学生表.班级, 学生表.性别, Count(学生表.学号) AS 人数
    FROM 学生表
    GROUP BY 学生表.班级
    HAVING (((学生表.班级) Like "*" & [请输入班级: ] & "*"));
```

（2）

```
    SELECT 班级, 性别, 学号
    FROM 学生表
    GROUP BY 班级, 性别
    HAVING (班级 Like "*" & [请输入班级: ] & "*");
```

（3）

```
    SELECT 学生表.班级, Count(学生表.学号) AS 人数, 学生表.性别
    FROM 学生表
    GROUP BY 学生表.班级, 学生表.性别
    HAVING (((学生表.班级) Like "*" & [请输入班级: ] & "*"));
```

（4）

```
    SELECT 学生表.班级, Count(学生表.学号) AS 人数, 学生表.性别
    FROM 学生表
    GROUP BY 学生表.班级, 学生表.性别
    HAVING (((学生表.班级) Like "*" & [请输入班级: ] & "*")) and 性别 = 请输入
性别: ;
```

（5）

```
    SELECT 学生表.班级, Count(学生表.学号) AS 人数, 学生表.性别
    FROM 学生表
    where 性别 = 请输入性别:
    GROUP BY 学生表.班级, 学生表.性别
    HAVING (((学生表.班级) Like "*" & [请输入班级: ] & "*"))  ;
```

（6）

```
    SELECT 学生表.班级, Count(学生表.学号) AS 人数, 学生表.性别
    FROM 学生表
    where 性别 =" 男 "
```

```
GROUP BY 学生表.班级, 学生表.性别
HAVING ((( 学生表.班级) Like "*" & [请输入班级:] & "*"))  ;
```

（7）

```
TRANSFORM Avg(选课表.成绩) AS 平均成绩
SELECT 学生表.班级, 学生表.性别
FROM 学生表 INNER JOIN (课程表 INNER JOIN 选课表 ON 课程表.课程号 = 选课表.课
程号) ON 学生表.学号 = 选课表.学号
GROUP BY 学生表.班级, 学生表.性别
ORDER BY 学生表.班级 DESC, 选课表.课程号 DESC
PIVOT 选课表.课程号;
```

8. 如果要求在 FROM 子句中不使用 INNER JOIN 进行连接运算，请写出与例 8-20 的 SQL 语句等效的语句。

第 9 章
数据的输入和输出

9.1　构建用户界面——窗体

在几乎所有使用 Access 构建的应用程序中，用户界面都是由一系列 Access 窗体组成。

窗体是一种重要的 Access 数据库对象，它可以将各种数据库对象组织在一起，为用户提供一个功能强大、方便使用的友好界面。通过这个界面，用户可以查看和访问数据库。比如查看表中数据、输入数据、编辑数据、运行查询、打开报表和其他窗体，以及通过命令按钮等控件来控制应用程序的运行流程等。

大多数情况下，不允许用户直接对数据表中的数据进行编辑和查询，使用窗体可以限制用户对表中字段的访问或者对敏感数据的访问。从某种意义上讲，窗体是保证数据完整性和安全性的一种工具。

【例 9-1】创建一个如图 9-1 所示的名为"课程表 – 纵栏式"窗体。为了帮助读者快速认识窗体，在图 9-1 上标注了窗体的一些部件名称。

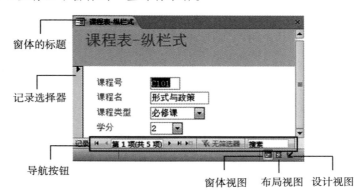

图 9-1　纵栏式窗体的窗体视图

【分析】通过观察窗体发现，该窗体以"窗体视图"来展示数据，而且这些数据均来自名为"课程表"的数据表。对于初学者，创建此类窗体最简单最快速的方法是使用"窗体"

工具。

1）打开"教学管理"数据库，从导航窗格中选中名为"课程表"的数据表。

2）单击"创建"选项卡的"窗体"组中的"窗体"，创建的窗体将以布局视图打开。

3）在布局视图下，单击含有"学号"和"成绩"的方框内的任意区域，按下删除键将其删除。

4）双击窗体 logo 后面的"课程表"，将其修改为"课程表 – 纵栏式"，单击窗体 logo，按下删除键将其删除，此时窗体的布局视图如图 9-6 所示。

5）保存窗体并以"课程表 – 纵栏式"命名该窗体。

9.1.1 窗体的类型

Access 2010 提供了种类丰富的窗体，按照数据在窗体上显示的布局，主要分为五种类型。

1. 纵栏式窗体

如图 9-1 所示，每屏只显示一条记录，通过窗体底部的记录导航按钮，可查看下一条或上一条记录。在该窗体下可以对数据进行编辑，并可以在设计视图下修改布局、调整控件的大小等。

2. 表格式窗体

如图 9-2 所示，每屏显示多条记录。在该窗体下可以对数据进行编辑，并可以在设计视图下增加各种窗体控件、调整控件的大小、修改控件布局等。

3. 数据表窗体

如图 9-3 所示，就像处于表的数据表视图下。在该窗体下不仅可以对数据进行编辑，而且可以直接调整控件的大小。例如，如图 9-3 所示，将"课程表"中课程号"C303"的课程的学分修改为"3"，此外，还调整了各字段的显示宽度。

图 9-2　表格式窗体

图 9-3　数据表窗体

4. 分割窗体

分割窗体由两部分组成，上部分是纵栏式窗体，下部分是数据表窗体。如图 9-4 所示，上下两部分的数据均来自同一个数据源"课程表"，并且可以在数据更新时保持同步。分割窗体利用了两种窗体类型的优势，使用窗体的数据表部分快速定位记录，然后使用窗体部分查看或编辑记录。

5. 主 / 子窗体

窗体中嵌套窗体，外层窗体称为主窗体，内层窗体称为子窗体。这种窗体主要用于显示来自多个数据源的数据，尤其是多个表中具有一对多关系的数据。通常情况下，将"一"方的数据位于主窗体中,"多"方的数据位于子窗体中。图 9-5 给出了以"课程表"和"选课表"为数据源的主/子窗体。可以通过修改窗体中的数据来改变数据源中的数据。

图 9-4　分割窗体

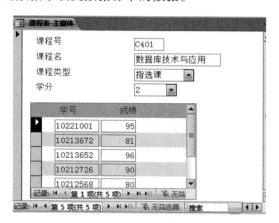

图 9-5　主/子窗体

重要提示

　　分割窗体不同于主/子窗体,分割窗体的两个视图连接的是同一数据源,并且总是保持同步。如果在分割窗体的一个部分中选择了一个字段,则会在它的另一部分中选择相同的字段。可以从分割窗体的任意部分添加、编辑或删除数据。

9.1.2　窗体的视图

　　Access 为窗体提供了 6 种类型的视图,分别是数据表视图、窗体视图、布局视图、设计视图、数据透视表视图和数据透视图视图。下面重点介绍前 4 种。

1. 数据表视图

　　图 9-3 展示的就是窗体的数据表视图。与表的数据表视图一样,可以直接对记录和字段数据进行编辑,如增加记录、修改某个字段的值等。

2. 窗体视图

　　图 9-1、图 9-2、图 9-4 和图 9-5 展示了不同窗体的窗体视图,该视图是窗体的工作视图,或者说是窗体运行时的视图,可以在该视图下进行数据的输入、查看、修改,但不能修改窗体,包括窗体的内容和结构,比如不能修改数据源、不能修改窗体或控件的属性、窗体的布局、增加或删除控件等,也不能打开属性表。

3. 布局视图

　　布局视图是修改窗体布局最直观的视图。窗体在布局视图中的展示效果与窗体视图几乎一样,区别在于可以在布局视图中移动控件并调整控件的大小,以及对现有的控件进行删除和重新布局。与设计视图不同,在布局视图中看到的是正在运行的窗体,因而可以看到窗体中的数据。图 9-6 给出了图 9-1 所示窗体的布局视图以及该窗体的属性表。

4. 设计视图

　　设计视图是用于设计、修改窗体结构以及内容的视图。通过该视图可创建新的窗体,或者对已创建的窗体进行修改。比如,在该视图下可以向窗体添加字段或更多类型的控件,通过属性表设置窗体或控件的属性来自定义窗体；可以编辑文本框控件的控件来源、调整窗体的大小以及修改某些无法在布局视图中更改的窗体属性等。在该视图下虽然无法看到窗体中的数据，但设计视图提供了窗体本身以及其中各种控件的详细结构。

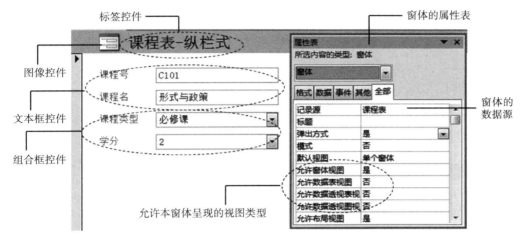

图 9-6　窗体的布局视图及窗体的属性表

图 9-7 给出了图 9-1 所示窗体的设计视图以及该窗体的属性表。双击图 9-7 中相应的节选定器（从上至下依次是窗体页眉节选定器、主体节选定器、窗体页脚节选定器）或控件，将打开相应的节选定器或控件的属性表，可以方便地对其属性和事件进行设置。双击图 9-7 中的窗体选定器，将打开该窗体的属性表。若想了解每个属性或事件的含义、用法以及英文名称，可通过按下 F1 键启动系统帮助。

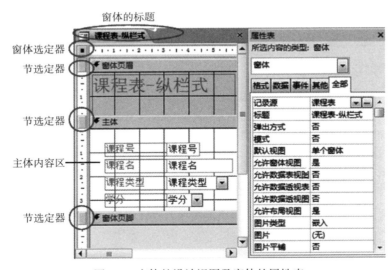

图 9-7　窗体的设计视图及窗体的属性表

9.1.3　窗体的结构

在设计视图下可以详细观察到窗体由 5 个部分组成，如图 9-8 所示，从上至下依次为窗体页眉节、页面页眉节、主体节、页面页脚节和窗体页脚节。主体节是必需的，其他节为可选。表 9-1 给出了这 5 个节的简要说明。

默认情况下，设计视图只显示窗体页眉节、主体节和窗体页脚节。右击"节选定器"，在如图 9-9 所示的快捷菜单中选择"页面页眉 / 页脚""窗体页眉 / 页脚"等命令来显示或隐藏这些节。

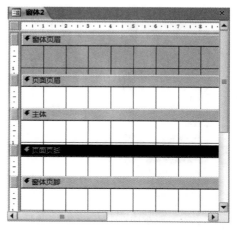

图 9-8   窗体的 5 个节

图 9-9   设置"节"的快捷菜单

表 9-1   窗体的 5 个节

节的名称	用途	在窗体打印预览或打印页中出现的位置
窗体页眉	窗体标题、列标题、日期时间、按钮、徽标	首页顶部
页面页眉	标题、列标题、日期时间、页码	首页在窗体页眉之后，其他页在每页的顶部
主体	用于创建与字段绑定的控件及其他控件	末页在窗体页脚之前，其他页在页面页眉和页面页脚之间
页面页脚	页汇总、日期时间、页码	每页底部
窗体页脚	合计、日期时间、页码、按钮	末页中最后一个主体节之后

9.1.4   窗体的属性

首先通过一个例子来介绍打开属性表并设置属性的方法，请读者在学习过程中观察并思考。

【例 9-2】查看并修改名为"课程表 – 纵栏式"的窗体的各种属性。

1）在窗体的布局视图或设计视图下，按下 F4 键，或单击图 9-10 中的"属性表"，出现如图 9-7 右侧所示的该窗体的属性表。

2）从图 9-7 右侧的属性表中观察到，该窗体的"记录源"属性值是名为"课程表"的数据表，说明在该窗体上显示的数据来自"课程表"。

3）观察到"标题"属性值为"课程表 – 纵栏式"，"弹出方式"属性值为"否"，"模式"属性值为"否"，"默认视图"属性值为"单个窗体"。除标题的值是由用户输入之外，其他属性值都有多个值可供选择。

4）单击"弹出方式"，从下拉列表中选择"是"，切换到窗体视图下，请观察与设置之前有什么不同。

图 9-10   "窗体设计工具"中"设计"选项卡的"工具"组

5）单击"默认视图"，从下拉列表中选择"连续窗体"，切换到窗体视图下，请观察与设置之前有什么不同。

6）此时若修改"标题"属性值为"课程表窗体"，切换到窗体视图下，请观察与设置之前有什么不同。保存该窗体后，窗体的名字是否改变？

7）若要修改窗体页眉节和窗体页脚节的背景色，则首先单击窗体页眉或窗体页脚的节选定器，然后单击属性表的"格式"选项卡，从"背景色"属性的下拉列表中选择某一项。

8）若要插入图片作为窗体背景，则单击属性表"格式"选项卡中"图片"属性行的右边按钮，选择作为窗体背景的图片。

9）若要修改窗体的数据源为"选课表"，则单击"数据"选项卡，从"记录源"属性的下拉列表中选择数据表"选课表"。

10）单击"其他"选项卡中的"模式"，从下拉列表中选择"是"。切换到窗体视图下，请观察与设置之前有什么不同。

11）设置"快捷菜单"为"否"，切换到窗体视图下，请观察与设置之前有什么不同。

属性表的上半部分是一个对象下拉列表，下半部分是选定对象的属性，由5个属性选项卡组成。在窗体的设计视图或布局视图下，单击对象下拉列表的下拉按钮，下拉列表中将出现该窗体的所有对象，如窗体、窗体的各个节、窗体中的控件等，若从下拉列表中选择某一个对象，则属性选项卡中将列出该对象的所有属性。例如，在名为"课程表–纵栏式"窗体的属性表中，对象下拉列表的内容如图9-11所示。

下面对属性表中的5个属性选项卡进行简要说明。

1）**格式**：设置位置、大小、颜色、样式等外观属性。

2）**数据**：设置数据源、是否允许数据的输入和增删改、排序、筛选等。

3）**事件**：列出了该对象所有可能发生的事件，选择某个事件后，在其后的文本框中输入或从下拉列表中选择该事件发生时要运行的宏或应用程序，从而设置对象的事件属性。

4）**其他**：图9-12给出了窗体的其他属性。若设置窗体的"弹出方式"为"是"，则窗体将浮在屏幕上，可移动到任何区域，默认值为"否"。若设置窗体的"模式"为"是"，则窗体为模式窗体，只能在窗体中进行操作，不能操作该窗体之外的区域，默认值为"否"。若设置"快捷菜单"为"否"，则禁用右键快捷菜单，默认值为"是"。

5）**全部**：按照用户的使用习惯和属性的使用频率，将前4个选项卡中的所有属性进行排列。

图9-11　"课程表–纵栏式"窗体属性表中的对象类型

图9-12　窗体的"其他"属性页面

9.1.5 窗体中的控件

控件是构成窗体的重要元素，常称为窗体上的图形化对象。利用控件可以查看和处理数据库应用程序中的数据。窗体中最常用的控件是文本框，其他常用控件包括命令按钮、标签、选项组、组合框、列表框、选项卡、子窗体 / 子报表控件等。

1. 控件的类型

控件一般分为绑定控件、未绑定控件和计算控件三类。

（1）绑定控件

需要数据源的控件称为绑定控件，该控件需要与表或查询中的字段进行绑定。使用绑定控件可以对表中字段的值进行显示以及同步修改。例如，图 9-7 主体节中的 4 个控件都是绑定控件，比如其中用于显示课程名的文本框，其数据源是名为"课程表"的数据表中的"课程名"字段。若在窗体中修改课程名文本框中的内容，则"课程表"中课程名字段的值也会随之改变，反之亦然。创建绑定控件最快捷的方法是，单击"工具"组中的"添加现有字段"按钮，打开"字段列表"窗格，如图 9-13 所示，双击需要的字段或选中该字段并拖放至窗体合适位置。

（2）未绑定控件

不需要数据源的控件称为未绑定控件。通常使用未绑定控件显示信息、图片、线条或矩形等。例如，图 9-7 中，窗体页眉节中名为"课程表 – 纵栏式"的标签控件就是未绑定控件。

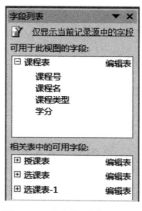

图 9-13 "字段列表"窗格

（3）计算控件

计算控件需要数据源，但数据源不是来自字段，而是来自表达式的值，即需要通过定义表达式来指定该控件数据源的值。表达式的计算结果只能是单个值，并且表达式可以含有来自窗体数据源中的字段数据，也可以含有来自窗体或报表中的另一个控件的数据。同查询的表达式类似，这里不再赘述。

重要提示

1. 在创建窗体时，首先在设计视图下添加和排列所有绑定控件，然后再添加未绑定控件和计算控件来完成创建。

2. 窗体中的计算控件通常无须创建。可以事先在表或查询中创建计算字段，然后将窗体与包含该计算字段的表或查询进行绑定，即可在窗体上显示计算。

2. 向窗体添加控件

在窗体中添加控件就是创建控件，采用的方法有通过"控件"组和"字段列表"两种。

（1）通过"控件"组添加控件

- **使用"控件向导"**。首先要在图 9-14 所示的"控件"组中选中"使用控件向导"，然后单击要添加的控件，并单击窗体的合适区域，启动相应的控件向导，按照向导提示完成控件创建工作。需要注意的是，系统并非为所有的控件都设置了控件向导，比如标签、选项卡、切换按钮、复选框、选择按钮等只能通过手动创建。

- **手动创建**。在窗体的设计视图下，单击"控件"组中的某个控件，如标签控件，然后在窗体的合适区域按下鼠标左键，拖动鼠标绘制一个大小合适的方框，然后松开鼠标，并在方框中键入将要显示的文本。

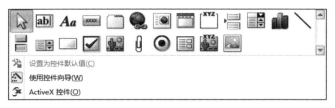

图 9-14　"设计"选项卡中的"控件"组

（2）通过"字段列表"添加控件

如图 9-15 所示，通过"字段列表"添加控件实际上是添加当前窗体数据源中的某个字段，多数情况下是创建了一个绑定到该字段的文本框控件。如果该字段创建时数据类型是查阅向导，则创建了一个绑定到该字段的组合框控件。

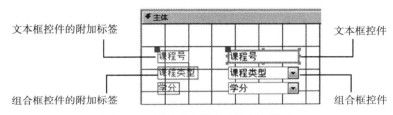

图 9-15　通过"字段列表"添加控件

通过"字段列表"窗格，Access 将自动以字段名作为该控件的来源以及附加标签的标题，并且会根据表或查询中字段的属性（如"格式""小数位数"和"输入掩码"属性），自动将控件的许多属性设置为相应的值。

3. 操作控件

为了合理安排控件在窗体中的位置以及控件的显示效果，需要在设计视图或布局视图下对控件进行一些操作，如移动、删除、调整控件大小以及设置控件的颜色、边框、字体等。

（1）选择控件

在进行控件的相应操作之前，首先应选定控件。单击某控件，即选择之。若同时选择多个控件，则按下 Shift 键后逐个单击相应的控件。

（2）移动控件和调整控件大小

选择控件后，出现黄色方框包围控件，在方框上出现 8 个小方格，左上角灰色的称为移动手柄，其余 7 个黄色的称为调整大小手柄。当光标停到移动手柄上时，出现上下左右箭头，表示可以按下移动手柄拖动控件至适当的位置。当光标停到调整大小手柄时，出现上下或左右箭头，表示可以调整控件的大小。

（3）对齐控件

按下 Shift 键后逐个选择要对齐的控件，右击鼠标，从快捷菜单中单击"对齐"命令，选择对齐方式。或者，在选择控件后，单击"窗体设计工具"的"排列"选项卡中的"调整大小和排列"组中的"对齐"命令，选择对齐方式。

（4）设置控件的格式

控件的格式主要包括字体大小、边框、背景色、前景色（即字体的颜色）、特殊效果等。设置方法是从"窗体设计工具"的"格式"选项卡中，单击"调整大小和排列"组中的"字体"和"控件格式",或者从快捷菜单中选择相应的命令。

4. 控件布局

布局是一些参考线,用于集中控制多个控件的水平或垂直对齐方向,使窗体具有一致的外观。可以将布局看作是由多个单元格组成的表,表中每个单元格要么为空,要么包含单个控件。

（1）控件布局的类型

控件布局分为表格式布局和堆叠式布局,如图 9-16 所示。表格式控件布局中的各个控件按行和列进行排列,对于结合型控件,其附加标签位于窗体页眉节中,其余部分则位于主体节中。堆叠式布局中的各个控件会沿垂直方向进行排列,每个控件左侧都有一个标签,默认情况下所有控件都位于主体节。

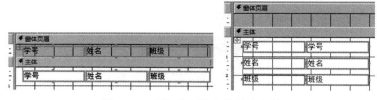

图 9-16 表格式布局和堆叠式布局

可以在表格式布局和堆叠式布局之间进行切换。方法是,在布局中选择需要排列的控件,在"窗体设计工具"的"排列"选项卡的"表"组中,单击需要切换的布局类型。

（2）选择布局

选中某个控件,在"排列"选项卡上的"行和列"组中,单击"选择布局",则选中布局中的所有单元格。

（3）创建新布局

在窗体中选择要创建布局的一个或多个控件,在"窗体设计工具"的"排列"选项卡的"表"组中,单击"堆积"或"表格"。

（4）删除整个布局

选择整个布局,布局周围出现虚线方框,单击"排列"选项卡的"表"组中的"删除布局"。删除布局后,可以将原布局中的任意控件自由放置在窗体或报表上的任何位置,或调整大小,互不影响。

（5）向布局中添加控件

将"字段列表"窗格中的字段或其他控件拖到布局中,出现水平条或垂直条,用于指示在释放鼠标按钮时字段将要放置的位置,如果位置合适,则松开鼠标,控件将会插入到指示的位置。

（6）从布局中删除控件

选中控件,从右键快捷菜单中选择"布局",然后单击"删除布局"。从布局中删除控件不是从窗体中删除控件,通俗地说,是将控件从布局的约束中解放出来,可以将其放置在窗体或报表的任何位置,而不会影响任何其他控件的放置。

5. 常用的控件

按照图 9-17 从左到右的顺序依次介绍这几个常用的控件。系统为部分控件设置了"控件向导",当向窗体添加控件时,如果事先启用了"控件向导",则系统会自动启动"控件向导",引导操作。

图 9-17 常用的控件

（1）文本框

文本框用于输入、编辑和显示数据。例如图 9-1 中的课程号和课程名就是文本框控件。

（2）标签

标签用于显示说明性文本，例如标题、简单的提示信息等。标签可以作为一个单独的控件来创建，也可以作为结合型控件的附加部分，在创建结合型控件的同时被创建，如创建文本框或组合框等结合型控件时，通常会同步创建一个标签控件，称为附加标签。如果结合型控件的数据源是某个表中的字段，则不可随意修改标签的"标题"属性，即标签的文字内容。

（3）命令按钮

命令按钮用于启动或执行某种功能，如打开或关闭表和窗体、执行查询、运行宏、运行事件过程以及控制应用程序的流程等。

【例 9-3】创建一个窗体，并添加一个命令按钮，单击该按钮，则运行一个已经创建好的查询。

【分析】使用"控件向导"是完成本例要求的最佳选择。这里只介绍关键步骤。

1）创建一个空白窗体，使用"控件向导"添加命令按钮控件。

2）此时添加了一个名为"Command0"的命令按钮，并启动了向导，如图 9-18 所示。

图 9-18 命令按钮向导

3）从图 9-18 中单击"杂项"，向导页如图 9-19 所示，单击"运行查询"，然后单击"下一步"，从向导页中选择需要绑定的查询。

（4）选项卡

选项卡主要用于在一个窗体中展现多页分类信息，单击选项卡可以进行页面的切换。例如，图 9-20 所示的"属性表"窗体中有 5 个选项卡，默认是"格式"，若单击"其他"选项卡，就切换至"其他"属性页面。

图 9-19　单击命令按钮运行一个查询的方法　　　　图 9-20　窗体的"其他"属性页面

（5）组合框和列表框

列表框是显示可供选择的值的列表，不能向列表框中键入值，只能从列表中选择一项。调整列表框的大小可以显示几乎任意数目的数据。

组合框是列表框和文本框功能组合的一种控件。在组合框中既可以键入一个值，也可以从下拉列表中选择一项。键入的值可以不是列表中的值。

【例 9-4】创建如图 9-21 所示的窗体。

【分析】窗体中有两个控件，分别为文本框和组合框，没有数据源。使用窗体设计器创建该窗体。

1）创建一个名为"组合框练习"的窗体，在窗体的设计视图下，将文本框控件添加到窗体中的合适位置，将附件标签的标题设置为"姓名:"；

2）启动控件向导，添加组合框控件，选择"自行键入所需的值"，输入列表中将要显示的省份名称，单击"完成"，并将附件标签的标题设置为"所在省:"；

图 9-21　名为"组合框练习"的窗体

3）调整控件大小和位置后，保存窗体；

4）单击"组合框控件"，观察它的"数据"选项卡中的属性设置，尤其是"行来源""行来源类型"和"限于列表"的属性值；

5）切换到窗体视图，从组合框的下拉列表中选择某一个省份；

6）在组合框中输入一个不在列表中的省份，比如"四川"，保存窗体；

7）切换至设计视图，将组合框控件的"限于列表"属性值设置为"是"；

8）切换至窗体视图，在组合框中输入一个不在列表中的省份，比如"海南"，保存窗体时，请观察系统会做出什么反应。

（6）切换按钮、复选框和选项按钮

这 3 个控件可以是绑定控件也可以是非绑定控件。如果是绑定控件，通常用于绑定"是/否"型字段，用于显示来自窗体数据源（即记录源）的"是/否"型字段的值，尤其是复选框是表示"是/否"的最佳控件，通过按钮的切换来设置字段值为"是"（其属性"value"的值为 −1）或"否"（（其属性"value"的值为 0）。如果是非绑定控件，则可以通过设置复选框和选项按钮的附加标签"标题"属性来标识其操作含义。系统没有为这 3 个控件提供控件向导功能。

如果希望快速实现多个按钮的互斥功能，则可以利用选项组控件[XYZ]。

【例 9-5】创建如图 9-22 所示的窗体。

【分析】观察图 9-22，窗体中有一个标签控件、两个选项按钮控件、一个命令按钮控件。该例题有两种方法。

方法 1：分别添加标签控件和选项按钮控件。

方法 2：一次性添加选项组控件，通过设置控件属性达到图 9-22 所要求的效果要求。

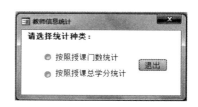

图 9-22 名为"教师信息统计"的窗体

如果仅实现图 9-22 所要求的静态窗体，这两种方法都可以较好完成并且操作复杂性类似。如果对窗体的功能有进一步要求，比如要完成动态窗体的功能（单击图 9-22 中某选项按钮，则打开某个查询统计结果），并且要求单选按钮的互斥效果时，尤其是在没有学习 VBA 编程之前，则考虑方法 2，使用选项组控件会使操作更简单。

本例给出方法 2 的主要操作过程。对于方法 1 请读者自行完成。

1）单击"创建"选项卡"窗体"组中的"窗体设计"，然后单击"控件"组中的"选项组"控件，在窗体"主体"节的合适位置拖动鼠标，确定控件大小后松开鼠标，出现图 9-23。从该图可以看到窗体设计视图中出现一个名为"Frame2"的选项组控件的附加标签、1 个方框以及选项组控件向导的启动首页。

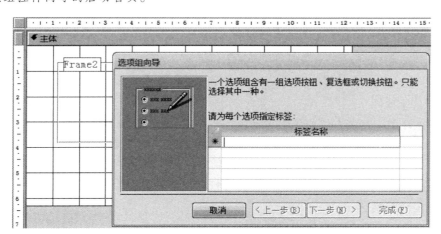

图 9-23 "选项组向导"首页

2）在如图 9-23 所示的"选项组向导"首页中，分别为两个选项输入标签名称"按照授课门数统计"和"按照授课总学分统计"，单击"下一步"。

3）在"选项组向导"第 2 页中选择"否，不需要默认选项"，单击"下一步"。

4）在后续的"选项组向导"页中设置每个选项的值，如图 9-24 所示，并选择选项组中的控件类型是"选项按钮"，单击"完成"。

5）在窗体设计视图下，单击图 9-23 中的方框，打开选项组的属性表，设置其属性"边框样式"的值为"透明"。

6）在窗体设计视图下，单击图 9-23 中名为"Frame2"的选项组控件的附加标签，在其属性表的"格式"选项卡中设置属性值，将其"标题"属性设置为"请选择统计种类："，并设置其"字体""字号"等格式属性，设置其"上边距"和"左"属性的值，使其达到窗体要求的效果。

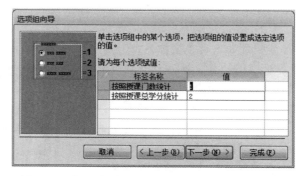

图 9-24   在"选项组向导"页中系统设置的选项值

7）最后向窗体添加标题为"退出"的命令按钮控件，保存窗体。

重要提示

1. 选项组中的各个按钮具有互斥功能，其含义是在同一时刻只能有一个按钮被选中。

2. 因为选项组中的按钮本身具有互斥功能，因此图 9-24 中为每个选项赋值意味着当选中某个选项按钮时，其值就是选项组的值。

3. 系统会根据按钮的显示顺序为每个按钮自动分配从数字 1 开始的连续整数，每个选项的值不能重复。在没有特殊要求的情况下，不要修改系统为每个选项自动赋予的值。

（7）子窗体控件

子窗体控件用于在现有的窗体中再创建一个与该窗体相联系的内层窗体。

除了上述介绍的控件之外，还有一些其他常用控件，如直线控件和矩形控件用于在窗体中绘制直线和矩形；图表控件用于在窗体中绘制图表；图像控件用于在窗体中插入静态图片，如照片等；超链接控件用于创建指向网页、邮件地址、文件或程序的链接。

6. 设置控件属性

通过属性表可以查看和设置控件的属性。下面通过例子介绍控件属性的设置方法。

【例 9-6】通过属性表查看控件的属性。

在设计视图或布局视图下，单击某控件，按下 F4 键或者单击"设计"选项卡"工具"组中的"属性表"，或者通过右键快捷菜单等方式，打开该控件的属性表，查看该控件的属性。

【例 9-7】通过属性表查看控件的类型和名称以及设置控件的属性。

1）在设计视图下打开如图 9-1 所示的"课程表－纵栏式"窗体，单击标题为"课程表－纵栏式"的控件，打开该控件的属性表，如图 9-25 所示。

图 9-25   标签控件的属性表的部分内容

2）此时属性表"所选内容的类型"显示为"标签"，说明该控件是一个标签控件。

3）在"全部"选项卡中显示了该标签控件的名称是"Label8"，这是该控件的默认名字。Access 在新创建每个控件时，都会给出一个从"Lable0""Lable1"等依次递增的控件名。

4）在图 9-25 所示的控件属性表中，单击某个属性行，如果末尾处出现下拉按钮 ⮟，说明可以通过从下拉列表中选择不同的选项来设置该属性的值；如果没有出现下拉按钮，则需要自行输入相应的值来设置该属性的值。

重要提示

1. 控件的"名称"属性不同于"标题"属性，为了清晰表达控件的作用和意义，通常需要修改控件的"标题"属性，而"名称"属性通常用于系统的内部标识，在编写宏和 VBA 代码中使用，对于初学者不建议修改。

2. "名称"属性值可能会因为用户不同的创建过程而不同，请注意使用自行添加控件时系统自动赋予的"名称"属性值，而不是一定要与书本相一致。

3. 提醒读者要养成善于使用系统帮助的习惯。比如，在控件属性表中，单击某个属性行，并按下"F1"键，将启动系统帮助，这个帮助信息包括该控件属性的含义、语法、应用举例以及在 VBA 代码中的写法等，了解这些内容将对后续宏和 VBA 代码的编写非常有帮助。

---

7. 创建计算控件

【例 9-8】在窗体中创建一个如图 9-26 所示的计算控件。

【分析】当窗体加载时，Access 会对表达式进行计算，并将表达式的值填入控件中。

1）通过"窗体视图"工具创建一个空白窗体。

2）打开"字段列表"窗格并双击学生表中的"学号"字段，此时添加一个学号文本框控件。

3）添加一个文本框控件，并打开属性表，将"控件来源"属性设置为" =Year(Date())-Year([出生年月])"。

4）根据自己的需要可以修改控件的属性以及控件布局，然后切换到窗体视图下观察效果。

图 9-26 创建计算字段

9.1.6 创建窗体的工具

Access 2010 提供了很多创建窗体的方法，包括"窗体"工具、"窗体设计"工具（即窗体设计器）、"空白窗体"工具、窗体向导以及其他窗体创建工具，如"多个项目"工具、"数据表"工具、"分割窗体"工具、"模式对话框"工具、"数据透视图"工具和"数据透视表"工具等。通过图 9-27 所示的"创建"选项卡的"窗体"组可以使用这些方法。

1. 使用"窗体"工具创建新窗体

这是一种快速创建窗体的方法，但必须首先选定表或查询作为所创建窗体的记录源。使用"窗体"工具创建后的窗体默认以布局视图方式显示。在窗体创建后，可以在布局视图或设计视图下，对窗体进行后续的修改。

关键操作是，首先在导航窗格中单击将作为窗体数据源的数据表或查询，然后单击如图 9-27 所示的"窗体"组中的"窗体"。

【例 9-9】以名为"教师表"的表作为数据源，使用"窗体"工具创建名为"教师窗体"的窗体。

1）在导航窗格中，单击"教师表"。

2）在图 9-27 所示的"窗体"组中单击"窗体"。Access 将自动创建窗体，在以布局视图显示窗体的同时，打开属性表。

3）调整文本框宽度后，保存并关闭窗体。再次打开时，将在窗体视图下显示该窗体，如图 9-28 所示。

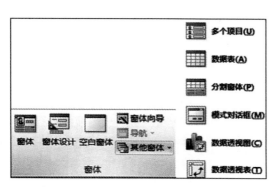

图 9-27 创建窗体的方法

图 9-28 使用"窗体"工具创建的窗体

重要提示

1. 当使用"窗体"工具创建窗体，窗体的数据源是一个表（或查询）A，并且该数据源与另一个表 B 存在唯一的一对多关系时，Access 将以子窗体的形式自动向窗体添加表 B 的数据。例如，例 9-9 创建一个基于"教师表"的窗体，并且"教师表"与"授课表"之间定义了唯一的一对多关系，通过图 9-28 可以看到，所创建的窗体以"主 / 子窗体"的形式显示与当前"教师表"相关记录对应的"授课表"中的信息。如果窗体中不需要显示授课数据，则可以在窗体的"布局视图"或"设计视图"下将包含授课信息的子窗体删除。

2. 当所创建窗体的数据源表与多个表具有一对多关系时，Access 将不会向该窗体中添加子窗体，仅显示所创建窗体数据源表中的记录。

---

2. 使用向导创建窗体

使用"窗体"工具可以快速、自动创建窗体，但数据源中的所有字段都会自动显示在窗体上，而且布局由系统生成，缺乏灵活性。如果要自由选择显示在窗体上的字段，可以使用"窗体向导"，在利用向导创建窗体的过程中，还可以指定数据的组合和排序方式。

使用向导创建窗体非常简单，请读者自行练习。

关键操作是，首先在"创建"选项卡上的"窗体"组中，单击"窗体向导"，然后按照"窗体向导"各个页面上显示的说明执行操作。在向导的最后一页上，单击"完成"。

3. 使用"空白窗体"工具创建窗体

"空白窗体"工具也是一种非常快捷的窗体创建方式，特别适合在窗体上放置很少字段的情形。创建的窗体不带任何控件和格式，需要从"字段列表"窗格中双击要添加的字段进行手动添加。

【例 9-10】以"学生表""选课表"和"课程表"为数据源，创建一个名为"例 11-4 学生选课"的窗体。

具体操作步骤如下：

1）单击"窗体"组中的"空白窗体"，Access 在布局视图中打开一个空白窗体，并在窗体右侧显示"字段列表"窗格，如图 9-29 所示。

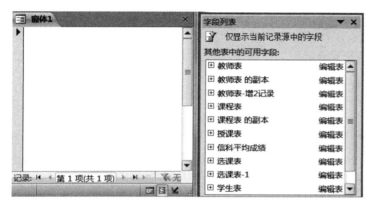

图 9-29 使用"空白窗体"工具创建的窗体布局视图

2）在"字段列表"窗格中，分别单击"学生表""选课表"和"课程表"旁边的加号 (+)，显示表的字段。

3）双击"选课表"中的"学号"、"学生表"中的"班级"、"选课表"中的"课程号"以及"课程表"中的"课程名"和"课程类型"。也可以通过鼠标将其分别拖动到窗体中。

4）在窗体上自动出现与该字段绑定的文本框控件，如果发现添加错误，可在窗体中选中对应控件，直接删除。添加完字段后的窗体如图 9-30 所示。

5）发现"课程号""课程名""课程类型"等附加标签的标题显示不全，并且文本框宽度过大，则需要进行调整。

单击任意一个附加标签，出现黄框和左右箭头后，按下鼠标左键向左或向右拖动鼠标调整标签长度。

单击图 9-30 左上角的 ⊞，选中全部控件，在任意黄色竖线处出现左右箭头时，按下鼠标左键向左或向右拖动鼠标调整文本框的宽度，调整后的效果如图 9-31 所示。

图 9-30 在空白窗体上添加字段后的窗体

6）若想将所有控件整体移动，单击图 9-30 左上角的 ⊞，出现上下左右箭头时，按下鼠标左键将其移动到窗体的合适位置。

7）保存窗体。在导航窗格双击该窗体名，或者由布局视图切换至窗体视图之后，该窗体如图 9-32 所示。

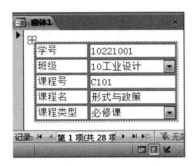

图 9-31   调整布局后的窗体布局视图

图 9-32   "例 11-4 学生选课"窗体视图

如果想添加徽标、标题、日期和时间，可在布局视图或设计视图下使用"设计"选项卡上的"页眉/页脚"组中的工具。如果想添加其他控件，可使用"控件"组中的工具。

4. 使用"其他窗体"工具创建窗体

（1）使用"多个项目"工具创建窗体

前面介绍的工具所创建的窗体默认情况下一次只显示一条记录，若想一次显示多条记录，可以通过设置窗体的"默认视图"属性值为"连续窗体"，也可以使用"多个项目"工具进行窗体创建。所创建的窗体为表格式窗体，类似于数据表，但提供了比数据表更多的自定义选项，例如添加图形元素、按钮和其他控件的功能。

【例 9-11】以"课程表"为数据源，创建一个名为"课程表"的窗体。

1）在导航窗格中，单击表对象中的"课程表"。

2）单击"窗体"组中的"其他窗体"，然后单击"多项目"。

3）Access 将自动创建窗体。选中要调整的控件，出现左右箭头时，拖动鼠标调整控件大小，调整后的窗体布局视图如图 9-33 所示。

4）切换至窗体设计视图下，观察各控件安排的区域。如图 9-34 所示，观察到在窗体页眉区域有一个图像控件（用于表示"窗体"的 LOGO）、一个独立的标签控件（用于显示窗体标题）和 4 个文本框的附件标签；主体节中有 4 个文本框控件。可以设置控件和窗体各节的属性，例如，通过单击窗体页眉节选定器，在属性表中，调整"高度"，将窗体页眉区域的"背景色"由淡蓝色改为其他颜色，还可以在各节适当位置添加其他控件等。

图 9-33   多项目窗体的布局视图

图 9-34   多项目窗体的设计视图

5）保存该窗体。

重要提示

　　如果不清楚控件的名称，可打开属性表，根据属性表的"所选内容的类型"和各个选项卡来了解当前选中控件的名称，以及查看或设置控件的属性值，要记得使用"F1"帮助键。

（2）使用"分割窗体"工具创建窗体

图 9-4 就是分割窗体，它同时提供了数据的两种视图，即窗体视图和数据表视图，这两个视图中显示的数据均来自同一个数据源"课程表"，并且在数据更新时保持同步。

1）创建的方法。

关键操作是，首先在导航窗格中选中窗体的数据源，然后单击"窗体"组中的"其他窗体"，选择"分割窗体"。Access 将自动创建窗体，并以布局视图显示该窗体。切换至窗体设计视图下，观察各控件被安排的区域。

2）固定窗体分隔条。

若想在窗体视图中将窗体分隔条固定并隐藏，可以在设计视图下设置"窗体"属性表中的"分割窗体分隔条"为"否"，设置"保存分隔条位置"属性为"是"，然后在布局视图下将分隔条拖动到所需位置，切换至窗体视图，分隔条将固定于某个位置并隐藏起来，因而无法将其移动。

3）添加和删除新字段。

在布局视图下，单击"工具"组中的"添加现有字段"，将需要的字段拖放到窗体中。

在分割窗体的窗体部分中，单击字段将其选中，然后按下删除键，该字段将同时从窗体和数据表中被删除。

（3）使用"模式对话框"创建窗体

该工具用于创建一个浮动对话框窗体，该窗体中有两个命令按钮控件，标题分别为"确定"和"取消"，如果单击"确定"，则关闭该窗体。

【例 9-12】创建图 9-35 所示的窗体，如果单击"确定"，则关闭该窗体。

具体操作步骤如下：

1）单击"窗体"组中的"其他窗体"，然后单击"模式对话框"。Access 将自动创建一个带有"确定"和"取消"命令按钮的弹出式窗体，并以设计视图显示该窗体。

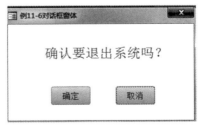

图 9-35　使用"模式对话框"创建的窗体

2）在窗体设计视图下，添加一个标签控件，标题为"确认要退出系统吗？"，设置标签控件的"字体"和"字号"等属性，调整控件的位置和窗体的大小。

3）保存该窗体，命名为"例 11-6 对话框窗体"。

4）在设计视图下打开该窗体和窗体属性表，并观察窗体的各个属性的默认设置，尤其是窗体的"记录源""弹出方式""边框样式""控制框""关闭按钮"以及"最大最小化按钮"的属性值。（请读者思考系统这样设置的原因。）

5）单击"确认"命令按钮，打开其属性表。单击"事件"选项卡，观察到"单击"事件行中出现"嵌入的宏"，这说明 Access 在创建该窗体时自动创建了与"确定"控件相绑定的宏。

6）单击该行后的 ⋯ 按钮，打开宏的设计器窗口，该"嵌入的宏"的内容如图 9-36 所示，该宏只有 1 条宏操作命令"CloseWindow"，其含义是，如果单击"确认"按钮，将关闭该窗体。

5. 使用设计视图创建窗体

前面介绍的各种窗体创建工具对于初学者非常重要，通过简单练习就可以快速创建窗体。随着学习的深入以及实际应用需求的复杂性，往往需要在设计视图下修改自动生成的窗体。另外，通过窗体显示提示信息、提供交互信息接口、在窗体中执行各种功能操

图 9-36   宏设计器窗口

作、查询表中数据、打开与关闭其他窗体等功能都需要使用窗体设计器，即在设计视图下来实现。

要创建一个布局合理、界面友好的窗体，关键的一点是在熟练掌握各个控件的特点和功能的基础上，选择控件并在窗体设计视图中合理安排好每一个控件。

使用设计视图创建窗体的关键操作步骤如下：

1）首先需要明确窗体是否需要数据源，如果需要，则在窗体的设计视图下通过窗体属性表的"数据"选项卡来确定数据源，并将数据源字段添加到窗体中。

2）打开窗体的属性表，设置窗体的属性。

3）添加控件，并设计窗体布局。

4）选择"事件"选项卡，设计窗体的事件或窗体中某个控件的事件。

【例 9-13】创建一个如图 9-37 所示名为"登录"的窗体，用于名为"teacher"的用户来登录。

【分析】首先确定窗体是否需要数据源以及窗体中的控件类型，然后确定各控件应该安排在窗体的哪个节中。根据题目要求，本窗体不需要数据源。在窗体的"主体"节中安排的控件包括：一个独立的标签控件，两个文本框控件，以及两个命令按钮控件。

图 9-37   "登录"窗体的窗体视图

具体操作步骤如下：

1）单击"窗体"组中的"窗体设计"，出现一个空白窗体的设计视图。

2）单击"窗体设计工具"的"设计"选项卡，从"控件"组中单击标签控件，然后在窗体主体节的适当位置添加此控件。设置"标题""高度""宽度""字体""字号""文本对齐方式"等。该标签控件的属性如图 9-38 所示。

3）使用控件向导或手动方式依次添加文本框控件，本例使用控件向导。单击文本框控件，然后单击窗体中要放置文本框控件的位置，启动控件向导。按照向导提示依次设置文本框内文本的字体、字号、特殊效果、对齐方式、行间距以及该文本框的名称。用户名和口令这两个文本框的属性如图 9-39 所示。

图 9-38　标签控件的属性

图 9-39　两个文本框的属性

4）这一步不启动控件向导。在"控件"组中单击命令按钮控件，将其添加到窗体的适当位置并调整大小。关于命令按钮控件的"事件"属性的设置，在学习宏和 VBA 编程之后，再继续讨论。

5）保存窗体。打开窗体，如图 9-40 所示，观察到所创建的窗体与图 9-37 不一致。

6）打开窗体的属性表，将窗体的"记录选择器"和"导航按钮"属性设置为"否"，将"滚动条"设置为"两者均无"，将"最大最小化按钮"设置为"无"。

7）保存并关闭窗体，完成窗体的创建过程。

【例 9-14】创建如图 9-41 所示的选项卡窗体。

图 9-40　创建过程中的"登录"窗体视图

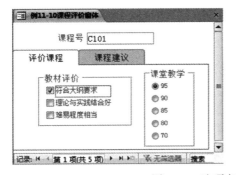
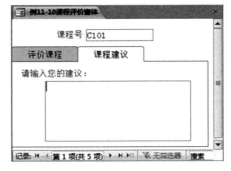

图 9-41　选项卡窗体的窗体视图

【分析】该窗体的数据源是"课程表"中的课程号。需要添加一个文本框控件和选项卡控件。

具体操作步骤如下：

1）单击"窗体"组中的"窗体设计"，出现一个空白窗体的设计视图。

2）单击"窗体设计工具"的"设计"选项卡，从"工具"组中单击"添加现有字段"，从"字段列表"窗格中单击"课程表"前的加号，双击其中的"课程号"。将"课程号"字段相绑定的文本框控件添加到空白窗体的主体节中，调整其大小和位置，如图 9-42 所示。

3）单击"窗体设计工具"的"设计"选项卡，从"控件"组中单击选项卡控件，然后在窗体主体节的适当位置添加此控件，如图 9-43 所示，选项卡控件包含了两个默认的页。

图 9-42 添加绑定型文本框控件及控件属性

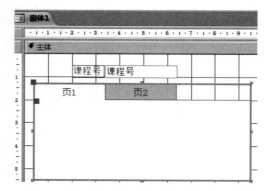

图 9-43 添加了选项卡控件的窗体设计视图

4）通过选项卡控件的属性表可以观察到选项卡控件的"名称"属性值为"选项卡控件1"，按照图 9-44 设置该选项卡控件的属性。

5）单击选项卡中的"页 1"，在属性表中将其"标题"属性设置为"评价课程"。单击"页 2"，将其"标题"属性设置为"课程建议"，并设置"高度""宽度"等属性。"页 1"的属性表如图 9-45 所示。"页 2"除"名称"和"标题"属性值不同之外，其余同"页 1"的设置相同。

图 9-44 添加的选项卡控件的属性表

图 9-45 选项卡"页 1"的属性表

6）单击"控件"组中的选项组控件，在"页 1"上单击要放置选项组的位置，启动选项组控件向导，在向导的首页为各选项指定标签，即输入附加标签控件的"标题"，如图 9-46 所示。

7）按照向导提示一步一步地进行操作，在图 9-47 所示的向导页面中选择选项组中的控件类型为复选框。在向导的最后一页，指定选项组的标题为"教材评价"。单击"完成"。

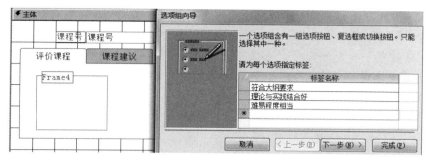

图 9-46　通过控件向导创建选项组控件

图 9-47　在选项组控件向导中选择控件类型

8）按照同样的方法在"页 1"中添加由 5 个选项按钮组成的标题为"课堂教学"的选项组控件。

9）选中复选按钮控件和选项按钮的附加标签，在属性表中统一修改标签控件的"字号"为 9。

10）单击"控件"组中的文本框控件，在"页 2"上单击要放置的位置，启动控件向导，设置属性，例如将附加标签的"标签"设置为"请输入您的建议："。

11）设置窗体的"记录选择器"属性为"否"，保存窗体，命名为"例 11-10 课程评价窗体"。

思考：按照步骤 7 在图 9-47 中将选项组中的控件类型设置为复选框的操作能否实现"例 11-10 课程评价窗体"中"教材评价"的多个复选框都被选中的功能？为什么？

再思考：如何实现"教材评价"的多个复选框都被选中的功能？

9.1.7　创建主 / 子窗体

主 / 子窗体主要用于同时显示一对多关系的表或查询中的数据，即子窗体中的多条记录需要与主窗体中的一条记录相关联。主 / 子窗体一般都需要数据源。创建主 / 子窗体的方法除了例 9-9 给出的特殊方法外，常用的方法有以下三种：

方法 1：利用窗体向导同时创建主窗体和子窗体。

方法 2：利用窗体设计器先创建主窗体，然后在设计视图下通过添加子窗体控件来创建子窗体。

方法 3：通过拖动鼠标将两个事先创建的窗体一个作为主窗体，另一个作为子窗体。

【例 9-15】使用方法 1，利用窗体向导创建如图 9-5 所示的主 / 子窗体。该窗体允许通过修改窗体中的数据来改变数据源中的数据。

【分析】所创建窗体的数据源是名为"课程表"和"选课表"的数据表。

1）单击"创建"选项卡上的"窗体"组中的"窗体向导"，启动窗体向导。

2）在向导的第一页分别选择"课程表"和"选课表"作为数据源，并将"课程表"中的所有字段、"选课表"中的"学号"和"成绩"字段添加到右侧的"选定字段"框中，如图 9-48 所示。单击"下一步"。

3）在图 9-49 所示的向导页中选择"通过 课程表"查看数据的方式，单击"带有子窗体的窗体"选项，单击"下一步"。

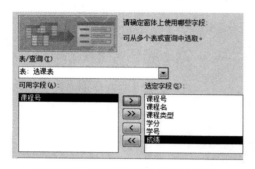

图 9-48   在窗体向导中选定窗体上
使用的字段

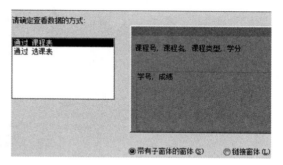

图 9-49   在窗体向导中确定查看数据的
方式和窗体类型

4）确定子窗体使用的布局为"表格"，单击"下一步"，输入主窗体和子窗体的名称，分别为"课程表–主窗体"和"选课表–子窗体"，选择"打开窗体查看或输入信息"。

5）单击"完成"。打开窗体，发现窗体布局、控件大小需要进一步调整。

6）在设计视图下，删除子窗体中的标签控件。将主窗体的窗体页眉中标签控件的"标题"属性设置为"学生选课明细"，并设置其"字号"为 14，"文本对齐"方式为"居中"。

7）调整主窗体控件大小和布局，如选中文本框控件向左移动，紧跟在附加标签之后。选中子窗体控件，调整子窗体的宽度，并向左移动与主窗体的附加标签对齐。

8）保存窗体。

思考：当在导航窗格中分别单击主窗体和子窗体时，这两个窗体会分别打开吗？为什么？

再思考：可以在导航窗格中删除子窗体吗？如果可以删除，在导航窗格中单击主窗体会发生什么？为什么？

再次思考：本例是如何实现"该窗体允许通过修改窗体中的数据来改变数据源中的数据"的？如果不允许通过所创建的窗体修改数据源中的数据，应该对窗体进行怎样的属性设置？

【例 9-16】使用方法 2，创建如图 9-50 所示的主 / 子窗体。

【分析】首先观察窗体的数据源、窗体上的控件种类以及控件的数据源，然后确定控件之间是否有联动关系。

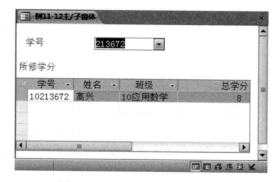

图 9-50   主 / 子窗体的窗体视图

通过观察发现，子窗体的"默认视图"属性是"数据表"，并且当从学号组合框中选择某个学号时，在子窗体中将显示该学生的学号、姓名、班级以及所修的总学分。还发现该主/子窗体的数据源来自多张表，因此可以事先创建好一个查询，并将该查询作为主/子窗体的数据源，本例使用第 8 章上机练习题所创建的查询"所修学分"作为主/子窗体的数据源。此外，因为本书在设计表结构的例子中为"学号"字段设置了输入掩码，因此在组合框中只显示学号的后 6 位。

具体创建过程如下：

1）单击"窗体"组中的"窗体设计"，出现一个空白窗体的设计视图。

2）这一步非常关键。打开窗体的属性表，指定窗体的数据源，即从窗体的"记录源"属性后的下拉列表中选择事先创建好的名为"所修学分"的查询，如图 9-51 所示。

图 9-51　确定窗体的数据源

3）在窗体主体节的适当位置添加组合框控件，启动图 9-52 所示的控件向导。因为子窗体中的数据要基于所选定的组合框中的学号来显示，所以这里选择第 3 个选项，请记住这一步操作。单击"下一步"。

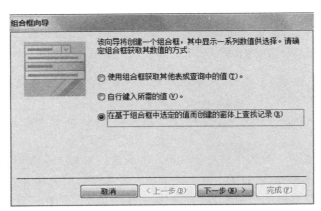

图 9-52　确定组合框获取其数据的方式

4）在图 9-53 所示的向导页中，"可用字段"框中出现"所修学分"中的全部字段，选定"学号"字段,将"学号"字段的值作为组合框中的列。

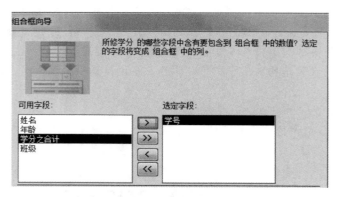

图 9-53 选定组合框中要出现的字段

5)按照向导提示完成组合框控件的创建,在向导的最后页上,为组合框的附加标签指定"标题"为"学号"。

6)在窗体主体节的适当位置添加子窗体控件,启动子窗体向导。在图 9-54 所示的向导页上,本例选择"使用现有的表和查询",单击"下一步"。如果子窗体事先已经创建好,则可选择第 2 个选项:"使用现有的窗体"。

7)在图 9-55 所示的向导页中选择子窗体中包含的字段,将"所修学分"中除"年龄"以外的字段全部添加到"选定字段"框中。

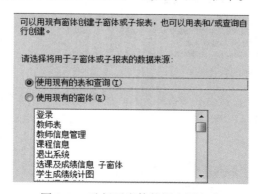

图 9-54 选择子窗体数据来源方式

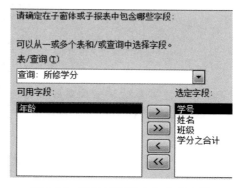

图 9-55 选择子窗体中包含的字段

8)这一步也是关键操作。在图 9-56 所示的向导页中,确定主窗体和子窗体之间的链接字段。选中"从列表中选择",链接字段为"学号"。

9)在向导最后一页,为子窗体确定标题"所修学分",单击"完成"。该窗体的设计视图如图 9-57 所示。

10)在设计视图或布局视图下调整控件大小和位置,双击"学分之合计"标签,将其中的文本内容修改为"总学分",设置"学分之合计"文本框的"文本对齐"属性为"居中"。

11)将主窗体和子窗体的"记录选择器"和"导航按钮"属性设为"否"。

12)保存窗体,名为"例 11-12 主 / 子窗体"。在导航窗格的"窗体"对象中可看到这两个窗体。子窗体名为"所修学分",主 / 子窗体名为"例 11-12 主 / 子窗体"。

思考:在第 7 步,能否通过图 9-55 从多个表中依次选择在子窗体中出现的所有字段,而不是通过名为"所修学分"的查询？

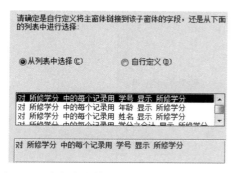

图 9-56　确定主窗体和子窗体之间的链接字段

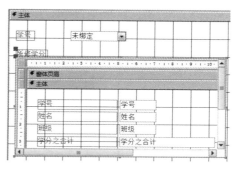

图 9-57　新创建的主 / 子窗体的设计视图

再思考：如果事先不为图 9-50 所示的主 / 子窗体指定数据源，也不创建"所修学分"这个查询，而是利用窗体设计器在创建窗体的过程中临时选定需要的字段，可否完成这个主 / 子窗体的创建？难点是什么？

再次思考：本例的操作思路是通过观察主窗体和子窗体中的数据，为主 / 子窗体统一指定一个数据源，请问能否分别为主窗体和子窗体指定数据源？

> **重要提示**
>
> 1. 如果窗体需要数据源，则可以通过在窗体的属性表中对名为"记录源"的属性进行设置。
>
> 2. 如果文本框控件需要数据源，则可以通过在文本框控件的属性表中对名为"控件来源"的属性进行设置。
>
> 3. 如果列表框控件或组合框控件需要数据源，则可以通过在其属性表中对名为"行来源"的属性进行设置。

【**例 9-17**】将图 9-58 和图 9-59 所示的两个窗体分别作为主窗体和子窗体，创建后的主 / 子窗体如图 9-60 所示。单击"关闭窗体"按钮，将关闭该主 / 子窗体。

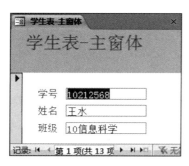

图 9-58　作为主窗体的"学生表 – 主窗体"

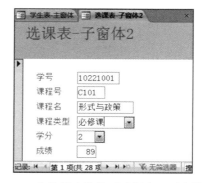

图 9-59　作为子窗体的"选课表 – 子窗体 2"

【**分析**】很显然，主窗体和子窗体事先都已经创建好了（建议使用窗体向导进行创建），使用方法 3，在主窗体的设计视图下，从导航窗格中选中子窗体并将其拖放到主窗体中的合适位置，完成该主 / 子窗体的创建。

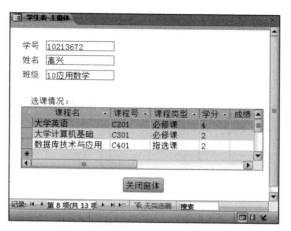

图 9-60　主 / 子窗体

提示：在利用窗体向导创建如图 9-59 所示子窗体的过程中，需要选择"选课表"和"课程表"两个表中的字段。在确定查看数据方式的向导页中，按照图 9-61 所示选中"通过 选课表"和"单个窗体"。

图 9-60 所示主 / 子窗体的具体创建过程如下：

1）双击导航窗格"窗体"对象中的"学生表–主窗体"，在其设计视图下，在导航窗格中选定"选课表–子窗体 2"，并将其拖动至"学生表–主窗体"的窗体主体节的合适位置。

2）双击子窗体控件顶部的空白区域，在打开的子窗体属性表中，将"链接主字段"和"链接子字段"设置为"学号"，如图 9-62 所示。

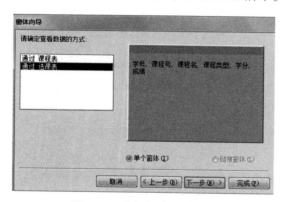

图 9-61　确定查看数据方式

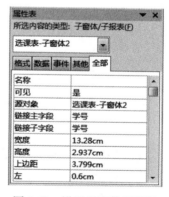

图 9-62　设置子窗体的属性

3）双击子窗体的"窗体选定器"，在窗体的属性表中将子窗体的"记录选择器"和"导航按钮"属性设为"否"。

4）双击主窗体的"窗体选定器"，设置其"记录选择器"属性为"否"。

5）设计视图下，删除主窗体和子窗体的窗体页眉中的标签控件，将子窗体的标签控件的文本内容改为"选课情况："。因为主窗体和子窗体中学号重复，故删除子窗体中的学号组合框。

6）在布局视图或设计视图下调整窗体布局，调整控件大小和位置后，保存该主 / 子窗体。

7）在主窗体的窗体页脚节中添加命令按钮控件，启动命令按钮的控件向导，如图 9-63 所示。

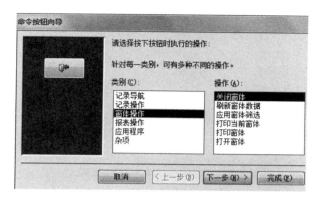

图 9-63 "命令按钮向导"的启动页面

8）从"类别"中选择"窗体操作"，从"操作"框中选择"关闭窗体"，单击"下一步"按钮。

9）按照向导提示，确定按钮上显示"文本"，按钮上的文字是"关闭窗体"，即按钮控件的"标题"属性。然后指定按钮的"名称"属性，建议不要改动系统给出的默认名称。

10）保存并关闭该主 / 子窗体之后，再次在导航窗格的"窗体"对象中双击窗体名为"学生表 – 主窗体"的窗体，将打开如图 9-60 所示的主 / 子窗体。

9.1.8 使用窗体收集信息

【例 9-18】创建一个如图 9-64 所示的名为"注册会员"的窗体。

【分析】这是一个是典型的利用窗体进行信息收集的例子。用户通过窗体中的文本框输入自己的信息，单击"注册"按钮，系统将这些信息自动保存在一个事先创建好的名为"会员表"的数据表中。该窗体包括 1 个标签控件、6 个文本框控件、2 个命令按钮控件。

之前在第 7 章的上机练习题 6 中创建了"网上书店系统"的数据库文件，并创建了一个表结构如图 9-65 所示的"会员表"。

图 9-64 "注册会员"窗体

图 9-65 "会员表"的表结构

具体操作过程如下：

1）打开"网上书店系统"数据库文件，利用窗体设计器创建如图 9-64 所示的窗体。在窗体的设计视图中，首先添加标签控件和文本框控件，并通过属性表设置好相应的属性。

2）启动控件向导，添加"注册"命令按钮控件。在图 9-63 所示的命令按钮向导页"类别"中选择"记录操作"中的"添加新记录"，单击"下一步"按钮。

3）在出现的如图 9-66 所示的向导页中，选择"文本"，并将默认的"添加记录"修改为"注册"，单击"完成"按钮。

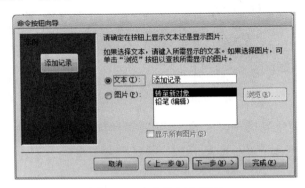

图 9-66　命令按钮向导页

4）启动控件向导，添加"退出"命令按钮控件。在图 9-63 所示的"命令按钮向导"页中选择"窗体操作"中的"关闭窗体"，单击"下一步"按钮。在随后出现的向导页中，选择"文本"，并将默认的"关闭窗体"修改为"退出"，单击"完成"按钮。

5）保存窗体并关闭。

如果"会员表"中已经有数据，则在导航窗格中打开这个新创建的"注册会员"窗体时，窗体中总会出现第 1 位会员的信息，这不符合题目的要求，同时也不能保护会员隐私并给新注册会员带来了操作的复杂性，因为在填写新的注册信息之前必须先逐一删除这些信息。一种解决办法是创建一个"注册会员"窗体的"加载"事件，当窗体被加载时，清空窗体中所有文本框的内容。这个事件可以使用宏也可以通过编写 VBA 代码来实现。请读者在学习第 10 章和第 11 章的内容后自行完成。

【例 9-19】创建图 9-67 所示的窗体。输入 11 位数字组成的考号和姓名，并选择考生性别和所使用的试卷类型，单击"登记并保存"按钮，考生信息将在窗体中的文本框中显示，同时写入一个名为"C:\考试\考生信息 .txt"的文件中。单击"输入下一个"按钮，将清空上一个学生的信息；单击"退出"，则关闭该窗体。

【分析】本例也是一种用于数据收集的窗体形式。该窗体同样不需要数据源。相比例 9-18，窗体的控件种类更加丰富，包含 3 个文本框控件（其中，用于显示考生完整信息的文本框被删去了附加标签）、2 个选项组控件、3 个命令按钮控件。此外，可观察到考号文本框控件进行了输入掩码的设置。

本例涉及还没有学习的宏和 VBA 编程知识，比如将考生信息写入文件以及清空信息等，这些操作将在后续相应章节进行介绍，这里只给出使用窗体设计器进行静态窗体的创建过程。

1）在窗体设计视图下依次添加窗体的各种控件，这里在添加命令按钮控件时，不启动控件向导。

2）窗体的设计视图如图 9-68 所示。其中，考号文本框的"名称"属性值是"text18"；姓名文本框的"名称"属性值是"text0"；性别选项组的"名称"属性值是"Frame11"；"试卷类型选项组的"名称"属性值是"Frame2"；命令按钮控件的"名称"属性值自左向右依次为"Command23""Command24""Command31"。

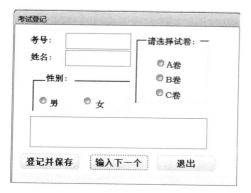

图 9-67 "考试登记"窗体的窗体视图

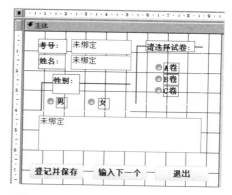

图 9-68 "考试登记"窗体的设计视图

注意，不同的创建过程会导致控件的"名称"属性值不同，只需要关注自己创建时的"名称"属性值即可，不必与教材展示的内容相同。

3）设置窗体的属性，使其与图 9-67 所示的展示效果相同，比如"边框样式""控制框"等。

4）设置考号文本框的"输入掩码"属性值为"99999999999"。

5）调整性别选项组中两个选项按钮的位置，使其符合题目要求的位置。

6）对两个选项组控件的属性进行设置。将其"特殊效果"属性值设置为"凹陷"，将其附件标签"标题"属性值分别修改为"性别："和"请选择试卷："

7）选中除了命令按钮之外的所有控件，将控件的"字体"和"字号"属性值统一设置为"华文中宋"和"11"。

9.1.9 使用窗体编辑数据表数据

窗体作为与用户交互的主要界面，其主要的作用是对各种数据进行增加、删除、修改等操作。通常能够进行数据编辑的窗体都需要数据源，并且窗体的"数据"属性的设置非常重要。图 9-69 给出了这类窗体的属性表的设置。请注意，"允许添加""允许删除""允许编辑"等属性值均设置为"是"，这是创建窗体时系统给出的默认设置，这些属性值保证了通过窗体进行记录的增加、删除以及数据编辑功能的实现。如果将这 3 个属性值设置为"否"，则不能通过该窗体对其数据源进行任何修改，保证了数据源的独立性。

【例 9-20】创建图 9-70 所示的窗体。

【分析】图 9-70 所示的窗体是一种典型的集数据浏览、录入、修改、删除为一体的数据编辑窗体。该窗体的数据源是名为"教师表"的数据表，窗体属性"弹出方式"的值设置为

图 9-69 允许增删改的窗体
属性设置

"是",5 个命令按钮控件可以通过控件向导快速创建。当为每个命令按钮选择操作类别为"记录导航"或"记录操作"中的操作时，系统自动创建相应的宏（这种宏属于嵌入的宏），以实现所选定的操作。

图 9-70 所示的窗体可以通过"窗体""窗体向导""窗体设计"等多种工具进行创建，请读者自行尝试各种方法来完成创建过程，并对创建方法进行比较，使自己具备针对不同窗体类型可以迅速选定最简单、快捷创建方法的能力。

图 9-70　一种对其数据源进行浏览、编辑的窗体

【例 9-21】使用"窗体"工具，以"教师表"为数据源，创建图 9-71 所示的窗体。

【分析】通过观察发现，与图 9-70 所示的窗体不同，图 9-71 所示的窗体中没有命令按钮，但在窗体左侧出现了"记录选择器"，在窗体底部出现了导航栏，利用其中的按钮同样可以实现对窗体数据源的浏览、录入、删除、修改。

图 9-71　另一种对其数据源进行浏览、编辑的窗体

图 9-71 所示的窗体利用了窗体自身具备的功能来实现编辑数据的功能。需要读者留意的是该窗体的属性设置，比如窗体的"记录选择器"属性值和"导航按钮"属性值均采用了系统默认值"是"。

通过对窗体的操作可以快速完成对窗体数据源的浏览和编辑。比如，单击图 9-71 所示窗体的导航栏按钮 ▶，浏览下一条记录；单击 ▶* 按钮，窗体上将显示一个空白记录，用于添加新记录的信息输入；单击窗体左侧的"记录选择器"，选中当前显示的记录，按下"Del"键或者"Delete"键，可以删除当前记录。

除了上述功能外，利用图 9-71 所示的窗体还可以进行记录的筛选、排序和查找并替换。比如选择某一个文本框控件"基本工资"，然后右击鼠标，从弹出的快捷菜单中设置并选择筛选命令，如图 9-72 所示，从而实现查找特定记录的功能；在"搜索框"中输入搜索内容，

窗体中将显示 1 条符合该搜索内容的记录；单击要排序的字段，右击鼠标，从弹出的快捷菜
单中选择"升序"或"降序"，设定记录在
窗体中的显示顺序；选定当前记录的某个
字段，单击 Access 的"开始"选项卡，从
"查找"组中单击"替换"，打开"查找和
替换"对话框进行字段值的替换。

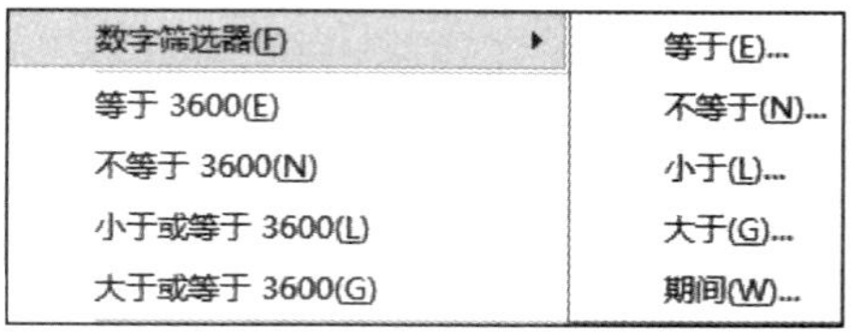

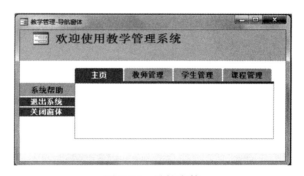

图 9-72　利用快捷菜单进行数据筛选

9.1.10　导航窗体

　　导航窗体主要用于数据库应用系统的主界面，通过其中的导航按钮将各种创建好的数据
库对象集成在一个统一的界面中，使得主界面更加简洁、直观。

　　利用窗体创建工具可以快速创建导航窗体，方法是单击图 9-27 中的"导航"命令，从
图 9-73 所示的下拉列表中选择导航按钮的放置布局，"水平标签"是默认设置。

　　【例 9-22】创建图 9-74 所示的导航窗体。

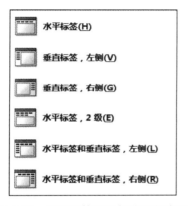

图 9-73　导航窗体中导航按钮的布局

图 9-74　导航窗体

　　【分析】该导航窗体水平方向包含 4 个导航按钮，默认的导航按钮是标题为"主页"的
按钮。当前"主页"包含了三个功能：显示系统帮助信息、退出系统（这里指退出 Access）、
关闭本窗体。这三个功能通过垂直方向的三个导航按钮"系统帮助""退出系统""关闭窗体"
来实现。本例仅说明如何创建这个静态窗体，至于如何实现这些功能，在学习宏和 VBA 编
程等内容之后请读者自行练习。

　　使用窗体设计工具"导航"来完成。关键操作步骤如下：

　　1）单击图 9-73 中"导航"命令后面的下拉按钮，从出现的下拉列表中选择"水平标签
和垂直标签，左侧（L）"。

　　2）出现"导航窗体"的布局视图，如
图 9-75 所示，可以看到在窗体的水平方向
和垂直方向各有一个导航按钮。

　　3）在水平方向的导航按钮中输入"主
页"。单击垂直方向的导航按钮之后，发现
在水平方向又新增了一个按钮。

　　4）在垂直方向的导航按钮中输入"系

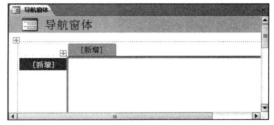

图 9-75　导航窗体的布局视图

统帮助"之后，单击其他任何空白位置，在"系统帮助"按钮的下方又新增了一个按钮，输入"退出系统"。以类似操作添加"关闭窗体"按钮。

5）单击水平方向的新增按钮，输入"教师管理"。以类似操作添加图 9-74 所示窗体的其他导航按钮。

6）保存窗体并命名为"教学管理－导航窗体"。

【例 9-23】创建图 9-76 所示的导航窗体。单击"主页"中的"考试登记"导航按钮，名为"考试登记"的窗体作为子窗体出现在导航窗体中，如图 9-77 所示。单击"教师管理"导航按钮，名为"教师信息编辑"的窗体作为子窗体出现在导航窗体中，如图 9-78 所示。

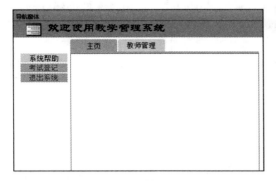

图 9-76　导航窗体的初始布局

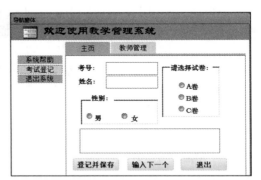

图 9-77　"考试登记"窗体作为子窗体
出现在导航窗体中

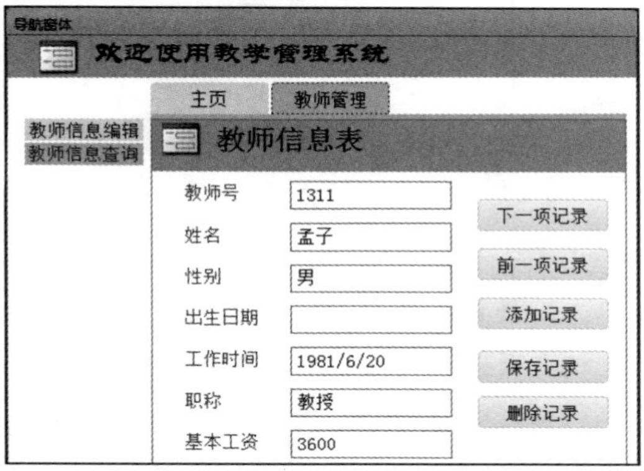

图 9-78　"教师信息编辑"窗体作为子窗体出现在导航窗体中

【分析】观察发现，窗体中导航按钮的布局采用了"水平标签和垂直标签，左侧（L）"，实际效果就是窗体顶部包含 2 个导航按钮呈水平排列，单击第一个导航按钮，在窗体左侧出现 3 个导航按钮垂直排列。单击第二个导航按钮，在窗体左侧出现 2 个导航按钮垂直排列。也就是说，图 9-76 所示的导航窗体中共计包含了 7 个导航按钮，其中垂直排列的导航按钮的功能从属于对应的水平排列的导航按钮。

观察到图 9-76 中有很大的一个空白区域，用于嵌入子窗体。需要注意的是，这个嵌入的子窗体必须事先已经创建好。这里介绍一个使用导航窗体的好处，就是不用单独为导航按钮编写事件（使用宏或 VBA 代码），就可以实现单击某个导航按钮时与该导航按钮"标题"属性值相同名称的窗体作为子窗体出现在导航窗体中。方法一是设置导航按钮的"标题"属性值为该窗体的名字。方法二是设置导航按钮的"导航目标名称"属性值为要出现的窗体名，只需要单击该属性行末尾的 ▶，从下拉列表中选择需要的窗体即可。具体操作请读者自行完成练习。

9.2　数据的打印输出——报表

报表是 Access 专门为打印而设计的一种数据库对象，是展示数据的一种有效方式。使用报表可以快速分析数据，并以某种固定格式或自定义格式呈现数据。例如，创建一个对数据进行分组并计算总计的报表，或者创建一个用于邮寄目的而进行格式设置的邮件地址标签的报表。

9.2.1　报表的视图

Access 2010 中使用报表对象来实现打印格式数据功能，可以对数据库中的表和查询的数据进行组合，还可以在报表中添加多级汇总、统计比较、图片和图表等。

报表可以对大量的原始数据进行综合整理，然后将数据分析结果打印成表。可以将报表理解为一个专用于打印数据的特殊窗体。图 9-79 给出了"罗斯文演示"数据库中的"月度销售报表"的报表视图。该报表中包含了报表的标题、报表打印时间、某年某月的各产品销售金额、一个月的销售金额总计以及报表的页数等内容。

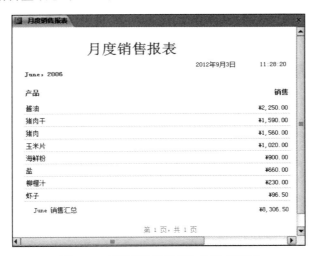

图 9-79　"月度销售报表"的报表视图

同窗体一样，报表的数据源可以是表或查询对象，也可以是一个 SQL 语句。报表本身不存储数据，只是在运行的时候将信息收集起来。

在 Access 2010 中报表有 4 种视图：报表视图、打印预览视图、布局视图和设计视图。

1. 报表视图

报表视图就是报表的显示视图，可以在该视图下执行各种数据的筛选和查找，也可以设置报表的格式，如图 9-79 所示。

2. 打印预览视图

打印预览视图按照报表打印的样式来显示报表，主要用于查看和测试报表的打印效果。

Access 提供的打印预览视图所显示的报表布局和打印内容与实际打印结果一致。在该视图下可以利用"报表设计工具"的"页面设置"选项卡中的命令进行报表的页面设置,如设置纸张大小、页边距、打印方向等。

3. 布局视图

布局视图与报表视图界面相同,但不同的是,在该视图下可以利用"报表设计工具"的"设计""格式"和"排列"选项卡中的命令,对控件进行移动、调整或删除以及设置控件属性等,但不能在布局视图下向报表添加控件。布局视图如图 9-83 所示。

4. 设计视图

设计视图主要用于创建报表,它是设计报表对象的结构、布局、数据的分组与汇总特性的窗口,如图 9-80 所示。

在设计视图下,可以对创建好的报表进行修改、显示控件的布局等。例如,可以更改字体、字号、对齐文本、更改边框或线条宽度、应用颜色或特殊效果,也可以使用标尺对齐控件、添加控件等。

9.2.2 报表的结构

同窗体一样,报表中的每个部分也称为一个"节"。报表除了报表页眉、页面页眉、主体、页面页脚和报表页脚 5 个基本部分外,还可以添加组页眉和组页脚,用于分组统计。图 9-80 给出了图 9-79 所示报表的设计视图。

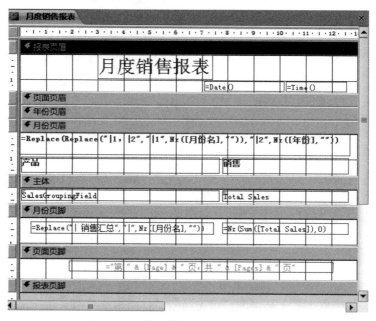

图 9-80 "月度销售报表"的设计视图

1. 报表页眉节

报表页眉节用于显示徽标、报表的标题、图形、打印日期以及说明文字等报表封面信息。报表页眉节中的控件只在报表首部出现一次。报表打印时,报表页眉节中的内容将出现在报表页面页眉之前。通常将报表页眉设为单独一页。

2. 页面页眉节

页面页眉节中的控件出现在报表每个打印页的顶端，可以用它显示页标题、报表中的字段名称、记录的分组名称等信息。

3. 主体节

主体节是报表的关键部分，是显示和处理数据的主要区域，主要包含报表数据的明细部分以及某个算术表达式结果的计算字段。该节是对报表的基础记录源中每个记录的重复。主体节通常包含与报表记录源某个字段相绑定的控件以及未绑定控件，如标识字段内容的标签等。

4. 页面页脚节

页面页脚出现在报表中的每个打印页的底端，常用于显示日期、页码以及本页的汇总等信息。

5. 报表页脚节

报表页脚只在报表的结尾位置出现一次，主要用于显示整个报表的汇总数据或其他统计数据等。报表页脚在打印时，将出现在最后一个打印页的主体节之后、页面页脚之前。

6. 组页眉和组页脚

只有在报表中执行"排序和分组"命令，添加分组后才会出现组页眉和组页脚。一个报表可以包含多个分组。组页眉显示在每个新记录组的开头，通常用于显示组名称等。组页脚出现在每组记录的末尾，用于显示该组的汇总信息。

为了理解报表各个节的位置和作用，初学者可以在设计视图下将每个节的"背景色"属性设置为不同的颜色，然后在报表视图或打印预览视图下观察报表的显示效果。从图 9-80 可以观察到，该报表除了有报表页眉、页面页眉、主体、页面页脚和报表页脚 5 个基本部分外，还有年份页眉、月份页眉、月份页脚，这几个部分称为组页眉和组页脚，这是因为执行了分组操作，首先按照"年"分组，然后按照"月"分组。

> **重要提示**
>
> 1. 如果特殊报表不需要主体节，则可以在创建报表时，将主体节属性表中的"高度"属性设置为 0，并且不要添加任何信息。
>
> 2. 如果想隐藏主体节中的内容，既不显示也不打印，则可将主体节属性表中的"可见"属性设置为"否"。

9.2.3 报表的类型

Access 2010 提供了 4 种类型的报表，分别是纵栏式报表、表格式报表、图表报表和标签报表。

1. 纵栏式报表

纵栏式报表以行列形式打印数据，其中包含分组和合计等。在纵栏式报表中，每个字段都显示在主体节中的一个独立的行上，并且左边带有该字段名的标签。纵栏式报表一般包含合计信息和图形。

2. 表格式报表

在表格式报表中，每条记录的所有字段显示在主体节中的一行上，字段名标签显示在报表的页面页眉节中，如图 9-83 所示。

3. 图表报表

图表报表是包含图表或图形的报表，主要以图表的方式显示数据的各种统计结果，如图 9-106、图 9-111 所示。

4. 标签报表

标签报表是 Access 报表的一种特殊类型，主要用于制作客户标签或者物品的标签，如图 9-98 和图 9-100 所示。如果将标签绑定到表或查询中，Access 就会为基础记录源中的每条记录生成一个标签。

9.2.4　报表的应用

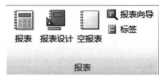

Access 2010 提供了 5 种创建报表的方式（如图 9-81 所示），分别是“报表”工具、“空报表”工具、报表向导、“报表设计”工具以及“标签”工具。

报表向导
标签
报表
报表设计
空报表
报表

图 9-81　报表创建工具

创建报表的关键操作是，首先选择报表的记录源，然后利用图 9-81 所示的各种创建工具来创建报表，最后在布局视图或设计视图利用图 9-82 提供的选项卡中的命令对报表做进一步的修饰或修改。

报表布局工具
设计
排列
格式
页面设置
报表设计工具
设计
排列
格式
页面设置

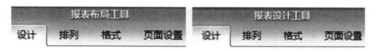

图 9-82　报表布局工具和报表设计工具

【例 9-24】 使用“报表”工具，以数据表“课程表”为数据源创建一个报表，名为“课程信息报表”。

【分析】 类似于“窗体”工具，“报表”工具是一种快速、自动创建报表的方法，只需要指定报表的数据源即可。如果数据源来自多个表，则首先要创建一个基于这些表的多表查询，再以该查询为数据源来创建报表。根据题目要求，所创建报表的数据源仅为一张表。

具体操作步骤如下：

1）在“教学管理”数据库的导航窗格中，选中或打开表对象中的“课程表”。

2）单击“创建”选项卡“报表”组中的“报表”，Access 2010 将自动创建一个如图 9-83 所示的报表，并以布局视图显示。

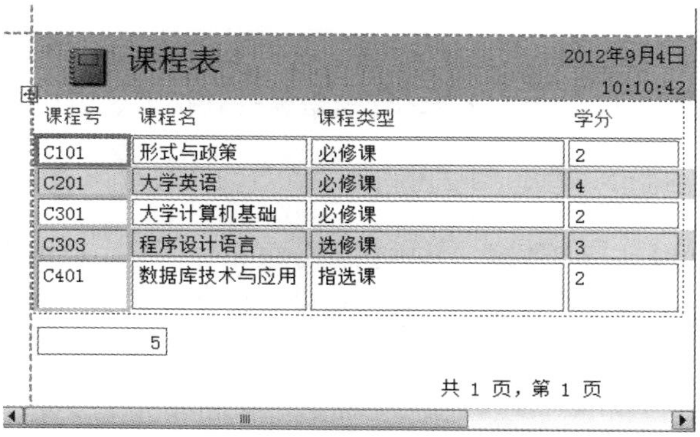

课程表
2012年9月4日
10:10:42
课程号
课程名
课程类型
学分
C101
形式与政策
必修课
2
C201
大学英语
必修课
4
C301
大学计算机基础
必修课
2
C303
程序设计语言
选修课
3
C401
数据库技术与应用
指选课
2
5
共 1 页，第 1 页

图 9-83　报表的布局视图

3）保存该报表。

通过观察图 9-83 可以发现，使用"报表"工具创建的报表类型是表格式报表。与表和表格式窗体不同，表格式报表可以按照一个或多个字段对报表中的数据进行分组，然后对每个分组进行统计。例如，在图 9-83 中，最后一行出现一个"5"，表示当前报表中有 5 门课程。观察图 9-84 中该报表的设计视图，可以看到在报表页脚节中自动插入了一个统计函数 Count(*)，用于统计报表中的记录个数。

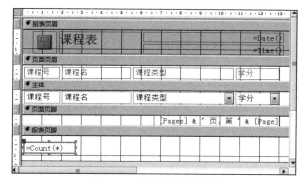

图 9-84　报表的设计视图

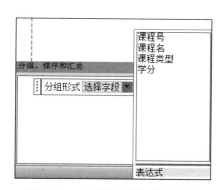

图 9-85　在报表中添加分组字段

如果在布局视图下单击"报表布局工具"的"设计"选项卡上的"分组和汇总"组中的"分组和排序"，则在报表底部出现"分组、排序和汇总"窗格，单击其中的"添加组"，出现图 9-85 所示的列表，单击要分组的字段，如"课程类型"，分组后的报表布局视图和设计视图在简单调整布局之后如图 9-86 所示。

图 9-86　按照"课程类型"分组后的报表布局视图和设计视图

在实际练习操作此例时，注意观察各控件被放置的各节区域和位置，并比较在设计视图、布局视图、报表视图以及打印预览视图下的报表布局和打印效果。

【例 9-25】在图 9-86 的基础上插入分页符，使每种课程类型的记录单独一页输出。

具体操作步骤如下：

1）在设计视图的页面页眉节中调整标签顺序，将课程类型放置在最前面。

2）添加课程类型页脚节：在"分组、排序和汇总"窗格中单击"添加组"，选择"课程类型"，单击"更多"，选择"有页脚节"。

3）将"主体"节中的"课程类型"移至课程类型页眉节，单击"控件"组的"插入分页符"，在课程类型页脚节中单击鼠标，添加短虚线形状的分页符。

重要提示

1. 分页符放置的位置最好在某个节所有控件的上面或下面，不要置于控件之中，以避免拆分控件中的数据。

2. 在报表的某个节中可以使用分页符来标识要另起一页的位置。

3. 如果要将报表中的每个分组作为单独一页输出，则需要在组页脚节适当的位置单击"插入分页符"。

4. 如果需要将每条记录分组，可在主体节单击"插入分页符"，或者设置主体节的"强制分页"属性，该属性有"无""节前""节后"和"节前和节后"4 个选项值，其中，"无"表示不强制分页，为默认设置；"节前"表示有新的数据出现时，在新的一页顶部开始打印当前一组记录；"节后"表示有新的数据出现时，在新的一页顶部开始打印下一组记录；"节前和节后"则是"节前""节后"两种效果的综合。

在布局视图或设计视图下，可以利用"报表布局工具"或"报表设计工具"中的各种命令进行分组排序、调整布局、设置格式以及设置页面。例如，调整控件大小，改变字体、字号、颜色、背景色，添加和删除控件以及设置纸张大小、打印方向等。

【例 9-26】使用"报表向导"创建一个报表，名为"课程成绩信息报表"。

【分析】利用"报表向导"可以选择多个数据源，并通过系统提供的向导对话框输入自己的需求，由系统自动完成报表的设计。使用向导创建过程中，可以指定分组和排序方式以及进行汇总的字段和计算类型。如果生成的报表不够理想，则可以通过设计视图进一步修改和完善。

具体操作步骤如下：

1）单击"创建"选项卡上的"报表"组中的"报表向导"，启动报表向导。选择"课程表"和"选课表"中相应的字段，添加到"选定字段"框中，如图 9-87 所示。单击"下一步"按钮。

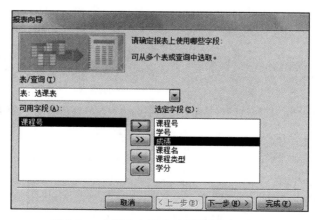

图 9-87 在报表向导中选择数据源及字段

2）在图 9-88 中选择查看数据的方式为"通过课程表"。报表有多个数据源时，才会出现该向导页。单击"下一步"按钮。

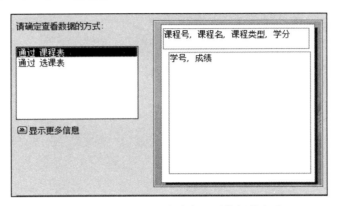

图 9-88 在报表向导中确定查看数据的方式

3）在图 9-89 中选择是否添加分组，本例不添加分组字段。单击"下一步"按钮。

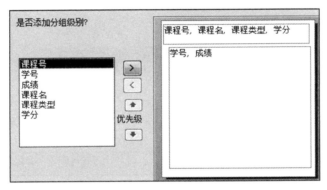

图 9-89 指定分组字段

4）如果需要排序和汇总，则在向导的下一页指定排序字段，并单击"汇总选项"，弹出图 9-90 所示的汇总选项对话框。在汇总选项对话框中，会出现该报表所选定的数据源字段中所有数字型和货币型字段。因为本例所选定的字段只有"成绩"是数字型字段，因此图 9-90 中仅显示了成绩。如果仅计算每门课的平均成绩，并且只显示汇总信息，不需要明细数据，则按照图 9-90 选择"仅汇总"选项，单击"确定"按钮。

图 9-90 在汇总选项对话框中指定计算类型

5）在向导接下来的几页中，确定报表的布局和报表的打印方向以及输入报表的名称，单击"完成"按钮，Access 将在报表的打印预览视图下打开新创建的报表。为了将报表数据全面展示，图 9-91 给出了该报表在微调布局和控件大小之后的布局视图。

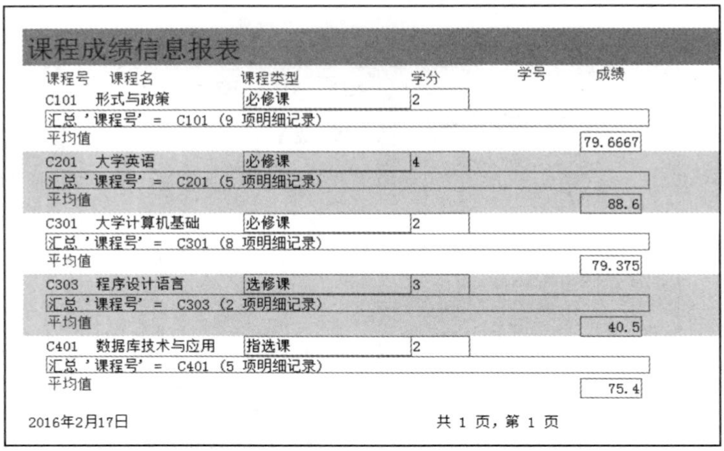

图 9-91　"课程成绩信息报表"的布局视图

思考： 如果想使图 9-91 中显示的成绩仅保留 1 位小数，该如何操作呢？

【例 9-27】创建如图 9-92 所示的报表。

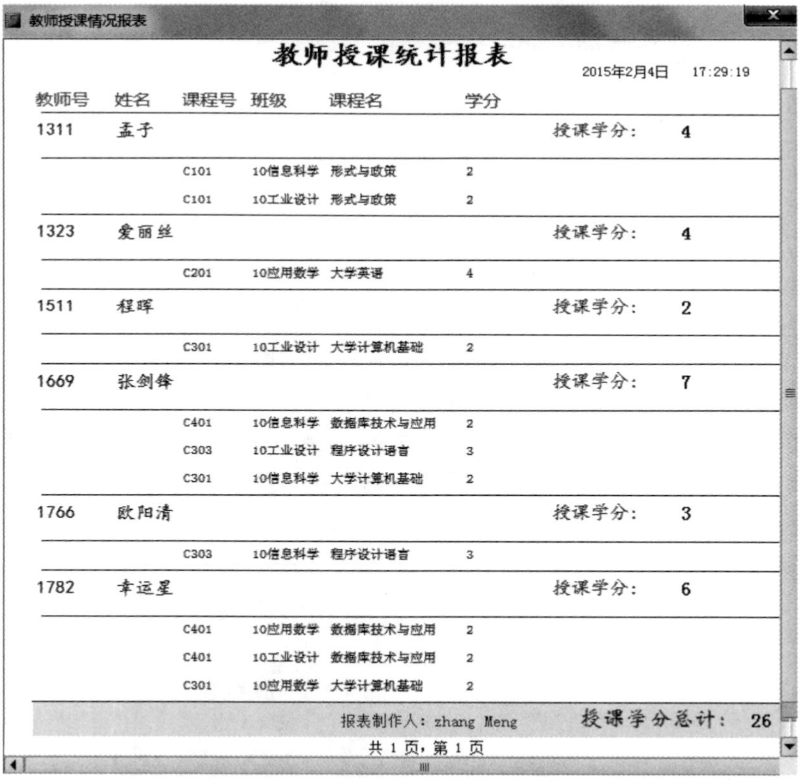

图 9-92　教师授课情况报表

【**分析**】该报表的数据源是名为"教师表""授课表"和"课程表"的三张表。先使用"空报表"工具创建，然后在设计视图下进一步修饰和修改。

具体操作步骤如下：

1）单击"报表"组中的"空报表"，出现空白报表，与此同时，出现"字段列表"窗格。

2）单击"显示所有表"，添加"授课表"中的"教师号"、"教师表"中的"姓名"、"授课表"中的"课程号"和"班级"以及"课程表"中的"课程名"和"学分"。

3）在布局视图下，单击"分组和汇总"组中的"分组和排序"，单击报表底部出现的"分组、排序和汇总"窗格，然后单击其中的"添加组"，选择"教师号"为分组字段。

4）在该报表的设计视图下，从右键快捷菜单中选择报表页眉和报表页脚。在报表页眉节添加标签控件，并设置属性。

5）在报表页眉中添加日期和时间控件。单击"页眉/页脚"组中的"日期和时间"，按照图 9-93 选择日期和时间的格式，然后调整控件的大小和位置以及报表页眉区域的大小。

6）在页面页脚中添加页码控件。单击"页眉/页脚"组中的"页码"，按照图 9-94 选择，并调整控件大小和位置以及页面页脚区域的大小，使其能以合适的尺寸来容纳其中的控件。

图 9-93　设置日期和时间的格式

图 9-94　设置页码的格式

7）调整报表页脚区域的大小，并添加一个标签控件，设置"标题"属性为"报表制作人：zhang Meng"，"字号"为"10"，添加一个文本框控件，设置属性"控件来源"为"=Sum([学分])"，"标题"为"授课学分总计："。

8）在教师号页眉区域添加两个直线控件，并添加一个文本框控件，设置属性"控件来源"为" =Sum([学分])"，"标题"为"授课学分："，并将主体节中的"姓名"控件移动到该区域。

9）设置其他控件以及各报表区域的属性，保存并命名报表。图 9-95 给出了该报表的设计视图。

【例 9-28】使用"标签"向导创建一个关于学生证信息的标签报表。每个标签上有"学号""姓名""性别"和"班级"。

【分析】使用"标签"向导创建的报表称为标签报表。Access 中的标签报表可以按照标准的标签或者自定义的标签大小进行灵活布局。使用"标签"向导的关键操作是，首先在导航窗格中选中某个表或查询，然后单击"创建"选项卡"报表"组中的"标签"，启动标签向导。在创建过程中，需要设置标签尺寸、文本的字体和颜色、确定邮件标签中的字段、排序字段以及报表名称等。

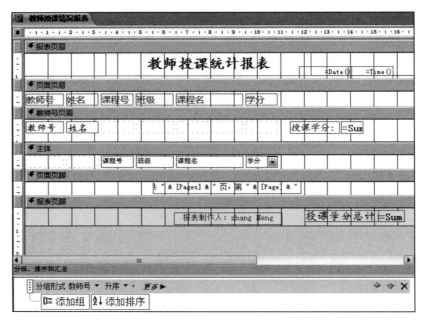

图 9-95 报表的设计视图

具体操作步骤如下：

1）在导航窗格中选中"学生表"，单击"创建"选项卡上的"报表"组中的"标签"，启动标签向导，如图 9-96 所示。

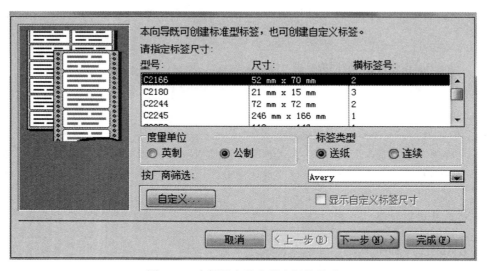

图 9-96 在标签向导中指定标签尺寸

2）在图 9-96 中，可以选择 Access 提供的标准标签尺寸，也可以单击"自定义…"按钮，自定义标签的尺寸。本例中选择型号为"C2166"的标签。

3）在向导页中将字号设置为"12"，其他使用系统默认值。单击"下一步"按钮。

4）此步骤非常关键，需要设计原型标签，即确定邮件标签中要显示的内容和排列格式。如图 9-97 所示，首先在"原型标签"中输入"学号:"，然后从"可用字段"框中选择"学号"

添加到"原型标签"中，添加后的"学号"变为"{学号}"，这表示在标签报表中将显示
相应记录的"学号"字段值。按下回车键。

5）在"原型标签"中输入"姓名:"，将"可用字段"中的"姓名"添加到"原型标签"
中，按下回车键。如图 9-97 所示，依次添加其余字段。单击"下一步"按钮。

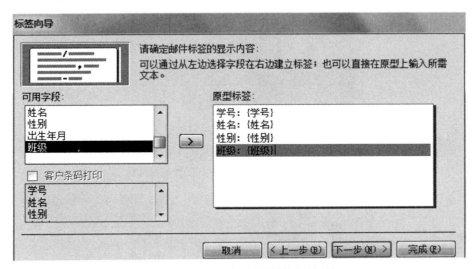

图 9-97　在标签向导中设计原型标签

6）在向导页中指定排序字段为"学号"，然后指定报表名称为"学生证标签报表"，选
择"查看打印预览"，进入报表的打印预览视图，如图 9-98 所示。

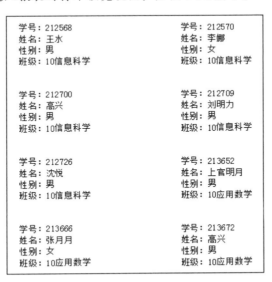

图 9-98　新建的标签报表的打印预览视图

7）切换到设计视图下，在主体节中添加矩形控件，选中矩形控件，从右键快捷菜单中
单击"位置"中的"置于底层"。

8）调整各节的"高度"属性值，使其能够以合适的尺寸包含其中的控件。保存报表。
图 9-99 和图 9-100 分别给出了该标签报表的设计视图和打印预览视图。图 9-101 给出了该

标签报表的"格式"部分的属性表。

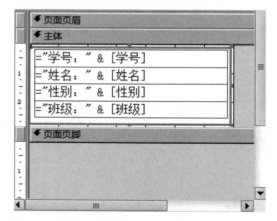

图 9-99　增加矩形控件后的标签报表的设计视图

图 9-100　"学生证标签报表"的打印预览视图

图 9-101　"学生证标签报表"的属性表

【例 9-29】创建一个主 / 子报表。主报表的数据来源是"授课表",主报表的名称为"授课 − 主报表",其设计视图如图 9-102 所示。子报表的数据来源是"教师表",该子报表的名称为"教师 − 子报表"。

【分析】创建主 / 子报表与创建主 / 子窗体类似,也有三种方法:同时创建主报表和子报表;先创建主报表,然后在已有报表中创建子报表;链接两个已经存在的报表,将其中一个作为主报表,另一个作为子报表。本例介绍先创建主报表,然后在其中添加子报表控件的方法来创建主 / 子报表。

1)以"授课表"为数据源,使用报表向导创建"授课 − 主报表",注意,将"教师号"作为分组字段。

2)在"授课 − 主报表"的设计视图下,单击"设计"选项卡的"分组和汇总"组中的"分组和排序",从"分组、排序和汇总"窗格中选择"有页脚节"。此时,将出现教师号页脚。

图 9-102 "授课 – 主报表"设计视图

3）在教师号页脚节中添加"子报表"控件，启动子报表向导。

4）在向导页中选择"使用现有的表或查询"，然后按照图 9-103 所示选择数据源和字段。

5）以"教师号"作为链接字段，将子报表保存为"教师 – 子报表"。

6）调整各节的大小，使其以合适尺寸容纳其中的控件，调整控件大小后的主/子报表的设计视图如图 9-104 所示。

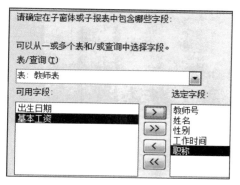

图 9-103 确定子报表所包含的字段

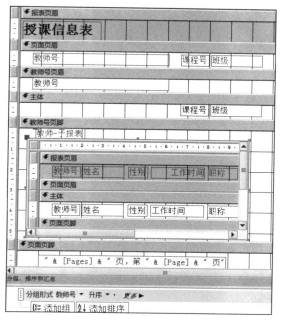

图 9-104 主/子报表的设计视图

7）为了达到较好的输出效果，可以进一步设置报表和控件的属性，如背景色、字体、字号、对齐方式等，还可以添加其他控件，如直线、矩形、图像等来美化报表。本例中，将子报表的"高度"属性设为"1.292cm"，并在子报表控件下添加一条直线，将"宽度"属性设置为"10"。设置教师号页脚的"备用背景色"属性与"背景色"相同。

8）单击子报表的报表选定器，在报表属性表中设置"滚动条"属性为"两者均无"。保存报表。考虑本书页面的容纳空间，图 9-105 给出了部分主 / 子报表的报表视图。

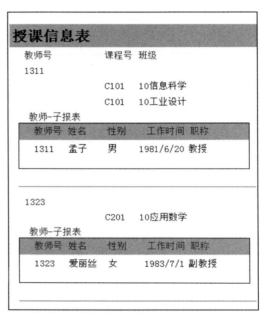

图 9-105　部分主 / 子报表的报表视图

重要提示

1. 单击子报表的报表选定器，此时出现的是报表的属性表，而不是子报表控件的属性表。

2. 单击子报表控件的边缘，出现黄色的方框时按下 F4 键，或者双击子报表控件的边缘，出现的是子报表控件的属性表。

3. 当添加子报表控件时，如果主报表中没有分组，则需要根据具体需求，将子报表控件添加到主体节和报表页脚节中。如果有分组，则子报表控件通常添加到组页脚节中。

【例 9-30】创建一个主 / 子报表，将图 9-106 所示的图表报表作为子报表，将"课程信息报表"作为主报表。

【分析】本例将一个已有的报表作为子报表插入到另一个已有的报表中。首先以"选课表"为数据源，创建一个名为"成绩－子报表"的图表报表，然后在主报表的报表页脚节中添加子报表控件，在控件向导中选择该图表报表作为子报表。

具体操作步骤如下：

1）使用报表设计器创建一个新报表，使用图表向导将图表控件添加到主体节的适当位置。

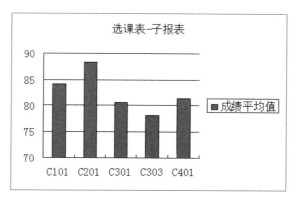

图 9-106　"成绩 – 子报表"的报表视图

2）在图 9-107 所示的图表向导页中，选择"表：选课表"。单击"下一步"按钮。

3）在下一个图表向导页中选择图表中的字段，如图 9-108 所示。

图 9-107　图表向导的首页　　　　　图 9-108　从图表向导中选择图表数据所在的字段

4）在下一个图表向导页中选择图表类型为"柱形图"，然后在后续的如图 9-109 所示的图表向导页中指定数据在图表中的布局方式。双击"成绩合计"，在弹出的"汇总"对话框中选择"平均值"，单击"确定"按钮。

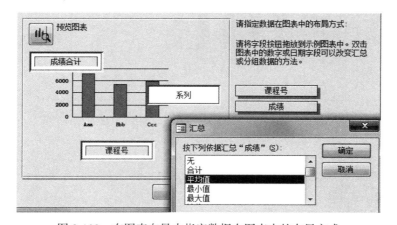

图 9-109　在图表向导中指定数据在图表中的布局方式

5）在图表向导的最后页中指定图表的标题为"选课表 – 子报表"，并显示图表的图例。
单击"完成"按钮。

6）在设计视图下打开"课程信息报表"，在报表页脚节添加子报表控件，在控件向导页中选择"使用现有的报表和窗体"，选定名为"成绩 – 子报表"的报表，单击"下一步"按钮。

7）指定子报表的名称为"图表 – 子报表"，即设置子报表控件的"名称"属性值。单击"完成"按钮。

8）在设计视图下，调整子报表的位置、大小等。在 Access 的 Backstage 视图下，单击"对象另存为"，将该报表另存为"主/子图表报表"。图 9-110 和图 9-111 分别给出了该报表的设计视图和报表视图。

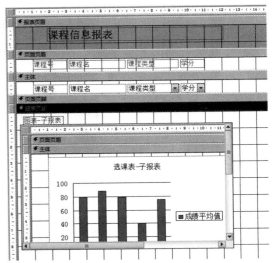

图 9-110　"主/子图表报表"的设计视图

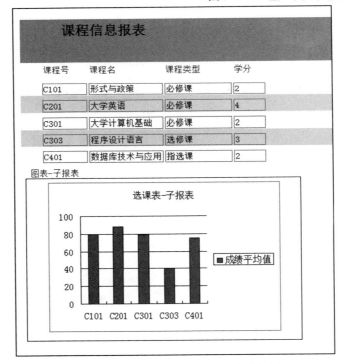

图 9-111　"主/子图表报表"的报表视图

重要提示

1. 主报表可以是绑定的也可以是未绑定的，即主报表可以基于也可以不基于表、查询或 SQL 语句。

2. 主报表和子报表可以基于完全不同的记录源，此时主报表和子报表之间没有真正的关系。

3. 主报表和子报表也可以基于相同的记录源或相关的记录源。

4. 如果要将子报表链接到主报表，则在创建子报表之前应确保已与基础记录源（即表、查询或 SQL 语句）建立了关联。

5. 在主报表中可以包含子报表，也可以包含子窗体。一个主报表最多包含两级子报表或子窗体，而每一级均可以有多个子报表或子窗体。

【例 9-31】将名为"统计班课平均成绩"的查询作为报表的数据源，创建一个交叉报表。具体操作过程如下：

1）使用"报表设计"创建一个空报表，如图 9-112 所示。

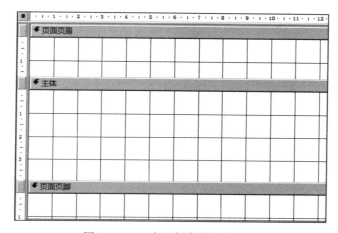

图 9-112　一个空报表的设计视图

2）将导航窗格中的"统计班课平均成绩"拖至主体节中，弹出"子报表向导"对话框，如图 9-113 所示，单击"完成"按钮。

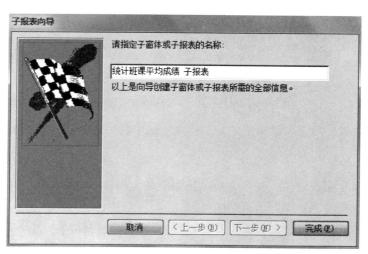

图 9-113　子报表向导

3）此时建立了一个主/子报表，只是主报表没有数据源，是一个空报表。子报表是一个交叉报表。

4）为报表添加标题、创建日期、页码，调整控件大小和位置，然后切换至报表视图，如图 9-114 所示。

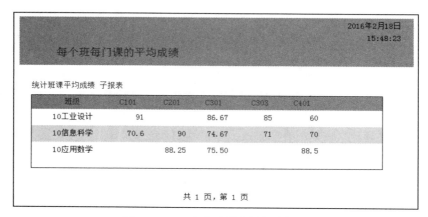

图 9-114 一个交叉报表的报表视图

5）保存报表，命名为"交叉报表"。

9.2.5 报表的打印与导出

1. 打印报表

报表创建完成后，在打印之前，应在打印预览视图下进行相关设置。

（1）报表页面设置

预览报表可显示打印报表的页面布局。从图 9-115 所示的"打印预览"选项卡的"页面大小""页面布局"组中，选择相应的命令进行纸张大小、页边距、打印方向等设置。"仅打印数据"是指在打印报表时，禁止报表上任何标签的打印。

通过单击"页面布局"组中的"页面设置"，可以进行更详细的设置。

图 9-115 "打印预览"选项卡中的部分组

在进行页面设置之后，可以单击"显示比例"组中的命令，同时查看报表的一个或多个页面的打印效果。

（2）打印报表

对预览的打印效果满意之后就可以打印报表了。在图 9-115 所示的"打印"组中，单击"打印"，设置相关参数，单击"确定"即可。

也可以不用打开报表就进行打印。在导航窗格中选择要打印的报表，从图 9-116 所示的右键快捷菜单中选择"打印"命令。

2. 导出报表

报表除了打印之外，还有其他输出方式，如将报表导出为某种格式文件，保存或者通过邮件发送等。

常用的导出报表的方法有以下两种：

方法 1：在导航窗格中选择要导出的报表，从图 9-116 所示的右键快捷菜单中选择"导出"，从图 9-117 所示的列表中选择一种格式。

方法 2：单击图 9-115 所示的"数据"组中的命令，将报表导出到指定的格式文件中。

图 9-116　报表的右键快捷菜单

图 9-117　导出的文件格式

9.3　小结

窗体是重要的数据库对象之一，通常用于为数据库应用系统构建用户界面。一个设计良好的窗体可以使用户方便、快捷地使用数据库。

按照数据在窗体上显示的布局，窗体可以分为纵栏式窗体、表格式窗体、数据表窗体、分割窗体、数据透视表窗体、数据透视图窗体和主 / 子窗体。

不同类型的窗体因其属性不同而具有不同的视图。Access 2010 提供了 6 种视图类型，分别是数据表视图、窗体视图、布局视图、设计视图、数据透视表视图和数据透视图视图。其中，窗体视图是窗体的工作视图，布局视图和设计视图是常用的修改窗体设计的视图。在布局视图和设计视图下，可以利用窗体的属性表对窗体进行设置。窗体的主要属性有标题、名称、记录源以及窗体的各种事件等。

Access 2010 通过"创建"选项卡中的"窗体"组提供了很多创建窗体的方法。其中，窗体向导是一种常用的自动创建窗体的方法。对于复杂的窗体，通常使用"窗体设计"并添加各种控件来完成窗体的创建工作。

控件是构成窗体的重要元素，主要包括文本框、命令按钮、标签、复选框、组合框、列表框、选项组、选项卡、图像和子窗体 / 子报表控件等。在布局视图或设计视图下，可以直接对控件进行修改，也可以通过控件的属性表查看、修改和设置控件的属性。

报表是一种数据库对象，通过报表组织和显示 Access 中的数据，为打印或屏幕显示效果设置数据格式。报表是一种特殊的窗体，与窗体的主要不同之处在于，窗体主要用于将数据显示在屏幕上，而报表主要用于数据的统计和汇总、分析，并将明细数据或汇总数据打印出来。

报表除了报表页眉、页面页眉、主体、页面页脚和报表页脚 5 个基本部分外，还可以添加组页眉和组页脚，用于分组统计。

在 Access 2010 中报表有 4 种视图：报表视图、打印预览视图、布局视图和设计视图。

Access 2010 可以创建很多类型的报表，如表格式报表、纵栏式报表、图表报表、标签报表等。根据报表的不同类型和数据需求，可以选择"报表"工具、"空报表"工具、"报表向导"、"报表设计"或"标签"工具进行创建。

报表的数据源主要是表和查询。可以在报表中添加各种控件、显示各种类型的数据、对数据进行分组和排序，还可以在报表中显示总计，对分组的记录计算分组总计等。

在设计好报表之后，可以对报表进一步美化和修饰，如对报表进行编辑等。报表打印之前要进行页面设置和打印预览。

习题

1. 简述窗体的视图种类以及各自的特点。
2. 简述控件的作用以及它与窗体和报表的关系。
3. 简述窗体主体节与窗体页眉节和窗体页脚节有什么不同，各自用于放置什么类型的数据、信息或控件。
4. 如果想分别设置窗体的窗体页眉节、主体节和窗体页脚节的属性，应在哪种视图下进行？给出关键的操作步骤。
5. 给出 5 个你认为的窗体常用属性，并描述这些属性的作用。
6. 针对下列控件，分别给出 5 个你认为的常用属性及其作用。

  文本框、命令按钮、组合框、列表框、选项组、选项卡
7. 简述报表的功能和创建报表的常用方法。
8. 简述报表的组成部分及其主要作用。
9. 报表的布局视图和设计视图有什么区别？结合具体操作举一个例子。
10. 报表的打印浏览视图和报表视图有什么区别？结合具体操作举一个例子。
11. 在报表中进行分组的作用是什么？如何在报表中进行分组？

上机练习题

1. 假设"教学管理"数据库中各个表的"关系"如图 9-118 所示，使用"窗体"工具创建一个以"学生表"为记录源的窗体，观察所创建的窗体中是否存在子窗体，为什么？

2. 对于例 9-23 创建的窗体，因为导航窗体、子窗体等每个窗体都设置了窗体页眉，所以当窗体呈现嵌套形式时，出现了一些空白、无意义的空间，需要重新设计窗体的布局。此外，需要执行更多的操作来增强该窗体的功能。

   （1）请修改这个窗体，使其初始界面如图 9-119所示，并且在单击"教师管理"导航按钮时，窗体变为图 9-120 所示的窗体。

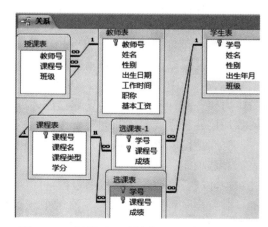

图 9-118 新增了"选课表 -1"后的表间关系

（2）对该窗体增加功能，自行设计添加"学生管理"导航按钮，以实现学生信息的管理，包括学生基本信息的编辑和查询、选课信息查询。

图 9-119　一个导航窗体的启动界面

图 9-120　一个名为"教师信息编辑"的窗体出现在导航窗体中

3. 创建一个如图 9-121 所示的窗体，包括 1 个标签控件、5 个命令按钮和 1 个矩形控件。写出主要的操作步骤。要求单击"退出系统"按钮则退出 Access 2010。

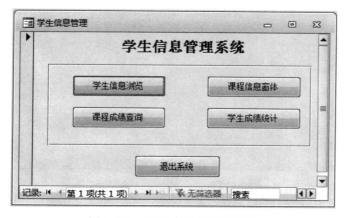

图 9-121　"学生信息管理"窗体

4. 创建一个如图 9-122 所示的窗体，并写出主要的操作步骤。要求当输入某个课程号（如"C101"）

时，单击"查询"按钮，则运行查询，查询结果是课程号为"C101"的课程表信息。单击"退出"
按钮，则关闭图 9-122 所示的窗体。

图 9-122　"课程信息"窗体

5. 创建一个如图 9-123 所示的主 / 子窗体。要求当从"学号"组合框中选中某个学号时，该学生的姓
名、性别、班级、选课数、平均成绩等相应信息也随即显示在窗体上，与此同时，在子窗体中显示
该学生的具体选课信息；当单击"关闭窗体"按钮时，关闭图 9-123 所示的窗体。

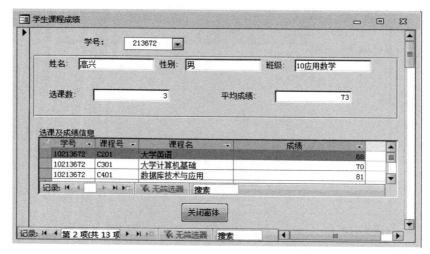

图 9-123　一个名为"学生课程成绩"的窗体

6. 创建如图 9-124 所示的窗体。

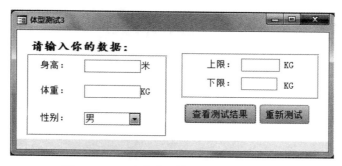

图 9-124　一个名为"体型测试 3"的窗体

7. 以"教学管理"数据库中的表或查询为数据源，自己设计并创建一个窗体，要求窗体中至少包含标
签、文本框、命令按钮、组合框、列表框、选项组、选项卡控件。
8. 以"学生表"为数据源，创建一个名为"报表 1-学生信息统计"的报表。自行设计报表的各种属性。

要求报表格式美观、清晰。要求给出主要的操作步骤和主要截图。

9. 对名为"报表 1- 学生信息统计"的报表进行修改，按"班级"分组，统计每班人数和所有学生的总人数，并至少添加 3 种控件。将修改后的报表命名为"报表 2- 学生班级信息统计"。要求给出主要的操作步骤和主要截图。

10. 自行设计并创建一个名为"报表 3- 成绩条"的标签报表，用于打印每位学生的成绩条。要求给出主要的操作步骤和主要截图。

11. 自行设计并创建一个名为"报表 4- 班级 C401 成绩统计"的图表报表。统计各班的"C401"课程的平均成绩。

12. 创建一个主/子报表。将"报表 2- 学生班级信息统计"的副本命名为"报表 5- 主/子报表"，并将副本作为主报表，将"报表 4- 班级 C401 成绩统计"图表报表作为子报表。

第 10 章
Access 数据库编程——宏

10.1 宏的引入

问题 1：在第 9 章的例 9-18 中有一个遗留问题，就是当"会员表"不为空表时，在打开"注册会员"窗体时，总会出现第 1 位会员的信息，如何解决这个问题？

【分析】对该问题的一种解决办法是为"注册会员"窗体创建一个"加载"事件，当窗体被加载时，清空窗体中所有文本框的内容。这个事件可以使用宏来实现。

具体操作过程如下：

1）在窗体的设计视图下打开"注册会员"窗体以及窗体的属性表，单击"加载"事件行末尾处的，在出现的如图 10-1 所示的"选择生成器"对话框中选择"宏生成器"，单击"确定"按钮。

2）在打开的如图 10-2 所示的宏设计器中，依次输入设置文本框"值"属性的宏操作"SetProperty"，将 4 个文本框的内容清空。

图 10-1 "选择生成器"对话框

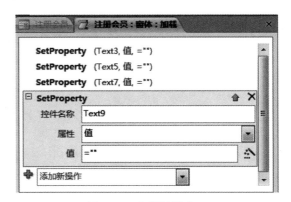

图 10-2 宏设计器窗口

3）关闭并保存该嵌入的宏。

4）此时观察"注册会员"窗体的属性表，窗体的"加载"事件行中出现了"嵌入的宏"，如图 10-3 所示，这意味着每一次打开"注册会员"窗体，在加载窗体的同时清空窗体中所有文本框的内容。

其实使用宏来为窗体添加功能并不是在本章首次出现，第 9 章的例 9-3、例 9-12、例 9-18 就已经出现了宏的使用，这几个例子均通过启动命令按钮向导并选择相关类别的操作向窗体添加命令按钮，这样操作的结果是系统自动为该命令按钮的"单击"事件绑定了嵌入的宏。由此可见，若想实现窗体的某些功能，编写宏是一种手段。

问题 2：第 9 章例 9-13 创建了图 9-37 所示的名为"登录"的窗体，如何为该窗体添加功能以实现以下 3 个要求？

图 10-3 将一个嵌入的宏与窗体的"加载"事件绑定

1）如果用户名（"teacher"）和口令（"123"）都输入正确，单击"登录"按钮，打开如图 9-60 所示的窗体。

2）如果用户名输入不正确，单击"登录"按钮，系统弹出提示"用户名输入有误！"，并清除错误的用户名。

3）如果口令输入不正确，单击"登录"按钮，系统弹出提示"口令输入有误！"，并清除错误的口令。

对问题 2 的解决方法有两种：一种是通过编写宏，另一种是通过编写 VBA 代码。很显然，"登录"按钮的"单击"事件包含了相对复杂的逻辑关系，如果采用编写宏的方法，不能简单地通过启动命令按钮向导由系统自动分配一个嵌入的宏与命令按钮的"单击"事件进行绑定。这里需要编写一个条件宏，对用户输入的内容进行判断并执行不同的操作。具体做法请读者在学习后续章节后自行完成。

10.2 宏概述

10.2.1 宏

宏是 Access 数据库对象之一，是由一个或多个宏操作组成的集合，其中每个宏操作都实现特定的功能，如：宏操作 OpenQuery 将打开某个指定的查询；OpenForm 将打开某个指定的窗体；OpenReport 将打开某个指定的报表。利用宏可以将设置好的功能添加到相应的控件中，而不需要编写 VBA 代码。宏是一种非常高效的技术或工具，可以使窗体、报表中的任务实现自动化。

宏的结构由四部分组成，分别是**宏名**、**条件**、**操作**和**操作参数**。其中，宏名部分是每个宏被指定的名称；条件部分用于设置宏操作运行的条件，如果条件表达式的值为 True，则运行其中的宏操作，否则就不运行其中的宏操作；操作部分用于从 Access 定义的命令中选择某个操作命令；操作参数是宏操作的必要参数，如"窗体名称"就是宏操作 OpenForm 的必要参数之一。

一个宏可以包含若干个宏，而每一个宏又可以包含若干个宏操作。可以将宏看作一种工具，用于在不编写任何代码的情况下自动执行一系列任务，为窗体、报表和控件添加功能。例如，如果在窗体中添加了一个命令按钮，则可以将该按钮的某个事件如"单击"（OnClick）

与一个宏相绑定，该宏包含了每次单击该按钮时所要执行的宏操作序列。也可以将宏看作一种简化的编程语言，这种语言通过选择要执行的宏操作来构建一个操作序列，而操作序列则需要在"宏生成器"中添加。

10.2.2　宏生成器

1. 打开宏生成器

宏生成器也称为宏设计器，是创建宏的唯一方法。在"创建"选项卡上的"宏与代码"组中，单击"宏"，将打开宏生成器，其界面如图 10-4 所示。

2. 宏生成器界面

该界面也称为"宏设计器"窗口或"宏生成器"窗格。首次打开宏生成器时，会显示"添加新操作"窗口和"操作目录"面板，分别位于窗体的左右。

在"操作目录"面板中，有三大项，分别是"程序流程""操作"和"在此数据库中"。选中其中任意一项，在"操作目录"面板的底部会出现简单的解释信

图 10-4　"宏生成器"窗口

息。其中，"程序流程"项用于组织宏或者改变宏操作的执行顺序，可以将其理解为用于构建宏的框架结构；"操作"项是将宏操作按照类别进行分组，从某种类别的操作中双击某个宏操作，将在"宏生成器"窗口的左侧出现该宏操作以及相应的操作参数。

"程序流程"项中包括注释（Comment）、操作组（Group）、If 条件和子宏（Submacro）。当设计的宏比较复杂时，可以在宏操作前添加注释行，提高宏的可读性。子宏常用于创建宏组中的宏以及错误处理。

图 10-5 给出了一个名为"宏组 1"的带有注释的宏组，第 1 行是注释行，该宏组包含 3 个子宏，每个子宏以"子宏："后跟宏名开头，以" End Submacro"结束。第 1 个子宏名为 Sub1，第 2 个子宏名为 Sub2，第 3 个子宏名为 Sub3。每个子宏中包含一个宏操作 MessageBox。单击子宏前的减号，将折叠该宏内部的操作和相应的参数。将光标停在宏名附近，将出现关于子宏的简单帮助信息。将光标停在宏操作附近，将出现关于该宏操作的简单帮助信息。

操作组是为了将宏操作进行分类，将相关的操作集中在一起，以提高宏的可读性，图 10-6 给出了一个名为"宏操作组"的宏，该宏包含两个组，每个组由 Group 和 End Group 块组成。第 1 个组名为"窗体操作"，包括 5 个宏操作；第 2 个组名为"查询操作"，包括 2 个宏操作。当运行该宏时，将按照自上而下的顺序依次执行每一个宏操作。

If 条件用于控制宏的流程，图 10-7 给出了一个名为"登录宏"的条件宏。关于条件宏的具体创建过程以及相关说明将在 10.4.3 节进行讨论。

当创建宏时，可以在"添加新操作"框中直接输入宏操作的名称，也可以从"添加新操作"的下拉列表中选择宏操作，还可以在"操作目录"面板中双击要添加的宏操作，或将宏操作拖到"宏设计器"窗口中，然后为该宏操作填写必要的信息。

图 10-5 带有注释的宏组

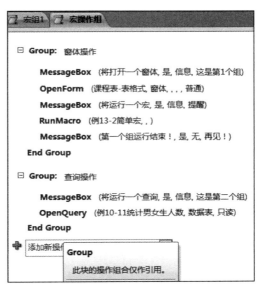

图 10-6 带有两个组的宏

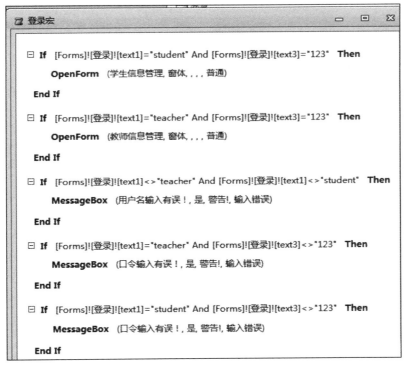

图 10-7 名为"登录宏"的条件宏

重要提示

1. 在生成宏时，可以单击宏操作、关键字或内置函数名称，然后按下 F1 键，Access 将显示该单击项目的帮助主题。

> 2.宏只有一种视图，就是设计视图，也就是"宏设计器"窗口，在该窗口中可以创建和修改宏。

【例 10-1】在第 9 章创建的名为"课程表－表格式"的窗体（图 9-2 所示）中，添加两个命令按钮，标题分别为"打开查询"和"打开窗体"。编写宏完成以下要求：

1）若单击"打开查询"，则运行查询"某班某门课的平均成绩"。

2）若单击"打开窗体"，则打开"例 11-10 课程评价窗体"窗体。

3）将该窗体另存为"嵌入的宏窗体"。

【分析】题目要求编写宏，因此本例不能使用命令按钮向导，而是要利用宏生成器来完成题目要求。添加命令按钮时不启动控件向导。

具体操作步骤如下：

1）在设计视图下打开"课程表－表格式"窗体，将一个命令按钮控件添加到窗体页脚的合适位置。

2）选中该按钮控件，按下 F4 键，单击属性表中的"事件"选项卡，如图 10-8 所示。

图 10-8　添加一个命令按钮控件　　　　图 10-9　"选择生成器"对话框

3）单击"单击"事件属性中的"生成器"按钮███，弹出如图 10-9 所示的对话框，从中选择"宏生成器"，单击"确定"。

4）在出现的"宏设计器"窗口中，单击"添加新操作"的下拉按钮，从图 10-10 所示的列表中选择宏操作"OpenQuery"，该宏操作出现在"宏设计器"窗口中，如图 10-11 所示。在该宏操作名的下方出现 3 个参数，当光标停在某个参数上时，系统将给出相应的说明信息。单击宏操作名前面的加号或减号，可以展开或折叠宏操作的参数部分。单击宏操作名后的✕按钮，可以删除该宏操作。

5）在"查询名称"参数的下拉列表中选择"某班某门课的平均成绩"，设置"视图"和"数据模式"参数后，关闭宏设计器，并保存宏。

6）此时，在该控件的"单击"事件属性中出现"[嵌入的宏]"。如图 10-12 所示。

7）按照同样的方法，添加第 2 个命令按钮，在"宏设计器"窗口中添加如图 10-13 所示的"OpenForm"宏操作和相关的参数。

8）将这两个命令按钮的"标题"属性分别设置为"打开查询"和"打开窗体"。

9）在 Access 的 Backstage 视图下，单击"对象另存为"，将该窗体另存为"嵌入的宏窗体"。

图 10-10　选择宏操作

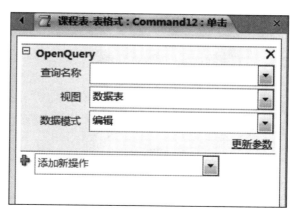

图 10-11　添加在"宏设计器"窗口中的宏操作

图 10-12　命令按钮控件的"单击"事件属性

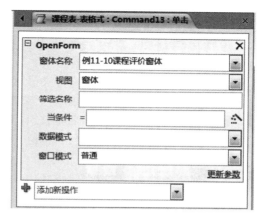

图 10-13　在"宏设计器"中添加的
"OpenForm"宏操作

思考：本例操作的第 1 步中，为什么将命令按钮控件添加到窗体页脚，而不是主体节？如果将命令按钮控件添加到主体节，两者有什么不同吗？如果不同，在什么情况下不同？

10.2.3　宏的类型

1. 按照宏的位置

Access 2010 提供了两种类型的宏，分别是独立的宏和嵌入的宏。

（1）独立的宏

独立的宏位于导航窗格的宏对象中，通过双击宏名就可以运行该宏。独立的宏通常具有公有属性，可以与任何事件相绑定，完成该宏定义的功能。比如，多个窗体的多个事件中都只需要弹出一个如图 9-35 所示的窗体，以确认是否退出系统，此时就可以创建一个独立的宏，保存在导航窗格的宏对象中，以供各个事件共享调用。

（2）嵌入的宏

嵌入的宏不会出现在导航窗格的宏对象中，而是作为诸如命令按钮、文本框等控件对象的事件属性依附在该控件中，只能通过窗体或控件对象的属性表进行访问。例 10-1 中创建的宏就是嵌入的宏。嵌入的宏可以嵌套在窗体、报表、控件的任何事件属性中。当然，在例

10-1 中也可以创建独立的宏。

嵌入的宏具有私有性，它存储在窗体、报表以及控件的事件属性中，是其所属对象的一部分，如果删除所属对象，该嵌入的宏也就随之被删除。多数情况下，使用嵌入的宏可以使数据库更加容易管理，比如在复制、导入、导出窗体和报表时，嵌入的宏会像其他属性一样随之一起移动，不必单独复制或导入 / 导出，这使得维护和构建数据库应用系统变得更加轻松。此外，嵌入的宏是受信任的，即使由于系统安全性设置而阻止代码运行，也不会影响嵌入的宏的运行。

2. 按照宏的内容和结构

无论是独立的宏还是嵌入的宏，都是由一个或多个宏操作组成的宏。宏可以是一个仅包含若干个宏操作的简单宏，也可以是由若干个宏所组成的宏组，还可以是根据条件来执行不同的宏操作的条件宏。

（1）简单宏

又称操作序列宏，由一个或多个宏操作组成，执行时按照宏操作的顺序逐个执行，直到执行完最后一个宏操作。例如，在例 10-1 中创建的宏就是简单宏。

（2）宏组

宏组类似于微软操作系统的文件夹概念，一个名为"课程"的文件夹中可能又包含多个课程的子文件夹。宏组是存储在同一个宏名下的多个子宏的组合。如图 10-5 所示，宏组中的每个子宏都可以按照其中的宏名单独执行相应的操作任务，互不相关。使用子宏，可以减少显示在导航窗格中宏对象的数目，也便于轻松管理有一定关系的多个宏。

（3）条件宏

在宏中使用条件表达式来控制宏的流程，根据不同条件执行不同操作任务，如图 10-7 所示。

10.3 常用的宏操作

Access 2010 提供了几十个宏操作，下面给出一些常用的宏操作。

- Beep。通过计算机的扬声器发出嘟嘟声，提醒用户注意。
- OpenForm。打开一个指定窗体。OpenForm 操作需要设置相应的参数，包括要打开窗体的名称、窗体的视图类型、用于对窗体中的记录进行限制和排序的筛选名称、从窗体的数据源中选择记录的 SQL Where 语句或表达式、窗体数据的输入模式、窗体的模式等。
- OpenQuery。打开一个指定查询，需要设置的参数包括要打开的查询名称、查询的视图类型、查询的数据模式等。
- OpenReport。打开一个指定报表或立即打印报表。可以通过参数设置限制需要在报表中打印的记录。
- CloseWindow。关闭指定的 Access 窗口。如果没有指定窗口，则关闭当前活动窗口。需要设置的相应参数包括：要关闭的窗口对象类型（如查询、窗体或报表等）、要关闭的对象名称（如与指定的对象类型对应的查询名称、窗体名称或报表名称等）、在关闭前是否提示或是否保存对象等。
- AddMenu。在窗体或报表中创建自定义菜单、快捷菜单等。

- GoToControl。将焦点移到打开的窗体和表中指定的字段或控件上。
- MaximizeWindow。将活动窗口最大化，使其充满 Access 窗口。该操作可以使用户尽可能多地看到当前活动窗口中的对象。
- MinimizeWindow。将活动窗口最小化，使其成为 Access 窗口底部的标题栏。
- MessageBox。显示包含警告或提示消息的消息框。例如，某个宏中仅包含一个名为"MessageBox"的宏操作，其中有 4 个参数，在"宏设计器"窗口中的设置如图 10-14 所示。保存宏后，单击"宏工具"的"设计"选项卡下"工具"组中的"运行"，运行该宏，将弹出如图 10-15 所示的对话框。

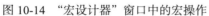

图 10-14　"宏设计器"窗口中的宏操作

图 10-15　包含宏操作"MessageBox"的宏的运行结果

- QuitAccess。退出 Access。该操作的参数只有 1 个，在"选项"参数中可以选择退出 Access 之前是否提示保存，或者是否自动保存数据库对象，或者不保存直接退出 Access。

【例 10-2】修改第 9 章的例 9-12，如果单击"确定"，则退出 Access 2010。

具体操作步骤如下：

1）在窗体设计视图下，打开"确认"按钮的属性表，单击"事件"选项卡的"单击"事件行后的 ... 按钮，打开宏编辑器，即宏设计器窗口。

2）首先删除"CloseWindow"宏操作，然后单击添加新操作框的下拉按钮，在列表中输入或选择"QuitAccess"，"选项"参数使用系统默认值。

3）保存窗体，并切换到窗体视图下，单击"确定"，则退出 Access 2010。

- CancelEvent。取消导致该宏或宏操作运行的 Access 事件。
- RunMacro。运行一个指定的宏，或者从其他宏中运行宏、重复宏或者基于某一条件来执行宏。
- StopMacro。终止当前正在运行的宏。
- StopAllMacros。终止当前所有正在运行的宏。
- RunCode。执行 Visual Basic 中的 Function 过程。
- SetProperty。设置控件的属性。
- RestoreWindow。将处于最大化或最小化的窗口恢复为原来的大小。

10.4　创建宏

10.4.1　创建简单宏

前面说过，简单宏由一个或多个宏操作组成，执行时按照宏操作的顺序逐个执行，直到操作执行完毕为止。

【**例 10-3**】创建一个简单宏，该宏包含 4 条宏操作命令，第 1 条是"MessageBox"，显示"这是一个简单宏的例子"的消息框；第 2 条是"OpenForm"，打开名为"例 11-5 课程表"的窗体；第 3 条是"MessageBox"，显示"将要关闭该窗体"的警告消息框；第 4 条是"CloseWindow"，将关闭"例 11-5 课程表"窗体。该宏的名称是"例 13-2 简单宏"。

【**分析**】由题目可知，将要创建的宏没有与任何窗体、报表或控件的"事件"属性相关联，因此，要创建的将是一个独立的宏。

具体操作步骤如下：

1）在"创建"选项卡上的"宏与代码"组中，单击"宏"，打开"宏设计器"窗口。

2）在"宏设计器"窗口中，从"添加新操作"下拉列表中选择"MessageBox"，按照图 10-16 设置该宏操作的各个参数。

3）从"添加新操作"下拉列表中选择"OpenForm"宏操作，按照图 10-17 设置该宏操作的各个参数。

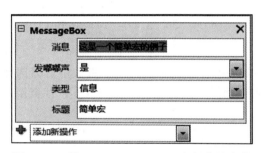

图 10-16 设置"MessageBox"宏操作的参数

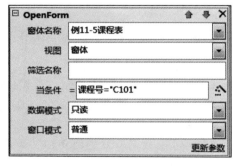

图 10-17 设置"OpenForm"宏操作的参数

4）从"添加新操作"下拉列表中选择"MessageBox"，按照图 10-18 设置该宏操作的各个参数。

5）从"添加新操作"下拉列表中选择"CloseWindow"，按照图 10-19 设置该宏操作的各个参数。

图 10-18 设置"MessageBox"宏操作的参数

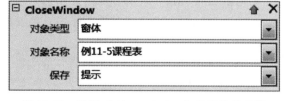

图 10-19 设置"CloseWindow"宏操作的参数

6）右键单击宏对象选项卡，然后单击"保存"按钮。也可以关闭"宏设计器"窗口，并保存宏，命名为"例 13-2 简单宏"。

7）在导航窗格的宏对象中出现名为"例 13-2 简单宏"的宏。

8）从导航窗格中选中该宏，单击右键快捷菜单中的"设计视图"，如图 10-20 所示，打开该宏的设计视图，即"宏设计器"窗口，单击每个宏操作名前的"减号"，使其折叠参数，可以清晰地看到组成该宏的宏操作序列，如图 10-21 所示。

图 10-20 宏的右键快捷菜单

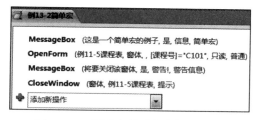

图 10-21 折叠参数后的宏操作序列

重要提示

　　简单宏中的操作是从上至下依次执行的，若要改变宏操作的执行顺序，在"宏设计器"窗口中，可以直接将宏操作拖放到合适的位置。也可以单击宏操作名后的绿色上移按钮⬆或下移按钮⬇，调整宏操作的顺序。

10.4.2 创建宏组

　　宏组是共同存储在同一个宏名下的相关子宏的集合。一个宏组可以包含若干个子宏，而每一个子宏又由若干个宏操作组成。如果直接运行宏组，系统仅执行宏组中的第一个子宏。若要运行宏组中的某一个子宏，则需要在宏组名后面键入一个英文句点，再键入子宏名。例如，若要执行图 10-5 所示的"宏组 1"中名为"Sub3"的子宏，可键入"宏组 1.Sub3"。

　　【例 10-4】创建一个宏组，命名为"例 13-3 宏组"，该宏组包含两个宏。第 1 个宏的宏名为"打开窗体"，该宏包括两个宏操作，功能分别是弹出消息框并打开指定的窗体。第 2 个宏的宏名为"关闭窗体"，该宏包括两个宏操作，功能分别是弹出消息框并关闭指定的窗体。

　　【分析】由题目可知，将要创建的宏没有与任何窗体、报表或控件的"事件"属性相关联，因此，要创建的将是一个独立的宏。

　　具体操作步骤如下：

　　1）打开"宏设计器"窗口。

　　2）在"宏设计器"窗口中，从"添加新操作"下拉列表中单击"Submacro"，或者从"操作目录"面板中双击"Submacro"，此时的"宏设计器"窗口如图 10-22 所示。

　　3）从"添加新操作"下拉列表中选择"MessageBox"，如图 10-23 所示。将子宏的名称由"Sub1"改为"打开窗体"，并按照图 10-24 依次在"添加新操作"下拉列表中选择相应的宏操作，并设置参数。

　　4）再添加一个子宏，将子宏的名称由"Sub2"改为"关闭窗体"，并按照图 10-25 依次在"添加新操作"下拉列表中选择相应的宏操作，并设置参数。

　　5）单击各个宏操作前的减号，将其折叠后的宏组如图 10-26 所示。

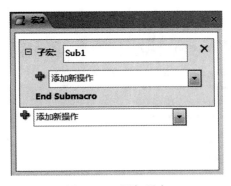

图 10-22   添加子宏

图 10-23   选择宏操作

图 10-24   添加宏组中的第 1 个宏

图 10-25   添加宏组中的第 2 个宏

6）右键单击图 10-26 中的选项卡式文档"宏 2"，在弹出的快捷菜单中单击"保存"按钮，或者关闭"宏设计器"窗口，选择保存并将该宏组命名为"例 13-3 宏组"。

7）此时在导航窗格中出现名为"例 13-3 宏组"的宏，这是一个独立的宏。双击该宏，将仅运行该宏组中的"打开窗体"子宏，首先弹出一个如图 10-27 所示的消息框，然后以"只读"方式打开窗体"课程表－表格式"。

8）如果想运行第 2 个子宏"关闭窗体"，需要将该子宏与某个事件绑定，一种方法是，在某个控件的某个"事件"属性中输入或从"事件"属性的下拉列表中选择"例 13-3 宏组.关闭窗体"。例如，图 10-28 给出了将宏组中的宏"关闭窗体"与一个命令按钮的"单击"事件进行绑定的方法。

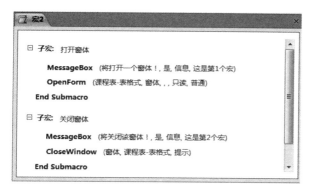

图 10-26　包含两个子宏的宏组

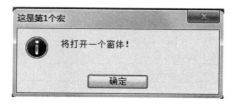

图 10-27　运行"打开窗体"子宏时
弹出的消息框

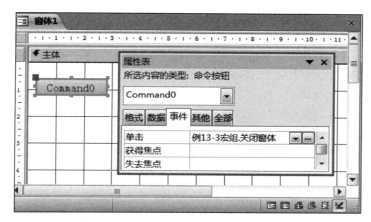

图 10-28　运行宏组中的"关闭窗体"子宏

10.4.3　创建条件宏

在某些情况下，可能希望仅当满足某个特定条件时，才执行宏内的一个操作或一系列操作，这时就需要在宏内使用 If 块来定义宏执行的条件，这样的宏称为条件宏，它是通过设置条件来控制宏的执行。

可以在宏条件中使用任何计算结果为 True 或 False 的表达式。在宏内的 If 块中输入表达式的方法如下：

1）利用"宏设计器"新创建一个宏。

2）从"操作目录"中添加 If 块，如图 10-30 所示。

3）单击 If 块的第一行。

4）在框中键入条件表达式，或者单击表达式框旁边的"生成"按钮 来启动表达式生成器。键入的表达式必须是布尔表达式，即它的计算结果为 True 或 False。If 块内的宏操作只在条件计算结果为 True 时运行。

表 10-1 给出了条件宏中一些常用的条件表达式示例。

表 10-1   条件宏中常用的条件表达式示例

条件表达式	说明
[Text0] > 0	当名为 "Text0" 的文本框中的值大于 0 时，才运行相应的宏操作
IsNull([成绩])	当 "成绩" 字段的值是 Null（没有值）时，才运行相应的宏操作
DCount("[课程号]"," 课程表 ") <=5	当 "课程表" 中的课程数小于等于 5 时，才运行相应的宏操作
[班级]<> "10 工业设计 "	如果字段 "班级" 的值不等于 "10 工业设计"，才运行相应的宏操作
[Forms]![登录]![text1]="student" And [Forms]![登录]![text3]="123"	"登录" 窗体中名为 "text1" 的文本框的值等于 "student"，并且 "登录" 窗体中名为 "text3" 的文本框的值等于 "123" 时，运行相应的宏操作
Forms![选课表]![成绩]<60	"选课表" 窗体的 "成绩" 字段的值小于 60 时，运行相应的宏操作
MsgBox(" 确认关闭窗体？ ", 1)=1	首先运行一个 MsgBox 函数，弹出提示信息为 "确认关闭窗体？" 的对话框，该对话框中包含 "确定" 和 "取消" 两个命令按钮。然后接受用户的输入，并返回相应的值。如果用户单击 "确定" 按钮，MsgBox 函数的返回值为 1。单击 "取消" 按钮，MsgBox 函数的返回值为 2。最后判断函数的返回值是否等于 1。此条件表达式的最终含义是，如果用户单击 "确定" 按钮，则 If 条件成立，执行相应的宏操作
[出生年月] Between #1992/1/1#And #1992/12/31#	如果是 1992 年出生的，则执行相应的宏操作

【例 10-5】创建一个名为 "例 13-4 条件宏" 的宏，运行该宏时，首先弹出图 10-29a 所示的消息框，若单击 "确定"，打开名为 "例 10-11 统计男女生人数" 的查询。若单击 "取消"，则弹出一个图 10-29b 所示的消息框。

a）条件宏运行时的第一个对话框

b）单击 "取消" 后弹出的消息框

图 10-29   运行 "例 13-4 条件宏" 时的消息框

【分析】该宏包含一个 If 块，条件表达式是 " MsgBox(" 要打开该查询吗 ?", 1)=1"，如果表达式值为 True，则执行宏操作 "OpenQuery"，运行指定的查询。否则执行 "MessageBox" 宏操作，显示一条消息。

具体操作步骤如下：

1）在 "宏设计器" 窗口中，从 "添加新操作" 下拉列表中单击 "If"，或者从 "操作目录" 面板中双击 "If"，此时的 "宏设计器" 窗口如图 10-30 所示。

图 10-30   添加了 "If" 块的宏

2）在 If 块顶部的框中输入 " MsgBox(" 要打开该查询吗 ?", 1)=1"。在 If 块中从 "添加新操作"下拉列表中单击"OpenQuery",并设置参数。

3)单击图 10-30 中的"添加 Else",在出现的"Else"块中添加"MessageBox"宏操作,并设置相应的参数。

4)图 10-31 给出了完整的条件宏,该条件宏的结构是"If-Then-Else-End If"。

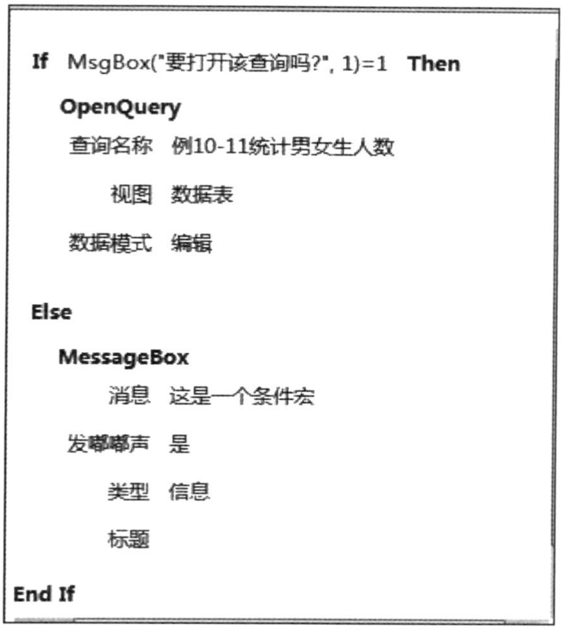

图 10-31　完整的条件宏

5)保存该条件宏,名为"例 13-4 条件宏"。

重要提示

1. 嵌入的宏是通过单击窗体、报表或控件的某个"事件"属性的生成器按钮■,从中选择"宏生成器",在宏设计视图下进行创建的。嵌入的宏可以是简单宏、宏组或者条件宏。

2. 独立的宏是通过单击"创建"选项卡的"宏与代码"组中的"宏"来创建的,而且必须事先创建好,然后通过单击窗体、报表或控件的某个"事件"属性的下拉按钮,从中选择已创建好的宏,使之与某个"事件"相绑定。独立的宏可以是简单宏、宏组或者条件宏。

10.5　宏的运行与调试

10.5.1　宏的运行

创建宏之后,可以运行该宏,也可以调试该宏。对于宏组,如果需要运行宏组中的任何一个宏,则需要使用"宏组名.宏名"格式来指定某个宏。对于简单宏和条件宏,则直接指定宏名来运行该宏。

运行宏的方法有以下几种:

1）在"宏设计器"窗口中，单击"设计"选项卡"工具"组上的"运行"命令，可以直接运行当前宏。

2）在导航窗格的宏对象中双击某个宏，直接运行该宏。如果是宏组，仅运行该宏组中的第一个子宏。

3）单击"数据库工具"选项卡，单击"宏"组中的"运行宏"命令，在弹出的"执行宏"对话框中输入或选择要运行的宏。如图10-32所示。

图 10-32 输入或选择要运行的宏

4）通过窗体、报表或控件中的某个"事件"的发生来运行宏。将窗体、报表或控件中的某个"事件"属性设置为宏的名称。例如，在如图10-33所示的命令按钮"单击"事件的下拉列表中，选择与该事件相绑定的宏，这是一个宏组中的子宏。当单击该命令按钮时，将执行"例 13-3 宏组"中的"打开窗体"子宏。

5）从另一个宏中运行宏。在"宏设计器"窗口中，从"添加新操作"下拉列表中选择"RunMacro"宏操作，在"宏名称"参数中给出要运行的宏名。例如，选择如图10-6所示的

图 10-33 选择与"单击"事件相绑定的宏

"窗体操作"组中的第 4 个宏操作，在该宏操作中将运行另一个名为"例 13-2 简单宏"的宏操作。

6）在 VBA 过程的代码中，或者在窗体、报表或控件的"事件"属性的事件过程中，使用格式为" DoCmd.RunMacro "宏名""的语句。该语句表示调用 DoCmd 对象中的 RunMacro 方法来运行指定的宏。对于宏组中的子宏，要使用"宏组名 . 子宏名"格式来指定。例如，运行宏组"例 13-3 宏组"中的"打开窗体"宏，可以在代码中输入" DoCmd. RunMacro" 例 13-3 宏组 . 打开窗体 ""。

7）在打开数据库时自动运行宏。

Access 中设置了一个特殊的宏，宏的名字固定为" AutoExec"。如果在 Access 数据库中创建了一个名为" AutoExec"的宏，则在打开数据库时，该宏将自动运行。

重要提示

1. 如果在打开数据库时想阻止执行" AutoExec"宏，可在打开数据库时按住 Shift 键不放开，直到数据库打开为止。

2. 名为" AutoExec"的宏，使得在打开数据库时自动执行一个或一系列操作。因此适当设计" AutoExec"的宏，可以为运行数据库系统做好所需要的初始化准备，如打开应用系统的主窗体、运行一个计时器等。

10.5.2 宏的调试

宏调试的目的，就是要找出宏的出错原因和位置，以使宏能达到预期的效果。在 Access

中，常使用"单步执行宏"来查找宏中的问题。单步执行宏，就是一次只执行一个宏操作。

使用"单步执行宏"，可以通过出现的对话框观察宏的流程和每一个操作的结果，以排除导致错误或产生非预期结果的操作。如果宏操作有误，则会显示"操作失败"对话框。

单步执行操作的主要步骤如下：

1）在设计视图下打开要调试的宏，如"例 13-2 简单宏"。

2）单击"设计"选项卡"工具"组中的"单步"，这里一定要确认"单步"按钮已经按下。

3）单击工具栏上的"运行"按钮，显示"单步执行宏"对话框，如图 10-34 所示。

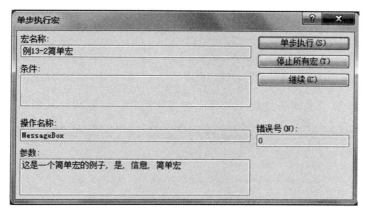

图 10-34　"单步执行宏"对话框

4）执行下列操作之一：

● 若单击"单步执行"按钮，将执行"单步执行宏"对话框中所显示的操作，对于图 10-34 而言，将执行"MessageBox"宏操作。

● 若单击"停止所有宏"按钮，则停止宏的运行，并关闭"单步执行宏"对话框。

● 若单击"继续"按钮，则关闭"单步执行宏"对话框，并执行宏的未执行部分。

重要提示

1. "单步执行宏"对话框中，如果"错误号"为"0"，表示没有发生错误。

2. 在运行宏时若要进入单步调试状态，可按下 Ctrl+Break（或 Ctrl+Pause）组合键。

3. 对于包含有控件值的宏，有一种简单的调试跟踪方法，就是在宏中添加 MessageBox 宏操作，显示不同时期控件值的变化来发现错误。

10.6　宏的应用

【例 10-6】运行一个名为"您的成绩"的窗体，首先弹出如图 10-39 所示的对话框，输入学号，单击"确定"按钮，出现如图 10-40 所示的窗体。单击该窗体中的"成绩"文本框，将弹出如图 10-41 所示的相应消息框。

【分析】首先，要创建窗体"您的成绩"，很显然这个窗体需要数据源，而且是一个数据源为"选课表"的参数查询。然后，创建条件宏，并与"成绩"文本框的"单击"事件绑定。

具体操作步骤如下：

1）创建一个名为"按学号查成绩"的参数查询。该查询的设计视图如图 10-35 所示。

2）以该参数查询作为窗体的数据源，使用窗体向导快速创建一个名为"您的成绩"的窗体，然后修改窗体、各节以及控件的属性，比如，将窗体的"默认视图"设为"连续窗体"，设置背景色、字体、字号等。该窗体的设计视图如图 10-36 所示。

图 10-35 参数查询"按学号查成绩"的设计视图

图 10-36 "您的成绩"窗体的设计视图

3）创建一个名为"成绩条件宏"的独立的宏并保存。该宏的设计视图如图 10-37 所示。

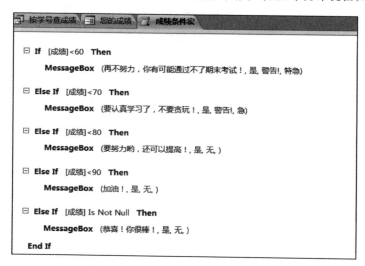

图 10-37 "成绩条件宏"的设计视图

4）按照图 10-38，将"成绩条件宏"与窗体中的"成绩"文本框控件的"单击"事件相绑定。即在"您的成绩"窗体的设计视图中，双击"成绩"文本框，在打开的该控件属性表中，单击"事件"选项卡，在"单击"下拉列表中选择"成绩条件宏"。

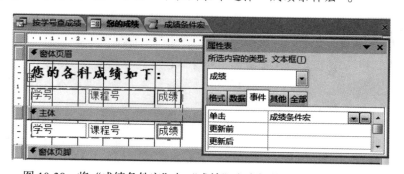

图 10-38 将"成绩条件宏"与"成绩"文本框的"单击"事件绑定

5）保存"您的成绩"窗体。

6）在导航窗格中，双击"您的成绩"窗体，弹出如图 10-39 所示的对话框。这里，输入学号的后 6 位，如"212726"，出现如图 10-40 所示的窗体。

图 10-39　输入要查看成绩的学生学号　　　　图 10-40　该学号的各科成绩

7）单击成绩为"50""80""71"和"60"的文本框时，依次弹出如图 10-41 所示的消息框。（实际效果是，单击一个成绩，弹出一个对话框，在"确认"后，再单击一个成绩，再次弹出一个对话框。）

图 10-41　"成绩条件宏"的运行结果

【例 10-7】按照下列要求创建宏，并与"登录"窗体的两个命令按钮的单击事件进行绑定。"登录"窗体如图 9-37 所示。

1）当输入用户名"teacher"和口令"123"后，单击"登录"按钮，打开报表"例12-5 教师授课报表"。（如果数据库文件中没有该报表，可以替换一个已经创建好的报表。）

2）当输入用户名"student"和口令"123"后，单击"登录"按钮，打开"您的成绩"窗体。

3）当输入的口令不正确时，单击"登录"按钮，弹出"口令不正确，请重新输入！"的对话框。

4）单击"退出"按钮，弹出"确实要退出教学管理系统吗？"的对话框。单击对话框中的"确定"按钮，将关闭"登录"窗体，单击"取消"按钮，继续停留在登录窗体界面。

【分析】根据题意，本例既可以创建一个宏组，其中包括两个条件子宏，也可以创建两个独立的条件宏。本例演示创建两个独立的条件宏过程。宏名分别为"登录"和"退出"。

具体操作过程如下：

1）创建"登录"宏。按照图 10-42 在"宏设计器"窗口中依次添加宏操作。这里，添加的 3 个 If 块中的条件表达式分别如下：

- [Forms]![登录]![Text0]="teacher" And [Forms]![登录]![Text2]="123"
- [Forms]![登录]![Text0]="student" And [Forms]![登录]![Text2]="123"
- ([Forms]![登录]![Text0]="student" Or [Forms]![登录]![Text0]="teacher") And ([Forms]![登录]![Text2]<>"123"）

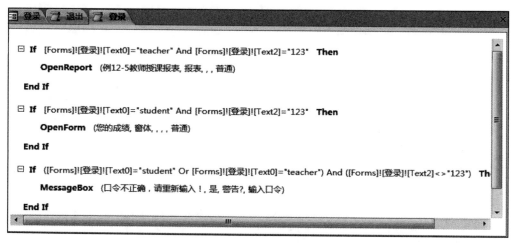

图 10-42　"登录"宏

2）创建"退出"宏。按照图 10-43 在"宏设计器"窗口中添加宏操作。这里，添加的 If 块中的条件表达式是" MsgBox(" 确实要退出教学管理系统吗？ ",1)=1"。如果条件成立，执行宏操作" CloseWindow"，其中的"对象类型"和"对象名称"参数分别为"窗体"和"登录"。

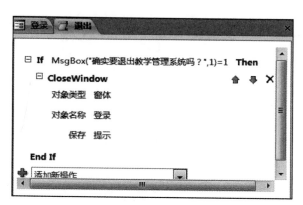

图 10-43　"退出"宏

3）在设计视图下打开"登录"窗体，选中"退出"命令按钮控件，在其属性表的"单击"事件下拉列表中选中"退出"宏，如图 10-44 所示。

4）在"登录"窗体的设计视图下，选中"登录"命令按钮控件，在其属性表的"单击"事件下拉列表中选中"登录"宏，如图 10-45 所示。

5）保存窗体。

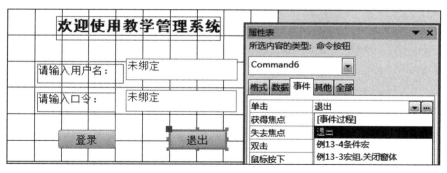

图 10-44　将"退出"按钮的"单击"事件与"退出"宏绑定

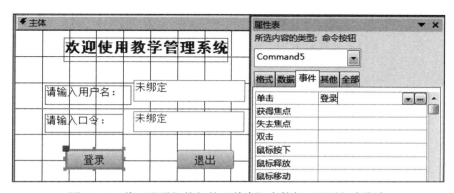

图 10-45　将"登录"按钮的"单击"事件与"登录"宏绑定

重要提示

1. 条件宏中常使用 "[Forms]![窗体名称]![控件名称]" 的格式来指明控件所属的数据库对象。

2. 在例 10-7 中，"登录"宏的条件表达式中，"Text0"和"Text2"分别是在向"登录"窗体添加"登录"按钮和"退出"按钮时，系统自动给出的命令按钮"名称"属性。在实际操作中，要根据自己创建控件时系统给出的名称来书写，不可照搬教材。

【例 10-8】创建宏来完成图 9-124 所示窗体的功能。当用户输入身高、体重并选择性别后，单击"查看测试结果"按钮，标准体重范围将在"上限"和"下限"文本框中显示，同时弹出一个对话框，显示测试结果。如果单击"重新测试"按钮，则清空身高、体重、上限和下限中的数据。

1）上限和下限的计算规则如下：

● 若为男性，体重的上限值是身高减去 100 后再乘以 1.1，体重的下限值是身高减去 100 后再乘以 0.9。

● 若为女性，体重的上限值是身高减去 105 后再乘以 1.1，体重的下限值是身高减去 105 后再乘以 0.9。

2）测试结果如下：

● 如果体重在上下限范围内，则给出的测试结果是"你的体型适中，请继续保持！"。

- 如果体重高于上限，则给出的测试结果是"体型偏胖，您该减肥了！"。
- 如果体重低于下限，则给出的测试结果是"体型偏瘦，您要多吃点！"。

【分析】显然需要创建条件宏来完成题目要求。首先要明确各个控件的"名称"属性，它将决定宏运行的正确性。图 10-46、图 10-47 给出了身高、体重、上限和下限控件的名称，分别为"Text0""Text2""Text6""Text8"。

图 10-46　用于输入和显示身高和体重的两个文本框控件以及属性

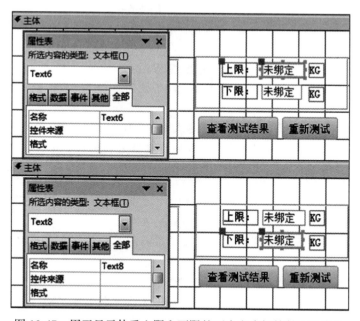

图 10-47　用于显示体重上限和下限的两个文本框控件以及属性

关键操作步骤如下：

1）创建一个名为"体质测试结果－宏"的独立的宏，并保存。该宏的内容如图 10-48 所示。

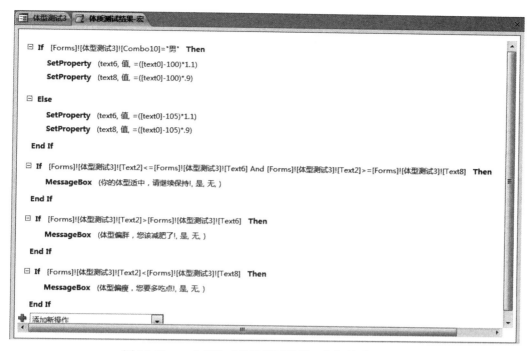

图 10-48 一个名为"体质测试结果 – 宏"的独立的宏

2）将该宏与"查看测试结果"按钮的单击事件绑定，如图 10-49 所示。

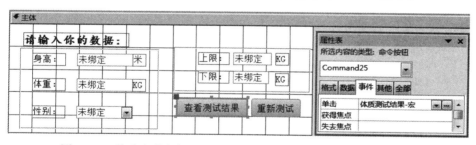

图 10-49 将独立的宏与"查看测试结果"按钮的单击事件进行绑定

3）在窗体的设计视图下，打开"重新测试"按钮的属性表，打开"单击"事件的宏生成器，按照图 10-50 所示（给出了各种清空文本框内容的方法）逐条输入宏操作之后，关闭宏生成器并保存所创建的嵌入的宏。此时，"重新测试"按钮的"单击"事件与一个嵌入的宏绑定，如图 10-51 所示。当在窗体视图下单击"重新测试"按钮时，将运行这个嵌入的宏。

图 10-50 与"重新测试"按钮单击事件绑定的一个嵌入宏的内容

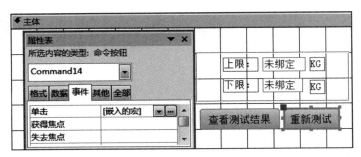

图 10-51 将"重新测试"按钮单击事件与一个嵌入的宏进行绑定

10.7 Access 中的"触发器"——数据宏

数据宏是 Access 2010 新增的一项功能,其作用类似于 Microsoft SQL Server 中的触发器。所谓触发器,就是当对某一个数据表中的数据进行插入、删除或更新操作时,自动触发某种设定好的条件从而执行的一段程序。触发器是一种特殊的存储过程,通过编程来实现复杂的约束条件和业务逻辑,不需要用户调用,由系统自动执行。在本书第三部分第 6 章的 6.3 节中介绍了数据库管理系统通过提供 PRIMARY KEY 约束来实现实体的完整性,提供 FOREIGN KEY 约束实现参照完整性,提供 CHECK 约束实现域的完整性。当系统提供的这些约束无法满足具体应用系统的约束要求时,触发器将是一种有效解决问题的途径。

当数据表的某个事件发生时,将自动触发事先创建好的数据宏。数据宏无论是否命名,都类似于嵌入的宏,在导航窗格中不可见。编写数据宏并将其附加到某个数据表的某个事件中,就可以实现在数据表级别实施特定的业务逻辑。比如在第 7 章上机练习题 6 中创建的"网上书店系统"中,如果将"订单表"中的"订单状态"设置为"完成","完成百分比"字段的值将自动变为"100%",这就可以通过创建一个数据宏来实现。具体创建方法如下:

1)打开"订单表",单击"表格工具"的"表"选项卡,选择"前期事件"组中的"更改前"按钮,光标停留在其上,系统将给出注释信息,如图 10-52 所示。

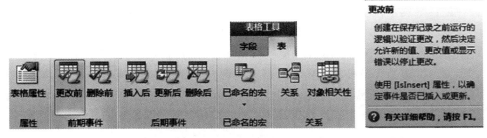

图 10-52 位于数据表视图下的数据表所包含的可供选择的事件

2)单击"更改前"按钮,打开宏生成器。请观察此时数据宏设计视图中的"操作目录"与之前创建宏时的区别。

3)双击操作目录中的 If 块,输入条件表达式"[订单状态]=" 完成 ""。

4)双击操作目录中的"数据操作"SetField,将其添加到 If 块中,然后输入要设置的字段名以及值参数,如图 10-53 所示,保存并关闭宏。

上述方法创建的宏类似于嵌入的宏。现在可以测试一下该宏的功能,打开"订单表"数据表，在任意一条记录的"订单状态"字段输入"完成"，字段"完成百分比"的值将自动变为"100%"。

图 10-53 在 If 块中添加 SetField 操作指示 Access 在满足指定条件时更改字段的值

如果在设计视图下打开数据表，可以单击"表格工具"的"设计"选项卡中的"创建数据宏"命令，选择事件类型，打开数据宏的设计器。数据宏是针对数据表的某个事件而编写的，数据表的事件类型包括"前期事件"和"后期事件"。

"前期事件"发生在对表数据进行修改之前，它仅支持少部分的数据宏操作，这些宏操作可以通过操作目录来了解。"前期事件"包括"更改前"和"删除前"两种。"更改前"事件将在更改某个表中的数据之前触发，用于在表中添加或更新记录之前设置某个字段的值或设置某个局部宏变量的值。"删除前"事件用于验证与删除操作对应的条件。

"后期事件"表示已经成功完成了对表数据的修改。"后期事件"包括"插入后""更新后""删除后"，支持全部数据宏操作。顾名思义，这些事件将发生在对数据表中的数据进行操作之后，比如向数据表中添加记录之后，就会触发"插入后"事件，即自动执行与之绑定的数据宏。

不同于之前介绍的独立的宏和嵌入的宏，数据宏有许多限制，比如数据宏只能附加到数据表中，不能显示消息框，不能对多值字段进行操作，不能调用 VBA 过程，而且宏设计器一次只能设计一个数据宏。数据宏通常以不可见的方式运行，一个主要应用场景是在将 Access 应用程序迁移至 Web 应用程序时使其可以移植到 SharePoint 上。

10.8 将宏转换为 VBA 代码

Access 可以自动将宏转换为 VBA（Visual Basic for Application）事件过程或模块。这些事件过程或模块使用 VBA 代码执行与宏等价的操作。有关 VBA 事件过程或模块将在第 11 章介绍。

1. 将窗体或报表上的宏转换为 VBA 代码

无论是独立的宏还是嵌入的宏，都可以将其转换为 VBA 代码。但通常是独立的宏可以通过命令自动转换，而嵌入的宏必须手动进行转换。该转换过程将窗体、报表或者其中的任意控件所绑定的任意宏转换为 VBA 代码，并向窗体或报表的类模块中添加 VBA 代码。此时，这个类模块将成为该窗体或报表的一部分。下面通过一个例子来介绍将窗体或报表上的宏转换为 VBA 代码的方法。

【例 10-9】将窗体"您的成绩"上的宏转换为 VBA 代码。

【分析】窗体"您的成绩"上的宏是独立的宏，因此可以使用命令自动进行转换。

主要操作步骤如下：

1）在设计视图下打开"您的成绩"窗体。

2）单击"设计"选项卡"工具"组中的"将窗体的宏转换为 Visual Basic 代码"，打开"转换窗体宏"或"转换报表宏"对话框。

3）在如图 10-54 所示的对话框中，选择是否希望 Access 向它生成的函数中添加错误处理代码。此外，如果宏内有任何注释，可选择是否希望将它们作为注释包括在函数中。单击"转换"按钮。

4）系统将自动进行转换，转换完毕后，弹出如图 10-55 所示的对话框。

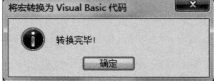

图 10-54   "转换窗体宏"对话框   图 10-55   转换完毕对话框

5）此时观察"成绩"文本框的"单击"事件属性，如图 10-56 所示，"单击"事件属性由转换前的"成绩条件宏"变成了"[事件过程]"。单击其后的生成按钮 ，查看和编辑 VBA 代码。

图 10-56   转换后的"成绩"文本框的"单击"事件属性

6）Access 将打开 Visual Basic 编辑器，并在其左侧"工程 – 教学管理"窗口中出现一个名为"Form_ 您的成绩"的模块，这是系统为该窗体新创建的一个类模块，类模块的命名方式采用在窗体名的前面加上"Form_"。右侧的代码窗口中显示转换后的事件过程代码，如图 10-57 所示。有关 VBA 代码的内容将在第 11 章介绍。

重要提示

1. 将窗体或报表上的宏转换为 VBA 代码之后，如果窗体或报表没有相应的类模块，Access 将创建一个类模块，并为与该窗体或报表关联的每个宏向该模块添加一个过程，否则就直接在类模块中添加一个过程。此外，在转换过程中，Access 还会更改该窗体或报表的事件属性，绑定的是 VBA 事件过程，而不是宏。

2. 将宏转换为 VBA 代码后，不一定保证 VBA 代码能正常运行，有时需要修改代码，以符合 VBA 语言的语法要求。

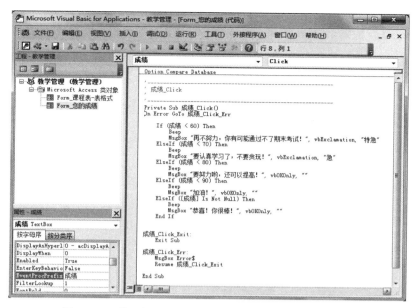

图 10-57　将"您的成绩"窗体上的宏转换为 VBA 代码

2. 将导航窗格中的宏转换为 Visual Basic

【例 10-10】将宏"例 13-2 简单宏"转换为 Visual Basic。

转换的主要操作步骤如下：

1）在导航窗格中右击要转换的宏名"例 13-2 简单宏"，在快捷菜单中单击"设计视图"。

2）单击"宏工具"的"设计"选项卡上"工具"组中的"将宏转换为 Visual Basic 代码"。

3）在"转换宏"对话框中，单击"转换"。

4）转换完毕后，单击如图 10-55 所示对话框中的"确定"按钮。

5）Access 将打开 Visual Basic 编辑器，并在其左侧"工程 – 教学管理"窗口的"模块"中增加一个名为"被转换的宏 – 例 13-2 简单宏"的标准模块，新生成的 VBA 标准模块的命名方式采用在宏名的前面加上"被转换的宏"。右侧的代码窗口中将显示转换后的 VBA 代码，如图 10-58 所示。

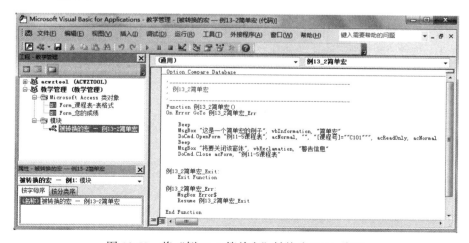

图 10-58　将"例 13-2 简单宏"转换为 VBA 代码

6）观察导航窗格，会新增一个名为"被转换的宏 – 例 13-2 简单宏"的标准模块，注意位于其前面的图标。

10.9　小结

宏是一种数据库对象。宏对象是一个独立的对象，窗体、报表以及控件的任何事件都可以调用宏对象中的宏。使用宏可以为数据库的应用程序添加许多自动化的功能，帮助用户自动完成常规任务。

根据宏位于导航窗格还是依附于窗体或报表，将宏分为独立的宏和嵌入的宏。独立的宏需要事先创建好，既可以独立运行，也可以在某个与其绑定的事件触发时运行，还可以在另一个宏中运行。对于嵌入的宏，只有当与该宏绑定的事件触发时，才会运行。

无论是独立的宏还是嵌入的宏，都是由一个或多个宏操作组成的宏。Access 2010 提供了大量的宏操作，通过对宏操作的组合，自动完成各种数据库操作。

宏可以是简单宏、宏组、条件宏。对于宏组，如果运行时直接指定宏组名，将只运行该宏组中的第一个子宏，其他子宏不会被运行。创建条件宏的关键是书写正确的条件表达式以及设计合理有效的逻辑结构。

习题

1. 什么是宏？宏有什么作用？
2. 给出有关窗体的 5 个常用的宏操作，并进行简要说明。
3. 从创建、打开、编辑、运行、命名几个方面，对独立的宏和嵌入的宏进行比较。
4. 简述数据宏与嵌入的宏有什么不同。

上机练习题

1. 自行设计并创建一个名为"上机练习 1"的独立的简单宏，其中包含 5 个宏操作。
2. 创建一个自动运行的宏，要求在打开数据库时弹出一个"现在开始至少要练习 1 个小时"的消息框。
3. 按照下列要求创建宏，并将第 9 章上机练习题 3 中窗体（图 9-121）的 4 个命令按钮的单击事件与宏绑定。
   （1）若单击"学生信息浏览"，则打开数据表"学生表"；
   （2）若单击"课程信息窗体"，则打开窗体"课程表"；
   （3）若单击"课程成绩查询"，则打开窗体"您的成绩"；
   （4）若单击"学生成绩统计"，则打开报表"课程成绩信息报表"。
4. 为第 9 章上机练习题 4 创建的"课程信息"窗体（图 9-122 所示）上的两个命令按钮的单击事件编写宏，实现题目要求的功能。
5. 按照例 10-7 要求的窗体功能，创建一个名为"登录与退出"的宏组，其中包括两个名为"登录"和"退出"的子宏，它们分别与"登录"窗体上的两个命令按钮的单击事件进行绑定。
6. 按照下列要求创建宏，并与"登录"窗体的两个命令按钮的单击事件进行绑定。"登录"窗体如图 9-37 所示（即在例 9-13 中创建的名为"登录"的窗体）。
   （1）当输入用户名"teacher"和口令"123"后，单击"登录"，打开名为"教师授课情况报表"的报表。
   （2）当输入用户名"student"和口令"123"后，单击"登录"，打开名为"学生信息管理"的窗体。

（3）若输入的口令正确但用户名不正确，单击"登录"，弹出对话框，提示"用户名输入有误!"，并清空错误的输入。（提示：使用"SetProperty"宏操作。）

（4）若输入的用户名正确但口令不正确，单击"登录"，系统弹出对话框，提示"口令输入有误!"，并清空错误的输入。

（5）当用户名为空或者口令为空，单击"登录"，系统弹出对话框，提示"用户名不能为空!"或者"口令不能为空!"。

（6）单击"退出"，弹出"确实要退出教学管理系统吗?"的对话框。单击"确定"，关闭"登录"窗体，单击"取消"，继续保持在登录窗体界面。

7. 在第 7 章上机练习题 7 创建的"网上书店系统"数据库中，创建一个数据宏，完成如下功能：

（1）如果"订单表"中的"订单状态"设置为"完成"，"完成百分比"字段的值将自动变为"100%"。

（2）如果"订单表"中的"订单状态"设置为"基本完成"，"完成百分比"字段的值将自动变为"80%"。

（3）如果"订单表"中的"订单状态"设置为"终止"，"完成百分比"字段的值将自动变为"0%"。

第 11 章

Access 数据库编程——VBA 模块

11.1 问题引入

问题 1：如果要求图 9-37 所示"登录"窗体中的"登录"命令按钮，其单击事件完成如下功能，可否通过编写宏来实现该功能？

1）如果用户名输入正确而口令输入错误，弹出提示信息"口令输入有误，请重新输入！"，并清空口令。

2）如果连续输入三次错误的口令，弹出如图 11-1 所示的消息框，单击"确定"按钮，"登录"窗体中的"登录"和"退出"按钮变成不可用，并弹出一个计时器窗体，如图 11-2 所示，系统开始计时，30 分钟之后，"登录"和"退出"按钮变成可用。

图 11-1　口令输入错误三次后弹出的消息框

该问题的难点在于出现了计时器的使用，并且计时器与错误口令的计数、命令按钮"可用"属性的设置之间存在较为复杂的逻辑关系，这种复杂关系通过编写宏是不能完整实现的，只能为"登录"按钮的事件编写 VBA 代码，即编写事件过程，图 11-3 给出了使用 VBA 编写的"登

图 11-2　一个简单的计时器界面

录"按钮的"单击"事件过程。这里需要区分 Access 中的"事件"和"事件过程"两个概念，**事件**是一个操作，比如"单击""双击""加载"等，而**事件过程**则是指使用 VBA 编程语言编写的响应某个事件的代码段或程序单元。

问题 2：第 9 章例 9-18 以及第 10 章的 10.1 节给出了"注册会员"窗体相对完整的功能实现描述，巧妙地利用命令按钮向导提供的"添加新记录"操作，完成"注册"按钮的功能，编写宏与"注册会员"窗体的"加载"事件绑定，通过逐一清空每一个文本框控件的内容来解决每次打开窗体总会出现第 1 位会员信息的问题。但是这种实现方法相对烦琐，并且至少需要两个宏来完成，能否编写一个 VBA 事件过程来实现“注册会员”窗体的功能呢？

```
Command5                                Click
Option Compare Database

Private Sub Command5_Click()
  Static count As Integer  '定义一个静态变量用于统计登录次数
  count = count + 1        ' 每单击一次“登录”按钮，count就加1


  '口令输入不正确时，给出提示信息
  If Text0.Value = "teacher" And Text2.Value <> "123" Then
    MsgBox "口令输入有误，请重新输入！"
  End If

  '如果连续输入错误口令达到三次，给出提示信息，启动计时器，并使命令按钮不可用
  If Text0 = "teacher" And count = 3 Then
    MsgBox "3次口令输入错误，请30分钟后再重新登录系统！"

    Command5.Enabled = False
    Command6.Enabled = False
    DoCmd.OpenForm "登录计时器"
  End If

  '用户名和口令输入均正确时，关闭登录窗体同时打开导航窗体
  If Text0 = "teacher" And Text2 = "123" Then
    DoCmd.Close acForm, "登录", acSavePrompt
    DoCmd.OpenForm "导航窗体"
  End If

End Sub
```

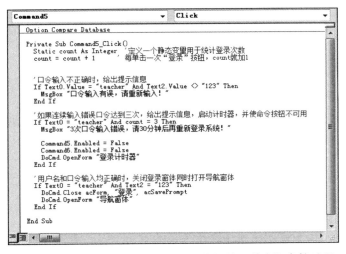

图 11-3 使用 VBA 编写的“登录”按钮的“单击”事件过程

使用 VBA 编写代码可以轻松实现图 9-64 所示“注册会员”窗体的功能，首先删除原来的“注册”按钮，然后不启动控件向导，重新创建一个名为“注册”的按钮，再为该命令按钮编写事件过程，图 11-4 给出了使用 VBA 编写的事件过程。

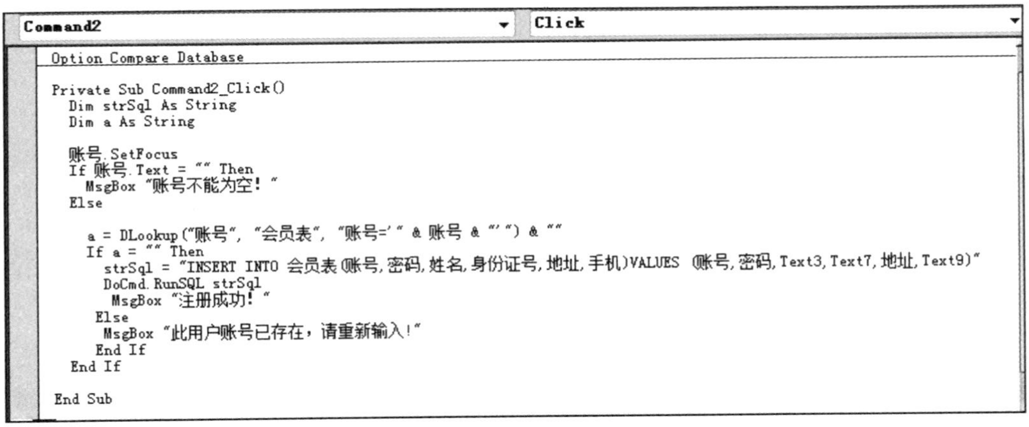

```
Command2                                Click
Option Compare Database

Private Sub Command2_Click()
  Dim strSql As String
  Dim a As String

  账号.SetFocus
  If 账号.Text = "" Then
    MsgBox "账号不能为空！"
  Else

    a = DLookup("账号", "会员表", "账号='" & 账号 & "'") & ""
    If a = "" Then
      strSql = "INSERT INTO 会员表(账号,密码,姓名,身份证号,地址,手机)VALUES (账号,密码,Text3,Text7,地址,Text9)"
      DoCmd.RunSQL strSql
       MsgBox "注册成功！"
     Else
      MsgBox "此用户账号已存在，请重新输入！"
     End If
  End If

End Sub
```

图 11-4 使用 VBA 编写的“注册”按钮的“单击”事件过程

对上述这两个问题的分析和解决说明了尽管编写宏可以满足大多数 Access 应用程序的功能要求，但对于复杂的数据管理逻辑和灵活性要求，编写 VBA 代码还是最佳方式。

11.2 模块概述

虽然 Access 提供了功能强大且易于掌握的自动创建数据库应用程序的宏对象，但在实际的数据库系统开发中，对于复杂并需要灵活控制的数据库应用问题，还是要通过专业的编程来解决。为此，Access 提供了模块来解决此类问题。模块是一种重要的 Access 数据库对象，它是以 VBA（Visual Basic for Application）语言为基础编写的，是比宏的功能更强大的程序代码的集合。

11.2.1 模块的组成

可以将模块看作 Access 数据库中用于保存 VBA 程序代码的容器。使用模块可以建立自定义函数、子程序以及事件过程，进行复杂的计算，以及执行宏所不能完成的复杂任务。可以在模块中引用数据库中的所有对象。

模块主要由 VBA 声明语句和一个或多个过程组成。

1.VBA 声明语句

声明部分主要包括：Option 声明以及变量、常量或自定义数据类型的声明。其中，变量、常量或自定义数据类型的声明一般用于模块的过程中，将在 11.3 节中介绍。这里先介绍 Option 声明。

Option 声明语句属于模块级，主要包括 Option Base 语句、Option Compare Database 语句和 Option Explicit 语句。这些语句必须写在模块的所有过程之前。

（1）Option Base 语句

Option Base 语句用于声明模块中数组下标的默认下界。语句"Option Base 1"表示数组下标的默认下界为 1。如果不使用此声明语句，数组下标的默认下界为 0。一个模块中只能出现一次 Option Base 语句，且必须位于带维数的数组声明之前。

（2）Option Compare Database 语句

Option Compare Database 语句用于声明默认的字符串比较方法，表示当需要字符串比较时，将根据数据库的区域 ID 所确定的排序级别进行比较。如果模块中没有该语句，则表示使用的是 Binary 比较方法，即根据字符的内部二进制表示导出的一种排序顺序来进行字符串的比较。

（3）Option Explicit 语句

Option Explicit 语句用于强制要求模块中的所有变量进行显式声明，即变量在使用之前必须先进行声明。如果模块中使用了该语句，则必须使用 Dim、Private、Public、ReDim 或 Static 语句来显式声明所有的变量。如果使用没有声明的变量，在编译时会出现错误。

如果省略该语句，所有未声明的变量都是 Variant 类型（即根据初次赋予变量的值的类型来确定该变量的类型），除非使用 Deftype 语句指定了默认类型。

2. 过程

过程是模块的组成单元，是使用 VBA 编写的程序段，用于完成一个相对独立的操作。过程包含 VBA 声明语句和 VBA 代码。通常将过程分为事件过程和通用过程两大类。

（1）事件过程

事件是一个窗体、报表或控件可以辨认的动作，如文本框的"获得焦点"事件，命令按钮的"单击""双击"事件，窗体或报表的"加载"事件等。**事件过程**是事件发生时的处理程序，是一种特殊的 Sub 过程，用于完成基于窗体事件、报表事件或控件事件的任务，与事件一一对应。它是为响应由用户或程序代码引发的事件或由系统触发的事件而运行的一段 VBA 代码。例如，如果需要命令按钮响应单击事件，就将完成单击事件功能的 VBA 代码写入该命令按钮的 Click 事件过程中。事件过程的定义格式如下（其中，对象名可以是窗体名、报表名或控件名等）：

```
Private Sub 对象名_事件名()
    [VBA 代码]
End Sub
```

（2）通用过程

事件过程一般只与一个事件绑定，如果有多个事件都执行相同的操作，可以先创建一个事件过程，并将其中的代码复制 / 粘贴到其他事件过程中，但这并不是一个好方法。

一种较好的解决方案是先创建一个过程，然后由其他事件过程来调用该过程。这样的过程称为通用过程。

事件过程与通用过程的主要区别是：事件过程的名字是由系统自动生成的，由引发事件的对象（如窗体、报表、控件）名称和事件名称组成，比如名为"Command0"控件的"单击"事件对应的事件过程名就是"Command0_Click()"；通用过程的名字则由编程人员按照命名规则自己指定。此外，事件过程以 Private 作为修饰，是私有过程，必须依附于窗体或报表，不能独立存在；而通用过程是一个独立存在的过程，可以被其他过程调用。

在 VBA 中，将通用过程分为 Sub 过程和 Function 过程。

Sub 过程

Sub 过程又称子程序，用于执行一系列操作，没有返回值。Sub 过程的定义格式如下：

```
[Private] | [Public] Sub 过程名 ()
    VBA 代码
    [Exit Sub]
    VBA 代码
End Sub
```

其中，Private 和 Public 是可选项，省略时表示 Public。Private 表示 Sub 过程是一个私有过程，只能由同一模块的其他过程调用。Public 表示 Sub 过程是一个公共过程，可以由所有模块的过程调用。Sub 过程可以带参数。Exit Sub 表示不再执行后面的 VBA 代码，直接退出 Sub 过程。

Function 过程

在解决实际问题时，如果没有现成的函数可用，可以自定义 Function 过程。Function 过程又称为函数，同 Sub 过程一样，它也是由一段独立的代码组成的，执行一系列操作，可以被其他过程多次调用。不同于 Sub 过程，Function 过程有返回值。

Function 过程的定义格式如下：

```
[Private] | [Public] Function 过程名 ([< 形参表 >]) [As 数据类型 ]
    VBA 代码
    [ 该过程名 =< 表达式 >]
    [Exit Function]
    VBA 代码
End Function
```

如果没有显式指定是 Private 还是 Public，则默认是 Public。Function 过程名后面的"As 数据类型"子句用于声明返回值的数据类型，如果省略该子句，系统将根据赋值来确定返回值的数据类型。确定返回值数据类型的赋值语句是"该过程名 =< 表达式 >"，如果省略该语句，函数的返回值将是一个默认的值，通常为零或空字符串，建议不要省略该语句。Exit Function 表示不再执行后续的 VBA 代码，直接退出函数。

Function 过程的运行方式同使用系统提供的内置函数一样，即通过调用 Function 过程获得函数的返回值。

【例 11-1】给出一个名为"Form_ 您的成绩"的模块，其中包含一个事件过程。该模块是在第 10 章例 10-9 中通过将宏转换为 Visual Basic 后自动创建的。

```
Option Compare Database
'----------------------------------------------------------
' 成绩_Click'
'----------------------------------------------------------
Private Sub 成绩_Click()
On Error GoTo 成绩_Click_Err

    If ( 成绩 < 60) Then
        Beep
        MsgBox "再不努力，你有可能通过不了期末考试！ ", vbExclamation, "特急"
    ElseIf ( 成绩 < 70) Then
        Beep
        MsgBox "要认真学习了，不要贪玩！ ", vbExclamation, "急"
    ElseIf ( 成绩 < 80) Then
        Beep
        MsgBox "要努力哟，还可以提高！ ", vbOKOnly, ""
    ElseIf ( 成绩 < 90) Then
        Beep
        MsgBox "加油！ ", vbOKOnly, ""
    ElseIf ([ 成绩 ] Is Not Null) Then
        Beep
        MsgBox "恭喜！ 你很棒！ ", vbOKOnly, ""
    End If

成绩_Click_Exit:
    Exit Sub

成绩_Click_Err:
    MsgBox Error$
    Resume 成绩_Click_Exit

End Sub
```

代码中的第 1 行是 VBA 声明语句，第 2 行至第 4 行是注释语句，以英文单引号开头。从第 5 行"Private Sub 成绩_Click()"开始到最后一行"End Sub"结束的这段代码，属于名为"成绩_Click()"的事件过程。因为"您的成绩"窗体上只有一个宏，并与窗体上"成绩"文本框的"单击"事件相绑定，所以在转换后的模块中只有一个过程，该过程的名称是由控件名"成绩"后跟下划线和所响应的事件名称"Click"外加圆括号组成的。可以看到，事件过程一般为 Private。

在该事件过程的代码段中除了"If-Then-ElseIf-Then-End If"语句块外，还有"On Error GoTo 成绩_Click_Err"语句，它用于错误处理。所谓错误处理，是指如果在代码运行时发生错误，系统将捕获错误，并按照事先设计好的方法进行相应的处理。"On Error GoTo 成绩_Click_Err"中的"成绩_Click_Err"是标号，该语句的意思是，当错误发生时，直接跳转到语句标号所指示的代码开始处，进行错误处理。一般情况下，在标号之后都会安排相应的错误处理程序。

【例 11-2】下面给出的名为"计算奇数之和"的模块包含两个 Sub 过程，一个名为 Welcome，另一个名为 sum。

```
Option Compare Database
Public Sub Welcome()
    MsgBox "welcome!"
End Sub
```

```
Public Sub sum()
    Dim i As Integer
    Dim s As Integer
    s = 0
    For i = 1 To 100 Step 2
        s = s + i
    Next i
    MsgBox "1-100 的奇数和为: " & s
End Sub
```

名为 Welcome 的过程很显然不是事件过程，一是过程名不符合事件过程的命名规则，二是使用了 Public 作为修饰，说明该过程是通用过程，而且还是一个公共的子程序。Welcome 过程中包含了一条 VBA 语句，作用是弹出一个消息框，其中的消息就是跟在 MsgBox 语句后的字符串 "welcome!"。另一个名为 sum 的过程也是一个通用过程，其功能是通过循环语句计算整数 1 至 100 的奇数之和，该过程中的前两条语句是变量声明语句。

【例 11-3】下面给出的名为 "被转换的宏 – 例 13-2 简单宏" 的模块，是在第 10 章例 10-10 中通过将宏转换为 Visual Basic 后自动创建的，其中包含了一个名为 "例 13-2 简单宏" 的函数。

```
Option Compare Database
'-----------------------------------------------------------
' 例 13_2 简单宏 '
'-----------------------------------------------------------
Function 例 13_2 简单宏 ()
    On Error GoTo 例 13_2 简单宏 _Err
    Beep
    MsgBox "这是一个简单宏的例子", vbInformation, "简单宏"
    DoCmd.OpenForm "例 11-5 课程表", acNormal, "", "[课程号]=""C101""",
acReadOnly, acNormal
    Beep
    MsgBox "将要关闭该窗体", vbExclamation, "警告信息"
    DoCmd.Close acForm, "例 11-5 课程表"

例 13_2 简单宏 _Exit:
    Exit Function

例 13_2 简单宏 _Err:
    MsgBox Error$
    Resume 例 13_2 简单宏 _Exit
End Function
```

11.2.2　模块的分类

Access 有两种类型的模块：类模块和标准模块。

1. 类模块

可以使用事件过程来控制窗体、报表或控件的行为，以及它们对用户操作的响应。当为窗体、报表或控件编写第一个事件过程时，Access 将自动创建与之关联的窗体模块或报表模块。绝大多数 Access 应用程序都需要多个窗体和报表来实现其业务功能，这些应用程序依赖于窗体和报表中大量的 VBA 代码，并将其作为一个个窗体模块和报表模块而存在于应用程序中，因此，窗体模块和报表模块成为 Access 中最常用的类模块。同嵌入的宏一样，窗体模块和报表模块不会出现在导航窗格的 "模块" 对象中，而是作为窗体或报表的属性依附于各自的窗体和报表。例 11-1 展示的就是一个窗体模块。

窗体模块和报表模块具有局部特性，其作用范围仅涉及所属窗体或报表的内部，生命周期也伴随着窗体或报表的打开和关闭而开始和结束。

如果要查看窗体模块或报表模块，可在窗体或报表的设计视图下，单击"设计"选项卡下"工具"组中的"查看代码"，如图 11-5 所示，打开 VBA 代码编辑器，查看模块中的代码。

除了窗体模块和报表模块外，还有一种不依附于任何窗体和报表而独立存在的类模块，称为独立的类模块。一个独立的类模块可以定义一个类，包括成员变量和成员方法的定义，然后在过程中通过定义的类来创建对象。独立的类模块一旦创建并保存，在导航窗格的"模块"对象中就可以看到，模块名前面的图标是▣。编写独立的类模块需要具备面向对象程序设计的相关知识，这不是本书讨论的重点，因此不在本章介绍。

2. 标准模块

标准模块是指存放通用过程的模块。标准模块可以在数据库中的任何位置运行。在导航窗格的"模块"对象中看到的图标为▩的模块就是标准模块。标准模块中的公共变量或公共过程具有全局特性，其作用范围涉及整个应用程序，生命周期是伴随着应用程序的运行而开始、应用程序的关闭而结束。例 11-2 和例 11-3 展示的就是标准模块，如图 11-6 所示。

图 11-5 "窗体设计工具"的"设计"选项卡下的"工具"组

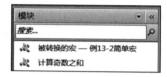

图 11-6 导航窗格中的标准模块

在窗体模块和报表模块的过程中可以调用标准模块中的子程序或者函数。

11.2.3 模块和过程的创建方法

1. 模块的创建

（1）标准模块的创建

创建标准模块的常用方法有 3 种：

方法 1：打开数据库窗口，在图 11-7 所示的"创建"选项卡下的"宏与代码"组中，单击"模块"可以创建标准模块，单击"类模块"或"Visual Basic"可以创建独立的类模块。

图 11-7 "宏与代码"组和"宏"组

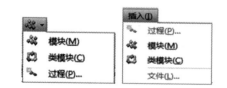

图 11-8 VBA 编辑器中的"插入模块"工具和"插入"菜单

方法 2：单击图 11-7 所示的"数据库工具"选项卡下的"宏"组中的"Visual Basic"，在打开的 VBA 编辑器窗口中，单击工具栏上的"插入模块"▩▾后的下拉按钮，或者从"插入"菜单中选择"模块"，如图 11-8 所示。

方法 3：右击 VBA 编辑器窗口的"工程管理器"的任意区域，从快捷菜单中选择"插入"，单击"模块"，如图 11-9 所示。

（2）窗体模块和报表模块的创建

只要为窗体或报表创建第一个事件过程，就创建了窗体模块和报表模块，创建之后可以根据需要随时添加事件过程。创建事件过程的方法是，单击窗体、报表或其中某个控件的某个事件属性后的生成器按钮 ，在弹出的"选择生成器"对话框中单击"代码生成器"，然后单击"确定"按钮，打开 VBA 编辑器，此时系统自动为该窗体或报表创建了一个类模块，程序员只需要在系统自动生成的事件过程框架中，输入完成特定功能的 VBA 代码并保存。

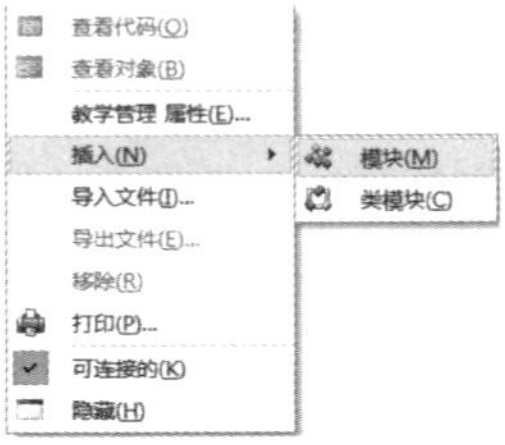

2. 通用过程的创建与调用

（1）创建通用过程

可以在标准模块中创建通用过程，也可以在类模块中创建通用过程。无论是通用过程还是事件过程，都不是独立的 Access 对象，只能依附于模块。因此，要创建通用过程首先应打开过程所依附的模块，即在 VBA 编辑器中，从图 11-8 中选择"过程"，在弹出的如图 11-10 所示的对话框中选择过程类型以及过程的作用范围，并输入过程名，单击"确定"按钮。在系统自动生成的过程框架中，输入完成特定功能的 VBA 代码即可。

图 11-9 "工程管理器"的右键快捷菜单

图 11-10 "添加过程"对话框

（2）保存通用过程

单击 VBA 编辑器工具栏上的"保存"按钮 ，保存该模块的同时，也保存了模块中的过程。

（3）运行通用过程

过程的 VBA 代码输入完成后，可以查看过程的运行结果。其方法是，单击工具栏上的"运行"按钮 ，或者单击图 11-11 所示的"运行"菜单中的"运行子过程/用户窗体"命令。

图 11-11 VBA 编辑器中的"运行"菜单

如果标准模块中有多个通用过程，运行过程时将弹出一个对话框，默认运行的过程是 VBA 编辑器的代码窗口中光标所在的过程，也可以从对话框中选择要运行的过程，单击"运行"即可。

（4）过程的调用

通用过程必须在模块中进行显式调用，否则过程不会被执行。

调用子程序（Sub 过程）可以使用下列两种调用格式：

格式 1: Call < 过程名 > ([< 实参表 >])

当用 Call 语句调用子程序时，若该子程序在定义时带有参数（称为形式参数，简称形参），则实参必须放在一对英文圆括号中。实参是指调用过程中使用的参数，形参是指被调用过程中所定义的参数。

格式 2： < 过程名 > [< 实参表 >]

直接使用过程名调用子程序时，过程名后不能有圆括号，若该子程序在定义时带有参数，则实参直接跟在过程名之后，实参与过程名之间使用空格隔开，实参之间使用英文逗号分隔。

如果通用过程是 Function 过程（函数），则不能使用 Call 语句来调用，也不能单独作为语句出现，而是要在表达式或赋值语句中引用，直接输入 Function 过程（即函数）名，并且其后一定要跟一对英文圆括号，无论该函数在定义时是否带有参数。

【**例 11-4**】创建如图 11-12 所示的窗体，并分别为三个命令按钮编写"单击"事件过程。

【**分析**】本例演示在同一个窗体模块中调用带参数的子程序和函数的方法。本例在"圆面积"按钮的事件过程中调用一个名为"area"的带有一个参数的 Function 过程；在"阶乘－子程序"按钮的事件过程中调用一个名为"fact"的带有两个参数的 Sub 过程；在"阶乘－函数"按钮的事件过程中调用一个名为"ffact"的带有一个参数的 Function 过程。

1）按照图 11-12 所示创建窗体，在窗体的设计视图下依次添加三个命令按钮，保存该窗体。

2）为"圆面积"命令按钮的"单击"事件过程编写代码。从图 10-9 所示的"选择生成器"对话框中选择代码生成器，打开 VBA 编辑器 VBE，按照图 11-13 输入代码，单击"保存"按钮🖬。

3）在 VBE 下，单击"插入"菜单下的"过程"，从弹出的"添加过程"对话框中选择"函数"类型，在"名称"框中输入"area"，如图 11-14 所示。

4）单击"确定"按钮，出现如图 11-15 所示的代码框架。按照图 11-16 所示输入代码，单击 VBE 中的"保存"按钮🖬，保存该过程代码。

图 11-12 一个演示过程调用语句使用方法的窗体

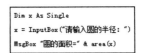

图 11-13 一个"单击"事件过程的代码

图 11-14 插入一个通用 Function 过程

```
Public Function area()

End Function
```

图 11-15 一个名为"area"的公共 Function 过程的代码框架

```
Dim s As Single
If r < 0 Then MsgBox "请输入大于0的数！", vbCritical, "警告"
If r = 0 Then
  MsgBox "别逗了，这么简单还需要我告诉你！", , , "结果是零"
  s = 0
Else
  s = 3.14 * r * r
End If
  area = s
```

图 11-16 名为"area"的公共 Function 过程的代码

5）单击 VBE 工具栏上的"视图" ，由 VBE 界面切换至窗体视图，单击"圆面积"命令按钮，观察结果。

6）为"阶乘－子程序"命令按钮的"单击"事件过程编写代码。按照图 11-17 所示输入代码，单击"保存"按钮 。

```
Dim n As Integer
Dim f As Long

n = InputBox("请输入n的值：")
Call fact(n, f)    '调用该过程，将n和f的值赋值给形式参数x和s,调用该过程之后，f的值就是n!
```

图 11-17　一个调用子程序的"单击"事件过程的代码

7）在 VBE 下，通过"插入"菜单下的"过程"，添加一个名为"fact"的过程。

```
Public Sub fact()
End Sub
```

图 11-18　名为"fact"的 Sub 过程代码框架

8）在图 11-18 所示的代码框架中，在 fact 过程名的圆括号中增加两个形式参数 x 和 s 的类型声明，并输入代码，如图 11-19 所示，单击 VBE 中的"保存"按钮 。

9）单击 VBE 工具栏上的"视图" ，切换至窗体视图，单击"阶乘－子程序"命令按钮，输入某个数，比如 5，结果如图 11-20 所示。

```
Public Sub fact(x As Integer, s As Long)
  Dim i As Integer
  s = 1
  For i = 1 To x
    s = s * i
  Next i

  MsgBox x & "的阶乘等于" & s
End Sub
```

图 11-19　名为"fact"的公共 Sub 过程的代码

图 11-20　5 的阶乘的计算结果

10）为"阶乘－函数"命令按钮的"单击"事件过程编写代码。按照图 11-21 所示输入代码，单击"保存"按钮 。

```
Dim n As Integer

n = InputBox("请输入n的值：")
MsgBox n & "的阶乘等于" & ffact(n)    '调用函数ffact，将实参n传值给形参x
```

图 11-21　一个调用函数的"单击"事件过程代码

11）在 VBE 下，通过"插入"菜单下的"过程"，添加一个名为"ffact"的函数。

12）在出现的代码框架中，添加形参的声明，即在 ffact 过程名的圆括号中增加 1 个形式参数 x 的类型声明，并定义该函数的返回值类型是 Long 型，如图 11-22 所示。

```
Public Function ffact(x As Integer) As Long    '因为函数有返回值，该函数的返回值就是x的阶乘
End Function
```

图 11-22　一个名为"ffact"的公共 Function 过程的代码框架

13）输入代码之后的"ffact"函数如图 11-23 所示，单击 VBE 中的"保存"按钮 。

14）单击 VBE 工具栏上的"视图" ，切换至窗体视图，单击"阶乘－函数"命令按钮，输入某个数，观察运行结果。

```
Public Function ffact(x As Integer) As Long    '因为函数有返回值,该函数的返回值就是x的阶乘
    Dim i As Integer
    Dim s As Long
    s = 1  '用于累乘的变量,其初始值赋1

    For i = 1 To x
        s = s * i
    Next i

    ffact = s  '将最后累乘的结果赋值给函数名ffact

End Function
```

图 11-23　函数 "ffact" 的代码

上面介绍的过程调用方法是针对调用者与被调用者同属于一个模块的情形。如果调用其他模块中的通用过程,则必须在过程名前加上该过程所在的模块名。例如,在某个窗体模块的过程 A 中调用标准模块 "例 14-2" 中的 "Welcome" 过程,调用语句就是 "例 14-2.Welcome",或者是 "Call 例 14-2.Welcome"。此时称 A 为调用者,"Welcome" 过程为被调用者。如果在某个标准模块的过程 B 中调用窗体 "您的成绩" 的窗体模块中名为 "Welcome" 的过程,则在 B 过程中书写的调用语句必须以 Visual Basic 格式指出窗体名,即调用语句是 "Form_ 您的成绩 . Welcome",或者是 "Call Form_ 您的成绩 . Welcome"。

11.3　使用 VBA 编写 Access 应用程序

11.3.1　VBA 与 VB

Access 是一种面向对象的数据库管理系统,它通过 VBA 编程来实现面向对象的程序开发技术。VBA 是基于 VB(Visual Basic)发展而来的,是 VB 的一个子集。VB 是一种面向对象的程序设计语言,自 1991 年微软公司推出了 Visual Basic 1.0 以来,它以简单易学、强大的可视化和结构化开发等优势被广泛使用。从图 11-24 所示的 2019 年 1 月 TIOBE 程序设计语言排行榜可以看出,VB 在 .NET 框架平台上的升级版本 VB.NET 位居第 5,由此可见VB 语言受推崇的程度。

Jan 2019	Jan 2018	Change	Programming Language	Ratings	Change
1	1		Java	16.904%	+2.69%
2	2		C	13.337%	+2.30%
3	4	^	Python	8.294%	+3.62%
4	3	˅	C++	8.158%	+2.55%
5	7	^	Visual Basic .NET	6.459%	+3.20%
6	6		JavaScript	3.302%	-0.16%
7	5	˅	C#	3.284%	-0.47%
8	9	^	PHP	2.680%	+0.15%
9	-	^^	SQL	2.277%	+2.28%
10	16	^^	Objective-C	1.781%	-0.08%

图 11-24　2019 年 1 月 TIOBE 程序设计语言排行榜

微软公司将 VB 引入 Office 套件中,用于开发应用程序,并将这种集成在 Office 应用程序中的 Visual Basic 版本称为 VBA。VBA 在所有的 Office 应用程序(如 Word、Excel、PowerPoint、Outlook)之间共享并且使用相同的语法。VB 还有另一个子集 VBScript,主要用于网页编程。

VBA 的环境和结构与 VB 类似,但两者还是有差别。使用 VBA 编写的程序不能脱离

Office 环境而独立运行,这是因为 VBA 程序只能由 Office 解释执行,不能编译成可执行文件。VB 则提供了更多、更强大的高级开发工具,可以创建基于 Windows 操作系统的程序,还可以为其他程序创建组件。例如,为 Office 开发内嵌的可执行程序(.exe 文件)等。

作为 VB 的子集,VBA 既是一种应用程序开发工具,也是一种面向对象的程序设计语言。面向对象程序设计是一种以对象为基础、以事件来驱动对象的程序设计方法。每个对象都有其属性、方法、事件等。

11.3.2　对象的相关概念

对象是 VBA 程序设计的核心,也是 VBA 应用程序的基础构件。在 Access 中,一个具体的表、查询、窗体、报表等是对象,字段以及窗体和报表中的控件也是对象,数据库本身也是对象,对象无处不在。在开发一个 Access 数据库应用系统时,必须先创建各种对象,然后围绕对象进行程序设计。

在创建对象时,对象的"名称"属性称为对象名。对于未绑定控件,如文本框控件,默认名称是"Text"后跟一个唯一的整数。对于绑定控件,如果是通过字段列表拖放字段来创建的文本框控件,则该对象的默认名称是记录源中字段的名称。可以通过设置对象的"名称"属性来修改对象名。

1. 对象的属性

属性是一个对象的特征。在 Access 中,常见的对象属性有标题、名称、高度、宽度、背景色、字体、是否激活或可见等。可以通过修改对象的属性值来改变对象的外观和功能。表 11-1 至表 11-4 给出了几个对象的常用属性,更多详细的内容可以通过 F1 键来获得。

表 11-1　窗体的常用属性

属性名	说明
Name	窗体对象的名称
Caption	窗体视图中的标题栏上显示的文本
Visible	设置对象是否可见。Boolean 类型
WindowHeight	指定窗体的高度。只读 Integer 类型
WindowWidth	指定窗体的宽度。只读 Integer 类型
BorderStyle	指定窗体的边框样式。一般情况下,对于普通窗体、弹出式窗体和自定义对话框需要使用不同的边框样式

表 11-2　文本框的常用属性

属性名	说明
Locked	指定或确定是否可以编辑文本框中的数据。默认值为 True,表示不可编辑
SelLength	指定或确定在文本框中选择的字符数
SelStart	指定或确定所选文本的起始点。设置或返回该属性前,文本框必须首先获得焦点,即使用 SetFocus 方法将焦点移到该控件上。如果没有选定任何文本,该属性将指定或确定插入点的位置
SelText	SelText 属性返回包含选定文本内容的字符串。如果未选定任何文本,则 SelText 属性值为 Null。要设置或返回控件的这个属性,控件必须首先获得焦点
Text	可以使用该属性读取文本框中的当前内容,也可以设置该属性为显示在文本框中的文本。同样,读取或设置前,必须先获得焦点。在重新获得焦点之前,Text 属性设置是不可用的
Value	确定或指定文本框中的文本内容。Text 属性返回带有格式的字符串。Text 属性和文本框控件的 Value 属性可以不相同。当控件获得焦点时,Text 属性始终是当前显示的值。而 Value 属性则是文本框控件上一次保存的值

表 11-3　命令按钮的常用属性

属性名	说明
Caption	获取或设置控件中显示的文字
Default	指定命令按钮是否是窗体上的默认按钮。若值为 True，则该命令按钮是默认按钮。一个窗体只能有一个命令按钮是默认按钮。对于支持不可恢复操作（如删除操作）的窗体，一般将"取消"按钮设置为默认的命令按钮
Enabled	用于指定命令按钮是否无效，如果值为 False，则表示该按钮无效，呈灰色，即对用户的操作没有反应。默认值为 True
Visible	返回或设置命令按钮是否可见。默认值为 True，表示运行时该按钮是可见的

表 11-4　组合框的常用属性

属性名	说明
Selected	该属性是一个从零开始的数组，包含组合框中每一项的选择状态。值为 True，表示该项已选定。例如，表达式"Combobox.Selected(0) = True"表示将选择列表中的第 1 项
SelText	与文本框控件的 SelText 属性相同
ShowOnlyRowSourceValues	获取或设置组合框是否可以显示不是由 RowSource 属性指定的值
RowSourceType	组合框的数据来源类型，通常是"Table/Query""Value List"或"Field List"

RowSource	获取或设置组合框的数据来源。例如，设置名为"ComboBox0"的组合框控件的数据来源为"学生表"的语句如下：
	`ComboBox0.RowSourceType = "Table/Query"`
	`ComboBox0.RowSource = "学生表"`
	如果 RowSourceType 的值为"Value List"，则设置 RowSource 的值为以分号作为分隔符的项列表

（1）设置对象的属性

对象的每个属性都有一个默认值，这在属性表中可以看到。如果不修改对象的属性值，应用程序就使用其默认值。设置对象属性的方法有以下两种：

方法 1：在 VBA 代码被执行前，通过选定对象的属性表，在属性表中设置该对象的属性。

方法 2：在 VBA 代码中使用赋值语句进行属性设置，在代码运行时实现对象属性的设置。

在 VBA 中设置对象属性的语句格式为：

`对象名 . 属性名 = 属性值`

例如，将一个名为"Command0"的命令按钮对象的标题改为"确定"，相应的语句为：

`Command0.Caption = "确定"`

如果要设置同一个对象的多个属性，可以使用"With…End With"语句，以减少对象名的重复书写。例如，设置"Command0"对象的"标题""字号"和"背景色"属性，相应的语句如下：

```
With Command0
    .Caption = "确定"
    .FontSize = 12
    .BackColor = vbYellow
End With
```

（2）引用对象的属性

Access 建立的数据库对象及其属性，可以被看成 VBA 程序代码中的变量及其指定的值来加以引用。

引用对象属性的语句格式为：

```
对象名 . 属性名
```

引用窗体或报表中的对象的属性，其完整格式分别为：

```
Forms! 窗体名称 ! 控件名称 [. 属性名 ]
```

或者

```
Me! 控件名称 [. 属性名 ]
```

如果引用的是相同窗体模块中的控件，则可以使用"Me！"代替"Forms！"。

```
Reports! 报表名称 ! 控件名称 [. 属性名 ]
```

其中，关键字 Forms 表示窗体对象集合，Reports 表示报表对象集合。英文的感叹号"！"用于分隔父子对象。若省略"属性名"部分，则默认是控件的"值"属性"Value"。

2. 对象的方法

对象的方法就是指在对象上可以执行的操作。方法是一些在定义对象时就已经创建的过程和函数，系统将它们封装起来，并提供统一的格式以方便用户的调用。

调用对象方法的格式为：

```
[ 对象名 .] 方法名 [ 参数名表 ]
```

表 11-5 给出了一些对象的常用方法。

表 11-5　对象的常用方法

对象所属的类	方法名	说明
ListBox 或 ComboBox	AddItem	向列表框或组合框中添加新项目。例如，向"List0"中添加一个名为"看电影"的项目，可写为：List0.AddItem " 看电影 "
	Requery	重新查询控件的数据源来更新基于活动窗体上的指定控件的数据，以确保控件显示最新的数据
	RemoveItem	从列表框或组合框中删除项目
	Undo	在控件或窗体的值发生更改时，可使用 Undo 方法进行重置。比如，若要在某个控件的 Change 事件过程中使一个名为 LastName 的字段由已更改的值重新设置为原始值，可使用 Undo 方法：Me!LastName.Undo
CommandButton	SetFocus	将光标移动到指定的命令按钮上，使其获得焦点
	SizeToFit	使用 SizeToFit 方法，可以调整控件的大小，使其能够容纳所包含的文本或图像
TextBox 或 Form	SetFocus	将光标移动到指定的文本框上，使其获得焦点
	Undo	在控件或窗体的值发生更改时，可使用 Undo 方法进行重置

【**例 11-5**】单击窗体"您的成绩"上的"学号"文本框，将该窗体的标题设置为学生的学号后跟字符串"您好！请单击你的每个成绩，查看提示信息！"。

【**分析**】注意，该窗体名称是"您的成绩"，但作为对象，其对象名为"Form_ 您的成绩"；窗体的"Caption"属性值是窗体的标题，不是窗体名称。初始时，窗体的标题和窗体名称相同，但若是对"Caption"进行了重新设置，则窗体的标题不同于窗体名称。

在"您的成绩"窗体的设计视图下，单击"学号"文本框的"单击"事件后的生成器按钮，在 VBA 编辑器的代码窗口编写一个单击事件过程，具体代码如图 11-25 所示。

```
Private Sub 学号_Click()
    学号.SetFocus
    x = 学号.Text
    Form_您的成绩.Caption = x & "您好！请单击你的每个成绩，查看提示信息！"
End Sub
```

图 11-25　"学号"文本框的"单击"事件过程

图 11-26 给出了当输入学号 "10221036" 后 "您的成绩" 的窗体视图，请注意单击 "学号" 文本框前后窗体标题的变化。

图 11-26　单击 "学号" 文本框前后窗体标题的变化

重要提示

1. 每一种对象都有其特定的方法。在 Visual Basic 编辑器窗口中，当输入某一对象名和英文句点后，系统将自动弹出包含该对象的属性、方法、事件的列表框，可以从列表中双击需要的属性、方法或事件，使其出现在 VBA 过程中，如果想了解其详细的说明和用法，此时可按下 F1 键，系统将给出帮助信息。

2. Access 还提供了一个重要的对象：DoCmd 对象。使用 DoCmd 对象的方法可以在 VBA 中执行宏操作。例如，VBA 语句 "DoCmd.OpenForm"课程表"" 就是打开名为 "课程表" 的窗体。

3. 如果不清楚 DoCmd 对象都提供了哪些方法，可以在 VBA 过程中输入 "DoCmd" 和英文句点，此时系统将自动显示一个包含该对象所有方法的列表，从中进行选择，并通过 F1 键获得相关的帮助信息。

【例 11-6】创建图 11-27 所示的窗体，如果在"复制内容"文本框中输入一段文字，当单击"复制"按钮时完成这段文字的复制，单击"粘贴"按钮时将复制的内容粘贴到"粘贴处"文本框中。

【分析】本例介绍创建类模块和事件过程的方法，以及文本框的 Text 属性方法 SetFocus 的使用。

1）首先创建名为"例 14-5"的窗体，添加两个文本框、两个命令按钮。各控件的名称如图 11-28 所示，保存该窗体。

2）单击命令按钮"单击"事件属性后的生成器按钮，在对话框中选择"代码生成器"，打开 VBA 编辑器，输入代码，分别为两个命令按钮添加单击事件过程。具体的 VBA 代码如图 11-29 所示。与此同时也创建了名为"Form_ 例 14-5"的类模块，即窗体模块。

图 11-27　"例 14-5"的窗体视图

图 11-28　窗体上控件的名称

3）单击工具栏中的"保存" 🖫，保存窗体模块。

本例还可以在"复制"命令按钮的"单击"事件中，使用"SelText"属性代替"Text"属性，并结合使用"SelText"和"SelStart""SelLength"，将"复制内容"文本框中指定起始位置和长度的字符串复制/粘贴到"粘贴处"文本框中。具体代码如下：

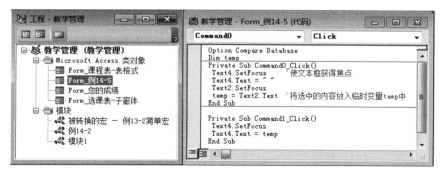

图 11-29　VBA 编辑器中的"工程资源管理器窗口"和"代码窗口"

```
Private Sub Command0_Click()
  Text4.SetFocus        '使文本框获得焦点
  Text4.Text = " "
  Text2.SetFocus
  Text2.SelStart = 4
  Text2.SelLength = 4
  temp = Text2.SelText    '将选中的内容放入临时变量 temp 中
End Sub
```

【例 11-7】创建图 11-30 所示的窗体，从"所有爱好"列表框选择一个项目，单击"添加"，将该项目添加到"我的爱好"列表框中。单击"移除"，将"我的爱好"列表框中选中的项目移回"所有爱好"列表框中。

【分析】本例将介绍在 VBA 代码中如何设置列表框的属性，以及如何调用列表框的方法。

1）按照图 11-31 所示的窗体设计视图创建窗体"例 14-6"。

2）设置列表框"List0"的"行来源"和"行来源类型"属性。既可以通过属性表设置也可以编写 VBA 代码来设置该属性。

图 11-30　窗体"例 14-6"的窗体视图

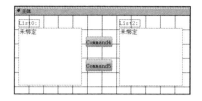

图 11-31　窗体"例 14-6"的设计视图

这里先复习一下通过属性表来设置列表框"List0"的"行来源"和"行来源类型"属性的方法：打开列表框"List0"的属性表，双击"行来源"属性行后的生成器按钮，在弹出的对话框中依次输入列表框所有的值，如图 11-32 所示，单击"确定"按钮，设置后的列表框"List0"的属性表如图 11-33 所示。

图 11-32 编辑列表项目

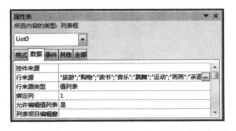

图 11-33 列表框的"行来源"和"行来源类型"属性

本例将通过编写 VBA 代码进行属性设置，将如下代码放入窗体的"成为当前"事件过程中。

```
List2.RowSourceType = "Value List"
List0.RowSourceType = "Value List"
List0.RowSource = "旅游；购物；读书；音乐；跳舞；运动；画画；茶道；花道"
```

3）分别编写图 11-31 所示的命令按钮"Command4"和"Command5"的"单击"事件过程。图 11-34 给出了"Form_ 例 14-6"窗体模块的代码。

其中，语句"List2.AddItem List0.Value"的含义是将"List0"中选中的列表项添加到"List2"的末尾。语句"List0.RemoveItem List0.ListIndex"的含义是删除在"List0"中选择的列表项。

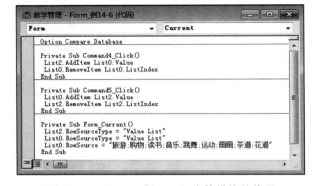

图 11-34 "Form_ 例 14-6"窗体模块的代码

4）将列表框的附加标签标题由原来的"List0"和"List2"分别改为"所有爱好"和"我的爱好"，命令按钮"Command4"和"Command5"的标题分别改为"添加"和"移除"。

5）调整控件位置和大小后，保存窗体。

3. 对象的事件

Access 应用程序是由事件驱动的，Access 对象可以响应多种类型的事件。事件是窗体、报表或控件等对象可以识别的动作，如单击（Click）、双击（DbClick）、加载（Load）、成为当前（Current）等。Access 事件大致分为七类，分别是窗体报表事件、鼠标事件、键盘事件、焦点事件、数据事件、打印事件和错误事件。Access 系统为每个对象预先定义好了一系列的事件，当对象的事件被触发时，应用程序就要处理这个事件，而处理步骤的集合就构成了事件过程。VBA 的主要工作就是为对象编写事件过程代码。通过事件过程可以控制 Access 应用程序行为以及数据管理的各个方面。

有时，当对一个对象发出一个动作时，可能会引发该对象的多个事件，从而形成一个事件序列，比如，单击鼠标这个动作就引发了单击（Click）、鼠标按下（MouseDown）和鼠标释放（MouseUp）事件序列。再比如，当某个窗体打开时引发的事件序列包括：打开窗体（Open）、加载窗体到内存（Load）、调整窗体大小（Resize）、接收到焦点成为当前活动窗口（Activate）、当窗体上的数据被刷新后激发的窗体事件（Current）、窗体上某个控件在获得焦点之前的事件（Enter）、窗体接收到焦点（GotFocus）。但是在编写应用程序时，并不要求对这些事件都进行代码编写，对于没有编码的空事件过程，系统将不做处理。

Access 中，通常以两种方式来处理窗体、报表或控件的事件响应。

1）创建宏对象来设置事件属性。

2）为某个事件编写 VBA 代码过程，即创建事件过程。

对象的事件可以通过属性表中的"事件"属性进行了解，按下 F1 键启动 Access 帮助来学习和掌握，这里不再赘述。

11.3.3　VBA 编程环境

Access 利用 Visual Basic 编辑器（VBE）来编写过程代码，VBE 以微软的 Visual Basic 编程环境的布局为基础，实际上是一个集编辑、调试、编译等功能于一体的集成开发环境。所有的 Office 应用程序都支持 Visual Basic 编程环境，而且其编程接口都是相同的。使用 VBE 可以创建过程，也可以编辑已有的过程。

1.VBE 窗体的组成

在数据库窗口下，单击"数据库工具"选项卡上的"宏"组中的"Visual Basic"，打开 VBA 编辑器。在 VBE 窗口中，除常规的标题栏、菜单栏、工具栏之外，还有工程资源管理器窗口、属性窗口、代码窗口，这 3 个窗口可以放大、缩小，也可以隐藏、移动，属性窗口可以移动到 VBE 之外，成为悬浮窗口。一个 VBE 窗口中可以只有代码窗口，但最好至少保留工程资源管理器窗口和代码窗口。图 11-35 给出了一种 VBE 窗口布局。

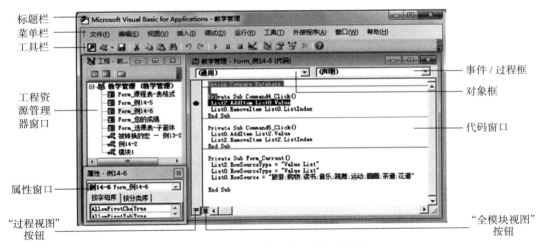

图 11-35　VBE 窗口的主要组成部分

可以通过图 11-36 的"视图"菜单显示对象窗口、对象浏览器、立即窗口、本地窗口和监视窗口等。

2.工程资源管理器窗口

工程资源管理器窗口简称工程窗口，以树形目录结构的形式列出了当前工程中所包含的所有模块。当前工程就是指当前的数据库应用程序，默认情况下，其名称与数据库名相同，图 11-37 单独给出了图 11-35 中的工程窗口，可以清楚看到，当前工程名为"教学管理"。

在工程窗口的上部，有 3 个工具按钮。单击"查看代码"按钮，将打开所选模块的代码窗口，供编写或编辑代码；单击"查看对象"按钮，将打开所选模块的文档或对象窗口；单击"切换文件夹"按钮，将隐藏或显示工程窗口中的对象分类文件夹。

双击工程窗口中的某个标准模块或类模块，在代码窗口中将打开该模块，显示其中的 VBA 代码。

3. 属性窗口

属性窗口主要用于设置窗体和控件的属性。在该窗口列出了选定的窗体和控件的属性名称和设置值。只有在窗体处于设计状态时才能看到属性窗口的内容。图 11-38 单独给出了图 11-35 中的属性窗口。

属性窗口中从上到下的部件包括：

1）**对象下拉列表框**：用于选择设置属性的对象。列表中包含了当前窗体所含对象名以及所属的类。例如，图 11-38 中显示的"例 14-6 Form_ 例 14-6"表示当前属性窗口中列出的是对象"例 14-6"的属性，该对象所属的类名为"Form_ 例 14-6"。

图 11-36　VBE 的"视图"菜单

图 11-37　VBE 的工程窗口

图 11-38　VBE 的属性窗口

2）**选项卡**：用于确定属性的显示方式，分"按字母序"和"按分类序"两种形式。

3）**属性列表框**：列出当前对象的所有属性名和属性值。可以直接在属性窗口中编辑对象的属性，也可以在代码窗口中使用 VBA 代码来设置对象的属性。

4. 代码窗口

代码窗口用于输入模块的 VBA 代码，或者编辑 VBA 代码。如果单击"对象框"的下拉按钮，将列出所选窗体的所有对象名，从中选择一个对象名，然后单击"事件 / 过程框"的下拉按钮，将列出所选对象的所有事件名，从中选择一个事件名，此时在代码窗口中将自动生成一个"Private"修饰的事件过程的代码框架，该事件过程名由所选的对象名通过下划线与所选的事件名连接构成。

在代码窗口的左下端有两个按钮，若单击其中的"过程视图"按钮，则在代码窗口中只显示当前光标所在过程的全部代码；若单击"全模块视图"按钮，则在代码窗口中显示当前模块的全部代码。

5. 立即窗口

单击图 11-36 所示的"视图"菜单中的"立即窗口"，将打开立即窗口。可以通过立即窗口观察语句的输出结果。在立即窗口中，输入或粘贴一行代码，然后按下回车键就可以执行该代码。

【例 11-8】在立即窗口中通过函数打开一个输入框。输入框也是一种对话框。

1）在立即窗口中输入"?inputbox(" 请输入登录密码: "," 验证 ")"，回车。

2）出现如图 11-39 所示的对话框，在文本框中输入"123456"，单击"确定"。

3）在立即窗口中出现"123456"，这就是 inputbox(" 请输入登录密码："," 验证 ") 这个函数的返回值。如图 11-40 所示。

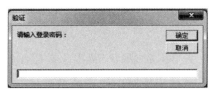

图 11-39　要求输入密码的输入框

图 11-40　立即窗口中出现 inputbox 函数的返回值

重要提示

1. 通过立即窗口来学习 VBA 函数以及其他表达式的用法，是一种不错的方法。在立即窗口中使用" Print "或" ？"后跟表达式，回车后，系统将显示该表达式的计算结果，如图 11-41 所示。

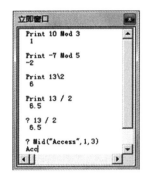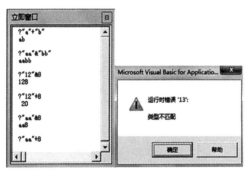

图 11-41　在立即窗口中学习 VBA 表达式和函数

2. 立即窗口中的代码不能保存。

11.3.4　VBA 基础语法

编写 VBA 代码必须要了解 VBA 程序的基本组成部分。使用任何程序设计语言编写的程序都是由语句组成的，而语句又是由常量、变量、表达式、函数等基本语法单位构成的。本小节主要介绍 VBA 的标准数据类型、自定义数据类型、常量和变量、运算符、表达式、常用函数，以及程序的控制结构等内容。

1. 数据类型

VBA 的数据类型有系统定义和用户自定义两种，通常将系统定义的数据类型称为标准数据类型。

（1）标准数据类型

VBA 的标准数据类型主要包括以下几种。其中，1 ～ 6 是数值型，包括整型类型、实数类型和字节型。

1）**整型**（Integer）：占 2 个字节的存储空间，取值范围为 −32 768 ～ 32 767。

2）**长整型**（Long）：占 4 个字节的存储空间，取值范围为 −2 147 483 648 ～ 2 147 483 647。

3）**单精度型**（Single）：占 4 个字节的存储空间，可以精确到 7 位十进制数。

4）**双精度型**（Double）：占 8 个字节的存储空间，可以精确到 15 位或 16 位十进制数。

5）**货币型**（Currency）：与单精度型和双精度型一样，都属于实数类型，占 8 个字节的存储空间。货币型数据主要用于对精度要求特别高的情形，如货币计算和定点计算等。

6）**字节型**（Byte）：占 1 个字节的存储空间，取值范围为 0 ～ 255。在存储二进制数据时，该类型很有用。

7）**字符串型**（String）：字符串型数据是由英文双引号引起来的字符串。按照在程序运行期间字符串的长度是否可变，分为可变字符串型和固定字符串型。在字符串中，字母的大小写是有区别的。

8）**日期型**（Date）：由"#"括起来的有效格式的字符序列，可表示的日期范围是 100 年 1 月 1 日至 9999 年 12 月 31 日，时间范围是 0:00:00 至 23:59:59。

9）**布尔型**（Boolean）：占 2 个字节的存储空间，布尔型数据只有 True 和 False 两个值。当将布尔型数据转换为数值型时，True 和 False 分别对应 -1 和 0。当将数值型数据转换为布尔型时，非 0 转换为 True，数字 0 转换为 False。

10）**变体型**（Variant）：变量在使用前如果没有声明其数据类型，则默认为变体型。

11）**对象型**（Object）：占 4 个字节的存储空间，表示任何 Object 引用的数据类型，存储 Object 变量，将它作为引用对象的 32 位地址。

（2）用户自定义的数据类型

用户自定义的数据类型是指使用 Type 语句定义的任何数据类型。Type 语句的语法格式如下：

```
[Private | Public] Type <用户定义的数据类型名称>
    <元素名> As <数据类型>
    [<元素名> As <数据类型>]
    …
End Type
```

下面的定义语句就是自定义一个学生的基本信息数据类型 Student，其中包括学号 Sno、姓名 Sname、年龄 Sage、是否是学生干部 Flag 等信息。

```
Type Student
    Sno As String * 8
    Sname As String *10
    Sage As Integer
    Flag As Boolean
End Type
```

2. 常量与变量

在 VBA 程序中要使用常量和变量，必须事先进行定义。

（1）常量

常量在程序运行中其值不可以被改变。常量的使用可提高程序代码的可读性，并且能使程序代码更加容易维护。

常量可以是数字、字符串，也可以是其他类型的值。每个应用程序都包含一组常量，用户也可以定义常量。一旦定义了常量，就可以在程序中使用它。

直接常量

直接常量也称**字面常量**或**文字常量**，实际上就是常数，直接出现在代码中，它的表示形式决定它的类型和值。例如，" 数据处理与数据库 "、#2012-09-20#、5000、True 分别是字符型、日期型、数值型和逻辑型常量。

符号常量

使用关键字 Const 声明的常数就是符号常量。声明时需要用一个符号来表示常量的值，类型由其值决定。符号常量一般要求大写，以便与变量区分。

符号常量的定义格式为：

```
Const 常量名 = <表达式> | <常量值>
```

系统内部定义的常量

系统内部定义的常量是由 Access 预先定义、在启动时就建立的常量，用户可以直接调用。一般来说，Access 内部常量以前缀 " ac " 开头，来自 Visual Basic 库的常量则以 " vb " 开头，主要包括：True、False、acForm、vbYes、vbOK 和 Null 等。

重要提示

一个好的编程习惯是尽可能地使用常量名字而不使用其数值。不能将内部常量的名字作为用户自定义常量或变量的名字。

（2）变量

变量与变量名

变量是在程序运行期间值可以改变的量。实际上，变量是对内存单元的抽象描述，变量的值就是存储在内存单元的内容，这些内容可以是字符串型、数值型、日期型、布尔型等各种类型的数据，也可以是某个对象的属性值等。

每个变量都有一个名字，在 VBA 代码中，通过变量名来引用变量。变量的命名要有意义，不能包含空格、运算符以及@、$、& 等特殊字符，并且必须以字母开头，长度不能超过 255 个字符。

变量的声明

变量在使用之前最好先进行定义或声明，比如指定变量名、数据类型、作用范围，以便系统为其分配存储单元，这种声明称为**显式声明**。如果不对变量进行声明，系统将默认该变量是变体数据类型，这种声明称为**隐式声明**。隐式声明可能会在程序代码中导致严重的错误，而且变体数据类型相比其他数据类型要占用更多的内存空间。

变量声明的格式如下：

```
Dim <变量名> [As <数据类型>]
```

说明：As 子句为可选项，如果没有该子句，则默认是变体类型。

对于字符串变量，根据其存放字符串的长度是否固定，有定长和不定长两种声明方式。字符串变量声明的格式如下：

```
Dim <字符串变量名> As String        '用于声明不定长字符串
Dim <字符串变量名> As String*<字符数>        '用于声明定长字符串
```

【例 11-9】给出一个变量声明的例子。

```
Dim sum As Integer     '声明 sum 为整型变量
Dim money As Currency     '声明 money 为货币型变量
Dim x, y        '声明 x,y 为变体类型变量
```

```
Dim str1  As String * 10    '声明 str1 为可存放 10 个字符的定长字符串变量
Dim str2  As String         '声明 str2 为不定长字符串变量
```

变量的作用域

在 VBA 程序中声明的每个变量都有作用范围，即作用域，超出作用域后，变量就失去作用，成为没有定义的字符。按照变量的作用域，将变量分为**局部变量**、**模块级变量**、**全局变量**三种。其中，局部变量是在过程内部声明的变量，它仅在过程代码执行时，在该过程范围内有效。模块级变量是指在模块的起始位置，所有过程之外声明的变量，它仅在该模块范围内有效。全局变量是指在标准模块起始位置，所有过程之外声明的变量。全局变量的声明使用 Public 关键字代替 Dim。全局变量在所有类模块和标准模块的所有过程中都是可见的，即其作用域为全局范围内。

（3）表达式

使用运算符将常量、变量或函数组合连接在一起构成的式子就是表达式。可以利用 VBE 的立即窗口来学习各种表达式的使用。

运算符

在 VBA 编程语言中，提供了许多运算符来完成各种形式的运算和处理。根据运算不同，可以分成 4 种类型的运算符。按照优先级由高到低的顺序，依次为算术运算符、连接运算符、关系运算符和逻辑运算符。

- **算术运算符**：用于数值的算术运算，主要有 7 个运算符，分别是 +、−、*、/、\、mod、^。由算术运算符将运算对象连接起来的式子称为算术表达式。图 11-41 左边的立即窗口中给出了几个算术表达式的例子。

重要提示

1. 对于整除（\）运算，如果操作数有小数部分，系统会先截取其小数部分，然后再运算。如果运算结果有小数，也要截取其小数部分。

2. 对于取余（mod）运算，如果操作数有小数部分，系统会将其四舍五入变为整数后再运算；如果被除数是负数，余数也是负数；如果被除数是正数，则余数为正数。

- **连接运算符**：用于连接两个字符串。运算符有 & 和 +。当连接两个字符串型数据时，& 和 + 的作用相同。当对字符串型数据和数值型数据进行连接时，若使用 &，会将数值型数据先转化为字符串型数据，然后再进行连接。对于 +，当字符串型数据是数字字符串时，则直接进行加法运算，否则会出现语法错误。图 11-41 中间的立即窗口中给出了几个例子。
- **关系运算符**：也称比较运算符，比较的结果为 True 或 False。由关系运算符将运算对象连接起来的式子称为关系表达式。运算对象可以是数值型、布尔型、字符串型、日期型等。关系运算符有 6 个，分别是 <、<=、>、>=、<>、=。
- **逻辑运算符**：也称布尔运算符，逻辑运算的结果是布尔型数据。逻辑运算符主要有 And、Or 和 Not 三个。运算时的优先级由高到低依次为 Not、And、Or。

重要提示

在 VBA 中，逻辑型常量在表达式中进行算术运算时，True 值被当成 −1、False 值被当成 0 处理。

函数

VBA 提供了许多内部函数，如数学函数、字符串函数、日期和时间函数、类型转换函数、测试函数等。表 11-6 给出了一些常用的函数。

表 11-6　常用的函数

序号	函数名	功能及说明
1	Int(x)	返回不大于 x 的最大整数
2	Fix(x)	返回 x 的整数部分
3	Rnd([x])	随机产生 0 至 1 之间的随机数。通常与 Int 函数配合使用，采用的表达式为 Int((b-a+1)*Rnd + a)，用于生成 a 到 b 之间的随机整数（包括 a 和 b），其中 a 小于 b
4	Instr(S1,S2)	在字符串 S1 中找字符串 S2 的起始位置
5	Lcase(S)、Ucase(S)	将字符串 S 中的字母全部转换为小写或大写
6	Left(S,N)、Right(S,N)	从字符串 S 的左端或右端截取 N 个字符
7	Len(S)	计算并返回字符串 S 的长度
8	Ltrim(S)、Rtrim(S)、Ttrim(S)	删除字符串 S 左端、右端或两端的空格
9	Mid(S,M,N)	从字符串 S 的第 M 个位置起连续截取 N 个字符
10	Space(N)	产生 N 个空格
11	Date()、Time()、Now()	返回系统当前的日期、当前的时间、当前的日期和时间
12	Year(D)、Month(D)、Day(D)	返回日期 D 的年份、月份、某一日
13	Weekday(D)	返回日期 D 对应的星期
14	Asc(S)	返回字符串 S 中首字符对应的 ASCII 码值
15	Chr(N)	返回 N 作为 ASCII 码所对应的字符
16	Str(N)	将 N 转换为字符串。当将数字转换成字符串时，总在前面保留一个空格来表示正负。当返回值为正时，返回的字符串将包含一个前导空格，表示有一个正号
17	Val(S)	将字符串 S 转换为数值。若为数字字符串，在转换时自动将字符串中的空格、制表符和换行符去掉，当遇到不能识别为数字的第一个字符时，停止读入字符串
18	IsNull(Exp)	测试一个表达式是否为无效数据。若为无效数据，函数返回值为 True

表 11-6 中序号 1 ～ 3 是常用的数学函数，其中的 x 可以是数值型的常量、变量、数学函数或算术表达式，函数的返回值仍然是数值型。图 11-42 给出了几个例子，请注意观察，函数前的"？"表示将函数的返回值输出到屏幕上，函数的返回值显示在函数的下一行。在函数同一行上，有英文单引号开始的注释语句。实际上，注释出现在立即窗口中并无意义，这里仅为了向读者解释函数的功能。

序号 4 ～ 10 是字符串函数，其中的 S 可以是字符串型的常量、变量、表达式，也可以是返回值为字符串的函数；序号 11 ～ 13 是常用的日期和时间函数，其中的 D 可以是日期常量、变量或表达式。

序号 14 ～ 17 是类型转换函数，图 11-43 给出了几个例子，请注意观察。类型转换函数在 VBA 编程中比较常用，要利用立即窗口重点练习并熟练掌握。

序号 18 是测试函数。

除了上述函数外，常用的还有消息函数。消息函数主要包括 InputBox 和 MsgBox。

① **InputBox 函数**。该函数将打开一个输入对话框，显示提示信息，提示用户在文本框中输入内容。函数的返回值是文本框中输入的值，通常是一个字符串类型的数据。

图 11-42   数学函数举例

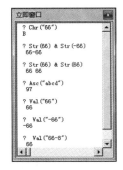

图 11-43   类型转换函数举例

InputBox 函数的一般格式为：

`InputBox(prompt,title,default)`

其中，prompt 表示提示字符串，是必写参数；title 和 default 是可选参数，分别表示对话框的标题和输入框的默认值。这三个参数的内容必须用英文引号引起来。

因为 InputBox 是一个函数，因此在 VBA 代码中使用时，不能作为单个语句出现，只能出现在表达式中。

② MsgBox 函数。该函数将打开一个消息对话框，并根据用户单击其中的某个按钮返回一个整数，该整数代表用户所单击的按钮。该函数同 InputBox 函数一样，只能出现在表达式中。

MsgBox 函数的一般格式为：

`MsgBox(prompt, buttons, title)`

其中，prompt 表示所显示消息的字符串，是必写参数；title 表示消息框的标题内容，是可选项；buttons 是可选参数，用于确定消息框上要显示的按钮内容等，主要由按钮类型和数目、使用的图标样式、默认按钮三部分组成，按照顺序从各组中选取一个值或常数，使用加号连接就构成了 buttons 参数。

表 11-7 给出了 buttons 参数的三个分组及其各项值的含义。如果省略 buttons 参数，默认值为 0，即在打开的消息框中只显示一个"确定"按钮。

表 11-7   buttons 参数的组成

分组	常数	值	说明
按钮类型与数目	vbOKOnly	0	只显示"确定"按钮
	vbOKCancel	1	显示"确定"及"取消"按钮
按钮类型与数目	vbAbortRetryIgnore	2	显示"终止""重试"及"忽略"按钮
	vbYesNoCancel	3	显示"是""否"及"取消"按钮
	vbYesNo	4	显示"是"及"否"按钮
	vbRetryCancel	5	显示"重试"及"取消"按钮
图标样式	vbCritical	16	显示 Critical Message 图标
	vbQuestion	32	显示 Warning Query 图标
	vbExclamation	48	显示 Warning Message 图标
	vbInformation	64	显示 Information Message 图标
按钮默认值	vbDefaultButton1	0	第一个按钮是默认值
	vbDefaultButton2	256	第二个按钮是默认值
	vbDefaultButton3	512	第三个按钮是默认值
	vbDefaultButton4	768	第四个按钮是默认值

【例 11-10】在立即窗口中输入"? MsgBox("Continue?", vbOKCancel)"或者"?
MsgBox("Continue?", 1)"，按下回车键，将打开如图 11-44
所示的消息对话框。若单击"确定"按钮，则在立即窗口中
显示该函数的返回值为 1；若单击"取消"按钮，则在立即
窗口中显示该函数的返回值为 2。

图 11-44　消息对话框 1

【例 11-11】在立即窗口中输入"?MsgBox(" 请单击某
一按钮 ", 4 + 64 + 0, "MsgBox 函数练习 ")"，按下回车键，
将打开如图 11-45 所示的消息对话框。若单击"是"按钮，
则在立即窗口中显示该函数的返回值为 6；若单击"否"按
钮，则在立即窗口中显示该函数的返回值为 7。

在消息框上单击不同的按钮，MsgBox 函数将有不同的
返回值，表 11-8 给出了 MsgBox 函数的返回值以及含义。

（4）数组

数组是同一种数据类型的数据集合。数组中的每一元素
具有唯一索引号。更改其中一个元素并不会影响其他元素。
数组的类型有一维数组、二维数组、多维数组等。数组变量
由变量名和数组下标组成，通常使用 Dim 语句进行数组的显式声明。

图 11-45　消息对话框 2

表 11-8　MsgBox 函数的返回值

动作描述	返回值	常数	动作描述	返回值	常数
单击了"确定"按钮	1	vbOK	单击了"忽略"按钮	5	vbIgnore
单击了"取消"按钮	2	vbCancel	单击了"是"按钮	6	vbYes
单击了"终止"按钮	3	vbAbort	单击了"否"按钮	7	vbNo
单击了"重试"按钮	4	vbRetry			

一维数组的定义格式为：

```
Dim 数组名 ( 下标下界 to 下标上界 )　 As 数据类型
```

说明：

1）下标下界和下标上界只能是常数且为整数，并且下标下界要小于下标上界。下标下
界可省略，即在数组定义中没有"下标下界 to"时，系统默认为 0。

2）如果省略了 As 子句，默认为变体类型数组。

3）数组的命名规则与变量的命名规则相同。

二维数组的定义格式为：

```
Dim 数组名 ( 下标下界i  to 下标上界i, 下标下界j  to下标上界j)　 As数据类型
```

如果省略"下标下界 i to"或者"下标下界 j to"，系统默认下标下界为 0。

【例 11-12】下面给出几个数组定义的例子。

```
'定义一维数组 A，包含 4 个数据类型为整型的数组元素，分别是 A(1)、A(2)、A(3) 和 A(4)
Dim A(1 To 4) As Integer
'定义一维数组 B，包含 6 个整型数组元素，分别是 B(0)、B(1)、B(2)、B(3)、B(4) 和
B(5)
Dim B(5) As Integer
'定义二维数组 C，数据类型为长整型，包含 6 个数组元素，分别是 C(0,0)、C(0,1)、C(0,2)、
```

```
C(1,0)、C(1,1)、C(1,2)
   Dim C(1, 2) As Long
```

┌───┐
│   重要提示   │
│   1. 在 VBA 中，如果在模块的声明部分使用"Option Base 1"语句，可以将数组的默│
│ 认下标下界由 0 改为 1。   │
│   2. 如果想忽略数组声明时确定的数组大小，即圆括号中的下标，根据需要改变数组│
│ 元素的个数，则需要使用动态数组。动态数组的声明使用 ReDim 语句，并且只需要确定│
│ 数组元素的最大数目。使用动态数组的优点是可以根据用户需要，有效利用存储空间。│
└───┘

【例 11-13】根据用户输入的数组元素的个数，对每个数组元素进行初始化。

本例首先创建一个窗体，添加一个命令按钮，并为该按钮编写"单击"事件过程，如图 11-46 所示。

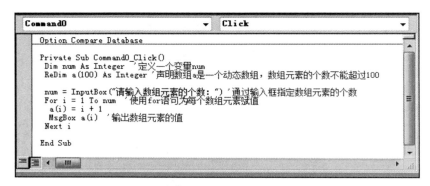

图 11-46 使用动态数组

（5）控制结构

与传统的程序设计语言一样，VBA 也具有结构化程序设计的三种结构：顺序结构、选择结构和循环结构。

顺序结构

顺序结构是结构化程序中最简单也是最基本的结构，其特点是按照语句的顺序自上而下依次执行到程序的最后一条语句。顺序结构的语句主要有赋值语句、输入语句、MsgBox 语句以及过程调用语句等。其中，过程调用语句在 11.2.3 节中已经介绍，这里不再赘述；输入语句利用了 InputBox 函数进行数据的输入；MsgBox 语句的语法格式与 MsgBox 函数的相同，不同的是，MsgBox 语句不是函数因而没有返回值，通常使用 MsgBox 语句显示提示信息以及程序最终的执行结果等；赋值语句主要用于设置变量的值以及对象的属性值，语法格式如下：

< 变量名 >=< 表达式 >

或者

< 对象名 >.< 属性名 >=< 表达式 >

【例 11-14】创建一个名为"tellyou"的过程，首先弹出一个输入框，如图 11-47 所示，输入姓名，单击"确定"按钮，弹出如图 11-48 所示的欢迎对话框，该对话框有"是""否"

及"取消"3个按钮。单击其中一个，系统弹出消息对话框，显示刚才按下的按钮所代表的数字。

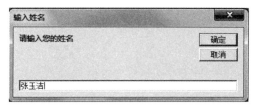

图 11-47　输入对话框

图 11-48　带有 3 个按钮的消息对话框

【分析】首先创建一个名为"例 14-12"的标准模块，然后向其中添加一个名为"tellyou"的子程序。题目中要求的"系统弹出消息对话框，显示刚才按下的按钮所代表的数字"，其实就是显示 MsgBox 函数的返回值。需要注意的是，该函数的返回值是一个数值，使用字符串连接运算符时，应选择"&"。

具体代码如图 11-49 所示。

图 11-49　"例 14-12"标准模块中的"tellyou"子程序

单击"运行"菜单中的"运行子过程 / 用户窗体"，在输入框中输入姓名后，单击"确定"按钮，然后单击图 11-48 消息框中的"取消"按钮，弹出的对话框如图 11-50 所示。

请读者思考，如果想出现如图 11-51 所示的最终运行结果，如何修改 VBA 代码？

图 11-50　显示所按下按钮对应的数值

图 11-51　修改代码后的"tellyou"子程序运行结果

选择结构

也称分支结构，根据条件值来选择要执行的路径。主要有 If 语句和 Select Case 语句两种。

① If 语句

If 语句包含 3 种结构，分别是行 If 语句结构、块 If 语句结构和多分支 If 语句结构。

一个行 If 语句或一个块 If 语句结构主要用于只对一个条件进行真假判断的情形。当条件表达式的值为 True 时，执行 Then 后面的语句或语句组。当条件表达式的值为 False，并且如果有 Else 则执行 Else 后的语句或语句组，如果没有 Else 则直接跳过该 If 语句，执行 If 语句后的语句。

行 If 语句的格式：

```
If <条件表达式> Then <语句1> Else <语句2>
```

块 If 语句的格式：

```
If <条件表达式> Then
    <语句组1>
Else
    <语句组2>
End If
```

行 If 语句是一个单行语句，其中的条件表达式和对应的操作都位于同一行，条件为真或假时只能执行一条语句。块 If 语句可以包含多行代码，也就是说当条件为真或假时可以执行多个语句，块 If 语句必须以 End if 结束。

【例 11-15】创建一个名为"通用标准模块"的标准模块，向其中添加一个名为"FindMax"的 Sub 过程，该过程的功能是从用户输入的三个整数中找出最大的数，并显示出来。

【分析】首先创建一个名为"通用标准模块"的标准模块，然后添加一个名为"FindMax"的 Sub 过程。在该过程中使用 InputBox 函数接收用户输入的三个整数，然后使用 If 语句进行判断，找出最大的数后，使用 MsgBox 语句输出最大的数。

主要操作步骤如下：

1）创建"通用标准模块"。

2）单击"插入"菜单中的"过程"，在"添加过程"对话框中指定过程名和类型后，系统在打开的代码窗口中自动添加一个名为"FindMax"的 Sub 过程框架。

3）在该过程中输入如下 VBA 代码。其中，代码第三行是注释语句（以英文单引号'开头的语句），可以不用输入。

```
Sub FindMax()
 Dim x, y, z, Max As Integer
 'val 函数将 InputBox 函数的返回值从文本型转换为数值型，以保证按照数值大小正确排序
 x = val(InputBox("请输入第一个整数", "输入整数"))
 y = val(InputBox("请输入第二个整数", "输入整数"))
 z = val(InputBox("请输入第三个整数", "输入整数"))
 If x < y Then Max = y Else Max = x
 If Max < z Then Max = z
 MsgBox "输入的三个数中，最大的数是: " & Max
End Sub
```

4）单击工具栏中的"保存"按钮，保存"通用标准模块"。

5）将光标停在过程名处，按下 F5 键，将运行"Find-Max"子程序，在先后弹出的三个输入对话框中依次输入 2008、360、66 三个数后，最终的运行结果如图 11-52 所示。

如果需要多个条件的判断，可采用多分支 If 语句结构。该语句的功能是首先测试条件表达式 1，如果其值为 True，则执行语句组 1，如果其值为 False，并且如果条件表达式 2 的

图 11-52 "FindMax"子程序的最终运行结果

值为 True，则执行语句组 2，依次判断。如果之前的条件表达式的值都为 False，则执行语句组 n+1，然后跳出 If 语句，继续执行 End If 之后的语句。如果之前的条件表达式有 1 个值为 True，就执行其后的 Then 语句组，不再继续向下判断，直接跳出 If 语句，继续执行 End If 之后的语句。

多分支 if 语句的格式：

```
If <条件表达式 1> Then
    <语句组 1>
ElseIf <条件表达式 2> Then
    <语句组 2>
    …
ElseIf <条件表达式 n> Then
    <语句组 n>
Else
    <语句组 n+1>
End If
```

在例 11-1 给出的名为"Form_ 您的成绩"的类模块的事件过程中，就使用了多分支 If 语句结构。请仔细阅读该例给出的代码。

② Select Case 语句

当有很多条件需要测试时，多分支 If 语句可能由于多重嵌套使程序逻辑变得较为复杂，不易阅读，甚至不实用，使用 Select Case 语句可以使程序的逻辑结构更加清晰。Select Case 语句是一个多分支控制语句。

Select Case 语句的格式为：

```
Select Case  <表达式>
    Case <表达式列表 1>
    <语句组 1>
    Case< 表达式列表 2>
    <语句组 2>
    …
Case< 表达式列表 n>
    <语句组 n>
Case Else
    <语句组 n+1>
End Select
```

其中，< 表达式 > 可以是数值表达式或字符串表达式；< 表达式列表 > 表示一个数值或多个数值，主要有两种格式表示多个值："值 1，值 2，…，值 n"或者"值 1 to 值 2"。

Select Case 语句的功能是，将 < 表达式 > 与 Case 子句中的 < 表达式列表 > 进行匹配或比较，如果找到匹配的值，就执行该 Case 子句后的语句组，然后跳出 Select Case 语句，执行该语句下面的语句。如果没有找到任何匹配的值，则执行 Case Else 后面的语句组，然后执行 Select Case 语句下面的语句。

【例 11-16】修改"Form_ 您的成绩"窗体模块中的事件过程，使用 Select Case 语句替换其中的多分支 If 语句。

【分析】为了不破坏该模块原来的代码结构，为"课程号"文本框添加一个"单击"事件，而保留"成绩"文本框的"单击"事件。

具体操作步骤如下：

1）在"您的成绩"窗体的设计视图下，双击"课程号"文本框或按下 F4 键，打开属性表。

2）在属性表中，单击文本框的"单击"事件后的生成器按钮，选择"代码生成器"。

3）在 VBE 的代码窗口中，在自动生成的事件过程代码框架中输入如图 11-53 所示的 VBA 代码。

4）单击工具栏中的"保存"按钮，保存窗体模块"Form_ 您的成绩"。

5）在窗体的设计视图下保存"您的成绩"窗体。

循环结构

在程序中，需要重复执行的操作步骤就可以使用循环结构。该结构根据循环中的判断来决定是重复执行某段程序语句，还是要跳出循环体，执行循环体后面的语句。

```
Select Case 成绩
    Case 0 To 59
        MsgBox "再不努力，你有可能通过不了期末考试！", vbExclamation, "特急"
    Case 60 To 69
        MsgBox "要认真学习了，不要贪玩！", vbExclamation, "急"
    Case 70 To 79
        MsgBox "要努力哟，还可以提高！", vbOKOnly, ""
    Case 80 To 89
        MsgBox "加油！", vbOKOnly, ""
    Case 90 To 100
        MsgBox "恭喜！你很棒！", vbOKOnly, ""
    Case Else
        MsgBox "成绩错误，请检查更正！"
End Select
```

图 11-53　在"Form_ 您的成绩"窗体模块中新添加的"单击"事件过程

VBA 提供了多种循环控制语句，这里介绍常用两种循环语句，分别是 For…Next 语句和 Do…Loop 语句。

① For…Next 语句

For…Next 语句是最常用的循环控制语句，用于循环次数已经确定的情形。

For…Next 语句的格式为：

```
For < 循环变量 >=< 初值 > To < 终值 > Step < 步长 >
    < 语句组 >
Next 循环变量
```

其中，< 循环变量 > 为数值型变量，用于统计循环次数，从 < 初值 > 开始，每一次循环根据 < 步长 > 而变化。当 < 步长 > 等于 1 时，可以省略 Step 子句。

For…Next 语句的功能是，首先计算出初值，将初值赋给循环变量，并检查循环变量的值是否小于等于终值，如果是，则执行循环体中的语句组，否则，跳出循环体，执行循环体后面的语句。循环变量只要不超过终值，就执行循环体，每执行完一次循环体，就将循环变量的值与步长进行相加运算，然后将结果赋给循环变量，将此时的循环变量的值与终值比较。重复上述步骤，直到循环变量的值超过终值。

【例 11-17】在"通用标准模块"中创建一个名为"Add"的 Sub 过程，计算自然数 1 到 100 的累加和。

【分析】首先定义一个循环变量 i 和保存累加和的变量 S，然后确定控制结构。控制结构采用 For 循环，确定 i 的初值和终值，以及 S 的初值。

具体操作步骤如下：

1）在 VBE 的工程窗口中，双击名为"通用标准模块"的标准模块。

2）单击"插入"菜单中的"过程"，在"添加过程"对话框中指定过程名和类型后，系统在打开的代码窗口中，自动添加一个名为"Add"的 Sub 过程框架。

3）输入 VBA 代码后运行该过程，代码窗口和运行结果如图 11-54 所示。

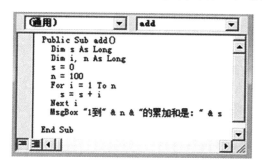

图 11-54　"Add"子程序的代码窗口和运行结果

4）保存"通用标准模块"。

② Do…Loop 语句

有时，循环的次数无法事先确定，只能通过判断某个条件来决定是否继续循环，这时可使用 Do…Loop 语句。该语句有两种格式：Do While…Loop 和 Do Until…Loop。

Do While…Loop 语句的格式为：

```
Do While <条件表达式>
    <循环体语句组>
Loop
```

Do While…Loop 循环结构是在 <条件表达式> 的值为 True 时，重复执行循环体语句组，直到 <条件表达式> 的值为 False 才结束循环，转去执行 Do While…Loop 语句后面的语句。如果循环体内包含"Exit Do"的 If 条件语句，则在 If 条件值为 True 时执行 Exit Do 语句而直接跳出循环。

如果首次判断 <条件表达式>，其值为 False，将不执行循环体中的语句组。

【例 11-18】在"通用标准模块"中添加一个名为"WhileNum"的子程序，用于判断其中的 Do While 循环被执行的次数。

【分析】首先定义一个用于统计循环次数的变量 n，数据类型可以是整型，也可以是长整型。因为 n 要做循环次数的累加运算，初值设为 0。设置一个循环条件表达式，本例为简化，设为"n <= 2"，意思是只要 n 小于等于 2，就可以继续执行循环体中的语句，直到 n=3 时退出循环。注意，必须要给作为循环控制的变量 n 赋初值。

图 11-55 给出了该过程的代码窗口和运行结果。

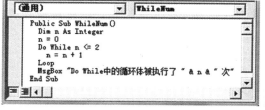

图 11-55　"WhileNum"子程序的代码窗口和运行结果

Do Until…Loop 语句的格式为：

```
Do Until <条件表达式>
    <循环体语句组>
Loop
```

Do Until…Loop 循环结构是在 < 条件表达式 > 的值为 False 时，重复执行循环体，直至 < 条件表达式 > 的值为 True 时结束循环。如果循环体内包含 "Exit Do" 的 If 条件语句，则在 If 条件值为 True 时，执行 Exit Do 语句而直接跳出循环。

如果首次判断 < 条件表达式 >，其值为 True，则不执行循环体中的语句组。

【例 11-19】在 "通用标准模块" 中添加一个名为 "Adds" 的函数，要求使用 Do Until…Loop 循环结构计算 1 到 n 之间的偶数和。

【分析】首先定义一个用于计算累加和的长整型变量 s，初值设为 0。然后定义两个整型变量 i 和 n，分别代表循环的初值和终值。因为要计算偶数之和，所以 i 的初值设为 2，并且每一次循环都对 i 加 2。在 Do Until…Loop 语句中，循环条件表达式的值为 False 时才会执行循环体，因此设置一个循环条件表达式 "i > n"，意思是只要 i 小于等于 n，就可以继续执行循环体中的语句，直到 i 大于 n 时退出循环。注意，必须要给 i 和 n 赋初值。

主要操作步骤如下：

1）在 VBE 的工程窗口中，双击 "通用标准模块"。

2）单击 "插入" 菜单中的 "过程"，在 "添加过程" 对话框中，输入过程名 "Adds"，选择类型 "函数"，单击 "确定" 按钮，系统在打开的代码窗口中自动添加一个名为 "Adds" 的函数框架。

3）输入 VBA 代码后，运行该函数，输入循环终值，比如 "200"，代码窗口和运行结果如图 11-56 所示。

4）单击工具栏中的 "保存" 按钮，保存 "通用标准模块"。

图 11-56 "Adds" 函数的代码窗口和运行结果

注意：循环体中的语句 "s = s + i" 用于偶数的累加和，语句 "i = i +2" 用于产生偶数。此外，因为函数必须有返回值，Add 函数的返回值是最后的累加和 s，所以语句 "Adds = s" 用于给函数返回值赋值，如果省略此语句，数据类型是数值型的函数将返回数字 0，字符串函数将返回一个空串。另外，通过本例介绍了 MsgBox 语句的用法，请读者用心学习并加以掌握运用。

11.3.5 Access 应用程序的调试

VBA 程序很难一次编写成功，中间会出现各种问题，这时，就需要借助调试工具，快速发现并定位错误。Access 的 VBE 编程环境提供了一套完整的调试工具和调试方法。

1. 常用的调试工具

调试工具主要包括："调试"工具栏、"调试"菜单、立即窗口、监视窗口、本地窗口等。

（1）"调试"工具栏

单击 VBE 的"视图"菜单中的"工具栏"，从"工具栏"的级联菜单中选择"调试"，打开"调试"工具栏，如图 11-57 所示。

图 11-57　"调试"工具栏

从第 2 个按钮到第 8 个按钮，其作用依次如下：

1）运行或继续运行中断的程序。

2）用于暂时中断程序的运行。

3）用于终止调试，返回编辑状态。

4）用于设置或取消"断点"。所谓"断点"就是在过程的某个特定语句上设置一个位置点以中断程序的执行。

5）单步调试，每操作一次，程序执行一步。

6）当遇到过程调用语句时，不跟踪到被调用过程的内部，只在本过程内单步执行。

7）从被调用过程的内部调试中跳出，返回到调用过程的调用语句的下一条语句。

第 9 个按钮到第 12 个按钮，依次是"本地窗口"按钮、"立即窗口"按钮、"监视窗口"按钮和"快速监视窗口"按钮，分别用于打开相应的窗口。

（2）"调试"菜单

"调试"菜单的功能与"调试"工具栏类似。

（3）立即窗口

立即窗口对于测试一行代码或运行一个过程（前提是立即窗口支持这些操作）非常有用。通常在中断模式下，在立即窗口中安排一些调试语句，比如 Debug.Print 语句等，以便检查代码和变量、动态观察变量值的变化。

图 11-58 给出了一个窗体及其命令按钮的"单击"事件过程。其中使用了两条 Debug. Print 语句。

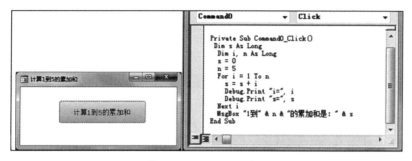

图 11-58　使用 Debug.Print 语句的事件过程

单击图 11-58 中的"计算 1 到 5 的累加和"按钮，执行该"单击"事件过程，执行期间程序中的循环变量 i 和累加变量 s 的值将依次显示在图 11-59 所示的立即窗口中。

（4）监视窗口

在中断模式下，右击监视窗口区域，从弹出的快捷菜单中选择"编辑监视"或"添加监视"，打开"编辑监视"对话框或"添加监视"对话框，如图 11-60 所示，在表达式位置进行监视表达式的修改或添加。若在快捷菜单中选择"删除监视"，则会删除已存在的监视表达式。

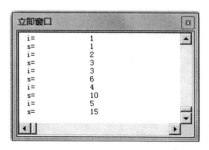
图 11-59　通过立即窗口观察 Debug.Print 语句的执行情况

图 11-60　"添加监视"对话框

（5）本地窗口

内部自动显示出当前过程中的所有变量声明及变量值，从中可以观察一些数据信息。本地窗口打开后，列表中的第一项内容是一个特殊的模块变量。对于类模块，定义为 Me。Me 是对当前模块定义的当前类实例的引用。由于它是对象引用，因而可以展开显示当前实例的全部属性和数据成员。如图 11-61 所示。

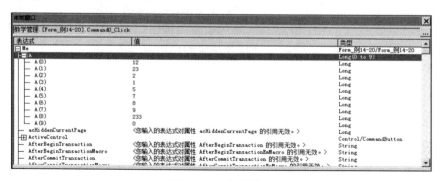
图 11-61　本地窗口

2. 调试程序

调试程序最主要的两个步骤是设置 / 取消断点和单步执行。

（1）设置 / 取消断点

单击"调试"工具栏或"调试"菜单中的"切换断点"，或者按下 F9 键，进行断点的设置与取消。

具体操作步骤如下：

1）在 VBE 窗口下，打开某个模块，如"通用标准模块"，单击 VBE 的"视图"菜单中的"工具栏"，从"工具栏"的级联菜单中选择"调试"，在标准工具栏的下方将出现"调试"工具栏。

2）将光标定位到一个执行语句或赋值语句的位置，单击"切换断点" 🖐 ，设置断点。如图 11-62 所示，设置好断点的行以酱红色亮条显示。

3）单击图 11-62"调试"工具栏上的"运行" ，或按下 F5 键，程序将执行，但只能
执行到设置断点的语句，提示代码执行到此处停
止，此时设置断点的代码行出现黄色高亮显示。

4）通过本地窗口观察到每一次执行代码该设
置断点的语句中所有变量值的变化，如图 11-63
所示。

（2）单步执行

单步执行即逐条执行，用于检查程序的每一
条语句的执行结果，不仅用于调试程序，而且与
本地窗口配合，可以帮助初学者很好地理解循环、
条件结构语句的使用。

以"通用标准模块"中的"Add"过程为例，
下面给出单步执行的操作方法。

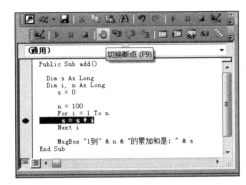

图 11-62　在"例 14-14"模块的 Add 过程
中设置断点

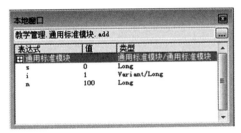

图 11-63　首次按下 F5 键和按下第 100 下 F5 键后的本地窗口

1）将光标定位到过程中的任意位置，单击"调试"工具栏中的■、"调试"菜单中的
"逐语句"或者按下 F8 键，过程名首先高亮显示，此时的本地窗口如图 11-64 左图所示。

2）单击"逐语句"，跳过声明语句，执行"s=0"语句。

3）单击"逐语句"，当执行到"For i = 1 To n"语句时，本地窗口如图 11-64 右图所示。

图 11-64　单步执行时的本地窗口

4）反复单击"逐语句"，重复执行"s = s + i"和"Next i"语句，直到在本地窗口中
看到 i 的值为 101 时，过程中的语句"MsgBox "1 到 " & n & "的累加和是: " & s"高亮显示。

5）单击"逐语句"，直到过程执行完毕，弹出显示最终运行结果的消息框。

11.4　模块的应用

11.4.1　数据的输入和输出

【例 11-20】单击图 11-65 所示窗体中的"显示水仙花数"按钮，在文本框中显示指定范

围的水仙花数。要求创建一个标准模块，其中名为"lifang"的函数用于计算某个数的立方，并在"显示水仙花数"按钮的"单击"事件过程中调用标准模块中的"lifang"函数。

【分析】首先要创建一个标准模块"计算立方"，用于实现计算某个整数的立方；然后创建"找水仙花数"窗体；最后编写"显示水仙花数"按钮的"单击"事件过程，调用"lifang"函数，并找出水仙花数。

调用语句的格式是"[计算立方].lifang(实参)"。水仙花数是一个三位数，各位数字的立方之和等于该数字本身，比如"153"就是一个水仙花数。

主要操作步骤如下：

1）创建标准模块并添加一个名为"lifang"的函数，代码如下：

```
Public Function lifang(x)
    If x = 0 Then lifang = 0 Else lifang = x * x * x
End Function
```

2）按照图 11-66 创建窗体。

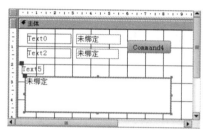

图 11-65　找水仙花数的"例 14-19"窗体　　　图 11-66　"例 14-19"窗体的设计视图

3）为"Command4"添加一个"单击"事件过程，输入如图 11-67 所示的 VBA 代码。其中，If 条件表达式

```
i = [计算立方].lifang(a) + [计算立方].lifang(b) + [计算立方].lifang(c)
```

的含义是，调用标准模块"计算立方"中的"lifang"函数三次，分别将实参 a、b、c 的值传递给"lifang"函数中的形参 x，得到每一位数字的立方值，然后计算每一位数字的立方之和，并将立方和与数字 i 进行比较，如果相等，说明 i 是水仙花数。

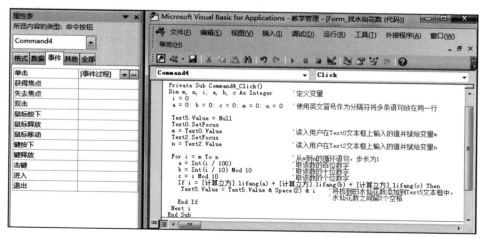

图 11-67　"显示水仙花数"命令按钮的"单击"事件过程代码

4）单击工具栏中的"保存"按钮，保存标准模块"计算立方"和类模块"Form_ 找水仙花数"。

5）设置窗体中控件的标题属性，保存窗体"找水仙花数"。

【例 11-21】单击图 11-68 所示窗体中的"输入数据"按钮，在第 1 个文本框中显示用户输入的 10 个数；单击"升序"按钮，将在第 2 个文本框中显示排序结果。

【分析】首先创建窗体，然后通过 InputBox 函数和循环结构输入 10 个数，并保存在数组变量 A(0)、A(1)、A(2)、…、A(9) 中，同时将它们显示在窗体的第 1 个文本框中。最后对 10 个数使用冒泡排序算法进行排序，并将排序结果显示在第 2 个文本框中。

这里对冒泡排序算法进行简单介绍。对于本例：

1）将 A(0) 与 A(1) 比较，若 A(0) > A(1)，则将 A(0) 和 A(1) 的值互换，否则，不进交换；然后，再将 A(0) 分别与 A(2)、A(3)、…、A(9) 逐一比较，并且依次做同样的处理。最后，10 个数中的最小数放入了 A(0) 中。

2）将 A(1) 分别与 A(2)、A(3)、…、A(9) 比较，并与步骤 1 做相同的处理。最后，A(1) 中存放的是 10 个数中第二小的数。

3）照此方法，继续进行比较直到最后，A(9) 成为 10 个数中的最大数。此时，10 个数已按照由小到大的顺序存放在 A(0) ~ A(9) 中。

具体操作步骤如下：

1）创建窗体，设计视图如图 11-69 所示。

图 11-68　窗体视图

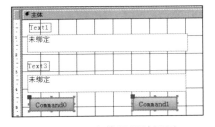

图 11-69　窗体的设计视图

2）为"Command0"编写"单击"事件过程，用于在文本框"Text1"中显示输入的 10 个数。

3）为"Command1"编写"单击"事件过程，用于将这 10 个数从小到大排序，并在文本框"Text3"中显示排序后的 10 个数。

4）保存代码和窗体。图 11-70 给出了该窗体模块的 VBA 代码以及关键语句的注释。其中包括了两个事件过程"Command0_Click()"和"Command1_Click()"。

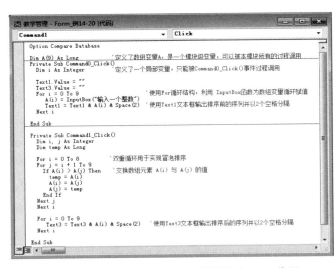

图 11-70　"Form_ 例 14-20"类模块的 VBA 代码

注意到，在"Command1_Click()"事件过程中使用了双重循环，大致的结构是，外层循环的循环体语句是内层循环，即从"For j = i + 1 To 9"开始到"Next j"之间的语句。内层循环的循环体语句是"If-End If"语句结构（即块 If 语句结构）。这里给出双重循环执行过程的简单描述：

1）首先执行外层循环：将 0 赋给 i，如果 i 小于等于 8，则执行其循环体语句，即内层循环。

2）执行内层循环：给 j 赋值。如果 j 小于等于 9，则执行其循环体语句，即 If 语句。

3）执行 If 语句：判断 A(i) 和 A(j) 的大小，如果 A(i) 大于 A(j)，则通过一个临时变量对 A(i) 和 A(j) 进行交换，否则不交换。

4）执行"Next j"语句，此时 j 的值为 j 与步长 1 相加，即 j=2，执行步骤 2。

5）重复执行步骤 2 ～ 4，直到 j 大于 9，执行"Next i"语句。

6）i 的值变为原来的值加上步长 1，由于 i 小于等于 8，执行其循环体语句，即内层循环。重复执行步骤 2 ～ 5 后，直到 i 大于 8，停止外层循环，直接执行"Next i"语句后面的语句。

11.4.2　对单选按钮和复选框的操作

【例 11-22】当单击图 11-71 所示窗体中的一个选项按钮时，将该按钮的标签名称显示在文本框中。

图 11-71　一个名为"单选按钮的使用"的窗体

【分析】本例采用依次添加 4 个选项按钮的方法，没有选用"选项组"控件，因此需要编程实现每次只能选择一个按钮的功能，即互斥功能。

关键步骤是：

1）创建该窗体，其设计视图如图 11-72 所示。

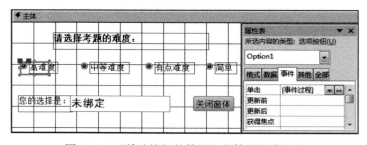

图 11-72　"单选按钮的使用"窗体的设计视图

2）双击选项按钮前面的◉，即"选项按钮"，打开属性表，为其编写"单击"事件过程，VBA 代码如图 11-73 所示。其中的语句"If Option1.Value = -1 Then ..."表示，如果该选项按钮被选中，它的值就为 -1（即为 True）。若没有选中，则值为 0（即为 False）。

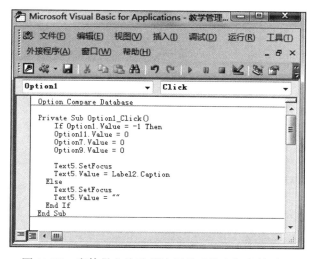

图 11-73 窗体最左边选项按钮的"单击"事件过程

3）保存该窗体模块。

由于篇幅所限，这里只给出窗体最左边选项按钮的"单击"事件过程的 VBA 代码，其他选项按钮的"单击"事件过程类似，改变的只是其中的控件名称，请读者自行完善。

【例 11-23】实现图 11-74 所示窗体的功能：依次单击复选框，选择完爱好后，单击"确定"按钮，则将选择的爱好在文本框中显示出来。单击"关闭窗体"按钮，则关闭本窗体。

【分析】采用条件语句来判断某个复选框是否被选中，如果选中，则将标签的名称显示在文本框中。如果选择了多个复选框，文本框中显示的内容将通过各个标签名进行字符串连接操作来完成。

主要步骤如下：

1）创建图 11-74 所示的窗体。

2）编写"确定"按钮的"单击"事件过程，其 VBA 代码如图 11-75 所示。

3）编写"关闭窗体"按钮的"单击"事件过程，可使用 DoCmd 来调用宏操作关闭窗体，请自行完成编码。

11.4.3　查找数据

【例 11-24】单击图 11-76 所示窗体的"生成随机数"命令按钮，生成 10 个 0～100 的随机整数，单击"查找"按钮，弹出图 11-77，在输入框中输入要查找的某个数字后，如果找到，就弹出消息框显示该数字在随机串中的位置，否则提示"找不到您输入的数字。"。

图 11-74　一个名为"复选按钮的使用"的窗体

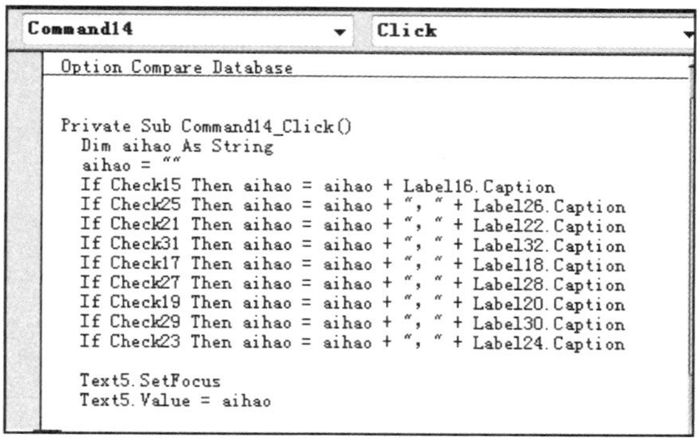

图 11-75　"确定"按钮的"单击"事件过程

图 11-76 "顺序查找"的窗体视图

图 11-77 找到输入的数字后显示该数字在随机串中的位置

本例主要介绍 VBA 内置函数的使用。首先创建该窗体，然后分别为窗体中的"生成随机数"按钮和"查找"按钮编写"单击"事件过程，VBA 代码如图 11-78 所示。

```
Option Compare Database
Dim a(10) As Integer
Private Sub Command3_Click()

    Text0.Value = ""
    For i = 1 To 10
        a(i) = Int(Rnd * 101)
        Text0.SetFocus
        Text0.Text = Text0.Text & str(a(i))
    Next i

End Sub

Private Sub Command5_Click()
Dim num As Integer

    num = Val(InputBox("请输入要查找的数:"))
    For i = 1 To 10
        If num = a(i) Then
            MsgBox "所找的数在第" & i & "个位置"
        Else
            MsgBox "找不到您输入的数字。"
        End If
    Next i

End Sub
```

图 11-78 "Form_顺序查找"窗体模块的全部代码

11.4.4 实现一个计时器

实现计时功能的关键点是编写窗体的"计时器触发"事件过程。

【例 11-25】设计一个如图 11-79 所示的"计时器"窗体，计时 1 小时，系统将弹出消息框"已经达到练习时间要求，可以结束练习了！"。

具体操作步骤如下：

1）创建窗体，在其上添加两个标签控件，窗体的设计视图和主要属性设置如图 11-80 和图 11-81 所示。

图 11-79 "计时器"窗体的窗体视图

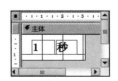

图 11-80 "计时器"窗体的设计视图

2）按照图 11-82 所示设置窗体的"格式"属性，保存窗体并命名为"计时器"。

3）设置窗体的"事件"属性，包括窗体的"打开"事件和"计时器触发"事件，并将"计时器间隔"属性值设置为 1000 毫秒（即 1 秒）。

图 11-81 标签控件的属性表

图 11-82 窗体的"格式"属性表

4）按照图 11-83 所示为窗体"打开"事件和"计时器触发"事件过程编写代码。

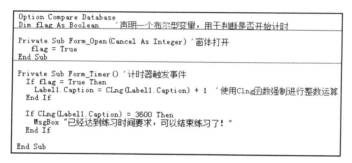

```
Option Compare Database
Dim flag As Boolean    '声明一个布尔型变量，用于判断是否开始计时

Private Sub Form_Open(Cancel As Integer) '窗体打开
    flag = True
End Sub

Private Sub Form_Timer() '计时器触发事件
    If flag = True Then
        Label1.Caption = CLng(Label1.Caption) + 1   '使用CLng函数强制进行整数运算
    End If

    If CLng(Label1.Caption) = 3600 Then
        MsgBox "已经达到练习时间要求，可以结束练习了！"
    End If

End Sub
```

图 11-83 "计时器"窗体的事件过程

5）此时观察 VBA 编辑器窗口的标题，在"教学管理"的后面紧跟"[Form_ 计时器（代码）]"，这说明一个名为"Form_ 计时器"的窗体模块已经创建。

11.4.5 数据的加解密

【例 11-26】在图 11-84 所示窗体的第一个文本框中输入一段小写字母组成的英文句子。单击"加密"按钮，对应的密文将显示在第二个文本框中；单击"解密"按钮，解密后的内容显示在第二个文本框中，同时附加标签由"密文："变为"解密后的内容："，如图 11-85 所示。

图 11-84 "加解密"窗体的加密效果

图 11-85 "加解密"窗体的解密效果

本例主要学习字符串函数的使用，理解 Do While ...Loop 的用处，以及字符串连接符 & 的用法。首先创建该窗体，然后分别按照图 11-86 和图 11-87 所示输入 VBA 代码，为窗体中的"加密"按钮和"解密"按钮编写"单击"事件过程代码。

```
Private Sub Command2_Click()
  Dim str, temp, code As String
  Dim i, s, iasc As Long
  i = 1

  Label5.Caption = "密文："
  Text0.SetFocus
  str = Text0.Text      '将输入的字符串原文保存到变量str中
  s = Len(str)          '计算原文的长度，并保存到变量s中

  Do While (i <= s)  '对原文的每一个字符循环处理加密
    temp = Mid(str, i, 1)      '使用Mid函数提取原文中的一个字符
    If temp >= "a" And temp <= "z" Then      '如果提取的字符在小写字母的范围内，就将其对应的ASCII码加3，进行加密处理
      iasc = Asc(temp) + 3
      If iasc > Asc("z") Then iasc = iasc - 26  '如果加密后的字符超出了小写字母的范围，则通过减26使其回到字母表的起始位置
      code = code & Chr(iasc)  '将加密后的字符添加到code中
    Else
      code = code & temp      '如果提取的字符不在小写字母的范围内，则不加密，将原字符添加到code中
    End If
    i = i + 1
  Loop

  Text4.SetFocus
  Text4.Text = code      '将加密后的密文显示在Text4文本框中
End Sub
```

图 11-86 "加密"按钮的"单击"事件过程代码

```
Private Sub Command6_Click()
  Dim str, temp, code As String
  Dim i, s, iasc As Long
  i = 1

  Label5.Caption = "解密后的内容："      '修改Text4文本框的标签内容
  Text4.SetFocus
  str = Text4.Text
  s = Len(str)

  Do While (i <= s)
    temp = Mid(str, i, 1)
    If temp >= "a" And temp <= "z" Then
      iasc = Asc(temp) - 3      '进行与加密相反的动作，将字符的ASCII码减3，进行解密处理
      If iasc < Asc("a") Then iasc = iasc + 26
      code = code & Chr(iasc)
    Else
      code = code & temp
    End If
    i = i + 1
  Loop

  Text4.SetFocus
  Text4.Text = code
End Sub
```

图 11-87 "解密"按钮的"单击"事件过程代码

11.4.6 文件操作

【例 11-27】通过输入对话框输入数据，并将输入的数据追加到一个 txt 文件中。

通常事先创建一个 txt 文件，比如，在 C 盘的"张-数据库"文件夹下创建一个名为"data.txt"的空文件。这里创建一个标准模块，命名为"写文件"，并向其中添加两个 Sub 过程，过程名分别为"filew"和"mainw"，为这两个过程编写的 VBA 代码如图 11-88 所示。

【例 11-28】在窗体中打开一个指定文件名的 Word 文件。

首先创建一个如图 11-89 所示的窗体，然后按照图 11-90 所示输入"打开 Word 文档"按钮的"单击"事件过程代码。

```
Public Sub filew(content As String)
  Dim x As Long
  Open content For Append As #1  '以追加方式打开文件

  Do Until x = 9999  '输入数据直到输入9999，表示输入结束
    x = InputBox("please input:")  '依次输入一个数据
    Write #1, x          '将数据换行写入顺序文件
  Loop

  Close #1              '关闭文件
End Sub


Public Sub mainw()
  Call filew("c:\张-数据库\data.txt")  '调用filew过程
End Sub
```

图 11-88 "filew"和"mainw"的过程代码

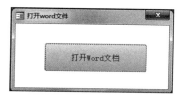

图 11-89　"打开 word 文件"窗体

图 11-90　"打开 Word 文档"按钮的"单击"事件过程代码

11.5　小结

　　Access 内部提供了功能强大的向导机制，能处理基本的数据库操作。但当某些操作不能使用其他 Access 数据库对象实现，或者实现起来很困难时，就可以创建另一种数据库对象——模块，通过编写 VBA 程序代码来完成复杂的任务。

　　模块由 VBA 声明或定义语句以及过程组成。Access 模块有类模块和标准模块两个基本类型。窗体模块和报表模块都是类模块，它们各自与某一窗体或报表相关联。标准模块用于存放整个数据库公用的过程和函数。

　　通常将过程分为事件过程和通用过程两大类。窗体和报表模块都含有事件过程，该过程用于响应窗体或报表中的某个事件。标准模块主要包含通用过程。通用过程可以是 Function 过程或 Sub 过程。Function 过程又称为函数，Sub 过程又称为子程序。

　　VBA 是面向对象的程序设计语言，对象是其中的重要概念。每一个对象都有属性和方法，在 VBE 的代码窗口中，可以通过 F1 键学习和了解各个对象属性和方法的用法。使用 VBA 编程，必须熟悉 VBA 的基本组成成分，如数据类型、常量、变量、函数、表达式，以及程序的三大控制结构。

习题

1. 什么是模块？如何理解模块与 VBA 过程的关系？
2. 简述窗体模块和标准模块的区别。
3. 什么是对象？对象的属性和方法有什么区别？
4. 什么是事件和事件过程？
5. 简述事件过程和通用过程的区别。
6. 简述子程序和函数的区别。

上机练习题

1. 在例 11-21 创建的窗体中，增加一个"降序"按钮，当单击该按钮时，将在第 2 个文本框中给出降序排序的结果。
2. 修改例 11-7 中创建的窗体，增加一个"添加全部"命令按钮，当单击该按钮时，将"所有爱好"列表框中的全部项目添加到"我的爱好"列表框中。
3. 在"通用标准模块"中增加一个名为"OddSum"的子程序，使其可以完成自然数 1 到 n 之间的奇数和 S。n 由用户输入，并在输入时要求 n 为大于 1 的整数。
4. 修改例 11-14 中"tellyou"的子程序，当单击欢迎对话框中的"是""否"及"取消"按钮中的一个时，系统将弹出消息对话框，显示刚才按下的是哪个按钮，比如，单击"取消"后系统将弹出图 11-51 所示的消息对话框。

5. 创建如图 11-91 所示的窗体，当输入开始时间和结束时间后，单击"查询"按钮，打开一个查询，显示在此时间段参加工作的教师信息。如果开始时间大于结束时间，需要给出提示消息框。

6. 自行设计并创建一个窗体，能完成从任意输入的 N 个数中找出最大数的功能。

7. 创建如图 11-92 所示的"选择复制"窗体，通过鼠标选择输入框中的内容。单击"粘贴"，将选择的内容显示在"粘贴处"文本框中；单击"清空"，将清空"输入内容"文本框和"粘贴处"文本框中已有的内容。（提示：调用文本框控件的 SelText 事件。）

8. 自行设计并创建一个抽奖的窗体，当分别单击"抽取一等奖""抽取二等奖""抽取三等奖"命令按钮时，在窗体的同一个文本框中分别显示 0 ~ 100 随机整数中的 1 个数字、3 个数字和 10 个数字。

图 11-91　查询某个时间段参加工作的教师信息窗体

图 11-92　"选择复制"窗体的窗体视图

9. 创建如图 11-93 所示的窗体，输入一个十进制整数。单击"转为二进制数"按钮，在文本框中显示对应的二进制数；单击"重新输入"按钮，清空两个文本框，并将焦点转至第一个文本框。

图 11-93　"数制转换"窗体的窗体视图

10. 创建一个以"选课表"为数据源的参数查询，并将该查询作为一个名为"查询成绩"窗体的记录源，当单击窗体中的"转为等级制并保存"按钮时，将 90~100、80~89、70~79、60~69、0~59 对应的成绩分别转化为优、良 +、良 −、中、未通过 5 个等级，并随窗体中的其他信息一同保存到一个 txt 文件中。

11. 设计并创建一个计时器窗体，实现倒计时的功能，比如该窗体显示从 60 秒到 0 秒的倒计时，计时到 0 秒时弹出提示框"已经达到练习时间要求，可以结束练习了！"。

12. 设计并创建一个窗体，实现将硬盘某个文件夹下某个 txt 文件中的内容显示在这个窗体的文本框中。

13. 在本章开始提出了问题 1，并对问题 1 给出了部分解决方法，如图 11-3 所示。请结合已给出的 VBA 代码并按照下列要求补充完善"登录"窗体的功能。

（1）创建图 11-3 中调用的"登录计时器"窗体，并编写相关 VBA 代码，实现完整的"登录"窗体的功能。

（2）单击"退出"按钮，弹出如图 11-94 所示的确认对话框，单击"确定"按钮，将关闭"登录"窗体。

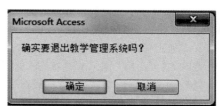

图 11-94　确认退出系统的对话框

第 12 章

Access 数据库进阶

12.1　链接到外部数据

如果一个 Access 数据库应用程序需要使用 SQL Server、MySQL 或者其他数据库中的数据，采用的一种方法是通过导入数据或者编写代码将数据复制到 Access 数据库中。通常，将数据从一种格式转换到另一种格式非常耗时而且成本较大。理想情况下是在 Access 数据库中以 Access 格式使用 SQL Server、MySQL 或者其他数据库中的数据，而不是通过数据复制或格式转换对其进行访问。

Access 提供了同时链接其他数据库系统中多个数据表的功能，以创建链接表的形式轻松访问外部数据，从而解决上述问题。链接表不同于在 7.4.1 节介绍的导入数据创建表，前者完成的是数据的"逻辑"复制，源数据和目的数据彼此关联，对一方数据的编辑会影响到另一方数据，而后者则完成了数据的"物理"复制，源数据和目的数据彼此独立，没有关联。

创建链接表的方法很多，本节将介绍通过拆分数据库、链接到其他 Access 数据表、链接到 ODBC 数据库源、链接到非数据库数据等创建链接表的方法。

12.1.1　拆分数据库

拆分数据库为用户提供了一种共享数据的途径。如果数据库应用程序需要通过网络由很多用户共享，则应考虑对数据库文件进行拆分。拆分数据库是指在一个数据库文件的基础上创建两个数据库文件，一个称为前端数据库，另一个称为后端数据库。后端数据库中仅包含数据表，前端数据库中包括查询、窗体、报表、宏、VBA 代码以及指向后端数据库中所有表的链接。

重要提示

1. 拆分数据库之前，要对数据库进行备份，以便某种情况下需要使用数据库副本来还原原始数据库。

2. 对数据库进行拆分需要在自己的本地硬盘驱动器上进行。如果数据库文件的当前共享位置就是自己机器上的本地硬盘驱动器，则可以将其保留在原来的位置。

---

3. 执行拆分数据库操作期间，不要使用该数据库，尤其不要更改数据。

4. 数据库的每个用户都必须具有与后端数据库文件格式兼容的 Microsoft Office Access 版本。比如，后端数据库文件若采用 Access 2010 及以上的版本（.accdb 文件格式），那么使用 Access 2003 版本（.mdb 文件格式）的用户将无法访问它的数据。

拆分数据库的主要步骤如下：

1）打开本地硬盘驱动器上的数据库副本。

2）在"数据库工具"选项卡上的"移动数据"组中，单击"Access 数据库"，启动数据库拆分器向导。

3）单击"拆分数据库"按钮，打开如图 12-1 所示的"创建后端数据库"对话框，指定后端数据库文件的名称、文件类型和保存的位置。

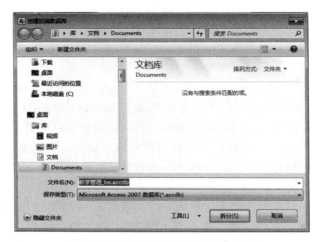

图 12-1   "创建后端数据库"对话框

这里最好使用 Access 给出的默认文件名，它在原始文件名的后面插入了"_be"，用以指示该数据库为后端数据库。文件类型选择系统默认类型，除非要使用 Access 早期版本来访问数据，否则不要更改文件类型。

4）在"文件名"框中已有的文件名前输入网络位置的路径。

注意，所选择的位置必须能让数据库的每个用户访问到。由于每台计算机上的驱动器映射可能不同，因此要使用命名约定（Universal Naming Convention,UNC）路径来指定网络位置，而不要使用映射的驱动器号。UNC 路径的格式如下：

\\ 服务器名称 \ 文件夹名称

假设后端数据库的网络位置为 \\server1\share1\，且文件名为"教学管理 _be.accdb"，则"文件名"框中的信息应该是"\\server1\share1\ 教学管理 _be.accdb"。

5）单击"拆分"按钮，完成数据库的拆分。

此时，数据库已拆分完毕，后端数据库位于在步骤 4 中指定的网络位置。前端数据库则是开始时处理的文件，即原始共享数据库的副本，可以看到其中每个数据表的图标都变成了 ⋅▦，表示它们现在是指向后端数据库中表的副本。

在完成数据库的拆分后，需要将前端数据库分发给数据库用户。为了保护数据，建议不要共享数据库，尤其数据库中包含了链接至 SharePoint 列表的副本，而是将前端数据库通过拷贝或邮件方式分发给各个用户，分发前端数据库之前需要从后端数据库导入所有本地表。

如果要限制最终用户对分发的前端数据库的更改，可以将其另存为二进制编译文件（.accde 文件）。二进制编译文件是已编译所有 Visual Basic Access（VBA）代码并保存的数据库应用程序文件。在 Access 二进制编译文件中没有任何 VBA 源代码，只包含编译的代码。用户无法在 .accde 文件中查看和修改 VBA 代码，也无法修改窗体和报表的设计。具体操作步骤如下：

1）打开要另存为二进制编译文件的前端数据库文件（.accdb）。

2）单击"文件"选项卡，切换至 Backstage 视图，单击"保存并发布"按钮，选择如图 12-2 所示的"生成 ACCDE"，单击"另存为"按钮。

3）在出现的"另存为"对话框中选择将生成的二进制编译文件的存放路径，建议使用系统给出的默认文件名，单击"保存"按钮。

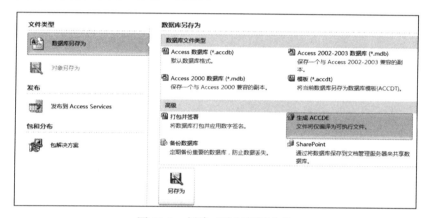

图 12-2　创建二进制编译文件

数据库拆分后，前端数据库的各个副本位于用户自己的本地机器上，而后端数据库则放置在网络中的某台文件服务器上并以共享模式打开，这样数据库应用程序的用户可以通过网络访问链接信息和对数据表的查询结果等数据，而在本机上使用前端数据库中的查询、窗体、报表、宏、VBA 代码，相比未拆分前，大大提高了数据库的性能。这是因为，如果是未拆分的共享数据库，在网络上传输的不只是数据，还有表、查询、窗体、报表、宏和模块等数据库对象本身。此外，由于每个用户面对的是一个本地的前端数据库副本，因此可以对前端数据库中的各种数据库对象进行独立的二次开发并分发新版本的前端数据库，而不会影响对后端数据库中数据的访问，当然这需要重新建立指向后端数据库的链接。

有时可能会出现多个用户同时编辑后端数据库中同一个数据表中的同一条记录的情况，此时 Access 数据库引擎会锁定这一条记录，只允许一个用户对记录进行编辑，其他用户要么被锁定，要么暂时保存其更改，直到这个用户完成更改为止。

拆分数据库之后，也可以移动后端数据库或者通过"链接表管理器"使用其他后端数据库。要移动后端数据库，首先将其复制到新位置，然后执行下列操作过程。

1）在"外部数据"选项卡上的"导入并链接"组中，单击"链接表管理器"。

2）在"链接表管理器"中，选择当前后端数据库中的表。如果你尚未链接至任何其他数据库，单击"全选"。

3）选中"始终检查新位置"复选框，然后单击"确定"。

4）通过浏览找到并选择新的后端数据库。

12.1.2 链接到其他 Access 数据表

可以从一个 Access 数据库链接到其他任何 Access 数据库文件，轻松完成跨网络或在本地计算机上实现 Access 数据共享。

【例 12-1】在"网上书店系统"数据库文件中创建一个链接表，其数据源是"罗斯文演示"数据库中的数据表"运货商"。

具体操作步骤如下：

1）打开"网上书店系统"数据库，在"外部数据"选项卡上的"导入并链接"组中单击"Access"，以选择要链接的类型。

2）在打开的"获取外部数据 –Access 数据库"对话框中，单击"浏览"按钮，在"打开"的对话框中找到"罗斯文演示"数据库，然后单击"打开"按钮。

3）在"获取外部数据 –Access 数据库"对话框中选择第 2 个选项按钮"通过创建链接表来链接到数据源 (L)"，然后单击"确定"按钮。

4）在出现的"链接表"对话框中选定"运货商"，然后单击"确定"按钮。注意，这里链接 1 个数据表是因为题目要求，实际上可以一次链接到多个表。

5）此时，在"网上书店系统"数据库的导航窗格中出现了名为"运货商"的链接表，注意该表前面的图标是 ✦▥，表示该表链接到一个外部的数据源，将鼠标悬停在其上时将显示它的数据源。

12.1.3 链接到 ODBC 数据库源

假如现在有一个使用 Access 数据库后端编写的 Access 数据库应用程序，某个单位想使用这个应用程序，但是其系统是基于 SQL Server 数据库开发的，这个单位可以顺利使用这个应用程序吗？实现此要求的前提是在编写这个 Access 数据库应用程序时使用了 Access ODBC 驱动程序，这样就可以通过获取 SQL Server ODBC 驱动程序（即创建 SQL Server ODBC 数据源）将同样的应用程序与 SQL Server 结合使用。这是因为一个基于 ODBC 的数据库应用程序对数据库的操作不依赖于任何的 DBMS，所有对数据库的操作都是由对应 DBMS 的 ODBC 驱动程序来完成的。

开放数据库连接（Open Database Connectivity，ODBC）是微软公司与其他软件供应商建立的一种用于数据共享的标准。ODBC 也可以被看成一个应用编程接口（Application Programming Interface，API），用于支持数据库应用程序的编写。ODBC 为数据库应用程序访问异构数据库提供了统一的数据存取 API，应用程序不必重新编译、连接就可以与不同的 DBMS 进行连接。

在 SQL 成为数据库标准语言之后，各数据库厂商通过提供嵌入式 SQL API 来解决彼此之间的互连问题，当用户在客户端对 RDBMS 进行操作时，往往要在自己的应用程序中嵌入 SQL 语句进行预编译。由于不同厂商在数据格式、数据操作、具体实现甚至语法方面都具有不同程度的差异，所以 SQL API 彼此不能兼容。为了解决这个问题，微软公司于 1991 年推出了 ODBC，以统一的方式处理所有的数据库，使得各个 DBMS 之间通过 ODBC API 来彼此访问。

常见的 DBMS 厂商都提供了 ODBC 的驱动接口，ODBC 已经成为客户机 / 服务器系统中的一个重要支持技术。

ODBC 驱动程序以动态链接库的形式存在，主要作用包括：

1）建立与数据源的连接，数据源包含了数据库位置和数据库类型等信息，实际上是一种数据连接的抽象。

2）向数据源提交用户请求，并执行 SQL 语句。

3）完成数据源和数据库应用程序之间的数据格式转换。

4）向应用程序返回处理结果。

应用程序要访问一个数据库，首先必须使用 "ODBC 数据源管理器" 创建一个数据源，该管理器根据数据源提供的数据库位置、数据库类型及 ODBC 驱动程序等信息，建立起 ODBC 与具体数据库的联系。这样，只要应用程序将数据源名提供给 ODBC，ODBC 就能建立起与相应数据库的连接。

【例 12-2】创建一个 MySQL ODBC 数据源。

【分析】若要顺利完成本例操作，请务必做好准备工作，包括：

1）已经通过 MySQL 官网 "https://dev.mysql.com/downloads/mysql/5.7.html#downloads" 下载了名为 "mysql-5.7.25-winx64.zip" 的文件（注意下载前最好已经注册了 MySQL 账户）。

注意：下载的版本类型要与自己计算机上的系统类型（32/64 位）相同，作者的计算机系统是 64 位。

2）安装并配置好了 MySQL 5.7。

3）从 MySQL 官网 "https://dev.mysql.com/downloads/connector/odbc/" 下载了名为 "mysql-connector-odbc-8.0.15-winx64.msi" 的文件，并以默认选项安装了该文件。

注意：该文件是 MySQL ODBC 的连接器（Connector），用于与其他数据库建立连接。下载的连接器类型要与自己计算机上的系统类型（32/64 位）相同，这样才能够建立兼容的连接，否则在导入 ODBC 数据库的时候会提示 "在指定的 DSN 中，驱动程序和应用程序之间的体系结构不匹配"。

4）使用 "Create Database test6" 创建了一个名为 "test6" 的空 MySQL 数据库文件。

具体操作步骤如下：

1）以 "大图标" 查看方式打开 Windows 的控制面板，单击 "管理工具"，双击其中的快捷方式 "数据源（ODBC）"，打开 "ODBC 数据源管理器"，如图 12-3 所示。

2）ODBC 数据源包括用户 DSN、系统 DSN 和文件 DSN 三种类型，这里新创建一个 ODBC 用户数据源，单击图 12-3 中的 "添加" 命令。

3）从出现的如图 12-4 所示的 "创建新数据源" 对话框中选择 "MySQL ODBC 8.0 Unicode Driver"，单击 "下一步" 按钮，在弹出的对话框中，单击 "完成" 按钮，将创

图 12-3 ODBC 数据源管理器

建一个数据源。

4）在弹出的对话框中输入数据源的名字、说明信息以及 MySQL 的相关信息，输入的内容如图 12-5 所示，单击"OK"按钮。

图 12-4　选择 ODBC 驱动程序

图 12-5　创建一个 MySQL ODBC 数据源

要输入的信息说明如下：

- **Data Source Name**：为所创建的数据源新起一个名字。
- **Description**：填写对该数据源的描述，可省略。
- **TCP/IP Server**：本地数据库 IP 地址，一般写为 localhost。
- **Port**：本地 MySQL 数据库端口，默认为 3306。
- **User**：在 localhost 中设定的用户名，一般为 root。
- **Password**：在配置 MySQL 时设置的 root 的密码。
- **Database**：从下拉列表中选择将要链接的 MySQL 数据库，选择后可以点击后面的"Test"按钮测试一下是否有效，如果有效，则弹出"Connection Successful"信息。

5）此时，在如图 12-3 所示的对话框中可以看到这个新创建的名为"mysql8.0"的数据源，单击"确定"按钮，完成 ODBC 数据源的创建。

12.1.4　链接到非数据库数据

一个 Access 数据库除了可以链接到另一个 Access 数据库之外，还可以链接到诸如 Excel、HTML、XML、文本文件等。当链接到 Excel 文件时需要指定将链接到 Excel 工作簿文件中的哪一个工作区或者某个工作区的命名区域，此外，Excel 并不要求同一列的数据类型一定相同，因此，当 Access 数据库应用程序链接到一个同一列包含多种数据类型的 Excel 工作区时，可能需要添加代码来处理这种情况。

Access 数据库还可以链接到存储在 Word 和记事本（txt）等纯文本文件中的数据。这些文本文件最好有相对规范的格式来呈现数据，比如固定宽度或者数据之间以逗号分隔。固定宽度文本文件中，通常是每一行对应数据表中的一条记录，同一列的宽度相同，即最大字符数相同，相当于数据表中设定好的字段长度。以逗号分隔值的文本文件则是每个字段以紧凑形式通过逗号分隔，一般字段之间很少包含空格。

将一个 Access 数据库链接到 Excel、XML、文本文件的关键操作是，首先打开这个 Access 数据库，然后单击"外部数据"选项卡上的"导入并链接"组中的"Excel""XML"

或"文本文件",打开相应的获取外部数据对话框,确保选中"通过创建链接表来链接到数据源 (L)",然后找到并打开相应类型的文件,最后单击"完成"按钮,创建好链接表后返回到当前 Access 数据库的导航窗格,在"表"对象中会出现新创建的链接表,请读者注意观察链接表的图标。

12.1.5　链接表的使用

相对数据库原有的内部表而言,链接表就是外部表。在 Access 中可以像使用其他数据表一样来使用链接表,比如可以删除链接表、设置链接表与本地 Access 数据表之间的表间关系,但不能设置参照完整性,也不能修改链接表的表结构。

当某些与链接表关联的数据表、索引、关系被移动或重命名,或者将一个包含链接文件的数据库文件保存在自己的计算机上时,应该使用链接表管理器来更新链接。方法是单击"外部数据"选项卡上的"导入并链接"组中的"链接表管理器",单击管理器中的"全选"按钮,然后单击"确定"按钮,使其重新链接每个外部文件。

12.2　Access 数据库与 MySQL 数据库的数据共享

实现 Access 数据库与 MySQL 数据库的数据共享,既可以利用 Access 数据库自身提供的数据导入 / 导出功能通过 ODBC 数据源复制数据或链接数据,也可以通过其他软件完成。

12.2.1　通过 ODBC 数据源

【例 12-3】将"网上书店系统"中的数据表"出版社""会员表"和"图书表"导入名为"test6"的 MySQL 数据库中,数据表名分别是"出版社""会员表"和"book"。

本例利用在例 12-2 中使用的名为"test6"的空 MySQL 数据库,以及创建的基于该数据库的 MySQL ODBC 数据源"mysql8.0",下面给出关键步骤,请读者自行完善本例功能。

1)打开"网上书店系统"数据库,选中数据表"出版社",然后单击"外部数据"选项卡上的"导出"组中的"其他",从列表中选中"ODBC 数据库",打开如图 12-6 所示的对话框。

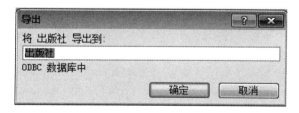

图 12-6　将 Access 数据库中的数据表导出到 ODBC 数据库

2)题目要求"出版社"导入后的数据表名不变,因此不修改图 12-6 所示的文本框中的数据表名,但是若导入"图书表",则要修改文本框中的表名为"book"。单击"确定"按钮,出现如图 12-7 所示的对话框,单击"机器数据源"选项卡,选中数据源"mysql8.0",然后单击"确定"按钮。

3)出现如图 12-8 所示的导出成功对话框,单击"关闭"按钮,完成数据的导出。

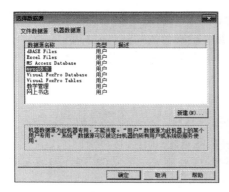 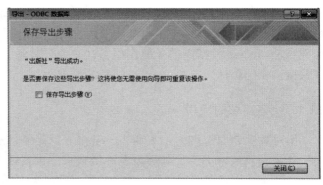

图 12-7　选择 ODBC 数据源　　　　　图 12-8　数据成功导出到 ODBC 数据库

【例 12-4】将名为"test6"的 MySQL 数据库中的数据表导入名为"测试系统"的 Access 数据库中。

首先创建一个空的 Access 数据库"测试系统"。

1）打开"测试系统"数据库，单击"外部数据"选项卡上的"导入并链接"组中的"ODBC 数据库"，打开如图 12-9 所示的对话框。

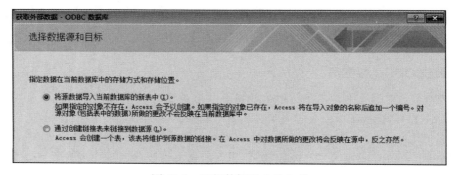

图 12-9　选择数据导入的方式

2）如果是数据复制，就选中图 12-9 中的第 1 个选项按钮；如果是创建链接表，就选中第 2 个选项按钮，本例选择第 1 个选项按钮，单击"确定"按钮。

3）在弹出的如图 12-10 所示的对话框中，单击"机器数据源"选项卡，选中数据源"mysql8.0"，然后单击"确定"按钮。

注意：如果没有可使用的数据源，可以通过单击"新建"按钮进行创建。单击"新建"按钮时，将会弹出一个警告对话框，此时单击其中的"确定"按钮即可。

4）在出现的如图 12-11 所示的"导入对象"对话框中选择需要导入的数据表，本例单击"全选"按钮，即将 MySQL 数据库"test6"中的所有数据表导入 Access 数据库"测试系统"中，然后单击"确定"按钮。

5）此时在"测试系统"数据库的导航窗格中出现了 3 个数据表。单击"数据库工具"选项卡上的"关系"组中的"关系"，没有显示任何表间关系的内容，如图 12-12 所示。

在创建"网上书店系统"时数据表之间已经创建好了的关系，难道是通过 ODBC 数据源导入/导出数据的过程中丢失了吗？这正是使用 ODBC 数据源的一个小缺陷，该方法只能导入/导出数据库中表和查询的数据，无法导入/导出主键、外键等数据约束条件，因此，在完成导入／导出之后需要重新创建表的主键以及表间关系。

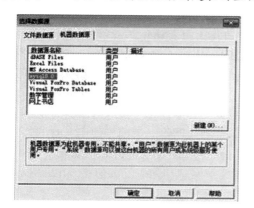

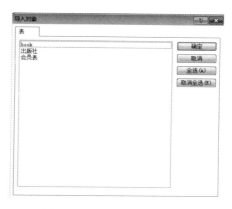

图 12-10　选择数据源　　　　　　　　　图 12-11　"导入对象"窗口

图 12-12　通过 ODBC 数据源将 MySQL 数据库中的数据导入 Access 数据库后的表间关系

12.2.2　通过其他软件工具

　　利用 MySQL 提供的 MySQL for Excel 工具，可以以图形化操作界面的形式将 Excel 中的数据导入 MySQL 数据库中，同样也可以将 MySQL 数据库中的数据导出到 Excel 文件中。Access 提供了对 Excel 文件的导入／导出功能，因此可以将 Excel 文件当作中间文件来间接实现 Access 数据库与 MySQL 数据库的数据共享。这种方法可以在导入／导出之前设置表的主键，但不能设置外键，因此需要通过设置外键约束的方法来设置外键。

　　此外还有一些数据库转换工具，比如 Bullzip Access To MySQL，这是一款免费软件，通过该软件可以方便地将 Access 数据库中的数据以及表间关系等完整地导出到 MySQL 数据库中。

12.3　在 Access 和 SharePoint 之间共享数据

12.3.1　认识 SharePoint

　　SharePoint 是为解决知识共享和文档协作问题而产生的，它提供了各种用于在一个单位网络内部各个组织之间数据和文档共享的工具，可以帮助项目组或社区成员共享信息并协同工作。SharePoint 大大增强了 Access 的网络协同开发和共享功能，用户可以通过 Web 浏览器输入 URL 地址轻松访问 SharePoint，特别适合于小组开发成员之间交流想法、协调项目和日程以及共享文档并协同工作。

SharePoint 也称为 SharePoint 网站，作为一种协作工具，SharePoint 网站具有动态性和交互性，它为文档、信息提供了一个存储和协作空间。使用 Access 2010 时，可以有多种方式与 SharePoint 网站实现共享和交互以及管理和更新数据。比如，可以将数据迁移或发布到 SharePoint 网站上。

通常情况下，SharePoint 网站包含一个默认的主页，其中包含 "快速启动栏" "公告" "活动" "链接" "文档库" 等列表视图以及工作组网站名称和说明等。不同于使用 ASP.NET 等工具构建的网站，SharePoint 网站可以由用户轻松维护，比如，SharePoint 开发人员可以更改页面的属性、在页面中增加或删除某项功能或者创建子网站和列表等，但是 .NET 网站的用户却不能这样做。

假设某个 SharePoint 网站的地址是 http://www.demo.com，并且你是该网站的用户（即注册过该网站，拥有用户名、密码和访问权限），接下来就可以按照以下内容进行实际操作了。如果不是 SharePoint 网站的用户或者没有一定的访问权限，在进行操作时系统可能会弹出如图 12-13 所示的警告信息，从而导致操作失败。

图 12-13　非 SharePoint 网站用户操作失败的提示信息

Access 2010 提供了多种方式，实现与 SharePoint 网站的数据共享和管理。比如数据导入、数据迁移、数据发布等。下面介绍这些方式的具体实现方法。需要注意的一点是，读者在具体操作前，必须有一个可以访问的 SharePoint 网站，访问该网站的有效地址格式是以 http:// 或 https:// 开头，后跟服务器名称，并以服务器上特定网站的路径结尾。如果没有 SharePoint 网站，则需要使用 SharePoint Designer 等软件自行创建。

12.3.2　导入 / 链接 SharePoint 列表到 Access

SharePoint 用户可以通过 SharePoint 列表来存储和共享数据。SharePoint 列表的外观类似于 Access 数据表，但不是关系型的数据表，不能连接多个列表以查找相关数据。

如果 Access 数据库中的某些数据需要从 SharePoint 列表中获取，则可以通过导入 SharePoint 列表到 Access，即将 SharePoint 列表复制到 Access 数据库中来实现。

导入列表之前需要确定要复制列表的 SharePoint 网站以及该网站的地址。在一个导入操作中可以导入多个列表，但只能导入每个列表的一个视图。有时可能需要创建只包含需要的列和项目的视图。导入操作会创建一个与 SharePoint 列表同名的表。如果该名称已经使用，则 Access 会将数字 "1" 或 "2" 等追加到新表名的后面，比如，"联系人 1" "联系人 2" 等，以此类推。

如果导入的是 SharePoint 列表中的文件夹，导入 Access 数据库之后将变成 Access 表中的一个记录，并且文件夹内的项目也显示为记录；如果导入的是列表的计算列（即该值是通过表达式计算出来的），则仅复制计算结果，执行该计算的表达式不会被复制；如果导入的是列表的附件列（相当于数据表中的字段类型是"附件"类型），则被复制到名为"附件"的字段；如果导入具有多个值的列，Access 将创建一个支持多个值的列；若导入的是包含 RTF 格式的列，则该列将作为"备忘录"字段而被导入 Access 中。此外，Access 不会在导入操作结束时自动在相关表之间创建关系，必须通过使用"关系"选项卡上的选项，在各个新表和现有表之间手动创建表间关系。

导入 SharePoint 列表到 Access 的具体操作步骤如下：

1）打开 Access 数据库。在"外部数据"选项卡上的"导入并链接"组中，单击"其他"按钮，在显示选项的下拉列表中单击"SharePoint 列表"，打开如图 12-14 所示的向导对话框。

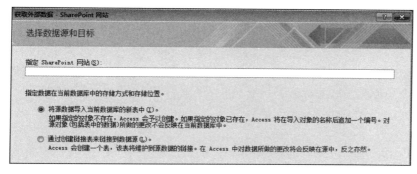

图 12-14　从 SharePoint 网站中获取数据

2）在如图 12-14 所示的对话框中输入源网站，即 SharePoint 网站的地址。选择第 1 个选项按钮"将源数据导入当前数据库的新表中"，然后单击"下一步"按钮。

3）从向导显示的列表中选择要导入的列表。

4）在"要导入的项目"列中，为每个选定列表选择所需的视图。

5）单击"确定"按钮，完成将指定的 SharePoint 列表数据复制到 Access 数据库中。

在导入过程中需要注意的是，如果导入的列表元素是查阅列（相当于数据表中的字段类型是"查阅向导"），需要选中"对于查找另一列表中所存储的值的字段，导入其显示值而非 ID"复选框。查阅列需要查阅其他列表中的值，比如类型为"用户"或"组"的列，就是特殊类型的查阅列，它查阅"用户信息"列表中的值，因此在导入时需要确定是否要随其他列表一起导入"用户信息"列表。若要将显示值作为字段本身的一部分导入，则选中该复选框，这样该字段将不查找其他表中的值。否则清除该复选框，这样做会将显示值行的 ID 复制到目标字段（ID 是在 Access 中定义查阅字段所必需的，导入 ID 时，必须导入当前为查阅列提供值的列表，除非目标数据库已经包含可以充当查阅表的表）。

若希望 Access 数据库与 SharePoint 之间能够持续共享数据，则可以通过数据的链接来实现，具体方法就是选择图 12-14 中的第 2 个选项按钮，然后按照向导提示完成操作。当链接到 Access 数据库时，数据库应用程序中所有的查询、窗体、报表都可以使用 SharePoint 数据，即可以通过 Access 数据库应用程序实时查看并使用 SharePoint 中的数据。

12.3.3　将 Access 数据导出到 SharePoint

如果需要在团队成员之间共享 Access 数据，或者希望将在 Access 数据库中生成的每日或每周数据报表定期发布到一个网站上，则可以通过将 Access 数据导出到 SharePoint 的方法来实现。有时，使用 SharePoint 列表比使用数据库更轻松。若要将 Access 数据导出到 SharePoint 中，一个重要的前提条件是操作者应具有在 SharePoint 网站上创建列表所需的权限。

将 Access 数据库中的数据（仅包括数据表和查询两种数据库对象）导出到 SharePoint 网站中时，Access 将创建所选表或查询数据库对象的副本，并将该副本存储为 SharePoint 列表。一次只能导出一个数据库对象。若导出的是查询，则导出后查询结果中的行和列成为列表项和列。具体操作方法如下：

1）打开 Access 数据库，在导航窗格中选中要导出的表，单击"外部数据"选项卡上的"导出"组中的"其他"，从列表中选中"SharePoint 列表"，打开如图 12-15 所示的向导对话框。

2）在该对话框中输入 SharePoint 网站的 URL 地址以及新创建的列表名称，单击"确定"按钮。

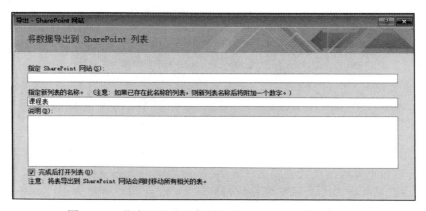

图 12-15　指定要导出的数据以及 SharePoint 网站的网址

3）在弹出的如图 12-16 所示的对话框中输入正确的信息（即登录 SharePoint 网站的用户名和密码），以便正确连接网站，单击"确定"按钮，启动导出进程。

4）Access 会在 SharePoint 网站上创建一个列表，SharePoint 会根据相应的源字段（数据源中的字段，即 Access 数据库中的表或查询中的字段），为每一列选择适当的数据类型。随后会在向导的最后一页显示操作的状态。导出操作结束后，可关闭该向导或将导出步骤保存为规范。

图 12-16　SharePoint 网站的登录界面

重要提示

1. 在导出过程中，表或查询中的所有字段和记录都会被导出，包括数据表中隐藏的字段。导出操作过程中会忽略"筛选器"设置。

2. 如果要导出的 Access 数据库中的数据有多个字段是"附件"类型，则导出后仅保

留一个附件列，删除其他所有附件列。

3. 单值查阅字段（即字段的数据类型是"查阅向导"）中的显示值将导出为 SharePoint 列表中的下拉菜单"选择"字段。如果源字段支持多个值，会在 SharePoint 列表中创建一个允许多选的"选择"字段。

4. 计算列中的结果会被复制到其数据类型取决于计算结果的字段，不会复制结果中包含的表达式。

5. 如果要导出的 Access 数据库中存在"OLE 对象"类型的字段，则数据导出操作过程中将会忽略该类型字段，导出的内容为空。

12.3.4　将 Access 数据迁移到 SharePoint

12.3.3 节介绍的将 Access 数据导出到 SharePoint，一次只能导出一个数据库对象，并且进行的是数据复制操作。如果希望将 Access 数据库中所有的数据表一次性导出到 SharePoint 中，并且实现 Access 数据库与 SharePoint 之间持续共享数据，则要通过 Access 提供的数据迁移功能来完成。

具体来说，**数据迁移**就是用户将数据表从 Access 2010 迁移至 SharePoint 网站上，在网站上创建列表，并将这些列表链接回 Access 数据库中。完成数据迁移后，迁移的数据表将由 SharePoint Services 进行存储和管理，Access 数据库中不再物理存储这些数据表，仅保存与 SharePoint 网站的链接关系。数据迁移的主要操作步骤是：首先打开要迁移的数据库，如"教职员"数据库，然后从"数据库工具"选项卡中单击"移动数据"组中的"SharePoint"按钮，如图 12-17 所示。在弹出的"将表导出至 SharePoint 向导"对话框中输入 SharePoint 网站的 URL 地址，登录成功（用于验证在 SharePoint 网站中创建对象所需要的相应权限）后，按照向导的提示完成数据迁移。

图 12-17　将数据库从 Access 2010 迁移至 SharePoint 网站

如果希望创建一个全新的 SharePoint 列表，而不是通过数据的导入，则可以利用 Access 提供的 SharePoint 列表模板。打开数据库文件，单击"创建"选项卡上的"表格"组中的"SharePoint 列表"，选择某种业务功能的模板。SharePoint 列表模板提供了包括列名称、数据类型以及其他列表属性在内的详细信息，可以快速在 SharePoint 上创建新列表。

新创建的 SharePoint 列表将以链接表的形式自动添加到 Access 中。需要注意的是，只有具有管理权限才可以创建新列表并将其添加到 SharePoint 网站上。

12.4　通过 Web 浏览器访问 Access

要想通过 Web 浏览器来访问 Access 数据库，则需要将数据库发布到 SharePoint Server 2010 上的 Access Services。Access Services 是一个 SharePoint 2010 新增功能的实现，其实就是 SharePoint 服务应用程序，它允许用户使用 Access 桌面应用程序创建可以通过浏览器访问的数据库，并将其置于 SharePoint 中，Access Services 仅在 SharePoint 2010 或 2013 中可用。

需要注意的是，要发布的 Access 数据库最好是 Web 数据库，即创建数据库时选择了"空白 Web 数据库"或者利用了 Web 数据库模板，以确保没有任何会导致与 Access Services 不兼容的项或设置，从而在发布数据库时更容易通过数据库的 Web 兼容性检查。发布数据库的操作方法是，首先打开准备发布的数据库文件，然后在 Backstage 视图中单击"保存并发布"命令中的"发布到 Access Services"选项。

图 12-18 给出了单击"发布到 Access Services"选项时系统的部分界面，单击其中的"单击此处观看视频演示"链接，读者可以通过观看数据发布的演示视频来学习 Access 的 Web 发布功能，以及通过 Web 浏览器使用数据库的方法。

图 12-18　将数据库发布至 SharePoint 网站

完成发布 Web 数据库后，用户就可以通过 Web 浏览器审阅和编辑数据，但是要进行设计更改，必须在 Access 中打开 Web 数据库。在进行设计更改之后，还需要将这些更改同步到服务器，以使所做的更改在 Web 浏览器中可用。

不同于数据迁移，将 Access 数据库发布到 SharePoint 网站上是将数据库作为副本存储到 SharePoint 服务器中。当数据发布成功后，有权使用该 SharePoint 网站的用户（应用程序的开发人员除外）无须在计算机中安装 Access，就可以通过浏览器访问 SharePoint 网站，从而访问 Access 数据库。

首次发布时，Access 将提供一个 Web 服务器列表，如图 12-19 所示。发布数据库之后，Access 将记住这个位置，当再次发布数据库时，就不需要查找该服务器了。

图 12-19　数据库发布时选择 SharePoint 网站

12.5　Access 的安全性机制

12.5.1　创建 Access 数据库访问密码

Access 通过设置密码来加密数据库，从而限制用户对数据库的访问。主要操作方法如下：

1）启动 Access 2010，单击"文件"选项卡上的"打开"命令。

2）在"打开"对话框中选中要设置密码的 Access 数据库文件，然后单击"打开"命令按钮右侧的下拉按钮，从中选择"以独占方式打开"。

3）单击"文件"选项卡上的"信息"命令，然后单击"用密码进行加密"，弹出如图 12-20 所示的对话框。

4）在该对话框中输入密码，单击"确定"按钮。密码设置完成，再次打开这个数据库文件时，系统将会要求输入密码才能打开。

如果要撤销设置的数据库密码，首先要选择"以独占方式打开"，输入设置的密码打开数据库文件后，单击"文件"选项卡上的"信息"命令，然后单击"解密数据库"，在如图 12-21 所示的对话框中输入原先设置的密码，就撤销了对该数据库文件的密码保护。

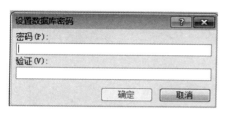

图 12-20　"设置数据库密码"对话框

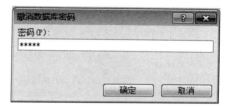

图 12-21　"撤销数据库密码"对话框

12.5.2　信任中心

有时，在打开某个数据库文件后，消息栏会出现如图 12-22 所示的"安全警告"，单击其上的"启用内容"按钮，即可解除阻止。出现这种现象的原因是为了数据的安全性，Access 的信任中心禁用了所有宏和 VBA 代码。Access 具有内置的安全环境，即通过信任中心来确保数据的安全性。每次打开数据库文件时，Access 都会将数据库的位置提交给信任中心，如果信任中心确定该位置是受信任位置，则该数据库将被完全执行，否则将会出现图 12-22 所示的消息栏。

图 12-22　Access 信任中心的宏设置导致安全警告

打开信任中心的方法如下：

1）单击"文件"选项卡上的"选项"命令，打开"Access 选项"对话框。

2）单击对话框中"信任中心"后的"Access 选项"，打开的对话框如图 12-23 所示。在信任中心可以找到 Access 的安全和隐私设置。

3）单击"信任中心设置"按钮，弹出如图 12-24 所示的对话框。其中，"受信任的发布者"必须具有没有过期的有效数字签名；放置在"受信任位置"的任何文件都可以在不通过信任中心检查的情况下打开；"宏设置"为不在受信任位置的宏进行安全设置；"消息栏"设置是否针对阻止内容而发出警告信息。

单击图 12-24 中的"宏设置"选项，可以从图 12-25 中看到系统默认的宏设置，禁用了所有宏和 VBA 代码。

图 12-23 "Access 选项"对话框

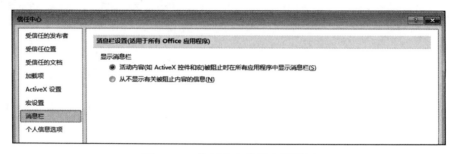

图 12-24 信任中心的消息栏设置

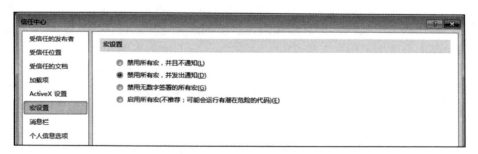

图 12-25 系统默认的宏设置

【例 12-5】创建受信任位置，并将名为"网上书店系统"的数据库添加到该位置。

【分析】将数据库放置在受信任位置后，当打开该数据库时，其中所有的宏、VBA 代码都会被打开运行，而不会受到信任中心的检查。受信任位置可以使用系统默认的位置，也可以自行创建一个新位置。如果直接使用系统默认的位置，则单击图 12-25 中的"受信任位置"，在弹出的如图 12-26 所示的对话框中可以看到一个已经设置好的受信任位置，此时将数据库移动或复制到该路径下即可。

自行创建一个新位置的具体操作步骤如下：

1）单击图 12-26 中的"添加新位置"按钮，弹出如图 12-27 所示的"Microsoft Office 受信任位置"对话框。

2）单击"浏览"按钮，选择受信任的位置，然后单击"确定"按钮，新的受信任位置将被添加到图 12-26 所示的对话框中。

3）单击图 12-26 中的"确定"按钮，然后将数据库文件移动或复制到新创建的受信任位置，以后再打开该数据库时，将不会受到信任中心的检查。

图 12-26　已设置的受信任位置

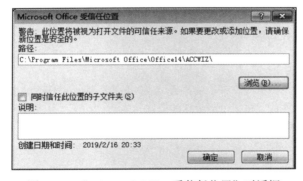

图 12-27　"Microsoft Office 受信任位置"对话框

12.6　小结

Access 提供了同时链接其他数据库系统中多个数据表的功能，以通过创建链接表访问外部数据。链接表可以是另一个 Access 数据库中的数据表，也可以是其他 DBMS 中的数据表，还可以是非数据库数据，比如，来自 Excel、XML、Word、txt 等文件中的数据。链接表不同于内部表，前者完成的是数据的"逻辑"复制，源数据和目的数据彼此关联，对一方数据的编辑会影响到另一方数据，而后者则完成了数据的"物理"复制，源数据和目的数据彼此独立，没有关联。本章介绍了通过拆分数据库、链接到其他 Access 数据表、链接到

ODBC 数据库源、链接到非数据库数据等来创建链接表的方法。

如果希望多个用户通过浏览器使用 Access 数据库，则可以利用 Access 提供的一种将数据库作为 Web 数据库部署到 SharePoint 服务器的方法。此外，Access 提供了与 SharePoint 共享数据的其他方法。

Access 提供了安全性机制以确保数据的安全性，比如设置数据库密码、通过信任中心进行 Access 的安全和隐私设置等。

习题

1. 拆分数据库的目的是什么？需要注意哪些问题？
2. 什么是 ODBC？使用 ODBC 的好处是什么？
3. 链接表和数据表有什么不同？
4. 什么是 SharePoint？它与 Access 有什么关系？
5. 打开图 12-23 中信任中心的保护隐私、安全和其他信息的相关链接，进行学习并对其相关描述做 200 字左右的总结。
6. 通过微软官网查找有关 Access 信任中心的文献，针对图 12-24 左侧的 8 个选项的功能设置给出文字说明。

上机练习题

1. 备份"教学管理"数据库，并拆分备份后的数据库，观察拆分前后的数据库有什么不同。
2. 为名为"网上书店系统"的数据库创建一个密码。
3. 创建一个名为"测试"的数据库，与第 7 章上机练习题 6 中的 4 张 Excel 表建立链接，并进行如下观察实验：
   （1）从表的图标和表间关系两方面观察建立链接后的"测试"数据库与名为"网上书店－发布"数据库中的数据表有什么不同。
   （2）若在名为"会员表"的 Excel 表中新增加一条记录，观察增加记录后这两个数据库文件中的"会员表"有什么变化。
   （3）如果分别修改这两个数据库文件中的"会员表"信息，会出现什么结果？为什么？
4. 将名为"测试"的数据库放置在一个受信任的位置。

数据库保护

　　数据库是一个多用户共享的资源，为了保证数据库中数据的安全可靠和正确有效，DBMS 必须提供一套有效的数据保护机制。对数据库的保护是通过四个方面实现的，即安全性控制、完整性控制、并发性控制和数据恢复机制。安全性控制是保护数据库以防止因非法使用数据库造成数据泄露、更改或破坏；完整性控制是保护数据库中数据的正确性、有效性、相容性；并发性控制则是为了防止多个用户同时访问同一数据而造成数据的不一致性；数据恢复机制具体指故障恢复机制，利用存储在系统其他地方的冗余数据来重建数据库中已被破坏或不正确的那部分数据。

　　当多个用户访问数据库中的同一数据时，DBMS 必须要保证数据的完整性和一致性，这是 DBMS 中并发控制机制和恢复机制的责任，而事务是数据库恢复和并发控制的基本单位。第五部分共计 1 章，主要介绍事务的基本概念、事务的 ACID 性质、并发控制机制以及数据恢复机制等内容。

第 13 章

事 务 管 理

数据库是一种共享资源，在数据库的使用过程中，保证数据的安全可靠、正确可用就成为非常重要的问题。因此，数据库的保护是有效使用数据库的前提。

数据库被破坏的原因一般可以归纳为以下 4 类：

1）软硬件故障，造成数据被破坏。

2）数据库的并发操作引起数据的不一致性。

3）自然或人为地破坏，如失火、失窃、病毒和授权人有意篡改数据。

4）对数据库数据的更新操作有误，如操作时输入错误的数据或存取数据库的程序有错误等。

针对上述 4 类问题，数据库管理系统（DBMS）一般都提供了下列相应的解决机制：

1）**数据库恢复机制**：系统失效后的数据库恢复，配合定时备份数据库，使数据库不丢失数据。

2）**并发控制机制**：保证多用户能共享数据库，并维护数据的一致性。

3）**安全性保护机制**：防止对数据库的非法使用，以避免数据泄露、篡改、破坏。

4）**完整性保护机制**：保证数据库中存储的数据的正确性和一致性。

其中，数据库恢复机制和并发控制机制是数据库管理系统的重要组成部分，而事务则是数据库恢复和并发控制的基本单位。DBMS 通过事务保证对数据库的一系列操作作为一个完整的执行单元被处理，并使用锁定技术来防止其他数据库用户更新或读取未完成事务中的数据。因此，本章首先介绍事务和锁的基本概念和相关知识，然后依次介绍并发控制机制和数据库的恢复机制。

13.1 事务

13.1.1 事务的基本概念

对用户而言，对数据库系统的访问就是一个执行单元，希望一次操作就完成访问，而无论该访问包含了多少个数据库操作的步骤。例如，银行转账业务对用户而言就是一次操作，而对数据库系统而言则是由几步操作组成的一个操作系列，并且需要将其作为一个整体，其操作要么整体生效，要么整体失效。

事务（Transaction）是由有限的数据库操作序列构成的程序执行单元，这些操作要么都做，要么都不做。**事务是一个不可分割的逻辑工作单元。**

事务一般分为**系统提供的事务**和**用户定义的事务**。比如 SQL Server 中，系统提供的事务语句有 ALTER TABLE 、CREATE、DELETE、DROP、FETCH、GRANT、INSERT、OPEN、REBOKE、SELECT、UPDATE、TRUNCATE TABLE 等，这些语句本身就构成了一个事务。只有一条语句构成的事务也可能包含了对多条数据的处理。在实际应用中，大多数事务处理采用了用户定义的事务，因此，本书提到的事务是指用户定义的事务。

事务是一种机制，这种机制反映在数据库上就是多个 SQL 语句要么全部成功执行，要么全部执行失败。这种机制能确保多个 SQL 语句被当作一个工作单元来处理。

13.1.2　事务的四个特性

关系数据库管理系统中，事务具有 ACID 特征。事务的 ACID 特征是数据库事务处理的基础，它要求事务具有原子性、一致性、隔离性、持久性。

1. 原子性（Atomicity）

原子性是指事务必须执行一个完整的工作，事务中包含的所有操作要么全部执行，要么全部不执行。事务的原子性不允许事务部分完成，由 DBMS 的事务管理子系统实现。

2. 一致性（Consistency）

一致性是指当事务完成时，所有的数据必须具有一致的状态。也就是说，事务的一致性使得数据库中的数据不因事务的执行而受到破坏，事务执行的结果应当使得数据库由一种一致的状态转换为另一种一致的状态。数据库的一致状态是指数据库中的数据满足完整性约束，即数据的完整性约束不会因事务的执行而被破坏。

事务在开始前，数据库处于一致性的状态；事务结束后，数据库必须仍处于一致性状态。例如，在银行转账业务中，转账前后两个账户金额之和应该保持不变。数据库的一致性状态由用户来负责。

3. 隔离性（Isolation）

通常情况下，多个事务按照某一顺序串行执行，其结果总是正确的。可是，当多个事务并发执行时，即使每个事务都能确保原子性和一致性，但它们的操作也可能会以人们不希望的某种方式交叉执行，从而使得事务并发执行的结果有时正确，有时错误。因此，需要对事务的并发执行进行一定的控制，保证事务不受其他并发执行事务的影响。

隔离性是指事务并发执行的相对独立性。也就是说，事务的并发执行与单独执行这些事务的结果一样。多个事务的并发执行如同这些事务独立串行执行一样，互不干扰，每个事务不必关心其他事务的执行，如同在单个用户环境下执行一样。一个事务处理数据，要么处于其他事务执行之前的状态，要么处于其他事务执行之后的状态。例如，对任何一对事务 T_i 和 T_j，在 T_i 看来，T_j 要么在 T_i 开始之前已经结束执行，要么在 T_i 完成之后再开始执行。

事务的隔离性能够保证事务并发执行的结果与串行执行的结果相同，是事务并发控制技术的基础，由 DBMS 的并发控制子系统实现。

4. 持久性（Durability）

事务的持久性是指当一个事务成功执行后，事务中所有的数据操作将写入数据库中，即使提交事务后，数据库因故障被破坏，在数据库重启时，DBMS 也应该能够通过某种机制正确地恢复数据。

事务的持久性使得事务对数据库的更新将永久地反映在数据库中。也就是说，一个事务一旦完成其全部操作之后，它对数据库的所有更新操作的结果将永久存在于数据库中，即使以后数据库发生故障也会保留这个事务的执行结果。系统发生故障不能改变事务的持久性。

事务的持久性是由 DBMS 的事务管理子系统和恢复管理子系统配合来实现的。

为了加深对事务以及事务 ACID 特征的理解，通过下面一个例子来进行说明。

【例 13-1】某银行系统中的 A 账户要将 5000 元过户到 B 账户，在这次转账前，A 账户中有 15 000 元，B 账户中有 0 元。试给出该应用场景下事务的定义，并结合该例解释事务的 ACID 特征。

设 T1 为 A 账户转账 5000 元到 B 账户的事务，具体定义如下：

```
T1:
    Read(A);
    A = A - 5000;
    Write(A);
    Read(B);
    B = B + 5000;
    Write(B);
```

本例假设 Write 操作是对数据库进行立即更新，也就是立即更新磁盘上的数据，而不是先存入内存而后再写入磁盘。

对于事务 T1：

1）原子性：假设执行 T1 时，在执行 Write(A) 之后、Write(B) 之前出现了系统故障而导致 T1 没有成功执行完，按照事务的原子性，事务的所有操作要么在数据库中全部反映，要么全不反映，数据库系统将恢复账户 A 的 15 000 元，从表面上看好像从未执行过事务 T1。

2）一致性：在执行 T1 之前，A 和 B 账户的存款总额为 15 000 元，按照事务的一致性，在执行 T1 之后，A 和 B 账户的存款总额仍然为 15 000 元，也就是说，事务 T1 执行的结果使数据库由原有的一致性到达另一种新的一致性。

3）隔离性：在执行 T1 中的 Write(A) 之后、Write(B) 之前，数据库中的数据暂时是不一致的，因为这时 A 和 B 账户的存款总额为 10 000 元，而不是事务执行前的 15 000 元，而在 Write(A) 执行之后至 Write(B) 执行之前这段时间，另一个并发运行的事务 T2 如果读取 A 和 B 的值并对其进行更新，即使 T1 和 T2 都成功执行完，数据库中的数据也可能不一致。要确保事务的隔离性，DBMS 就必须要提供并发控制机制，使得在 T1 看来，T2 要么在 T1 开始之前已经结束执行，要么在 T1 完成之后再开始执行。

4）持久性：事务 T1 成功完成后，引发事务的 A 账户被告知 5000 元已经成功过户到 B，按照事务的持久性，系统必须保证任何系统故障都不会导致本次转账金额的丢失，即不会导致已经写入磁盘的数据丢失。

为了方便读者理解，在例 13-1 中对事务的定义采用了伪代码描述的方式。通常事务是采用高级数据操纵语言书写的 SQL 语句或者使用编程语言编写的用户程序。事务与通常意义上的程序是两个不同的概念，一个程序中可包含一个或多个事务，事务是一种特殊的程序，必须要满足 ACID 特征。

【例 13-2】如果针对数据库操作，例 13-1 中描述的操作则可以使用下列两条 SQL 语句：

```
UPDATE 转账表
SET 金额 = 金额 -5000
WHERE 账户 ="A";
UPDATE 转账表
SET 金额 = 金额 +5000
WHERE 账户 ="B";
```

在关系数据库中，一个事务可以是一条 SQL 语句、一组 SQL 语句甚至是整个程序，它是由 BEGIN TRANSACTION 开始，以 END TRANSACTION、COMMIT 或 ROLLBACK 结束的一组操作的集合。其中，COMMIT 表示提交事务的所有操作；ROLLBACK 表示回滚，即表示事务进行中发生故障而不能继续时，重新返回到事务开始时的状态，它标志着对事务中已完成操作的全部撤销。

【例 13-3】将例 13-2 中描述的转账操作定义为一个事务 T2，要求如果账户 A 余额不足则系统提示"金额不足，转账失败！"信息并完成事务的回滚，否则完成转账操作，并以 COMMIT 提交事务的所有操作。

```
BEGIN TRANSACTION T2
UPDATE 转账表
SET 金额 = 金额 -5000
WHERE 账户 ="A";
IF 金额 <0 BEGIN
    PRINT '金额不足，转账失败！'
    ROLLBACK
    END;
UPDATE 转账表
SET 金额 = 金额 +5000
WHERE 账户 ="B";
COMMIT
```

13.2 数据库的并发控制

数据库中的数据是一个共享的资源，因此会有很多用户同时访问数据库中的数据，例如，多个用户可能要同时操作数据库中的一个表，甚至同一条记录，尤其是同时实施更新操作。如果对多个用户的并发操作不加以控制，就会导致各种并发问题，从而破坏数据库的完整性和一致性。

13.2.1 并发控制概述

并发控制可以保证多用户能共享数据库，并维护数据库的一致性和完整性。并发控制机制的好坏是评价一个数据库管理系统性能的重要指标之一。

1. 事务的串行执行

多个事务按顺序依次执行，一个事务完全结束后，另一个事务才开始。串行执行能保证事务正确执行，但无法提高执行效率。通常，事务的执行顺序称为调度，因而事务的串行执行顺序也称事务的串行调度。

2. 事务的并发执行

并发执行是 DBMS 同时接纳多个事务的一种执行方式，事务的并发执行可以显著提高系统的吞吐量和资源利用率，改善短事务的响应时间。通常分为交叉并发和同时并发两种方式。

- **交叉并发**：在单 CPU 系统中，同一时刻只能有一个事务占有 CPU，各个事务交叉使用 CPU。
- **同时并发**：在多 CPU 系统中，可以允许多个事务同时占有 CPU。

事务的并发执行顺序也称事务的并发调度。理论上，事务的并发执行是指多个事务按照调度策略并发地执行。事务的并发执行并不能保证事务的正确性，即使每个事务都正确执行，也可能会破坏数据库的一致性和完整性，需要采用并发控制机制，控制并发事务之间的相互影响，使得事务并发执行的结果与串行执行的结果相同。实际中，事务的并发执行是指并发执行的可串行化。本章所讨论的并发控制也是基于可串行化这个前提。

3. 事务的并发执行可能引起的问题

当多个事务对数据库进行并发操作时，如不加任何控制，可能会造成以下三类问题。

（1）丢失数据修改（Lost Update）

【例 13-4】有两个事务 T1 和 T2，它们包含了下列操作：

```
READ(A)；A=A-1；WRITE(A)；
```

图 13-1 给出了 T1 和 T2 并发调度时的一种情形：t0 时刻，执行事务 T1，在数据库中读取 A 的值为 10；t1 时刻，执行事务 T2，在数据库中读取 A 的值也为 10；t2 时刻，执行事务 T1，修改 A 的值为 9；t3 时刻，执行事务 T1，将 9 写回数据库中；t4 时刻，执行事务 T2，修改 A 的值为 9；t5 时刻，执行事务 T2，将 9 写回数据库中。

从上述例子可以看出，明明对 A 做了两次减 1 操作，但在数据库中仅仅做了一次减 1 操作，从而造成了错误，这就是由于"丢失数据修改"而造成的。

事务 T1 和 T2 对相同的数据对象（常称为项）进行修改，T2 事务提交的结果覆盖了 T1 事务已经提交的数据（对 A 的一次减 1 操作），造成 T1 事务所做修改操作丢失，称为丢失数据修改。**项**（Item）是数据库操作的基本数据单位，也是并发控制的基本单位，可以是数据库、关系、元组或字段等（由系统设计人员选择）。

时刻	事务 T1	事务 T2	数据库中 A 的值
t0	READ(A)		A=10
t1		READ(A)	A=10
t2	A=A-1		
t3	WRITE(A)		A=9
t4		A=A-1	
t5		WRITE(A)	A=9

图 13-1 丢失数据修改

（2）不可重复读（Unrepeatable Read）

如果一个事务要对一个项连续读两次，以进行项的校验，而在两次连续读之间，插入另一个事务对该项的值进行修改，则可能会造成事务对同一个项两次读出来的结果不一样。

【例 13-5】有两个事务 T1 和 T2，它们包含的操作以及并发调度时的某种情形如图 13-2 所示。

时刻	事务 T1	事务 T2	数据库中 A 的值
t0	READ(A)		A=10
t1		READ(A)	A=10
t2		A=A-10	
t3		WRITE(A)	A=0
t4	READ(A)		A=0

图 13-2 不可重复读

从这个例子可以看出，不可重复读是指 T1 事务读取了 T2 事务已经提交的更改数据（A=0），无法再读取前一次读取的结果（A=10）。此例若用于银行业务的场景中，相当于在事务 T1 的执行过程中，查到账户 A 余额为 10 万元后，事务 T2 执行从 A 转账 10 万元，使得再执行事务 T1 后，两次读取账户 A 的余额产生不一致，即在同一事务中，T0 时刻和 T4 时刻所读取的账户存款余额不相同，从而造成错误。

（3）"脏"读（Dirty Read）

某事务 T*i* 在对数据库中的某些项做了修改之后，因某种原因而在执行过程中被撤销，则它对数据库的修改是无效的，这些被修改过的项称为"脏"数据。在 T*i* 被撤销之前，可能已有其他事务读过这些"脏"数据，如果根据此数据计算出新数据并写回数据库，将会导致数据库中的数据出错。读到"脏"数据的操作称为**"脏"读**，"脏"读也称为**未提交读**。

【例 13-6】有两个事务 T1 和 T2，它们包含的操作以及并发调度时的某种情形如图 13-3 所示。

从这个例子可以看出，T2 事务读取 T1 事务尚未提交的对 A 的更改，并在这个数据的基础上进行操作。如果此时 T1 事务需要回滚重做，A 的值由 9 恢复为 10，而 T2 事务读到的数据 A 的值是无法恢复的。此例用于银行业务的场景中，相当于取款事务 T1

时刻	事务 T1	事务 T2	数据库中 A 的值
t0	READ(A)		A=10
t1	A=A−1		
t2	WRITE(A)		A=9
t3		READ(A)	A=9
t4		A=A+2	
t5		WRITE(A)	A=11
t6	ROLLBACK		A=10

图 13-3 "脏"读

和存款事务 T2 并发时引发的"脏"读情形：取款事务 T1 在 t1 时刻取款 1 万元后又在 t6 时刻撤销了取款动作，但是，存款事务 T2 在 t3 时刻读入事务 T1 的"脏"数据，并在 T4 时刻在相同的账户中存入 2 万元，并写回数据库中。由于 T2 事务读取了 T1 事务尚未提交的数据，造成账户白白丢失了 1 万元。

上述问题产生的主要原因是违背了事务的隔离性，多个事务对同一组数据并发操作使得不一定能保持事务的隔离性。为了解决上述问题，需要有适当的并发控制技术来控制并发事务的正确执行，互不干扰，避免造成数据库中数据的不一致性。具体地说，当一个事务访问某个项时，需要确保其他事务不能访问这个项，常用的方法是采用封锁技术。

13.2.2 封锁技术

封锁（Locking）是实现并发控制的主要技术。封锁的基本思想就是事务在对某个项（如数据表和记录）访问之前，首先向系统提出请求，对其加锁，事务获得锁后，就取得了对该项的控制权，在事务释放它的锁之前，其他事务不能更新该项。当事务结束后，释放被锁定的项。

锁的作用就是使并发事务能够同步访问数据库中的数据对象。

1. 封锁的类型

基本的封锁类型有两种：排他锁和共享锁。

（1）排他锁（eXclusive lock）

排他锁又称 **X 锁**或**写锁**。如果事务获得对某项的 X 锁，则该事务对该项既可读又可写。

如果事务 T*i* 对某个项 R 加上排他锁，则只允许 T*i* 读取和修改 R，不允许其他事务再对该项加任何类型的锁，直到 T*i* 释放 R 上的锁。也就是说，在 T*i* 释放 R 上的锁之前，其他事务不能对 R 进行读写操作。

X 锁有加锁和解锁两种操作。X 锁常用于 INSERT、DELETE 或 UPDATE 等数据修改操作。

（2）共享锁（Shared lock）

共享锁又称**S 锁**或**读锁**。若事务 T_i 对某个项 R 加上共享锁，则事务 T_i 可以读 R 但不能修改 R，其他事务只能再对 R 加 S 锁，而不能加 X 锁，直到 T_i 释放 R 上的 S 锁。也就是说，如果事务 T_i 获得 R 上的 S 锁，则 T_i 可读但不可写 R，并且在对该项的所有 S 锁都释放之前，决不允许其他事务对 R 做任何修改。

S 锁有加锁、解锁和升级三种操作。S 锁常用于 SELECT 等操作。

2. 封锁协议

运用 X 锁和 S 锁对项封锁时，需要约定一些规则，如事务何时需要申请锁、申请什么类型的锁、锁何时释放等，称这些规则为**封锁协议**（Locking Protocol）。下面将要介绍的三级封锁协议在不同程度上解决了丢失数据修改、"脏"读和不可重复读等问题。

（1）一级封锁协议

事务 T_i 在修改项 R 之前必须先对其加 X 锁，直到事务 T_i 正常结束（COMMIT）或非正常结束（ROLLBACK）才释放。利用一级封锁协议可以防止丢失数据修改问题的发生，但不能保证可重复读和不"脏"读。

【例 13-7】 在例 13-4 的基础上，使用一级封锁协议来防止丢失数据修改问题的发生。

事务 T1 在对 A 写操作时必须申请 X 锁，一旦 T1 对 A 加锁，其他事务如 T2 就不能对 A 进行任何读写操作，直到 T1 结束并释放该 X 锁。施加一级封锁后可以防止丢失数据修改，如图 13-4 所示。

（2）二级封锁协议

在一级封锁协议的基础上，加上事务 T_i 在读取 R 之前必须先对其加 S 锁，读完后即可释放 S 锁。二级封锁协议除了防止丢失数据修改，还可进一步防止"脏"读。

（3）三级封锁协议

在一级封锁协议的基础上，加上事务 T_i 在读取 R 之前必须先对其加 S 锁，直到事务结束才释放。三级封锁协议可以防止丢失数据修改、防止"脏"读以及防止不可重复读。

时刻	事务 T1	事务 T2	数据库中 A 的值
t0	Xlock(A)		
t1	READ(A)		A=10
t2		Xlock(A)	
t3	A=A−1	Wait	
t4	WRITE(A)	Wait	A=9
t5	COMMIT	Wait	
t6	Unlock(A)	Wait	
t7		Xlock(A)	
t8		READ(A)	A=9
t9		A=A−1	
t10		WRITE(A)	A=8
t11		COMMIT	
t12		Unlock(A)	

图 13-4　使用一级封锁协议解决丢失数据修改问题

3. 活锁和死锁

封锁技术可以有效解决事务在并发执行时出现的问题，但是封锁可能会引起活锁问题和死锁问题。

（1）活锁（Live Lock）

当若干事务要对同一个项加锁时，造成一些事务永远处于等待状态，得不到封锁的机会，这种现象称为**活锁**。避免活锁的简单方法是采用先来先服务策略，即系统按照请求加锁的先后次序对事务进行排队，一旦释放项上加的锁，就批准申请队列中第一个事务获得加锁。

（2）死锁（Dead Lock）

系统中两个或两个以上的事务都处于等待状态，并且每个事务都在等待对其中另一个事务加锁的项进行**加锁**，从而造成相互等待，结果是任何一个事务都无法继续执行，这种现象称为**死锁**，就是说系统进入了死锁状态。

预防死锁常用的方法有**一次性封锁法**和**顺序封锁法**。一次性封锁法要求每个事务必须一次将所有要使用的项全部加锁，否则就不能继续执行。一次性封锁法虽然可以有效预防死锁的发生，但因为每个事务需要封锁的项事先很难精确确定，所以需要扩大封锁范围，将事务执行过程中可能要加锁的项全部封锁，进而降低了系统并发度。顺序封锁法要求预先规定一个封锁顺序，所有事务都按照这个顺序实行封锁。顺序封锁法虽然可以有效预防死锁的发生，但因为数据库系统中要封锁的项很多并且在不断变化，所以维护封锁顺序非常困难。此外，要封锁的项事先很难精确确定，因此很难按规定顺序施加封锁。

一次性封锁法和顺序封锁法作为预防策略并不适合数据库的特点，一种实用的方法是不采取任何措施预防死锁，而是周期性地检查系统中是否有死锁，一旦检测到存在死锁，就设法解除。通常选择一个需花费代价最小的事务，将其撤销，释放该事务所有的锁，使其他事务继续运行下去。

4. 两阶段封锁协议

事务的串行调度的结果都是正确的，至于按什么顺序执行，则视外界环境而定，系统无法预料。而事务的并发调度有的是正确的，有的则不正确，因此需要进行并发控制，以保证并发调度的可串行性。

两阶段封锁协议可以保证并发调度的可串行性。该协议要求每个事务的加锁和解锁申请分别在两个阶段进行。这两个阶段包括**扩展阶段**和**收缩阶段**。在扩展阶段，事务可以申请和获得锁，但不能释放任何锁。在对任何项进行读、写操作之前，首先要申请并获得对该项的锁；在收缩阶段，事务可以释放获得的锁，但不能再申请并获得新锁。在释放一个锁之后，事务不再申请和获得任何其他锁。

两阶段封锁协议可以这样理解：一开始，事务处于扩展阶段，根据需要申请并获得锁。一旦事务释放锁，就进入收缩阶段，不能再申请并获得加锁。

例如，事务 Ti 遵守两阶段封锁协议，封锁序列如图 13-5 所示。

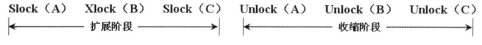

图 13-5 遵守两阶段封锁协议的封锁序列

事务遵守两阶段封锁协议是可串行化调度的充分条件，而不是必要条件。也就是说，如果所有并发事务都遵守两阶段封锁协议，则事务并发执行与串行执行具有相同的效果，即对这些事务的任何并发调度策略都是可串行化的。

两阶段封锁协议并不要求一次将所有要使用的项全部加锁，因此遵守两阶段封锁协议的事务可能会发生死锁。

【例 13-8】举例说明两个并发事务都遵循两阶段封锁协议，但仍可能会发生死锁。

假设有两个并发事务 T1 和 T2，分别如图 13-6 和图 13-7 所示，可以看出事务 T1 和 T2 都遵循两阶段封锁协议。图 13-8 给出了事务 T1 和 T2 的部分调度过程。

Xlock(A);		
READ(A);		
A=A-1;	Slock(B);	
WRITE(A);	READ(B);	
Xlock(B);	Slock(A);	
Unlock(A);	READ(A);	
READ(B);	A+B;	
B=B*2;	Unlock(B);	
WRITE(B);	Unlock(A);	
Unlock(B);		

时刻	事务 T1	事务 T2	数据库中 A、B 的值
t0	Xlock(A)		
t1	READ(A)		A=10
t2	A=A−1		
t3	WRITE(A)		A=9
t4		Slock(B)	
t5		READ(B)	B=30
t6		Slock(A)	
t7	Xlock(B)		

图 13-6　事务 T1　　　图 13-7　事务 T2　　　图 13-8　死锁实例

从图 13-8 中可以看出，T1 在 A 上拥有 X 锁，而 T2 正在申请 A 上的 S 锁，因此 T2 等待 T1 释放 A 的锁；同样，T2 在 B 上拥有 S 锁，而 T1 正在申请 B 上的 X 锁，因此 T1 等待 T2 释放 B 的锁。这样 T1 和 T2 相互等待，结果是哪一个事务都无法继续执行，从而发生死锁。

13.3　数据库的恢复机制

如果数据库中只包含成功事务提交的结果，则称**数据库处于一致状态**（或正确状态）。如果数据库在运行中发生故障，使一些事务尚未完成就被迫中断，它们对数据库的修改有一部分已写入物理数据库，则称**数据库处于不一致状态**。

将数据库从某种故障状态恢复到正确状态的处理过程称为**数据库恢复**，即系统失效后的数据库恢复，配合定时备份数据库，使数据不丢失数据。

13.3.1　数据库故障

通常将数据库故障分为**事务内部故障**、**系统故障**、**介质故障**、**计算机病毒**。其中，事务内部故障和系统故障这两类故障可能会导致数据不正确，但并未破坏数据库本身。而介质故障和计算机病毒这两类故障会破坏数据库本身。

1. 事务内部故障

事务内部更多的故障是非预期的，不能由事务程序处理。例如，算术溢出、并发事务发生死锁而被选中撤销该事务、违反了某些完整性限制等。事务故障通常指这类非预期的故障。故障产生的原因是事务在运行到正常终止点前被终止。

2. 系统故障

系统故障称为软故障，是指造成系统停止运转的任何事件使得系统要重新启动。例如，特定类型的硬件错误（如 CPU 故障）、操作系统故障、DBMS 代码错误、系统断电等。系统故障会使整个系统的正常运行突然被破坏、所有正在运行的事务都非正常终止、内存中数据库缓冲区的信息全部丢失等。故障发生时，一些未完成事务对数据库的更新可能已写入数据库，或者已提交事务对数据库的更新可能还留在缓冲区，尚未写入数据库，这需要在系统重启时进行恢复。

3. 介质故障

介质故障称为硬故障，通常指外存故障。例如，磁盘损坏、磁头碰撞、操作系统的某种潜在错误、瞬时强磁场干扰等。这类故障将导致磁盘上的物理数据库和日志文件被破坏，并影响正在访问这部分数据的事务。

4. 计算机病毒

计算机病毒是一种人为的故障或破坏，是一些恶意者研制的一种计算机程序，可以繁殖和传播，破坏或盗窃系统中的数据，破坏系统文件等。

13.3.2 数据库恢复技术

数据库恢复的基本原理就是冗余，即利用存储在系统其他地方的冗余数据，来重建数据库中已被破坏或不正确的那部分数据。具体地说，就是利用后备副本将数据库恢复到转储时的一致状态，或者利用运行记录将数据库恢复到故障前事务成功提交时的一致状态。

恢复机制的两个关键问题是：如何建立冗余数据？如何利用冗余数据进行数据库恢复？

1. 建立冗余数据

建立冗余数据最常用的技术是**数据转储**和**登记日志文件**。

（1）数据转储（Backup）

数据转储也称数据备份，是指 DBA 定期将整个数据库复制到磁带或另一个磁盘上的保存过程。这些备份的数据文件称为**后备副本**或**后援副本**。转储方式按照转储的数据量，可分为**海量转储**和**增量转储**；转储方式按照系统运行状态，可分为**静态转储**和**动态转储**。

其中，海量转储（完全转储）是指每次转储全部数据库；增量转储只转储上次转储后更新过的数据；静态转储是在系统中无运行的事务时所进行的转储操作，并在转储期间不允许对数据库进行任何存取操作；动态转储是指转储操作与用户事务并发进行，不用等待正在运行的用户事务结束，并在转储期间允许对数据库进行存取操作。

（2）登记日志文件（Logging）

数据转储非常消耗时间和资源，不能频繁进行，因而是定期的而不是实时的。因此，当数据库本身被破坏时，利用数据转储并不能完全恢复数据库，只能将数据库恢复到转储时的状态。

日志文件是实时的。日志文件是对数据转储的补充，是系统建立的一个文件，该文件用来记录事务对数据库进行更新操作，通常也称为事务日志。登记日志文件的原则是必须先写日志文件，后写数据库；严格按照并发事务执行的时间顺序来登记。例如，当磁盘发生故障而造成对数据库的破坏时，先利用数据转储恢复大部分数据库，然后运行数据库日志，将数据转储后所做的更新操作重新执行一遍，从而完全恢复数据库。

日志文件的作用主要有三方面：

1）事务故障和系统故障的恢复必须使用日志文件。

2）在动态转储方式中必须建立日志文件，后备副本和日志文件综合起来才能有效地恢复数据库。

3）在静态转储方式中也可以建立日志文件，提高故障恢复效率。

日志文件的格式分为两种：以记录为单位的日志文件和以数据块为单位的日志文件。以数据块为单位的日志文件，每条日志记录的内容主要包括：事务标识（标明是哪个事务）和被更新的数据块。以记录为单位的日志文件的内容主要包括：事务的开始标记（BEGIN TRANSACTION）、事务的结束状态（COMMIT 或 ROLLBACK）、事务的更新操作。其中，事务的更新操作记录包含以下几个字段：

- **事务标识**：执行写操作的事务的唯一标识。
- **数据项标识**：所写的数据项的唯一标识，通常是数据项在磁盘上的位置。
- **操作类型**：删除、插入、修改。
- **旧值**：数据项的写前值。
- **新值**：数据项的写后值。

每次事务执行写之前，必须在 DB 修改前生成该次写操作的日志记录。一旦日志记录已创建，就可以根据需要对 DB 做修改，并且能利用日志记录中的旧值消除已做的修改。

为保证日志的安全，应该将日志和数据库放在不同的存储设备上，以免在存储设备损坏时，两者同时丢失或遭到破坏。如果二者不得不放在同一存储设备上，则应经常备份事务日志。

2. 恢复策略

（1）事务故障的恢复

恢复策略就是由恢复子系统利用日志文件撤销（UNDO）此事务已对数据库进行的修改。事务故障的恢复是由系统自动完成的，对用户透明。

具体的故障恢复步骤如下：

1）反向扫描日志文件，查找该事务的更新操作。

2）对该事务的更新操作执行逆操作。

3）继续反向扫描，查找该事务其他的更新操作，并做同样处理，直到读到该事务的开始标记，事务故障就恢复完成了。

（2）系统故障的恢复

系统故障的恢复是由系统在重新启动时自动完成的，不需要用户干预。

恢复策略：如果发生系统故障时事务未提交，则强行撤销（UNDO）所有未完成事务。如果发生系统故障时事务已经提交，但缓冲区中的信息尚未完全写回磁盘，则重做（REDO）所有已提交的事务。

恢复步骤如下：

1）正向扫描日志文件，找出故障发生前已经提交的事务，将其事务标识记入重做（REDO）队列，同时找出故障发生时尚未完成的事务，将其事务标识记入撤销（UNDO）队列。

2）反向扫描日志文件，对撤销队列中的每个事务的更新操作执行逆操作。

3）正向扫描日志文件，对重做队列中的每个事务重新执行日志文件登记的操作。

（3）介质故障的恢复

介质故障的恢复需要 DBA 介入。恢复策略是重装数据库，然后重做已完成的事务。

恢复步骤如下：

1）装入最新的数据库后备副本。

2）对于动态转储的数据库副本，还需装入转储开始时刻的日志文件副本，利用恢复系统故障的方法，将数据库恢复到一致性状态。

3）装入转储结束时刻的日志文件副本，重做已完成的事务。

13.4　小结

数据库保护又称数据库控制，是通过安全性控制、完整性控制、并发性控制和数据库恢复四方面实现的。事务是数据库恢复和并发控制的基本单位。事务是一个逻辑工作单元。用户对数据库并发访问时，为了确保事务完整性和数据库一致性，需要使用锁机制。事务和锁是两个紧密联系的概念。

并发性控制用于防止多个用户同时访问同一数据库所造成的数据不一致性问题。特别是对于网络数据库来说，并发控制问题更是一个突出问题。提高数据库的处理速度，单单依靠提高计算机的物理速度是不够的，还必须充分考虑数据库的并发性问题。本章介绍了通过事务和封锁机制对数据库进行并发控制。

数据库恢复就是将数据库从某种故障状态恢复到正确状态的处理过程。各类故障对数据库的影响有两种可能性，要么是数据库本身被破坏，要么是数据库虽没有被破坏，但数据可能不正确，这是由于事务的运行被非正常终止所造成的。简单地说，恢复操作的基本原理就是利用存储在系统其他地方的冗余数据来重建数据库中已被破坏或不正确的那部分数据。恢复机制涉及的关键问题是如何建立冗余数据，以及如何利用这些冗余数据实施数据库恢复。

习题

1. 名词解释：

　事务、X 锁、S 锁、活锁、死锁、两阶段封锁协议、调度、可串行化调度、数据转储

2. 简述事务的 4 个特征。

3. 事务的 COMMIT 和 ROLLBACK 语句分别表示什么含义？

4. 简述串行调度与可串行化调度的区别。

5. 事务的并发执行可能会引起哪些问题？如何解决？

6. 数据库恢复的基本原理是什么？简述具体的实现方法。

7. 如果某个事务对某项 A 加了 S 锁，在该事务释放这个锁之前，其他事务可否对 A 加锁？如果可以加锁，加什么锁？

8. 对例 13-5 使用二级封锁协议，解决不可重复读问题。

9. 对例 13-6 使用三级封锁协议，解决"脏"读问题。

10. 定义一个事务，向学生成绩表 SC 中插入学号为"2011211408"的多条记录，并检查如果该学生有超过 5 门课成绩就回滚事务，即表示成绩无效，否则成功提交。

参 考 文 献

[1] Abraham Silberschatz, Henry F Korth, S Sudarshan. 数据库系统概念（原书第 5 版）[M]. 杨冬青，马秀莉，等译 . 北京：机械工业出版社，2008.

[2] Jeffrey D Ullman, Jennifer Widom. 数据库系统基础教程 [M]. 岳丽华，龚育昌，等译 . 北京：机械工业出版社，2003.

[3] 王珊，萨师煊 . 数据库系统概论 [M]. 4 版 . 北京：高等教育出版社，2006.

[4] 丁宝康，董健全，曾宇昆 . 数据库实用教程（第二版）习题解答 [M]. 北京：清华大学出版社，2004.

[5] 徐洁磐，常本勤 . 数据库技术原理与应用教程 [M]. 北京：机械工业出版社，2008.

[6] 刘卫国，熊拥军 . 数据库技术与应用——Access[M]. 北京：清华大学出版社，2011.

[7] 彭慧卿，李玮 . Access 数据库技术及应用 [M]. 北京：清华大学出版社，2010.

[8] 付兵 . 数据库基础与应用——Access 2010[M]. 北京：科学出版社，2012.

[9] 科教工作室 . Access 2010 数据库应用 [M]. 2 版 . 北京：清华大学出版社，2011.

[10] 邱李华，曹青，郭志强，等 . Visual Basic 程序设计教程 [M]. 3 版 . 北京：机械工业出版社，2012.

[11] 姜增如 . Access 2010 数据库技术及应用 [M]. 北京：北京理工大学出版社，2012.

[12] 张玉洁，孟祥武，徐塞虹 . 计算机软件技术及应用 [M]. 北京：机械工业出版社，2016.

[13] 科教工作室 . Access 2010 数据库应用 [M]. 北京：清华大学出版社，2012.

[14] Michael Alexander, Dick Kusleika. 中文版 Access 2016 宝典 [M]. 张洪波，译 . 8 版 . 北京：清华大学出版社，2016.

[15] 皮雄军 . NoSQL 数据库技术实战 [M]. 北京：清华大学出版社，2018.

[16] 刘瑜，刘胜松 . NoSQL 数据库入门与实践（基于 MongoDB、Redis）[M]. 北京：中国水利水电出版社，2018.